本书由国家科技重大专项"海相碳酸盐岩层系油气资源潜力评价与战略选区"（编号：2017ZX05005-001-004）资助出版

TSM 盆地模拟资源评价
理论方法与应用

徐旭辉　等著

石油工业出版社

内 容 提 要

中国含油气盆地的形成演化具有"四多"(多旋回、多阶段、多成因、多叠加)的特征。为适应这一复杂地质特点的盆地分析和勘探评价的需要,创新形成了 TSM 盆地模拟与资源评价的理论和技术方法。本书对相关理论技术方法进行了系统总结。全书分为三个部分:常用油气资源评价方法及其特点、TSM 盆地模拟资源评价理论方法与系统、不同原型盆地组合模拟与资源评价。在应用实践中分别阐述了中国东部古近纪断陷—坳陷叠加组合、中国北方中生代断陷发育演化、中国南海裂谷—边缘坳陷叠加组合、中国中西部边缘坳陷—前渊叠加组合、中国南方古近纪走滑盆地的 TSM 盆地模拟与资源评价。本书可供石油天然气地质科研人员、勘探开发技术人员和高校师生参考。

图书在版编目(CIP)数据

TSM 盆地模拟资源评价理论方法与应用 / 徐旭辉等著 .
北京:石油工业出版社,2020.8
ISBN 978-7-5183-3668-5

Ⅰ . ① T… Ⅱ . ① 高… Ⅲ . ① 含油气盆地 – 数值模拟 – 油气资源评价 – 研究 Ⅳ . ① P618.130.2

中国版本图书馆 CIP 数据核字(2019)第 229516 号

出版发行:石油工业出版社
   (北京安定门外安华里 2 区 1 号 100011)
   网 址:www.petropub.com
   编辑部:(010)64523543 图书营销中心:(010)64523633
经 销:全国新华书店
印 刷:北京中石油彩色印刷有限责任公司

2020 年 8 月第 1 版 2020 年 8 月第 1 次印刷
787 × 1092 毫米 开本:1/16 印张:24.25
字数:570 千字

定价:220.00 元
(如出现印装质量问题,我社图书营销中心负责调换)

序 一

　　看到"TSM"就想起我的老同事、好朋友朱夏院士，新中国石油地质学的奠基人之一，他在含油气盆地研究方面有独特的思想、理论和技术方法。朱夏先生早在 1983 年提出的 T（环境）—S（作用）—M（响应）程式所表述的含油气盆地的系统研究方案，是一个具有系统研究的创新理论。为实现朱夏院士这一研究程式，时任地质矿产部石油地质中心实验室盆地研究室主任的张渝昌教授级高级工程师带领有关人员运用朱夏盆地研究理论和技术方法在盆地分析和盆地模拟方面进行了有益的探索创新。"七五"期间，在当时地质矿产部石油地质海洋地质局和华东石油地质局有关领导的支持下，在苏北盆地的溱潼凹陷开展了盆地拉张断陷原型的二维模拟应用，取得了可喜的实践应用成果，获得了原地质矿产部地质勘查二等奖。

　　现中国石化石油勘探开发研究院无锡石油地质研究所盆地研究中心的团队与同济大学、中国地质大学、南京大学等有关院校协作，经过 30 多年坚持不懈的努力，不断提高盆地分析、盆地模拟、资源评价的理论技术水平，研制了TSM 盆地模拟资源评价系统（V2.0），获得了一些可供运用的自主创新成果。徐旭辉等即将出版的新书《TSM 盆地模拟资源评价理论方法与应用》正是不断创新和传承发展的成果。该书主要由 3 部分组成。

　　（1）介绍常用油气资源评价方法及其适用性。对油气资源评价的基本理论和技术方法提供了一份可以参阅的文献。

　　（2）介绍了 TSM 盆地模拟资源评价系统，其可以分为 3 个主体部分：TSM盆地分析系统、TSM 盆地模拟系统和资源分级评价系统。这 3 个系统是既相互独立，又彼此联系的。TSM 盆地模拟资源评价系统（V2.0）的开发，为盆地模拟与资源评价提供了一个可以运行的技术平台。

　　（3）提供了 TSM 盆地模拟资源评价系统的若干成功应用范例。分别阐述中国东部断陷—坳陷叠加组合、中国南方走滑盆地、中国北方中生代断陷、中国南海裂谷—边缘坳陷叠加组合、中国中西部坳陷—前渊叠加组合 5 类 5 个地区的 TSM 盆地模拟与资源评价。应用表明该方法系统能够在油气勘探评价中发挥重要作用，并且显示出地质"数学实验"系统、动态、定量的研究前景。

　　TSM 盆地模拟资源评价系统的开发应用是朱夏油气盆地理论的传承、发展，是一个具有中国特色的原始创新、自主创新成果。为进一步开拓思路，交流进展，藉此书出版之际，特向读者推荐，以期更好地发展盆地分析理论和技术方法，为中国油气工业服务。

中国科学院院士

2018 年 5 月 6 日

序 二

原中国科学院学部委员朱夏先生是诗人、地质学家、石油地质勘查家。20世纪70年代中国进入改革开放的新时代，为盆地研究和油气勘探创造了前所未有的条件。众所周知，没有盆地就没有石油。朱先生率先在无锡建立领导了中国第一个盆地研究室，提出了含油气盆地的 T（环境）—S（作用）—M（响应）系统研究程式（1983），这是一个具有重要应用价值的创新理论。但不幸的是，1990 年朱先生因病医治无效于上海逝世。

然而值得庆幸的是，古人有"薪尽火传"之说，30 多年来，中国石化石油勘探开发研究院无锡石油地质研究所盆地研究中心的同志们联合同济大学、南京大学、中国地质大学等院校的有关专家，对 TSM 盆地分析、盆地模拟和资源评价进行了不断努力探索，获得了一些可供运用的具有自主知识产权的新成果。

中国石油科技工作者有着不断创新的优良传统，如大庆、胜利、塔里木、四川等油气田的发现，陆相、海相油气地质理论的提出都是不断创新的一个个硕果。徐旭辉等的新书《TSM 盆地模拟资源评价理论方法与应用》包含了针对中国复杂叠合盆地提出的盆地分析及资源评价理论和方法体系，是地质理论上的丰富和发展，也在实践上对我国含油气盆地评价及勘探部署、战略选区等工作起到了积极作用，是创新成果的组成部分。

本书分为 3 个部分：

（1）为适应广大读者阅读需要，书中第一部分，介绍常用油气资源评价方法及其特点，提出开展 TSM 盆地模拟资源评价系统研究的缘由和必要性。

（2）TSM 盆地模拟资源评价系统（V2.0）的开发，为 TSM 盆地模拟资源与评价提供了一个可以运行的技术平台。TSM 盆地模拟资源评价系统可以分为 3 个主体部分：TSM 盆地分析系统、TSM 盆地模拟系统和资源分级评价系统，这 3 个系统是既相互独立，又彼此关联。

（3）TSM 盆地模拟资源评价系统的应用实践。分别应用于中国东部断陷—

坳陷叠加组合、中国中西部坳陷—前渊叠加组合、中国北方中生代断陷、中国南方走滑盆地、中国南海裂谷—边缘坳陷叠加组合等的 TSM 盆地模拟与资源评价实践。

新书《TSM 盆地模拟资源评价理论方法与应用》书稿完成后邀请我审阅并作序。阅后我认为此书对提高中国含油气盆地研究和油气资源预测水平是有很大益处的。仅书数语而为之序。

中国工程院院士 马永生

2018 年 8 月 16 日

前 言

　　石油是现代工业的血液，是国家的重要战略物资。中国石油科技工作者有着不断创新的优良传统，如大庆、胜利、塔里木、四川等油气田的勘探开发、陆相油气地质理论的建立、古生代海相油气地质理论等一系列的辉煌成就都是不断创新的一个个硕果。

　　众所周知，没有盆地就没有石油，要发现更多的石油，就必须进一步加强油气盆地的创新研究。中国著名地质学家朱夏先生早在 1983 年提出的 3T（环境）—4S（作用）—4M（响应）程式所表述的含油气盆地的系统研究方案，就是一个具有系统研究的创新理论。为实现朱夏院士这一研究程式，中国石化石油勘探开发研究院无锡石油地质研究所盆地研究中心（包括无锡石油地质研究所的前身：原地质矿产部石油地质中心实验室盆地研究室，中国新星石油公司无锡实验地质研究院盆地研究所）的科研人员经过 30 多年的坚持不懈努力，不断提高盆地分析、盆地模拟、资源评价的理论技术水平，获得了一系列可供应用的自主创新成果。人们不禁要问：TSM 盆地模拟资源评价理论和方法产生的背景、特点、特色是什么呢？

　　（1）问：为什么要搞 TSM 盆地模拟资源评价？

　　答：由于中国大地构造的多旋回、中国油气盆地形成的多阶段，每个阶段形成多成因盆地，导致多阶段和多成因原型盆地的叠加改造。因此，可将中国油气盆地的形成演化特点概括为"四多（多旋回、多阶段、多成因、多叠加）"。对应如此"四多"特点的中国盆地，盆地模拟资源评价的理论和方法该如何办呢？所以，TSM 盆地模拟资源评价应运而生。

　　（2）问：为什么朱夏提出的 3T–4S–4M 盆地研究程式是 TSM 盆地模拟资源评价的理论基础？

　　答：由于中国油气盆地具有"四多"特征，如何解决这一复杂的地质难题呢？朱夏先生（1983）首先创立了盆地原型的概念；把沉积盆地区分为古生代和中—新生代两个世代；提出了变格运动（指的是阿尔卑斯构造运动新体制对前阿尔卑斯中国地台进行改造而产生的一种新的构造格局；朱夏，1965）；提出的 3T（环境）—4S（作用）—4M（响应）程式（图 5–1）为内涵和外延因素所表述的既是盆地大地构造与油气聚集的关系，也是含油气盆地的系统研究方案。这为数字盆地研究提供了理论基础。

　　（3）问：中医理论和实践对 TSM 盆地模拟资源评价理论方法有哪些启迪？

　　答：TSM 盆地模拟资源评价技术是以服务油气勘探评价和部署为目的，研究对象是含油气盆地。含油气盆地是地质历史时期不同世代原型盆地并列叠加的组合，不同盆地具有不同风格，各成体系，既有共性也有差异。并且，盆地中各个地质要素是在演化过程中相互作用、相互影响，彼此间存在有机联系，油气成藏就是在各种要素共同作用下形成的，任何割裂各要素之间关系的分析都可能产生油气成藏规律认识的偏颇。各要素之间的关系就如人体系统中各器官之间的有机联系，不同的人具有相似而又略呈差异的器官，外部环境的变化通过人体内生机能而形成人的生、老、病、死。同样，在区域构造环境变化、深部地球内生动力作用下，不同板块环境区域形成的含油气盆地经历了原型盆地的发育、更迭、变迁，而形成现今盆地的结构。这种结构的多期演化最终影响和控制了油气藏的形成、发展和散失。因而，TSM盆地模拟资源评价技术应用的基础在于原型分类和盆地演化分析，既是不同盆地之间类比的基础，也是盆地动态演化分析的基础，与中医理论所倡导的"取类比象"类似。中医通过"望、闻、问、切"，去辩证"阴阳、表里、虚实、寒热"变化，从人的表象、交谈、反应以及关键部位的特征（"号脉"）等多个角度去分析病症之所以形成的原因，这与通过"观察、判断、实验、探索"盆地形成的"环境、体制、地质作用、油气响应"不谋而合。

因而，针对不同地质对象，盆地模拟不能固化模拟流程，应该在地质作用和油气响应各类模拟模块研发基础上，通过不同世代盆地原型叠加分析建立模拟流程，使用合适的模拟模块组合进行模拟计算，就如D. W. Waples（1998）指出需要"sophisitication"模型，才能更深入开展盆地模拟。所以，TSM盆地模拟资源评价系统的基础是模型库建设，这些模拟模型的建立来自地质观察和实验探索，并且建立各模型的同时给出各个模块的适用范围和使用条件。可以将模型库看作中医里面的"中药铺"，中医的各种治病药材类似盆地模拟中的各个模拟模块，它们来自生活实践并经过检验，在适用范围内是有效的。但是，针对不同的病症则需要不同中医药材的组合，即药方，中医强调没有一个药方能包治百病，同样，也没有一个模拟流程能适用所有盆地演化的模拟计算。

所以，TSM盆地模拟资源评价技术可以在多种盆地原型叠加组合认识下开展多方案的数值模拟，提供不同地质认识下不同埋藏史、热史地质作用模拟和生烃史、运聚史的油气响应模拟。不同方案的模拟结果可以与勘探生产实践进行比对和匹配，经过验证后对不同方案的地质认识进行检验并修正。可以是模拟流程的修改，也可以是模拟模块的重新选择，通过多次反复模拟与评价，最终达到合理预测未知油气藏，达到解除油气勘探评价中关键问题之"病根"的目的。

（4）问：TSM盆地模拟资源评价是如何从理论到实践的？

答：应该说有3个重要的突破。

① 理论模式的建立：盆地原型类比资源评价理论模式（张渝昌等，1997）。

所谓盆地原型类比资源评价，就是按照3T-4S-4M系统程式，从运动体制出发研究盆地系统，就是要研究物质运动形式引起的系统边界的变化，研究系统变化条件下各个油气要素响应的变化，研究系统成藏的动态整合。为了分析复杂而动态的盆地含油气系统，我们应该因循"理论建模—实例校验—动态模拟"（朱夏，1986）的工作程序，按照一条认识路线（张渝昌，2010；参见图 6-1），对含油气盆地这样一个复杂系统进行油气预测。"用系统论的观点和方法，将这种复杂相关性的地质语言以符号、数据或方程式来表达，通过电脑的运算、模拟""从少量已知的东西来推演许多未知的、潜在的东西，以期有助于油气田在找油工作者脑海中的形成（朱夏，1986）"。

② 工作模式的建立：TSM 盆地数值模拟流程（徐旭辉等，1997）。

应该指出：实践是检验真理的唯一标准，一个好的地质理论应该在实践中得到充分利用。为把朱夏提出的 TSM 系统研究程式运用到油气资源评价中，徐旭辉等（1997，2008）提出：TSM 盆地模拟涉及广泛的地质模型，从盆地沉降与沉积—构造作用到油气生成和油气成藏及其这些模型之间的关系，实现这一庞大的、复杂的油气盆地模拟，需要一个代表各类盆地原型的模型库，按照埋藏史、热史、生烃史和运聚史建立一套 TSM 盆地模拟资源评价系统模型库（参见图 6-2）。含油气盆地是指在一定的构造—热体制下沉降形成的负向构造单元，通过沉积作用在负向单元中充填了沉积物，这些物质在后续的地质历史中发生形变、剥蚀、压实成岩等作用，地球内部的热能也在地层中发生作用，这些都构成了油气演化的物质基础和边界条件。通过"四史"模块有机组合，实现地质作用与油气响应的系统动态定量模拟。TSM 盆地数值模拟流程参见图 6-4。

③ TSM 盆地模拟资源评价系统软件产品研发与应用。

在盆地原型及其并列叠加关系分析的基础上，TSM 盆地模拟资源评价系统按照埋藏史、热史、生烃史和运聚史模拟盆地地质作用和油气响应间各因素的关系，并在此基础上进行油气资源分级评价。同时根据实际需要制定模拟流程，实现了基于软件系统平台整合单项模拟模块的软件集成方式。软件系统已经在中国东部、中西部诸多盆地中应用。实际应用表明，TSM 盆地模拟系统是一套能够揭示盆地演化史和进行油气有利区带定量评价的分析方法，是减少勘探风险的重要工具。

（5）问：TSM 盆地模拟资源评价系统（V2.0）总体情况如何？

答：针对中国含油气盆地发育特点与油气响应特征，我们集成开发了具有自主知识产权的"TSM 盆地模拟资源评价系统（V2.0）"软件。系统按照所模拟地区的盆地原型序列，根据实际模拟的需要选用相应的模块，借助于相应的技术手段和管理手段来管理这些模块，系统在实际模拟过程中对各模块方便地进行组合，从而迅速构建一个可以实际运用的完整的模拟流程。系统可以针对不同情况开发不同的模块，一旦有新的概念模型提出，就研究开发出新的模块，再马上注册加入系统，从而可以按要求构建另外一种模拟流程。这也就是"中药铺"的概念，可以达到数学实验室的目的。

TSM 盆地模拟通过埋藏史、热史、生烃史和运聚史等"四史"模拟来实现。埋藏史模拟恢复构造沉降发育包括剥蚀阶段的历史，通过模拟可以认识地层埋藏演化特征，模拟结果展示各个地质历史时期、各个地层的埋深和孔隙度等。热史模拟恢复展示了古地温的演化历史。生烃史模拟各烃源岩的成熟度和生烃演化史，可以揭示生烃开始时间、高峰时间和强度分布。运聚史模拟烃源岩的排烃史，并模拟排出的烃在输导层的运移路径，可以认识排烃开始时间、排烃高峰时间和排烃强度的分布，以及各时期的运移路径分布。在"四史"模拟的基础上，进行生烃量、排烃量统计分析，进而实现盆地油气资源评价。根据油气运移路径划分区带，进而对各个区带进行统计分析和资源评价；针对重点圈闭，分析运聚趋势，根据圈闭条件进行油气运聚和充满度的评价。模拟的结果可以剖面、平面、三维、单井等多角度、多形式进行成图展示。

软件系统功能上由单井模拟、剖面模拟、三维模拟以及资源评价等部分组成。单井模拟针对单井进行埋藏史、热史、生烃史和运聚史模拟，可以对研究区进行快速的模拟评价，尤其是在资料不多时，可以起到初步认识地质规律和指导勘探部署的作用。剖面模拟针对剖面进行埋藏史、热史、生烃史和运聚史的模拟，可以对研究区进行快速的二维模拟评价，起到对成盆、成烃、成藏规律的初步认识和指导部署的作用。三维模拟针对三维数据体的埋藏史、热史、生烃史、运聚史模拟，可以对研究区进行系统模拟，深化对成盆、成烃、成藏规律的认识和有利区带的评价，从而指导部署。

（6）问：TSM 盆地模拟的特色与作用是什么？

答：根据 3T-4S-4M 系统研究的思路（参见图 5-1），把盆地油气评价方法的系统性和动态性融汇在一起，形成了盆地定量模拟评价方法的指导思想。依此系统"理论建模—实例校验—盆地模拟"的工作思路，在盆地原型地质建模基础上进行数值模拟，开展"检验模式、揭示过程、预测未知"，以期在勘探进程中从盆地整体上反复进行分级评价，预测油气的所在位置和数量，提高勘探命中率。

TSM 盆地模拟资源评价系统有别于其他含油气盆地模拟软件，具有以下 3 个鲜明的特色：

① 模拟流程——依据盆地地质认识建立模拟流程。

在盆地原型和并列叠加演化分析基础上，根据盆地原型和烃源岩生烃模式等，从模型库中选择相应的模拟模块，建立符合实际地质条件及油气响应的模拟流程。

② 模拟模块——基于物理、化学实验、数学算法形成模拟模块。

以物理模拟和化学实验为基础，研发逼近地质真实的地质模式和数学模型，形成计算机模拟模块，使得盆地模拟结果更加合理和可信。同时，建立模拟模块灵活嵌入系统的机制，为多方案合理建立模拟流程形成模型库。

③ 分级评价——不同尺度开展勘探评价，给出目标优选建议。

对于不同勘探程度的盆地，针对不同勘探评价要求，可以不同尺度的数值模拟，给出盆地、区带和圈闭的不同级别油气资源评价结果，优选有利区带，提出勘探部署建议。

TSM 盆地模拟资源评价系统具有三大功能：其一"检验模式"，通过不同模拟方案的比对模拟可以认识盆地演化规律；其二"揭示过程"，揭示成盆、成烃、成藏的全过程，包括各要素的演化历史；其三"预测未知"，基于模拟结果的油气资源评价，通过与已知油气发现的拟合，预测发现潜在的油气资源，优选勘探区带和目标。

（7）问：TSM盆地模拟资源评价系统下一步发展设想是什么？

答：经过30多年不懈努力研发的TSM盆地模拟资源评价系统，在实践应用中取得了较好的效果，形成了具有自身特色的资源评价和有利油气勘探方向预测的模拟方法，得到了业界广泛认可。但是含油气盆地的地质作用和油气响应是复杂的，地质学家和勘探家们对成盆、成烃、成藏的认识也在不断发展中。在这些认识的推动下，TSM盆地模拟资源评价技术也必将在模拟模型和模拟流程的建立，以及模拟系统的应用上"与时俱进"，同时加强不同成因类型含油气盆地领域的实践应用，得以对现有TSM盆地模拟资源评价系统（V2.0）进行完善、深化和发展。

① 方法技术深化。

包括埋藏史、热史等在内的地质作用模拟是生烃史、运聚史等油气响应定量模拟的基础，而基于地质学家和勘探家们地质认识的埋藏史、热史模拟还有很多不确定和未知的领域。TSM盆地模拟资源评价系统的完善和深化首先是地质作用各方面定量模拟的发展，在现有系统中，断陷—坳陷原型叠加组合、前渊—坳陷原型叠加组合、走滑—坳陷原型叠加组合以及坳陷—坳陷原型叠加组合等已有较好的定量描述。但是，对于盆地内不同演化过程中质点三维空间的运动模拟一直由于数学描述太过复杂而很少能有合适的数学公式进行表达，如何能描述某个质点在不同阶段时间的空间位置和迁移演化过程，是目前含油气盆地数值模拟重要的研发内容，也是TSM盆地模拟资源评价系统重要的突破方向之一。

建立在地质作用基础上的油气响应模拟，由于地质条件的复杂性，很少能表达逼近地质真实的油气演化过程。随着多个领域（材料科学、计算机科学、仪器制造业等）科学技术的发展，地质学家能够在实验室得到更高的温度、压力，用以拟合逼近盆地中近万米的埋深和上百摄氏度的高地温；同时可以通过纳米级的微观观察和测量，去更加深入认识在不同孔隙空间的成烃、成藏等油气运移、聚集等演化过程。在具备接近地质条件下的物理和化学实验模拟，可以对先期描述成烃、成藏过程的数学模型加以改进和完善。进而，在目前日新月异的计算机技术的辅助下，形成各种约束条件下的新模拟模块，补充于TSM盆地模拟资源评价系统中，使得系统模拟的结果更加合理，提高预测油气藏位置和资源量的准确性。

复杂的地质条件使定量描述存在很大的不确定性，比如地质要素的各向异性的处理，最终也增加了油气勘探的风险。因而，对TSM盆地模拟资源评价的模拟结果要客观和合理的分析，这种分析要体现在输入模拟系统的各要素的不确定性对模拟结果的影响和制约上。因而，增加各要素变化对模拟结果的响应定量分析，即地质参数敏感性分析，是TSM盆地模拟的重要内容之一，也是提示勘探风险的手段，同时也为科学、合理决策建立基础。

众所周知，不能穷尽地质上各参数在不同尺度上的表征是地质研究的特点之一，而地质条件的各向异性确是影响油气勘探评价的重要因素。如何能解决二者之间的矛盾，来提升数值模拟的准确性，需要通过各地质要素的地质规律认识，利用分形算法进行合理地预测描述，在分形理论指导下，不同尺度的逼近和贴近地质真实，减轻烦琐加密测量的地质工作量。目前数学的分形算法原理是可行的，但是需要展开尝试研发。模拟算法的实现可以突破盆地模拟在分级评价中大尺度低精度、小尺度高精度的不协调的瓶颈。同时可以解决盆地模拟分级评价中不同级别需要的网格精度的核心问题。

②应用领域扩展。

回顾过往实践经历，TSM盆地模拟资源评价技术多应用在中国东部断陷—坳陷原型叠加的含油气盆地中，对于多旋回盆地原型叠加的演化过程仅在塔里木盆地、四川盆地、渤海湾前古近纪盆地以及鄂尔多斯中—古生代盆地进行了一些尝试和应用。在取得一定的勘探评价成效的同时，也对TSM盆地模拟资源评价系统进行了修正和完善。

正如前面所述，TSM盆地模拟资源评价系统流程是地质模型驱动的，中国含油气盆地具有不同世代、不同盆地原型的多旋回叠加演化特征，要推动TSM盆地模拟系统进一步适应不同构造单元、不同含油气盆地演化的定量模拟，需要更多地在多种原型组合下的盆地中进行应用，并有针对性地增加相关的地质作用和油气响应模块，完善适应性的动态模拟流程。这都有待于TSM盆地模拟资源评价系统通过实践应用，根据不同地质演化过程认识以及更逼近地质条件的物理和化学实验的建模实现，来完善和提高系统处理的针对性和合理性，以提升目前中国含油气盆地资源和勘探评价的技术手段，为中国的油气事业服务。

本书主要取材下述科研成果，是近30多年来，无锡石油地质研究所盆地研究中心研究人员的共同劳动结晶，是一次小规模的集成创新。从发展和应用过程大致可分3个阶段。

（1）1997年以前：初步研制，初见成效。

从1987年开展苏北盆地盐城凹陷起步，到1997年完成巴丹吉林含油气盆地模拟资源评价工作。该阶段主要成果是：

①TSM盆地模拟资源评价系统的形成；

②在苏北溱潼凹陷的成功应用，获原地质矿产部地质勘查二等奖；

③1997年出版由徐旭辉等著的《TSM盆地模拟——在苏北溱潼凹陷的应用》；

④1997年，完成由徐旭辉等编写的中国新星石油公司"巴丹吉林含油气盆地模拟及油气选区评价研究"项目报告。

（2）1998—2007年：持续研发，广泛试点。

该阶段主要成果包括：

①TSM盆地模拟资源评价系统（V1.0）的研制；

②由徐旭辉等编写的中国石油化工股份有限公司科研项目"含油气盆地动态分析"（2003，编号P01025）的报告获中国石化科技进步三等奖；

③2003—2005年，徐旭辉、江兴歌等开展古近纪百色走滑盆地模拟与资源评价；

④2009年，徐旭辉等出版专著《中国含油气盆地动态分析概论》；

⑤完成的主要盆地模拟工作见下表。

1998—2007 年完成的主要盆地模拟工作

完成年份	盆地	凹陷/地区
1998 年	塔里木盆地	塔里木盆地北部
1998 年	苏北盆地	海安凹陷
2001 年	松辽盆地	长岭凹陷
2002 年	东海陆架盆地	西湖凹陷
2004 年	渤海湾盆地	临清坳陷、济阳坳陷
2004 年	百色盆地	（本书第 12 章）
2005 年	江汉盆地	潜江凹陷
2007 年	渤海湾盆地	东营凹陷

（3）2008—2017 年：加快研制，不断推广。

① TSM 盆地模拟资源评价系统（V2.0）的研制，获国家专利、软件著作权等知识产权；

② 进一步推广应用，获多家好评，完成的主要盆地模拟推广工作见下表；

③ 2017 年，TSM 盆地模拟系统（V2.0）被确定为中国石化探区"十三五"油气资源评价系统。

2008—2015 年完成的主要盆地模拟推广工作

完成年份	盆地	凹陷
2008 年	琼东南盆地	（本书第 10 章）
2008 年	鄂尔多斯盆地	西南缘
2008 年	四川盆地	川西坳陷（本书第 11 章）
2010 年	南襄盆地	泌阳凹陷
2010 年	渤海湾盆地	东濮凹陷
2010 年	松辽盆地	长岭凹陷（本书第 9 章）
2013 年	渤海湾盆地	东营凹陷（本书第 8 章）
2015 年	东海陆架盆地	西湖凹陷

本书主要分三个部分介绍研究成果：之一是介绍常用油气资源评价方法及其适用性；之二是 TSM 盆地模拟资源评价系统的理论基础与技术方法；之三是不同原型盆地组合模拟与资源评价。全书共分三篇 12 章。

第一篇分为 4 章，介绍了常规油气资源评价方法，指出了每种油气资源评价方法都有一定的适用范围，非常规油气资源的评价方法尚不完善。书中简述了油气资源评价方法的发展方向，对油气资源评价的基本理论和技术方法提供了一份可以参阅的文献。

第二篇分为 3 章，主要介绍了两点：（1）在中—新生代，中国陆内变格盆地形成，并介绍了 3T–4S–4M 系统程式。（2）TSM 盆地模拟资源评价系统分为 3 个主体部分：TSM 盆地分析系统、TSM 盆地模拟系统和资源分级评价系统，这 3 个系统是既相互独立，又彼此关联。TSM 盆地分析系统首先对研究区进行盆地原型及其并列叠加关系的研究，进行勘探数据的分析和梳理，建立地质模型；TSM 盆地模拟系统在盆地分析的基础上，建立模拟的流程和数据库，模拟盆地原型的地质作用和油气响应的动态过程，形成盆地"四史"演化模拟数据体，为资源分级评价提供数据基础；盆地资源分级评价工作按照盆地、区带和圈闭等不同级别进行，各个级别既各有侧重又互相关联，都是从盆地整体出发，评价油气资源的量和位置。TSM 盆地模拟资源评价系统（V2.0）的开发应用，为 TSM 盆地模拟资源评价系统提供了一个可以运行的技术平台。

第三篇分为 5 章，分别论述中国东部断陷—坳陷叠加组合、中国南方走滑盆地、中国北方中生代断陷、中国南海裂谷—边缘坳陷叠加组合、中国中西部坳陷—前渊叠加组合等 5 类地区的 TSM 盆地模拟与资源评价。为 TSM 盆地模拟资源评价系统的开发应用提供了若干成功范例。

本书编写分工具体如下：全书提纲由徐旭辉编写；前言由徐旭辉、高长林编写；第 1 章、第 2 章、第 3 章、第 4 章由陆建林编写；第 5 章由高长林编写；第 6 章、第 7 章由江兴歌编写；第 8 章由谈彩萍编写；第 9 章由朱建辉编写；第 10 章由梁世友编写；第 11 章由朱建辉编写；第 12 章由江兴歌编写；结束语由徐旭辉、高长林编写；叶德燎英文翻译；徐旭辉统稿、审定。

三十多年来，围绕盆地模拟方向先后完成了大量科研、生产项目攻关研究，期间得到了原地质矿产部石油地质中心实验室盆地研究室、原中国新星石油公司实验地质研究院数学地质研究室和计算机模拟研究室、中国石化石油勘探开发研究院无锡石油地质研究所盆地研究中心的大力支持和广大科技工作人员的参与，在此表示感谢！同时也得到上级及相关单位和领导的支持与关怀。特别要感谢的有：原地质矿产部石油地质与海洋地质局主管科技生产的刘光鼎院士，原华东石油地质局钟特强局长、杨方之局长，中国石化石油勘探开发研究院关德范院长、金之钧院长等。

感谢中国石化石油勘探开发研究院无锡石油地质研究所地质实验中心等单位协助完成了实验测试工作！

书中引用了中国石化胜利油田分公司、中国石化西南油气分公司、中国石化东北油气分公司以及国土资源部广州海洋局等单位的资料和勘探研究成果，引用了张渝昌教授级高级工程师的研究成果等。

对上述单位和个人笔者一并表示衷心感谢！并热忱希望通过此书与读者进一步交流、斧正。

本书付梓之际，笔者十分怀念朱夏先生！朱先生严谨的治学精神、风趣生动的科学演讲是多么令人难忘！又是多么令人振奋！同时，也向曾经参与此项研究工作的张渝昌、秦德余等老一辈地质学家们表达崇高的敬意！

目 录

第一篇　常用油气资源评价方法及其特点

第二篇　TSM 盆地模拟资源评价理论方法与系统

第三篇　不同原型盆地组合模拟与资源评价

CONTENTS

Part 2 Theoretical methods and system of TSM basin simulation and resource assessment

Part 3 Simulation of different proto-basin assemblage and resource assessment

常用油气资源评价方法及其特点

本篇主要介绍了三大类油气资源评价方法：成因法、类比法、统计法

（1）根据各资源评价方法基于的原理，常规油气资源评价方法按照大类主要可以划分为成因法、类比法和统计法。其中，成因法主要包括有机碳质量平衡法、氯仿沥青"A"法、干酪根热降解法、盆地模拟法、油裂解气模拟法等，近年来还新发展出烃源岩有限空间生排烃法；类比法主要包括储集岩体积法和资源丰度类比法，国外还包括地质条件比分法和专家评分法；统计法主要包括油气藏规模序列法、地质帕莱托法、回归分析法、统计趋势法、勘探层法和蒙特卡罗法等。从国外和中国开展的几轮大规模的油气资源评价工作来看，国外油气资源评价以统计法和类比法为主；中国油气资源评价成因法（尤其是盆地模拟法）使用较多。

（2）每种油气资源评价方法都有一定的适用范围和优、缺点。成因法、统计法和类比法未来一段时期仍将为中国油气资源评价的主要方法。成因法的研究进展主要体现在：① 盆地模拟技术取得了较大的进步；② 成因法资源评价关键参数研究获得了突破性进展；③ 引入了含油气系统的研究思路；④ 发展了烃源岩有限空间生排烃法。类比法的研究进展主要体现在建立了中国不同类型刻度区类比评价技术规范及刻度区数据库系统，资源量预测精度有所提高；此外，还能对油气资源的空间分布、品位评价等方面提供依据。统计法的研究进展主要体现在实际应用过程中对统计法资源评价模型进行了一定的修改，并根据实际应用情况扩充了新的统计模型，增强了应用的针对性；此外，还扩充了统计法的应用范围。

（3）油气资源评价方法的发展方向主要包括以下几个方面：① 资源分级评价技术越来越重要，盆地—区带—圈闭三个层次的资源分级评价能够为油气目标优选提供坚实的资源基础，是下步油气资源精细评价的重要发展方向之一；② 剩余油气资源空间分布预测是未来油气资源预测的主要发展方向，在总资源量一定的条件下，下一步如何准确预测高勘探程度区剩余油气资源的空间

分布，降低勘探风险，成为油气勘探的重要工作；③ 深层—超深层领域的资源评价技术，未来需进一步加强该领域烃源岩生烃、排烃、滞留烃模式及原油裂解气定量评价工作，尽快形成深层、超深层油气资源评价标准、规范，准确评估其资源潜力，明确资源富集区；④ 盆地模拟和大数据应用技术在未来的资源评价中必将发挥更重要的作用，使资源评价结果更准确；⑤ 在目前低油价的新常态下，油气资源的经济性评价越来越重要，未来要尝试采用多种评价方法相结合的经济评价方式，建立一套既符合中国油气地质特点，又与国际接轨的油气资源经济评价方法体系；⑥ 生态环境保护已成为一项基本国策，环境生态允许程度评价也将成为资源评价工作中的重要一环。

纵观国内外油气资源评价方法虽然得到长足的进展，但面对中国多旋回含油气盆地的特点，仍需要一种能从成因上、生排烃机制上更贴合地质实际的资源评价方法。TSM 盆地模拟资源评价方法是一种综合性较强的成因法资源分级评价方法体系，是基于盆地原型和演化的地质分析基础上的盆地模拟技术，更能反映中国叠合盆地的复杂结构和演化特征，并将这种特征和烃源岩评价及生烃、排烃演化结合起来，理论基础和评价结果更贴合地质实际；并且，方法体系中包含了烃源岩评价、生排烃机理方面的最新认识和研究成果，反映了上述技术进步和发展趋势。同时，也较好地切合了勘探生产的需要，克服了以往相关方法的缺陷，能较好地满足油气资源评价工作的需要。

油气资源评价是油气勘探决策的基础，其评价结果直接影响着油气的勘探和投资方向，同时其所提供的信息及可靠程度也影响着某一地区的勘探进程（徐春华等，2001）。中国盆地类型多，地质条件差别大，勘探程度不均匀，且油气资源类型多，这就要求地质学家在进行资源评价工作时要针对各探区具体情况采用多种方法进行评价。

近几十年来，尤其是 2000 年以后，随着石油地质理论的快速发展，油气勘探和实验分析测试技术的日趋完善，尤其是盆地模拟和计算机技术的引入，油气资源评价已逐步由定性迈入定量评价阶段（蔡进功等，2000）。若按细目划分，国内外目前已产生和发展的油气资源评价方法多达百余种（金之钧等，2002），依据各资源评价方法所基于的原理，目前常规油气资源评价方法主要可以划分为三大类，分别为成因法、类比法和统计法，如下图所示各大类方法下面又分为若干小类。

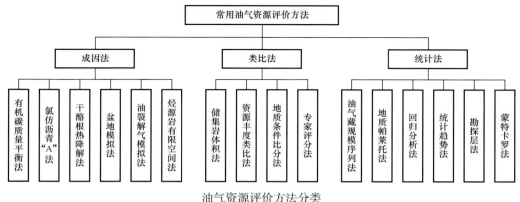

油气资源评价方法分类

Classification of common methods for assessment of hydrocarbon resource

全球性的油气资源评价研究工作始于 20 世纪 70 年代初期。20 世纪 70 年代以来，欧美主要国家和中国每年或每隔几年就会有机构或专家学者对本国和全球的油气资源开展系统评价工作，以便及时掌握油气资源的潜力及其分布情况（郭秋麟等，2015）。

从国外开展的主要资源评价工作及资源评价方法应用情况来看，美国是世界上最早开展油气资源评价的国家之一，2000 年以前的油气资源评价以统计法为主，少数地区应用了类比法；2000 年以后，建立了系统的"USGS 2000"油气资源评价方法（总体仍以统计法为主）（Klett T. R. 等，2015），目前仍主要沿用该评价方法。加拿大在 2000 年以前主要采用各类统计法（主观模型、区带分析模型、油气供给模型等）开展油气资源评价工作；2000 年以后，主要采用油气资源空间分布预测模型和被截断的发现过程模型开展资源评价工作（Chen Zhuoheng 等，2006；Lee P. J.，2008）。挪威一直采用统计学原理和方法开展本国的油气资源评价工作，主要包括地质锚链法（Chen Zhuoheng 等，1992）、发现过程法等；近年来建立了贝叶斯发现过程模型和马尔可夫链—蒙特卡罗法来评价油气资源（郭秋麟等，2015）。澳大利亚早期（1992 年前）的油气资源评价方法也以统计法为主（Forman D. J. 等，1985）；目前主要采用综合法来评价高勘探程度区的油气资源，采用类比法评价低勘探程度区油气资源。原苏联早在 20 世纪 60 年代就开始了本国的油气资源评价工作，目前除采用统计法和类比法（胡征钦，1997）开展本国及世界的油气资源评价外，还强调应用地球化学方法开展油气资源评价工作（郭秋麟等，2015）。

中国也是世界上较早开展油气资源评价的国家之一，20世纪80年代以前主要是一些粗略的估算（周总瑛等，2004）；20世纪80年代以后，中国陆续开展了几次全国范围内系统的油气资源评价工作，据统计，目前中国共开展过6次大范围的全国油气资源评价工作，见下表。

中国开展的大范围油气资源评价工作汇总
Summary of large scale of evaluation of hydrocarbon resource in China

评价时间	评价阶段	发起单位	主要评价方法
1981—1987年	全国第一轮油气资源评价	石油工业部、地质矿产部	地质分析法
1991—1994年	全国第二轮油气资源评价	中国石油	核心方法为盆地模拟法
1999—2003年	油公司三次油气资源评价	中国石油、中国石化、中国海油	三大类方法均采用，以类比法为主
2003—2007年	新一轮全国油气资源评价	国土资源部油气中心、国家发展和改革委员会、财政部	三大类方法均采用，重点采用类比法，强调趋势预测法
2008—2015年	全国油气资源动态评价	国土资源部油气中心	三大类方法均采用，强调趋势预测
2013—2015年	中国石油第四次油气资源评价	中国石油	三大类方法均采用

从中国历次大范围油气资源评价工作中采用的资源评价方法来看，全国第一轮油气资源评价总体思路是以盆地为基本评价单元，主要采用地质分析法（成因机理分析）估算中国主要盆地的油气地质资源量。全国第二轮油气资源评价沿用了第一轮资源评价的思路，主要是采用盆地模拟法计算盆地资源量，采用容积法计算区带和圈闭资源量。在油公司三次油气资源评价工作中，中国石化三次资源评价涉及成因法、统计法和类比法三大类，其中主流方法仍是成因法；中国石油三次资源评价中引入了"含油气系统"的研究思路，资源量的估算主要以"刻度区解剖"为基础的地质类比法及统计法（赵文智，2005）为主，兼顾成因法；中国海油对近海海域的资源评价主要采用"地质模型与统计模型综合法"。

2003—2007年，由国土资源部、国家发展和改革委员会、财政部发起，在油公司三次资源评价工作的基础上，开展了国家层面新一轮油气资源评价工作。本次评价根据不同盆地的地质特点，在类比法、统计法和成因法中选择应用了15种评价方法，力求做到评价方法和参数标准的统一。在新一轮全国油气资源评价基础上，2008—2015年，国土资源部又牵头组织开展了全国油气资源动态评价工作，该次评价以规范的评价方法、参数和技术为标准，结合各盆地实际地质情况和勘探程度，选择成因法、统计法、类比法和专家法开展评价，强调统计法和类比法的应用。2013年，中国石油启动"第四次油气资源评价"工作（郭秋麟等，2015），按常规油气和非常规油气两大类，分别优选出评价方法体系（吴晓智等，2016），首先按评价目标划分为盆地和区带两个级别，主要是采用统计法和成因法评价盆地资源，统计法和类比法结合评价区带资源。

从国内外常规油气资源评价方法应用情况来看，国内外存在较大差别，国外主要采用统计法和类比法评价油气资源，尤其是统计法应用广泛；而中国油气资源评价目前成因法（尤其是盆地模拟法）应用较多，统计法和类比法也有应用。

1 成因法

成因法：也叫物质平衡法，其根本原理来自 Tissot 的干酪根热降解晚期生烃理论。成因法是以生烃量计算为主的评价方法，主要是通过对烃源岩时空展布研究确定其有效生烃体积（质量）；然后根据烃源岩地球化学特征研究和生排烃模拟实验综合确定其在不同演化阶段下的生排烃效率及生排烃量；在此基础上计算油气生成、排出量；最后结合待评价区油气聚集系数研究确定资源量。成因法的核心是生烃量的计算，根据能够反映烃源岩生烃和残留烃性能指标的不同又可以划分为有机碳质量平衡法、氯仿沥青"A"法、干酪根热降解法、盆地模拟法等。目前，盆地模拟法应用最为广泛。成因法中除上述常用方法之外，近年来，还有学者提出了有限空间法来评价石油的资源量。

1.1 有机碳质量平衡法

1.1.1 基本原理

沉积岩石中的有机碳质量（数量）和有机碳含量是沉积盆地油气资源和烃源岩评价的两个最重要的有机地球化学指标。烃源岩中的有机质主要包括岩石中的可溶有机质（氯仿沥青"A"）和不溶有机质（干酪根）。根据干酪根晚期热降解生烃理论，随着烃源岩埋藏深度的不断增加，经受的地温越来越高，当达到生烃门限温度时，干酪根开始热降解大量生烃、排烃，由于油气的排出，烃源岩中的残留有机质含量应不断降低（周总瑛，2009）。烃源岩在生油门限前未大量生烃、排烃时的有机质含量称为原始有机质丰度，而实验室测试获得的则是烃源岩生烃、排烃后的残余有机质丰度。

有机碳质量平衡法是从有机质的沉积、演化过程出发，根据碳质量守恒的原理，恢复烃源岩中原始有机碳含量和计算原始有机碳转化为烃碳的比率，进而推算生烃量，然后根据研究区油气排聚系数研究结果，得出待评价区的油气资源量。这类方法实际上是一种成因模型。计算公式如下：

$$Q_s = A_s \times H_s \times \rho \times TOC_c \times f \times K_c \tag{1-1}$$

$$Q = Q_s \times K_{排聚} \tag{1-2}$$

式中　Q_s——生油（气）量，10^8t；

　　　A_s——有效烃源岩面积，km^2；

　　　H_s——有效烃源岩厚度，m；

　　　ρ——烃源岩密度，t/m^3；

TOC$_c$——烃源岩残余有机碳含量，%；

f——有机碳恢复系数；

K_c——有机质产烃率（油、气），mg/g（TOC）；

$K_{排聚}$——排聚系数；

Q——油（气）资源量，10^8t。

式（1-1）右边 $A_s \times H_s$ 表示有效烃源岩的总体积；$A_s \times H_s \times \rho$ 表示烃源岩的总质量；$A_s \times H_s \times \rho \times TOC_c \times f$ 表示有效烃源岩中原始有机碳的总重量，$A_s \times H_s \times \rho \times TOC_c \times f \times K_c$ 表示这么多的原始有机碳转化成了多少油气。这种生烃量的计算思路是一种化学反应的思路，表达了这样一个物理化学过程：原始有机质中能够产烃的部分经过热解作用后部分可转变为烃类，且是随有机质成熟度增加而累进的过程。有机碳质量平衡模型本质上是一个动态模型。在理论上，它允许把评价的时间坐标移动到烃源岩演化过程的任意点上，由此而展现出烃源岩产烃强度随时间的变化。

1.1.2　适用条件

有机碳物质平衡法在计算烃源岩生烃量过程中充分考虑了烃源岩随埋藏深度的增加，有机碳向烃类的转化过程，所有参数的选取都直接与地质历史过程相关，具有明确的地质意义，如有机质丰度、有机质产烃率等。此外，该类方法原理简单，易于理解，且便于计算。该方法一般适合于勘探早期的盆地（李剑等，2004），可用于粗略估算研究区的生烃量，在此基础上开展排烃条件及排聚系数研究，进一步估算研究区的资源潜力。

1.1.3　关键参数

从式（1-1）、式（1-2）中可以看到，有机碳质量平衡法中出现了 3 个关键参数，分别为残余有机碳含量 TOC$_c$、有机质产烃率 K_c 和油气排聚系数 $K_{排聚}$。残余有机碳含量 TOC$_c$ 可以由有机碳分析仪直接测定，结合不同有机质类型烃源岩在不同演化阶段下的有机碳损失率可得到有机碳恢复系数 f，从而得到烃源岩的原始有机碳含量。有机质产烃率 K_c 是有机碳质量平衡法计算生烃量中最关键的参数，该值直接影响了生烃量的大小，进而影响到油气资源量的大小。从目前来看，有机质产烃率主要通过烃源岩自然演化剖面（陈建平等，2014；刘庆等，2014）、热解实验、热压生排烃模拟实验（米敬奎等，2009）等获得，前人对有机质产烃率开展了大量的研究工作，认为其主要与烃源岩岩性组合、干酪根类型（高岗等，2006）和成熟度有关，此外，还与沉积环境（蔡希源，2012）、有机质丰度（钟宁宁等，2007）和热模拟实验过程中体系的封闭程度（王治朝等，2009）有关。除此之外，成因法资源量计算过程中，都涉及将生烃量 Q_s 转换成资源量 Q，生烃量转换成资源量的关键是排聚系数的求取，由于现阶段对油气运移、聚集成藏机理研究尚不完善，且不同盆地地质条件差异大，很难建立有效的数学模型确定排聚系数，导致人为因素影响较大，这在一定程度上影响了成因法资源量估算结果的可靠性（周总瑛，2005）。

1.1.4　评价流程

应用有机碳质量平衡法计算研究区资源量的一般流程是：（1）根据某套烃源岩实

测的残余有机碳及 R_o 分析测试数据，结合有机质类型综合给出有效烃源岩的下限指标；（2）结合测井、地震资料综合预测该套烃源岩的时空展布（面积、厚度等），得到有效烃源岩的分布特征；（3）根据烃源岩有机质类型和热演化程度计算有机碳恢复系数，获得原始有机碳含量平面分布数据；（4）选取研究区相同或相似地质条件下的未熟—低熟烃源岩样品，开展生烃热压模拟实验，得到不同演化阶段的产烃率；（5）根据公式计算烃源岩的生烃量（原油和天然气要分别计算）；（6）开展待评价区油气排烃及聚集条件研究，综合分析得到油气的排聚系数，在生烃量计算基础上计算油气资源量。

1.1.5 评价结果分析及应用

有机碳质量平衡法一般用于盆地级别原油及天然气资源量的估算，特别是生烃量的估算。在全国第二轮油气资源评价时，此法在四川盆地产烃量计算中应用效果较好（陈子恩，1988），后期在中国东部凹陷也得到了应用（盖玉磊，2008）。

1.2 氯仿沥青 "A" 法

1.2.1 基本原理

除有机碳含量外，烃源岩中的氯仿沥青 "A" 含量也常用来表征烃源岩的有机质丰度，一般认为，烃源岩中氯仿抽提物的性质与原油相近，氯仿沥青 "A" 含量基本代表烃源岩中残留烃的含量。因此用氯仿沥青 "A" 法可以计算烃源岩中残留油量。计算公式为：

$$Q = A_s \times H_s \times \rho \times A \times \frac{1}{1-K_{排}} \times K_{排聚} \qquad (1-3)$$

式中　Q——油（气）资源量，10^8t；

　　　A_s——有效烃源岩面积，km^2；

　　　H_s——有效烃源岩厚度，m；

　　　ρ——烃源岩密度，t/m^3；

　　　A——烃源岩氯仿沥青 "A" 含量，%；

　　　$K_{排}$——排烃系数；

　　　$K_{排聚}$——排聚系数。

1.2.2 适用条件

氯仿沥青 "A" 法也是成因体积法中的一种，主要用来评价研究区残留油量的大小，计算过程中充分考虑了烃源岩有机质向油气转化后残留在烃源岩内的有机质含量。该类方法原理和计算过程都较简单，一般适用于烃源岩热演化程度较低盆地石油资源量的计算。

1.2.3 关键参数

在式（1-3）中，氯仿沥青 "A" 法中出现了3个关键参数，分别为氯仿沥青 "A" 含量 A、排烃系数 $K_{排}$ 和排聚系数 $K_{排聚}$。氯仿沥青 "A" 含量 A 可直接由实验分析仪测定；

排烃系数 $K_{排}$ 主要通过研究区油气运移条件研究得到，或者借用相似地质条件下石油的排烃条件得到；与有机碳质量平衡法类似，氯仿沥青"A"法资源量计算中也涉及将生烃量转换成资源量，排聚系数 $K_{排聚}$ 的选取是关键，主要通过研究区石油运移及聚集条件综合分析得到，该项参数的选取人为因素影响较大。

1.2.4 评价流程

应用氯仿沥青"A"法计算研究区资源量的一般流程是：（1）根据某套烃源岩实测的氯仿沥青"A"含量、R_o 分析测试数据及有机质类型综合判定结果，结合测井、地震资料综合预测该套烃源岩的时空展布（面积、厚度等），得到有效烃源岩的体积；（2）根据实测烃源岩密度 ρ 和氯仿沥青"A"含量等值线图计算有效烃源岩中残留烃量的大小；（3）开展石油运移条件分析，结合生烃、排烃实验综合确定烃源岩排烃系数 $K_{排}$，在此基础上计算烃源岩的生烃量；（4）开展待评价区油气排烃及聚集条件研究，综合得到油气的排聚系数，在生烃量计算基础上计算油气资源量。

1.2.5 评价结果分析及应用

氯仿沥青"A"法一般用于盆地或区带级别原油资源量的估算，多用于勘探程度较低、烃源岩热演化程度较低盆地石油资源量的估算。在全国第一、第二轮油气资源评价时，此类方法得到了较好的应用效果。

1.3 干酪根热降解法

1.3.1 基本原理

干酪根热降解生油模型是法国 Tissot 等（1982）根据干酪根降解生油理论提出的，又称 Tissot 法或化学动力学法。其基本思路是认为油气由干酪根裂解生成，干酪根是多成分、多键合的复杂有机物，被原子键或碳链键连接的生油母质。由于埋藏深度和温度的增加，能量使干酪根大分子化合物中的各类键断裂，大致以所增加能量的次序，逐渐地被破坏，形成油气的生成过程。干酪根热降解生油的化学反应速度，只与反应物浓度成正比，因此，可视为一级化学反应（武守诚，2005），干酪根的热降解服从阿雷尼厄斯方程：

$$K=A \times e^{-E/RT} \tag{1-4}$$

式中　K——干酪根降解成油的反应速率，即在单位时间（0～t）内，原始干酪根的生油总速率；

　　　A——频率因子，也叫阿雷尼厄斯系数，即生油过程中形成的物质碰撞率，Ma^{-1}；

　　　E——相应的活化能，即不同类型干酪根热解成烃时所需要的能量，也就是键能断开和新键能形成所需要的能量，由于受热史的不同，即温度不同，所需活化能也不同，不同类型干酪根在同一温度下，活化能也不同，kcal/mol；

　　　R——气体常数，1.986cal/（mol·K）；

　　　T——绝对温度，由盆地沉降速率、地温梯度、沉积时间和地表温度共同决定，K。

在上述原理基础上，Tissot 等提出了采用化学动力学法计算石油资源量的方法，之后中国也引入了该类资源评价方法，并在应用中做了适当改进（卢双舫，2005）。

1.3.2　适用条件

干酪根热降解法考虑到了不同生油母质干酪根类型生成烃类能力的不同，计算生油量时将不同类型干酪根区别处理，就更接近真实的生油生气过程；另外，该方法考虑了热史，从化学动力学反应过程出发，低温有利于活化能低的物质发生反应，高温有利于活化能高的物质发生反应，Tissot 动力学模型是根据不同热演化阶段计算出各类干酪根在不同阶段的活化能和最大生油量，对不同热演化阶段的干酪根，按照不同的活化能、频率因子进行计算，更能反映不同热历史条件下的干酪根生油气能力（史继扬，1990）。该方法适合于各时期盆地或区带生烃量的评价。

1.3.3　关键参数

干酪根热降解法计算生烃量过程中最重要的参数是不同有机质类型的确定及其生烃动力学参数，干酪根类型可以通过各类实验分析测试数据得到，生烃动力学参数主要通过模拟实验获得。

1.3.4　评价流程

应用干酪根热降解法计算研究区资源量的一般流程是：（1）确定有效烃源岩分布体积及重量；（2）根据多项实验分析测试资料综合判定有机质类型；（3）开展不同干酪根类型的生烃动力学模拟实验，得到生烃动力学相关参数；（4）根据相应公式（金强，1986；卢双舫，2005）计算待评价区油气生成量，在生烃量计算基础上计算油气资源量。

1.3.5　评价结果分析及应用

干酪根热降解法可用来评价不同勘探阶段盆地、区带油气资源量的估算。在全国第一、第二轮油气资源评价时，此类方法得到了较好的应用效果。

1.4　盆地模拟法

1.4.1　基本原理

盆地模拟是油气勘探中一种快速、动态、定量的综合研究手段，它是通过计算机技术把地质、地球物理、地球化学、地球热力学、地球动力学及流体渗流力学等学科的知识和方法综合起来，首先在盆地分析的基础上，建立各种盆地油气生成、运移、聚集等相关的地质模型；其次，根据地质模型的特点，采用适当的物理、化学、热力学、动力学、流体力学等方程来描述相关的地质过程，即建立相应的数学模型；最后，根据盆地类型和地质特征确定求解条件、选择合理的数值解法、输入恰当的模拟参数，在时间和空间域中对盆地的地质演化、有机质热成熟以及油气的生成、运移乃至聚集过程进行历史分析和定量描述（周总瑛，2005）。以定量描述形式表达地质观念、检验地质模式、逼近地质真实，从而达到从已知到预测未知认识的飞跃。

一个完整的盆地模拟系统由地史、热史、生烃史、排烃史和运移聚集史等5个模块有机组成。"五史"模型中生烃史较成熟，地史和热史次之，最薄弱的是排烃史和运聚史，这也是今后模拟技术突破的关键环节。各模块结构上相对独立，在系统内依次排列、彼此耦合。前置模块是后续模块的前提与条件，对后续模块的运行有制约与控制作用；后续模块是前置模块的延展与推进，对前置模块的运行有反馈作用（尚延安，2012）。各模块的功能及主要模拟方法见表1-1。

表 1-1 盆地模拟系统的主要模拟方法及其适用性（据周总瑛，2005）

Table 1-1 Main simulation methods in basinal modelling systems and their suitability（After Zhou，2005）

系统模块	模拟的功能	模拟的方法	适用性
地史	沉降史 埋藏史 构造演化史	回剥技术	正常压实带
		超压技术	欠压实带
		回剥和超压相结合	正常压实带和欠压实带
		平衡地质剖面	剖面上变形守恒
热史	热流史 地温史	地球化学法	勘探程度较高地区
		地球热力学法	可靠性较低
		地球热力学和地球化学相结合法	可靠性较高
生烃史	烃类成熟度史 生烃量史	TTI—R_o法	勘探程度较高地区
		Easy R_o法	适用较广
		化学动力学法	适用较广
排烃史	排烃量史 排烃方向史	压实法	孔隙度变化正常的情况（排油）
		压差法	孔隙度变化异常的情况（排油）
		渗流力学法	排油、排气、排水
		微裂缝排烃法	深层及碳酸盐岩
		物质平衡法	排气
运移聚集史	油气运移史 油气聚集史	二维二相渗流力学	垂直剖面、油气或气水
		二维三相渗流力学	垂直剖面、油气水共存
		三维三相渗流力学	立体空间、油气水共存
		拟三维二相历史模拟	平面油、气
		流体势分析法	古构造及地下流体环境比较清楚
		算子分裂法	视三维模型

按考虑问题的时空关系，盆地模拟系统分为一维、二维、三维系统。一维盆地模拟系统只考虑垂直方向（Z 轴），由平面上各点的模拟结果来综合研究整个模拟地区，主要功能是恢复埋藏史、重建热史、评价有机质成熟度和计算生烃量，其缺点是难以模拟油气的运移聚集史；二维盆地模拟系统考虑的是平面，包括剖面（X，Z）和平面（X，Y）两种类型，除完成一维盆地模拟的内容外，还可模拟、计算流体压力史、烃类运移史和圈闭充注量；三维盆地模拟系统考虑的是空间（X，Y，Z），克服了一维、二维盆地模拟的缺点，能够在三维空间内准确地重建沉积盆地的热演化史、压力演化史、烃类生成史、多相流体运移与聚集史等。因此，一维模拟称为成熟度模拟（Maturity Modelling），二维模拟和三维模拟称为流体流动模拟（Fluid Flow Modeling）。

自 20 世纪 80 年代初期盆地模拟技术引入中国后，许多研究机构和院校相继开发出一系列规模不等、各有针对性的盆地模拟软件系统。盆地模拟技术也取得了长足的进展（郭秋麟等，2006）。目前，盆地模拟技术正朝着"系统化"和"工具化"的方向发展，在油气资源评价中也发挥着越来越重要的作用，主要体现在：（1）盆地模拟"五史"研究能够促进基础地质参数研究的规范化，在一定程度上保证了资源评价参数取值的可靠性；（2）不断增加的新模块能够解决有效烃源岩分布面积，生排烃效率和裂解气计算等难题，使生烃量与排烃量的计算结果更准确；（3）结合多元统计和三维运聚模拟技术（米石云等，2009；郭秋麟等，2015）的发展完善，盆地模拟技术可以更准确地预测油气资源规模及其分布情况。

盆地模拟法是油气资源评价方法中成因法的典型代表，该类方法的最大优点是（1）有完整的油气成藏理论的支持，模拟参数与结果的地质意义明确；（2）模拟过程体现油气成藏过程研究中循序渐进和环环相扣的技术特点，容易被人们所接受。正因为具有以上优点，在全国第二轮油气资源评价中，盆地模拟的应用达到了高潮，当时参加该项研究的油田和研究单位（包括现中国石油、中国石化和中国海油的所有油田和单位）几乎都应用了盆地模拟技术，并将其作为主要的技术方法。

1.4.2 适用条件

从盆地模拟的定义和特点考虑，其模拟对象必须是一个或多个相对独立的油气生、运、聚地质单元。在盆地内含油气系统分布比较清楚的条件下，应以含油气系统为基本的区域模拟对象。

盆地油气勘探的各个阶段都可以进行盆地模拟分析，除了油气普查阶段没有系统的盆地油气地质资料，难以开展盆地分析模拟之外。具体地讲，应具备以下必要条件（李剑等，2004）：（1）盆地范围内普遍开展了重、磁、电、地震等物探工作，盆地构造特征及地层充填格架和序列基本查明；（2）具有参数井（或科探井）和预探井资料；（3）具有相关分析化验资料。

1.4.3 评价流程

1.4.3.1 建立盆地地质模型

地质模型是地质学家根据对盆地大量地质资料的实际观察和理论研究所做的关于盆地

形成、演化及其油气地质过程的概括描述，包括以下主要内容。

（1）盆地沉积岩相特征：利用地质、地球物理和钻井资料，开展地震地层学及层序地层学研究，划分地震相、层序、体系域，编制岩相及岩性分布图；

（2）烃源岩特征：根据分析化验资料，进行油气源对比，确定有效烃源岩层；结合地震相、沉积相分布规律，预测烃源岩区域分布，编制烃源岩厚度等值线图、有机质丰度等值线图、干酪根类型分布图；开展干酪根成烃化学动力学参数分析化验研究等；

（3）储层特征：根据单井相分析结果和成岩作用研究结果，确定主要储集层段；结合地震资料进行储层横向预测；编制储层岩性含量、物性分布图；

（4）输导层特征：根据沉积相、地震相以及构造地质资料，分析运移通道的性质、空间展布及其连通性等；

（5）封盖层特征：通过盖层封闭机理和排替压力的研究，确定盖层性质、规模、质量，以及盖层和断层侧向封堵的有效性；

（6）圈闭类型与分布：根据地震和探井资料，编制各层构造等值线图，研究盆地内圈闭类型和分布模式。

1.4.3.2 参数研究与优化

（1）根据盆地的类型，按地史、热史、成熟史、生烃史、排烃史、聚集史等各个过程，分别选择不同的计算模型；

（2）选择盆地模拟所需的各项参数；

（3）参数的优化：利用实测资料，如实测井中孔隙度、井中温度、井中 R_o、今热流、磷灰石裂变径迹等，优化计算参数。

1.4.3.3 模拟计算与结果检验

模拟结果的可信度取决于多种因素，如地质研究程度、资料和参数的可靠性、地质概念模型建立的合理性、数学模型逼近地质概念模型的程度等。其检验的标准就是与地质实际情况的符合程度。如果模拟结果能基本反映地质实际，那么就认为模拟是成功的，否则就要从上述诸影响因素着手，予以修改和完善，直至模拟结果符合实际情况为止。

1.4.3.4 模拟结果分析

以含油气系统思路为指导，以全部数值模拟结果为基础，并结合其他相关油气地质资料进行油气地质综合分析评价。主要内容包括：

（1）盆地油气地质条件及油气地质过程分析；

（2）关键时刻盆地或含油气系统事件组合及平面分布；

（3）利用分割槽划分油气运聚单元，综合分析单元油气聚集量，进行区带资源量匹配分析；

（4）有利区带及目标分析评价。

1.4.4 含油气系统分析与运聚单元划分

含油气系统分析，就是在盆地"五史"动态模拟结果基础上，按照含油气系统的思路和方法，通过油气成藏关键时刻事件组合关系的建立和系统内油气运聚单元的解剖，指出油气藏的形成和分布规律，最终开展运聚单元的区带资源量估算和目标评价。其采用的方法是盆地数值模拟与常规油气地质研究密切结合的综合分析模拟法。

1.4.4.1 关键时刻确定

通过盆地生排烃模拟的综合分析确定烃源岩大量生烃、排烃和聚集的关键时刻。传统做法是通过恢复单井的最大埋藏时刻确定的。最大生烃时期是成熟度、生烃速率综合作用的结果，而最大埋深时期有时不一定代表最大生烃时期。因此，关键时刻的确定应以有效烃源岩的整体生排烃效应为主要依据。

1.4.4.2 运聚单元划分

在含油气系统内，油气自生烃中心沿优势途径向相对低势区运移，在有圈闭条件的场所聚集成藏。研究表明，在含油气系统的生排烃关键时刻，系统特征层面（即烃源岩顶面）的油气运移分割槽从沉降中心呈发散状将含油气系统分割为多个相对独立的流场单元，相邻单元与单元之间不发生明显的流体交换，这种结构单元被称之为油气运聚单元。

采用盆地模拟与地质综合研究相结合的方法进行运聚单元的划分。单元划分的精度直接影响到区带资源量计算分析，因此划分时应采用尽可能多的地质资料。主要依据的资料包括：关键时刻储层沉积相图、砂岩百分含量图、关键时刻烃源岩顶面构造图、顶面流体势等值图、有效烃源岩分布范围图，或烃源岩生排烃强度图、关键时刻有效盖层分布图等。

划分时，首先根据目的层的沉积相图分析烃源岩与储集体的接触关系，查找二者之间具有指状交叉接触关系的储集体发育带，并结合构造图上的断层、裂缝，以及有效盖层和圈闭发育情况，综合确定主要运移输导系统和可能的油气聚集区。然后根据烃源岩顶面流体势等值线图和有效烃源岩分布图，从生烃中心沿流体势等值线的最大值点向势能梯度减小的方向（向外）划分几个呈发散状展布，包容上述某一油气聚集区带的流场单元，此即油气运聚单元。在一个运聚单元中，至少包含有一个已知或预测油气圈闭。

1.4.4.3 运聚单元油气可供聚集量计算

根据物质守恒原理，按照可供聚集量的概念，油气资源量计算的基本模型为：

油气可供聚集量 = 排烃量 − 散失量

油气工业聚集量 = 可供聚集量 − 非工业聚集量

油气资源量 = 油气聚集量 − 生物降解量

其中油气散失量包括：油在运载层中的残余量；油气在运载层中被岩石吸附量；油气在储层中的溶解量和扩散量；油气通过断层或不整合面等通道的运移损失量；油气的生物降解损失量等。

1）单元供油气量计算

单元供油气量是指烃源岩生成的油气经过初次运移后进入运载层中的油气量，其大小与运聚单元面积、烃源岩排烃强度以及排烃分配因子有关。单元内某一运载层的供油气量为：

$$Q_e = Q_{ge} \cdot K_{ge} \tag{1-5}$$

式中　Q_e——进入单元内某一运载层中的供油气量，m^3；

　　　Q_{ge}——单元内烃源岩排油气量，m^3；

K_{ge}——单元内某一运载层的排油气分配因子。

其中的排烃量分配因子需依据运聚单元内生储盖配置情况加以确定。

2）运载层中的吸附油气量计算

吸附量的大小与运载层的岩性、粒度、温度、有机质含量等因素有关，建立完善的数学模型比较困难。目前多采用模拟实验类比法计算吸附油气量。

$$G_a = k_i \cdot \sum_{i=1}^{n} \left[V_i \cdot (1-\phi_i) \cdot \rho_i \right] \qquad (1-6)$$

式中　G_a——岩石吸附油气量，m^3；

　　　　k_i——第 i 种岩石对气的吸附系数，m^3/t；

　　　　V_i——运载层中第 i 种岩石的体积，m^3；

　　　　ϕ_i——运载层中第 i 种岩石的平均孔隙度，%；

　　　　ρ_i——运载层中第 i 种岩石的平均密度，t/m^3；

　　　　n——运载层中岩石种类数。

3）气在储层中的溶解量计算

主要考虑运载层中地层水的溶解气量，它主要取决于地层水的体积以及气在水中的溶解度，后者又受到地层温度、压力以及地层水含盐度等因素控制。具体做法是：首先计算，然后考虑地层水含盐量，将其校正到地层条件下，最后计算溶解气量。

$$G_{dis} = V_c \cdot P_{path} \cdot R_{sw} \cdot f \qquad (1-7)$$

式中　G_{dis}——运载层中的溶解气量，m^3；

　　　　V_c——运载层的体积，m^3；

　　　　P_{path}——主通道系数，即主通道孔隙体积与运载层孔隙体积之比；

　　　　R_{sw}——天然气在纯水中的溶解度，m^3/m^3；

　　　　f——地层水含盐量校正系数。

4）储层中扩散气量计算

气的扩散作用是在浓度梯度下的一种物质传递过程，扩散气量的大小与气的组分、盖层厚度、扩散作用持续时间以及扩散面积等有关。

$$G_{dif} = S \cdot t / H \cdot \sum_{i=1}^{m} (D_i \cdot C_i) \qquad (1-8)$$

式中　G_{dif}——扩散气量，m^3；

　　　　S——扩散面积，m^2；

　　　　t——扩散时间，s；

　　　　H——盖层厚度，m；

　　　　D_i——第 i 种气体的扩散速率，m^2/s；

　　　　C_i——第 i 种气体的初始扩散浓度；

　　　　m——天然气组分数。

5）断裂散失模型

断层漏失量的大小取决于断层的规模（断层的长度和断裂带的宽度）、油气在断裂带中的渗流速度和渗漏时间。

（1）裂缝渗透率。裂缝渗透率是计算裂缝渗流速率和裂缝渗流量的主要参数。谭廷栋等（1987）在实验的基础上，经理论推导得出裂缝渗透率 K_f 为：

$$K_f = \phi_f \frac{b^2}{12} \tag{1-9}$$

式中　b——裂缝宽度；

　　　ϕ_f——裂缝孔隙度。

（2）流体在断裂中的流速。流体在断裂带中的流速 v 可以用达西定律计算：

$$v_f = \frac{K \Delta \Phi}{\mu Z} \tag{1-10}$$

式中　K——断裂带的渗透率；

　　　$\Delta \Phi$——断裂带流体势差；

　　　μ——油气的黏度；

　　　Z——运载层的埋深。

（3）断裂散失时间。断裂散失时间是计算断裂散失量的重要参数。因为只有当断裂断到地表（或古地表）时才能成为散失的通道。因此断裂的散失时间应与各主要不整合的剥蚀时间有关。在计算时，将不整合的剥蚀时间作为在此剥蚀期通天断层的散失时间。不整合的剥蚀时间可通过不整合的剥蚀厚度计算。

（4）断裂损失量。油气进入断裂后，将在流体势差的作用下，沿断裂带向上运移，油气通过断裂的总量与断裂带的规模、油气在断裂中的渗流速率和断裂散失时间有关，即油气通过断裂的运移量可用下式表示：

$$Q_f = L_f \cdot H_f \cdot \phi_f \cdot v_f \cdot t \cdot S_g \tag{1-11}$$

式中　Q_f——断裂损失量；

　　　L_f——断裂带的长度；

　　　H_f——断裂带的宽度；

　　　ϕ_f——断裂带的孔隙度；

　　　t——断裂散失时间；

　　　S_g——含油气饱和度。

在运移过程中，遇到储层将向储层发生分流。分流量的多少取决于断裂带和储层的流体势梯度以及断裂带和储层的渗透率和厚度。因此，储层和断裂带的分流系数可以定义为：

$$\gamma = \frac{Q_r}{Q_f} = \frac{K_r \mathrm{grad} \Phi_r H_r}{K_f \mathrm{grad} \Phi_f H_f} \tag{1-12}$$

式中　γ——储层和断层的分流系数；

　　　Q_r——储层分流量；

　　　K_r——储层渗透率；

　　　$\mathrm{grad} \Phi_r$——储层流体势梯度；

gradΦ_f——断层流体势梯度；

H_r——储层厚度；

H_f——断裂带厚度。

断裂带中运移的天然气总量经运移途中各储层分流后，剩余的将到达地表而散失。

6）剥蚀散失模型

剥蚀作用造成的散失主要是油气通过剥蚀区储层或不整合风化带的露头发生的散失。这种散失量的计算比较简单，主要与储层的厚度、储层沿走向的散失出露长度以及气通过储层的散失速率和散失时间有关。储层或不整合的散失量 $Q_{剥蚀}$ 为：

$$Q_{剥蚀}=H_r \cdot L_r \cdot \phi_r \cdot v_r \cdot t \qquad （1-13）$$

式中　H_r——储层厚度；

L_r——出露储层的散烃长度；

ϕ_r——储层的孔隙度；

v_r——储层油气渗流速率。

渗流速率可以按达西定律计算。

7）统计法确定工业聚集量

某一运聚单元内油气的排出量扣除各种散失量即为可供聚集量。可供聚集量扣除非工业聚集量即为工业聚集量。

统计法是国际上进行工业聚集资源量预测的最有效的方法之一，其思路是从已探明的聚集分析入手，通过大量的统计分析模型（如发现过程模型、气田（藏）规模序列、统计趋势分析法、回归分析模型法等），预测评价单元内的总聚集量，即为单元内的可供聚集量。如果以最小经济油气田规模将油气田规模分布序列截为两段，大于最小经济规模的油气田序列的总聚集量即为工业油气聚集量，小于最小经济规模的油气田序列的总聚集量即为非工业聚集量。

8）利用物质平衡方程计算运聚单元油气可供聚集量

运聚单元内油气可供聚集量的实际大小取决于供油气量、油气散失量和有效圈闭容积三者之间的关系。根据上述方法计算出各运载层的供油气量、油气散失量，只需再计算出有效圈闭的容积即可利用物质平衡方程和油气差异聚集原理求出单元油气可供聚集量。

1.4.4.4　运聚单元地质资源量与可采资源量计算

在含油气系统运聚单元刻度区解剖，以及运聚单元可供聚集量计算基础上，根据刻度区油气可供聚集量的探明率和采收率统计数据，即可求出在运聚单元的地质资源量与可采资源量。

1.4.5　评价结果分析及应用

随着计算机技术的发展和普及，盆地模拟方法已经成为当前成因法中最常见、最具代表性的方法，而且是中国"六五"（1981—1985）和"八五"（1990—1994）期间两轮全国油气资源评价的主导方法。在 2001—2003 年的中国石油主要含油气盆地油气资源评价和 2003—2006 年的新一轮全国油气资源评价研究中，中国石油天然气股份有限公司 16 个参评单位均使用了盆地模拟技术。国内另外两大石油公司——中国石化和中国海油，在近年来的油气资源评价中也都不同程度地使用了该技术。长期以来的应用成果表明，盆地模拟技术在油气资源评价中发挥着重大的作用。

1.5　油裂解气模拟法

1.5.1　基本原理

随着全球油气工业的快速发展，油气勘探目的层已逐步由中浅层向深层和超深层拓展。由于深层、超深层领域埋深大，经历了多期构造运动，烃源岩和油气成藏演化时期长、过程复杂，烃源岩多进入高成熟、过成熟的裂解气演化阶段，资源潜力评估难度大，这严重制约了深层油气的勘探进程。近年来，关于深层油气烃源岩生烃模式和滞留烃、裂解气定量评价（孙龙德等，2013；李剑等，2015）已取得阶段性认识，在一定程度上指导了深层领域的油气资源评价工作，也发展了一些对应的评价方法，油裂解气模拟法就是其中的一种。计算公式如下：

$$Q_{生}=S \cdot H \cdot \rho \cdot C \cdot R_{(T)} \tag{1-14}$$

$$Q=Q_{生} \cdot k \tag{1-15}$$

式中　Q——天然气盆地资源量，$10^8 m^3$；

$Q_{生}$——烃源岩生气量，$10^8 m^3$；

S——烃源岩面积，km^2；

H——烃源岩厚度，m；

ρ——烃源岩密度，t/m^3；

C——有机碳含量，%；

$R_{(T)}$——不同成熟度条件下的产气率，m^3/t（有机碳）；

k——排聚系数。

1.5.2　适用条件

该方法主要适用于高—过成熟气源岩的盆地或地区。

1.5.3　关键参数

该计算方法最重要的关键参数是产气率的确定，主要通过以下方法获取：（1）在密闭体系下测定烃源岩产气率（为最大产气率）；在开放体系下测定烃源岩产气率（为最小产气率）；（2）在实验数据基础上建立不同开放程度下的产气率模型；（3）建立不同开放程度的地质模型，考虑因素包括烃源岩厚度、与储层接触关系、断裂、裂缝发育程度、储层孔渗性等。

1.5.4　评价流程

根据油裂解气基本原理及计算方程，评价流程主要包括（图1-1）：

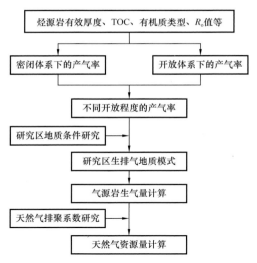

图 1-1　油裂解气模拟法应用流程图

Fig. 1-1　Flow chart showing the application of oil cracking gas modelling

（1）根据待评价区地质条件确定烃源岩有效厚度（h）、有机碳含量（C）、有机质类型和有机质成熟度（R_o），在此基础上圈定有效烃源岩分布面积（A）；

（2）开展密闭体系和开放体系下的产气率测定；

（3）计算不同开放程度的产气率；

（4）在研究区石油地质条件研究基础上建立气源岩生排气地质模式；

（5）采用成因法计算气源岩总生气量；

（6）研究待评价区天然气排聚系数，计算天然气资源量。

1.5.5　评价结果分析及应用

油裂解气模拟法一般用于高—过成熟烃源岩的盆地或地区天然气资源量的估算，主要用来评价早期形成的原油在不同演化阶段转化成天然气资源量的大小。此方法广泛应用在中国南方高—过成熟盆地天然气资源量的计算。

1.6　烃源岩有限空间法

1.6.1　基本原理

成因法中除传统的几种方法外，以关德范、徐旭辉等（2005，2008，2014）为主的研究团队近年来提出了针对烃源岩的有限空间生烃、排烃理论。关德范等（2005）认为采用成因法计算生油量是一种纯化学反应的思路，忽略了油气成藏边界条件的分析，没有把盆地的演化过程与成烃成藏作为一个统一的过程来综合分析。按照成因法计算的生油量或生气量是一种潜量的概念，是假定烃源岩原始总有机碳都能够转化为烃类的最大量。而实际上烃源岩中有机碳有相当一部分碳目前是尚未转化为烃类的，尤其是对于中国东部较低成熟度烃源岩来说，烃源岩中多数有机碳并未转化生烃，在此基础上采用成因法计算的生烃量再乘以人为性较大的"排烃系数"和"运聚系数"得到的资源量,显然是不严谨、不科学的。针对干酪根热降解生烃理论存在的上述问题,近年来,关德范、徐旭辉等(2008,2014)基于成烃、成藏方面的思考提出了有限空间生烃、排烃模式,并建立了对应的评价方法。

有限空间生烃、排烃理论强调了烃源岩沉积成岩演化中孔隙空间的变化,认为烃源岩在沉降阶段因热降解生成的油量受到烃源岩孔隙空间的限制。因此,可以通过不同演化阶段烃源岩孔隙体积、含油饱和度和原油密度来定量计算不同演化阶段烃源岩的生油量;同理可以根据烃源岩持续沉积期末与排油压实后的孔隙体积差,来获得烃源岩排出流体的总体积,进而得到该套烃源岩的排油量。

根据烃源岩有限空间生、排油量计算的基本原理,烃源岩有限空间生、排油量定量计算公式为:

$$Q_{生} = \int H \times S \times \phi_{生} \times S_{o} \times \rho \qquad (1-16)$$

$$Q_{排} = \int H \times S \times \Delta\phi \times S_{o} \times \rho \qquad (1-17)$$

式中　$Q_{生}$——生油总量,t;

　　　$Q_{排}$——排油总量,t;

　　　H——烃源岩厚度,m;

　　　S——烃源岩面积,m^2;

　　　$\phi_{生}$——烃源岩孔隙度(即孔隙空间),%;

　　　$\Delta\phi$——烃源岩排油前后孔隙度之差,%;

　　　S_{o}——烃源岩孔隙空间含油饱和度,%;

　　　ρ——原油密度,g/cm^3。

1.6.2　适用条件

研究团队以中国东部主要生油凹陷为例,对烃源岩沉积成岩过程及其对孔隙度影响方面做了许多基础性的研究工作,并自主研制了地层孔隙热压生烃、排烃模拟实验仪;为了研究烃源岩有限(孔隙)空间中油、气、水三相流体的互溶状态,自主研制了地层多相流体互溶度测定仪,并进行了模拟实验。在上述研究工作和模拟实验的基础上,已形成了烃源岩有效空间生烃、排烃理论的雏形。虽然该理论方法在应用中取得了一些成果,但仍需在以下几个方面进一步深化(关德范等,2014):(1)需深入剖析烃源岩成岩演化和有机质热演化过程中烃源岩孔隙度的变化及其影响因素;(2)需深入开展烃源岩内油、气、水三相流体赋存特征的研究;(3)目前看来,有限空间生烃、排烃理论能有效解决生油和排油的问题,主要适用于中国东部陆相热演化程度较低盆地原油生烃量和排烃量的计算,对生气、排气过程尚未进行深入的探讨,另外该理论尚不能有效解决油气聚集的问题。

1.6.3　关键参数

式1-16和式1-17中可以看出有限空间法计算原油生排烃量存在几个关键的参数,其中有效烃源岩面积S和厚度H两个参数,可以从油田生产和科研成果资料中直接获取。有效烃源岩排油前的孔隙度$\phi_{生}$参数可以从烃源岩(泥岩)孔隙度—深度曲线图上查取,但由于烃源岩（泥岩）孔隙度数据较少，因此，要通过大量岩心的实测资料才能准确获取研究区烃源岩（泥岩）孔隙度的资料。有效烃源岩排油后孔隙度主要通过烃源岩现今实测孔隙度测定得到，在此基础上可以得到排油前后的孔隙度之差 $\Delta\phi$。烃源岩排油前孔隙空间含油饱和度 S_o 的选取，主要通过选取烃源岩发育区钻井获取的含油饱和度数据，为尽量减少烃源岩含油饱和度的不均质性，最好选取若干口井或若干层数据的平均值；或通过近地层条件热模拟数据计算获得。原油密度 ρ 主要通过实测数据获得。

1.6.4　评价流程

应用烃源岩有限空间法计算研究区排油量的一般流程是：（1）根据研究区某套烃源岩孔隙度演化特征，定量计算其在持续沉积末期与整体上升阶段剥蚀后或现今的孔隙度差；（2）按照烃源岩有限空间排油量计算数学模型，分别输入某套烃源岩有效厚度、面积及发生排油时孔隙空间的含油饱和度等参数；（3）定量计算某套烃源岩剥蚀末期或现今的排油量。

1.6.5　评价结果分析及应用

烃源岩有限空间法计算石油生排烃量与其他成因法相比最大的优点在于直接从烃源岩排油前后孔隙空间的变化计算石油的排出量（初次运移量），避免了排烃系数人为性影响。为了研究烃源岩在地下石油地质环境中的生烃、排烃过程和特征，以关德范为首的研究团队用了 10 余年的时间，先后与胜利、中原、河南等油田的科研人员，采用有限空间法研究了东营、东濮、泌阳、白云查干等凹陷的石油地质演化过程，并计算了主力烃源层段的生排烃量，得到了较好的应用效果，并逐步在东部陆相热演化程度较低的盆地推广应用。

2　类比法

地质类比法采用的是由已知信息推测未知信息的经典的地质思想，具有应用广泛而类比因素复杂多变的特点，既有成藏组合条件的综合类比，也有单一地质因素的类比。是根据评价区与类比区油气成藏条件的相似性，由已知（类比）区的油气资源丰度估算未知（评价）区资源丰度和资源量的资源评价方法。地质类比法主要采用储集岩体积法、资源丰度类比法等。

2.1　储集岩体积法

2.1.1　基本原理

最早的体积丰度法是由 Week（1949）提出，资源量应等于盆地内发育的沉积岩体体积再乘以资源丰度系数。如今，使用单一的沉积岩体积已改变为使用不同地质因素下的各种体积，如生油岩体积、储层体积、圈闭体积等，形成各种体积丰度法（武守诚等，2005）。储集岩体积法（刘承祚等，1988）即为其中的一种，计算公式为：

$$Q=10^{-4} \cdot V \cdot P \cdot (1 \pm m) \cdot T \cdot R \tag{2-1}$$

式中　Q——待评价区的资源量，$10^4 t$ 或 $10^8 m^3$；

　　　V——待评价区的储集岩体积，km^3；

　　　P——刻度区资源丰度，$10^4 t/km^2$ 或 $10^8 m^3/km^2$；

　　　m——修正系数；

　　　T——圈闭体积系数，%；

　　　R——含气体积系数，%。

2.1.2　适用条件

需要找到一个勘探中后期的刻度区；待评价区储层体积可通过地震和地质资料解释获得。

2.1.3　关键参数

从公式中看出储集岩体积法计算中最关键的参数是待评价区的储集岩体积 V、刻度区资源丰度 P、修正系数 m 和圈闭体积系数 T。储集岩体积 V 主要通过研究区有效储层特征研究得到；刻度区资源丰度 P 主要通过与研究区地质条件相似的高勘探程度区解剖得到；修正系数 m 主要通过待评价区储层地质参数与刻度区类比得到；圈闭体积 T 系数主要通过圈闭研究得到。

2.1.4 评价流程

应用储集岩体积法计算研究区资源量的一般流程是：（1）通过待评价区油气地质条件分析，确定与之类似的刻度区；（2）开展刻度区石油地质条件综合分析，确定刻度区资源丰度；（3）划出待评价区生储盖组合，利用测井、地震和地质解释，再结合有效储层标准，圈定待评价区储层的体积；（4）充分考虑待评价区与刻度区在烃源、储层物性、保存条件等方面的差异，据地质评价标准，对刻度区和待评价区打分，确定修正系数 m；（5）根据盆地已开发部分的经验来估算，或通过与刻度区比较来确定待评价区圈闭体积系数、含气体积系数；（6）采用储集岩体积法定量计算待评价区资源量。

2.1.5 评价结果分析及应用

采用该评价方法可以得到不同概率分布下的储层中聚集的资源量，常用来评价圈闭资源量，与烃源岩成因体积法评价结果相比，储集岩体积法计算结果不仅明确了资源量的大小，还明确了资源的分布。此外，相比烃源岩而言，砂岩储层厚度和展布更容易获得，此方法对烃源岩性质不清楚的盆地或区带更为可行。

2.2 资源丰度类比法

2.2.1 基本原理

资源丰度法是类比评价的主要方法之一，基本原理是根据刻度区与评价区油气成藏条件的相似性，由已知刻度区的油气资源丰度估算未知待评价区的油气资源丰度，结合待评价区有效勘探面积计算油气资源量的预测方法。根据具体操作方法的不同，丰度类比法主要可以分为面积丰度类比法和体积丰度类比法，具体计算公式是：

面积丰度类比法

$$Q = S \cdot \left(\sum_{i=1}^{n} K_i \cdot a_i / n \right) \tag{2-2}$$

体积丰度类比法

$$Q = V \cdot \left(\sum_{i=1}^{n} K_i \cdot a_i / n \right) \tag{2-3}$$

式中　Q——待评价区的资源量，$10^8 \mathrm{m}^3$；

S——待评价区面积，$10^4 \mathrm{km}^2$；

V——待评价区体积，$10^4 \mathrm{km}^3$；

a_i——类比系数，等于待评价区地质类比总分 / 刻度区地质类比总分；

K_i——刻度区资源量丰度值（面积丰度类比法：$10^8 \mathrm{m}^3 / 10^4 \mathrm{km}^2$，体积丰度类比法：$10^8 \mathrm{m}^3 / 10^4 \mathrm{km}^3$）；

n——刻度区的个数。

2.2.2 适用条件

资源丰度类比法主要适合于低勘探盆地油气资源的定量评价。类比法使用的基本假设条件是：某一评价盆地（待评价区）和某一高勘探程度盆地（刻度区）有类似的油气地质条件，那么它们将会有大致相同的油气资源丰度（面积丰度、体积丰度）。类比法的应用条件是：（1）待评价区的成油气地质条件基本清楚；（2）刻度区已进行了系统的油气资源评价研究，且已发现油气田或油气藏。

2.2.3 关键参数

类比法应用中最关键的参数是类比系数的确定，主要通过待评价区与刻度区石油地质条件综合类比得到。

2.2.4 评价流程

应用类比法进行盆地评价时，评价流程一般分为以下4个步骤：（1）首先对评价盆地划分评价区，根据评价区特征和性质确定类比区。类比刻度区必须具备有"三高"条件：即勘探程度高、地质规律认识程度高、资源探明率高或对油气资源预测的把握性高，只有这样才能确保评价区油气资源丰度的准确性和预测资源的可靠性。（2）确定类比内容和标准。用于类比的基本地质条件主要包括烃源条件、储层条件、圈闭条件、保存条件和运聚配套史条件，5项条件缺一不可。（3）确定类比区，求取类比相似系数。首先对待评价区的油气成藏基本地质条件进行分析、归纳，并按评价标准进行统一评价打分后得到区带地质评价值，利用加和法原则求取评价区的评价总分；然后为每个评价区带确定可类比的区带，同样的方法计算类比区的评价总分；最后以评价区带的地质评价总分与类比区带的评价总分之比值作为评价区带与类比区带的相似系数。（4）根据类比系数确定评价区的资源丰度，计算评价区的资源量，并对各类评价区的资源量加和求出总资源量。

2.2.5 评价结果分析及应用

类比法评价得到的资源评价结果取决于刻度区的资源量计算结果，根据类比资源量的不同，一般可以得到待评价区生烃强度、资源丰度、地质资源量等结果。从中国三大石油公司第三次资源评价以来，类比法逐渐得到重视，在之后开展的资源评价工作中均得到应用，在刻度区精细解剖的基础上，类比法计算油气资源量在中低勘探程度区得到了良好的应用效果。

类比法中除以上提到的储集岩体积法和资源丰度类比法外，国外还存在地质条件比分法和专家评分法。其原理也都是根据待评价区石油地质条件与刻度区石油地质条件进行类比打分，确定类比系数，在此基础上结合刻度区资源量及资源丰度特征综合计算待评价区资源量。

3　统计法

统计法是国外最常用的资源评价方法，是基于大量样本数据的数学统计，通过分析高勘探程度区勘探工作量投入和油气储量发现情况等，建立相关数学统计模型，进而预测油气资源规模与结构的评价方法。统计法的优点是评价结果客观，可以直接获得评价单元的不同规模油气藏的数量（张林晔等，2014），在此基础上结合已发现油气情况，从而能有效预测待发现油气资源分布情况。统计法估算资源量的关键和难点是油气藏规模的准确划分和统计模型的建立。目前常用的统计法主要有油气藏规模序列法、地质帕莱托法、回归分析法、统计趋势法、勘探层法、蒙特卡罗法等。

3.1　油气藏规模序列法

3.1.1　基本原理

油气藏规模序列是指某个含油气区经过详细勘探后，将已发现的油气藏按储量从大到小的顺序进行排列，所得到的储量序列。大量的统计表明，在一个独立的石油地质单元，如一个含油气系统内，如果以油气藏规模的序号为横坐标，以油气藏规模为纵坐标，在双对数坐标图上形成一条直线。根据这一规律可以通过已发现油气藏的规模序列预测未发现油气藏规模和整个评价单元的资源量。油气藏规模序列法就是根据已发现的石油/天然气储量，应用 Pareto 定律预测一个含油气盆地中尚未发现的储量以及全区总资源量的一种外推预测方法。其计算公式如下：

$$\frac{Q_m}{Q_n} = \left(\frac{n}{m}\right)^k \qquad (3-1)$$

式中　Q_m——序号等于 m 的随机变量（第 m 个油气藏的储量）；

　　　　Q_n——序号等于 n 的随机变量（第 n 个油气藏的储量）；

　　　　k——实数，即为双对数坐标中的斜率（油气藏规模变化率）；

　　　　m、n——1，2，3……的整数序列中的任一数值（油气藏序列号），但 $m \neq n$。

对公式两边取对数，则有：

$$\frac{\lg Q_m - \lg Q_n}{\lg m - \lg n} = -k \qquad (3-2)$$

在双对数坐标纸上作图，则数据点的连线为斜率等于 $-k$ 的直线。也有特殊情况，数据点的连线为多条直线，k 的取值是分段的。

根据已发现油气藏的规模对公式进行拟合可以求出评价单元最大油气藏的储量 $Q_{\max}$

和斜率 k，这样就确定出评价区的油气藏规模序列模型。

根据评价单元的油气藏规模序列模型可以预测评价区未发现油气藏的储量和评价区的总资源量。评价区序号 j 的油气藏的储量 Q_j 为：

$$Q_j = \frac{Q_{\max}}{j^k} \quad (j=1，2，3)\tag{3-3}$$

评价单元的总资源量 Q 为：

$$Q = \sum_{j=1}^{t} Q_j\tag{3-4}$$

式中　t ——评价单元超过最小油气藏规模的油气藏个数。

3.1.2　适用条件

油气藏规模序列法主要适用于中高勘探程度区的油气资源评价，在应用该方法时需要满足以下两个条件：（1）评价单元中，一定要有油气藏的发现，并且发现的油气藏的个数在 3 个以上，因此该方法适用于中高勘探程度区的评价；（2）油气藏规模序列法适用于一个完整的、独立的石油体系，即该地质体系内的油气生成、运移、聚集以及而后的地质变迁都是在同一石油地质演化历史条件下形成的。

3.1.3　关键参数

油气藏规模序列法需要的最关键的参数是评价单元已发现油气藏的规模序列，即按油气藏储量大小排列的储量序列；此外一个重要的关键参数就是最小油气藏规模，可以根据实际统计的评价单元内经济油气藏规模下限值来设定。

3.1.4　评价流程

油气藏规模序列法的实现包括以下步骤：

（1）根据已发现油气藏的储量拟合求出油藏规模序列的斜率 k 和已发现油气藏在油气藏规模序列中的序号；

（2）根据已发现的油气藏的储量及其在油气藏规模序列中的序号计算出最大油气藏的储量；

（3）将已发现油气藏按其在油气藏规模序列中的序号进行归位；

（4）根据建立的油气藏规模序列模型预测出所有未发现油气藏的储量；

（5）对油气藏规模序列中超过最小油气藏规模的油气藏储量加和求出评价单元的资源量。

3.1.5　评价结果分析及应用

采用油气藏规模序列法可以得到待评价区的油气藏规模序列，预测不同规模储量区间的待发现油气储量和油气资源总量。该方法在国内外油气资源评价中普遍采用，并在一些地区取得了较好的应用效果。多年实践说明，如能慎重选择参数值，该方法可以说是一种简便快速的评价方法。

3.2 地质帕莱托法

3.2.1 基本原理

油气勘探实践证明，在一个含油气盆地中，大油气藏的发现概率是偏小的，小油气藏的发现概率是偏大的；针对一个勘探区带，如果能全部揭示所有的油气藏，其分布规模通常服从某种概率分布，可以预测油气藏总个数 N、任意油气藏规模区间的油气藏个数和资源量。

如果用 $p(q)=f(q,\lambda)$ 这样一个函数来描述发现油气藏规模为 q 的概率，则称 $p(q)$ 为油气藏规模概率密度（函数），其中参数 q 表示油气藏规模，λ 是待定参数。关键问题在于：一是如何正确地确定函数 $p(q)$ 的具体形式；二是有了 $p(q)$ 的具体形式，又如何得出或估算出其中的参数 λ 值。就第一个问题，很多学者进行了深入研究，提出了多种不同的函数形式，如常见的三角分布模型、正态分布模型、对数正态分布模型等。1991 年，金之钧在总结前人研究工作的基础上，通过更深入研究，指出：大多数研究者研究的是已发现油气藏的概率分布规律，而不是自然总体中的分布规律。一般来说这种统计规律是随着勘探程度的提高而变化的。问题的关键是如何建立油气藏规模概率分布函数在自然总体中的形式。解决这一问题的方法之一是在研究已发现的油气藏分布规律时引入时间变量。随着勘探的深入和各种工作量的增加，在不同阶段得到不同的勘探样本就能提出一种可以普遍描述各个样本的分布函数，并研究这一函数随时间的变化规律，即特征参数 λ 的变化规律，就可以预测在未来将要发现的油气藏分布规律，并推断出盆地自然总体中的油气藏规模概率分布函数。

金之钧认为已发现的总油气储量与预测的总油气资源量之比 α 是反映时间变化的最好参数。根据这一思路金之钧统计了西西伯利亚盆地的 2600 个油气藏的数据，划分选定了 3 个含油气区，并以 5 年为一勘探阶段划分了 16 个勘探样本，研究其参数随 α 的变化特征，在普通帕莱托分布模型的基础上，结合最大值、最小值进行密度曲线截断和样本偏移等数学处理手段，提出了如下分布模型（金之钧等，1996）：

密度函数
$$f(q)=\lambda\frac{(q_0+\gamma)^{\lambda}}{(q+\gamma)^{\lambda+1}} \tag{3-5}$$

分布函数
$$F(q)=1-\left(\frac{q_0+\gamma}{q+\gamma}\right)^{\lambda}+\left(\frac{q_0+\gamma}{q_{\max}+\gamma}\right)^{\lambda} \tag{3-6}$$

式中　q——为油气藏规模；

　　q_0、$q_{\max}$——是已知量，分别为油气藏规模的最小值、最大值，且有 $q_0 \leqslant q \leqslant q_{\max}$；

　　λ、γ——两个待定的特征参数，分别为形态参数和位置参数。

在概率论中，对于任何一个分布模型，其分布函数（在定义域内）的值域应为 $[0, 1]$。通过进一步分析上述的分布函数，在其自变量 q 的定义域的 $[q_0, q_{\max}]$ 两个端点上，其值分别为：

$$F\left(q_0\right)=\left(\frac{q_0+\gamma}{q_{\max}+\gamma}\right)^\lambda \qquad (3-7)$$

$$F\left(q_{\max}\right)=1 \qquad (3-8)$$

显然，这不符合数学上对分布函数的定义要求。为使其满足分布函数的数学定义，对上述的分布函数进行了如下改进，基于"广义帕莱托分布"改进后的分布模型称之为"地质帕莱托分布"。

分布函数 $\qquad F\left(q\right)=1-\left(\frac{q_0+\gamma}{q+\gamma}\right)^\lambda+\frac{q-q_0}{q_{\max}-q_0}\left(\frac{q_0+\gamma}{q_{\max}+\gamma}\right)^\lambda \qquad (3-9)$

密度函数 $\qquad f\left(q\right)=\frac{\lambda\left(q_0+\gamma\right)^\lambda}{\left(q+\gamma\right)^{\lambda+1}}+\frac{1}{q_{\max}-q_0}\left(\frac{q_0+\gamma}{q_{\max}+\gamma}\right)^\lambda \qquad (3-10)$

3.2.2 适用条件

地质帕莱托法主要适用于中高勘探程度区的油气资源量预测和剩余油气资源规模结构预测，在应用该方法时需要满足以下条件：（1）评价单元中，一定要有一定数量油气藏的发现，且已发现的油气藏要符合地质帕莱托分布模型；（2）地质帕莱托法适用于一个完整的、独立的油气成藏体系。

3.2.3 关键参数

基于地质帕莱托分布模型，公式中主要涉及 4 个关键参数：q_0、$q_{\max}$、λ 和 γ。其中，q_0 可以根据经济油藏规模下限值来设定，$q_{\max}$ 可以根据评价单元中实际勘探样本中最大已发现油气藏的规模确定，而分布模型参数中的 λ 和 γ 是需要进一步求取的。地质帕莱托法应用中最关键的是油气藏分布模型和对应模型关键参数的确定，而分布模型确定最关键的在于评价单元和油气藏的划分，实际应用中要根据研究区实际地质条件，制定油气藏的划分原则，这是地质帕莱托法应用最重要也是最关键的部分。

3.2.4 评价流程

针对油气成藏体系，采用地质帕莱托法开展资源计算时通常采用以下评价流程（图 3-1）。

（1）评价单元划分：以油气成藏体系理论为指导，开展待评价盆地 / 区带石油地质条件综合分析，在此基础上划分评价单元；（2）油气藏划分：根据成藏地质条件，在油气成藏体系理论指导下，进一步开展评价单元内油气藏的整理和划分对比工作；（3）分布模型适应性分析：开展油气藏重新划分后的统计模型分析，确定分布模型；（4）关键参数求取：针对选中的概率模型确定合适的关键参数；（5）资源预测及合理性分析：基于地质帕莱托法预测待评价单元油气总资源量，并预测待发现油气藏规模及结构，开展资源评价结果合理性分析。

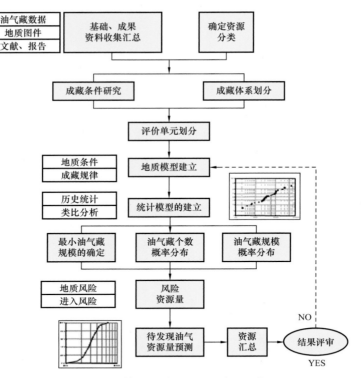

图 3-1　油气成藏体系地质帕莱托法资源评价流程图

Fig. 3-1　Flow chart showing geological Pareto resource assessment for hydrocarbon accumulation systems

3.2.5　评价结果分析及应用

资源预测是油气评价的重要成果，基于地质帕莱托法不仅仅可以给出研究区的油气资源总的潜力，还可以进一步给出不同规模区间的油气藏个数，预测待发现油气藏规模结构及分布情况，这对进一步的勘探决策具有重要的指导意义。该方法在高勘探程度探区取得了良好的应用效果。

3.3　回归分析法

3.3.1　基本原理

当盆地资源量与某一个地质因素之间具有线性相关关系的情况下，则可用一元线性回归分析方法建立资源量 Q 与地质因素 X 的一元线性回归方程：

$$Q = a + bX \qquad (3-11)$$

当盆地资源量与 m 个地质因素之间具有线性相关关系，则可用多元线性回归分析方法建立资源量 Q 与 m 个地质因素 X_1，X_2，…，X_m 的多元线性回归方程：

$$Q = b_0 + b_1 X_1 + b_2 X_2 + \cdots + b_m X_m \qquad (3-12)$$

式中　a、b、b_i——参数，由回归分析获得；$i = 0 \cdots m$。

通常采用以下地质参数：有效烃源岩体积 / 沉积岩体积、总烃 / 有机碳、储集岩体积 / 沉积岩体积、圈闭面积 / 沉积岩面积、剥蚀次数等。

3.3.2　适用条件

一元线性回归法适于低勘探程度盆地，多元线性回归法适于高勘探程度盆地。

3.3.3　关键参数

回归分析法应用中最关键的参数是各地质因素之间的相关系数，主要通过地质成藏要素分析获取。

3.3.4　评价流程

回归分析法的应用流程是：（1）将已计算资源量的盆地按勘探程度分类；（2）盆地天然油气地质条件分析，找出对资源量最有影响的一个或多个地质因素；（3）回归分析，建立盆地资源量与地质因素的一元或多元线性回归方程；（4）利用回归方程，计算待评价区的油气资源量。

3.3.5　评价结果分析及应用

该方法原理和应用相对简单，最重要的参数是相关系数的确定，用该方法可以大体估算待评价区的油气资源总量。此方法在全国第二轮油气资源评价时，应用效果较好。

3.4　统计趋势法

3.4.1　基本原理

统计趋势法也叫发现过程法，该方法主要应用于勘探程度比较高的地区，它是根据统计各种储量增长控制因素与新增油气储量之间的关系而建立的一种分析方法。一般而言，勘探程度相对较高的地区，随着储量发现年（时间）或钻井进尺的累计增加，储量发现曲线呈下降趋势。实际应用中比较多的方法主要包括年发现率法和单位进尺发现率法。

3.4.1.1　年发现率法

对高勘探程度区的盆地年发现量（$\mathrm{d}Q/\mathrm{d}t$）随时间 t 的变化有如下关系式：

$$\frac{\mathrm{d}Q}{\mathrm{d}t} = \mathrm{e}^{(a+bt)} \qquad (3-13)$$

当勘探到 t 年时，年发现量 $\mathrm{d}Q/\mathrm{d}t$ 达到一个经济下限时的累计发现量，就是盆地的总资源量（Q）。

$$Q = Q_\lambda + \int_{t_\lambda}^{t_m} \left(\frac{\mathrm{d}Q}{\mathrm{d}t} \right) \mathrm{d}t = Q_\lambda + \int_{t_\lambda}^{t_m} \mathrm{e}^{(a+bt)} \mathrm{d}t = Q_\lambda + \frac{\mathrm{e}^a \left(\mathrm{e}^{bt}m - \mathrm{e}^{bt}\lambda \right)}{b} \qquad (3-14)$$

式中　Q——总资源量，$10^8 \mathrm{m}^3$；

λ——某一年份；

Q_λ——盆地当前 λ 年份的累计发现量，取三级储量，$10^8 \mathrm{m}^3$；

t_m——第一个油气藏发现的年份至预测年份的年数；

t_λ——第一个油气藏发现的年份至累计发现量 λ 年份时的年数；

a、b——常数，根据中国成熟探区年发现量随时间变化的回归分析，在刻度区的解剖中可统计分析得到。

3.4.1.2 单位探井进尺发现率法

高勘探程度区每米探井进尺的发现量（$\mathrm{d}Q/\mathrm{d}h$）与累计探井进尺（h）有如下的关系式：

$$\frac{\mathrm{d}Q}{\mathrm{d}h} = e^{(a+bh)} \tag{3-15}$$

当累计钻井进尺达到 h（单位为 m）时，每米探井进尺的发现量 $\mathrm{d}Q/\mathrm{d}h$ 达到一个经济下限时的累计发现量，就是评价盆地的总资源量 Q（单位为 $10^8 \mathrm{m}^3$）。

$$Q = Q_\lambda + \int_{h_\lambda}^{h_m} \left(\frac{\mathrm{d}Q}{\mathrm{d}t}\right)\mathrm{d}h = Q_\lambda + \int_{h_\lambda}^{h_m} e^{(a+bh)}\mathrm{d}h = Q_\lambda + \frac{e^a\left(e^{bh}m - e^{bh}\lambda\right)}{b} \tag{3-16}$$

式中 Q_λ——盆地当前 λ 年份的累计发现量，$10^8 \mathrm{m}^3$；

h_m——累计发现量达到 Q_m 时的累计探井进尺数，$10^4 \mathrm{m}$；

h_λ——累计发现量为 Q_λ 时的累计探井进尺数，$10^4 \mathrm{m}$；

3.4.2 适用条件

该方法主要适用于成熟勘探区的评价，需要一定年份的油气发现储量，勘探工作量统计（主要是钻井进尺与三级储量的统计）。

3.4.3 关键参数

该方法应用中最关键的参数是待评价区油气藏发现年份及发现储量（三级储量），或待评价区累计探井进尺数与发现储量统计。

3.4.4 评价流程

3.4.4.1 年发现率法

（1）进行待评价区的地质研究，统计出 Q_λ，并给出 t_m 和 t_λ；

（2）从刻度区库中选取 a，b；

（3）根据式 3-14 求出总资源量和待发现储量。

3.4.4.2 单位探井进尺发现率法

（1）进行待评价区的油气地质特征研究，统计出 Q_λ，并给出 h_m 和 h_λ；

（2）从刻度区库中选取 a，b；

（3）根据式 3-16 求出总资源量和待发现储量。

3.4.5 评价结果分析及应用

该方法主要建立在年发现储量或单位进尺发现储量统计基础之上，主要适合应用于较高勘探程度的盆地或地区，可用来预测油气资源总量和待发现储量。全国第二轮油气资源评价和第三轮油气资源评价时在部分地区采用了该方法，应用效果较好。

3.5 勘探层法

3.5.1 基本原理

勘探层法的评价对象是勘探层，这里的勘探层不同于中国传统的概念，它不是一个地层单元，而是一组具相同或相似沉积环境、油气来源、构造发展史、圈闭机制等诸多地质特征的勘探目标，这些勘探目标有些可能已被发现为油气藏，有些则有待进一步勘探证实（龙胜祥等，1993）。在勘探层定义基础上，勘探层法形成了两个重要假设：一是勘探层可看作一相关总体，其间控制油气藏资源量的主要控制因素（如圈闭面积、储层厚度、孔隙度等）的空间变化规律符合正态分布或对数正态分布；二是油气发现过程，较大油气藏往往比小油气藏先发现。该过程可用考夫曼定律表示：

$$K_f = \frac{x_1^{\beta}}{x_1^{\beta} + x_2^{\beta} + \cdots + x_N^{\beta}} \tag{3-17}$$

式中　K_f——可发现性系数，表示各油气藏被发现的概率；

　　　X_1——为第 1 个油气藏的规模；

　　　N——勘探层中油气藏总数；

　　　β——反映勘探水平的参数，其值从 $-\infty$ 到 ∞，$\beta=0$ 表示发现过程是随机取样过程，$\beta<0$ 表示勘探成效比随机取样还要差，$\beta>0$ 表示勘探是有成效的，$\beta=1$ 表示油气藏被发现的概率与油气藏规模成正比，即是说油气藏的发现是按油气藏规模由大到小进行的。

基于这两个基本原理，可以应用油藏工程和概率论原理，研究油气藏特征参数（勘探层特征、勘探目标特征、储层参数、烃体积参数和附加参数等），并通过一系列统计和处理，得到油气资源量评价预测的概率分布值。近年来，国外相继开发了一些基于勘探层分析方法的软件，尤以美国的 FASPUM 法应用最广。

3.5.2 适用条件

勘探层分析法可以在盆地资源发现较少的情况下，达到早期评价阶段所要达到的目的：对盆地或一定区域范围的含油气远景进行预测，对该区主要圈闭进行资源量估算，若盆地已有一定数量的油气发现，则还可以预测未发现油气藏的大小和规模，并能初步进行勘探风险分析（林峰等，1997）。

3.5.3 关键参数

以 FASPUM 为代表的勘探层法进行勘探层评价所需的特征参数有勘探层特征参数（该参数介于 0 和 1 之间，用概率值来表示，反映了勘探层中油气赋存的可能性，主要包括烃源岩、时间配置、运移和潜在储集相 4 个参数）；勘探目标特征参数（以介于 0～1 的概率值表示，反映勘探目标的含油气性，包括圈闭机制、有效孔隙度和油气聚集 3 个参数）；油气体积参数（反映勘探层储集岩的 7 个地质参数的概率分布特征，用从 0～100% 来表示，包括：圈闭面积、储层厚度、有效孔隙度、圈闭充满度、储层埋深、含油气饱和度和可钻探目标数等）；储层参数（反映储层随深度变化的 4 个参数，包括储层原始压力温度、气油比、天然气压缩系数和石油体积系数，以函数形式表示）。

3.5.4 评价流程

勘探层法之基本思路和评价过程是：（1）首先在区域地质分析和成藏模式研究基础上，准确划分出勘探层；当然，这里的勘探层划分受控于当时当地的勘探研究程度，随着勘探的进展和研究的深入，已划分出的勘探层可进一步分解或合并；（2）应用油藏工程和概率论原理，研究勘探层油气储集空间的分布规律、勘探目标的空间展布、所处地质环境及油气存在状态，兼顾油气来源、运移、聚集与保存条件，通过一系列统计与处理，得到油气资源量的概率分布。

3.5.5 评价结果分析及应用

可以看出勘探层法区别于传统评价方法之处是输入的参数大多数不是具体的确定值，而是对某个地质参数值可能的变化范围的概率估计。参数值的估计既可来源于实际统计数据，还可以来自对于相似区域的类比或专家的主观判断，这种方法一方面适应了早期地质资料较少的情况，另一方面也不可避免地带来了一些人为的因素。因此，如何正确选取这些勘探层地质参数是进行勘探层评价的关键。该方法在国外取得了较好的应用效果，中国部分地区（刘伟等，1994；肖国林等，1995）也采用该方法进行了资源评价，效果较好。

3.6 蒙特卡罗法

3.6.1 基本原理

蒙特卡罗法又称概率统计法，它是以随机变量为对象，以概率论为理论基础，通过对随机变量的概率模拟、统计试验来近似求解的一种方法。应用蒙特卡罗法对资源量进行预测，是按照随机抽样理论对资源量的分布进行模拟的过程，计算得到的结果是一条概率分布曲线。模拟计算一个含油气区资源量的通常数学表达式（付强等，1989）为：

$$Q = \sum_{j=1}^{m} Q_j = \sum_{j=1}^{m} \prod_{j=1}^{n} X_{ji} \tag{3-18}$$

式中　Q——含油气区资源总量；

　　　Q_j——第 j 个含油圈闭的油气资源量；

　　　X_{ji}——用于计算 Q_j 的第 i 个随机变量（或常数）；

　　　m——含油气区内含油气圈闭总个数；

　　　n——计算 Q_j 所用的地质参数总个数（即随机变量个数加常数个数）。

3.6.2　适用条件

目前蒙特卡罗法的应用大体上包括如下两个方面：（1）对给定问题建立简化的概率统计模型，使所求得的解恰好是所建立模型的概率分布或者数学期望；（2）研究生成伪随机数的方法以及各种实际分布产生随机变量的抽样方法。从应用的内容看，蒙特卡罗法用于油气资源定量评价主要是第二个方面，资料较少时，用传统的容积法很难计算资源量，蒙特卡罗法用计算机模拟随机对象，通过仿真试验，得到试验数据，再进行分析推断，得到某些现象的规律或某些问题的求解。在油气勘探的早、中期资源量的定量评价中应用最为广泛（徐华宁等，1999）。

3.6.3　关键参数

蒙特卡罗法计算油气资源量最关键的参数是变量的选取和分布函数的确定。蒙特卡罗法油气资源量计算公式中的参数，一种是常数（经验系数或地质常数），一种是随机变量，对于随机变量首先要构造出它的分布函数。石油勘探阶段，特别是早期勘探阶段，所能收集到的地质参数的数量都比较少。因而，构造随机变量的分布函数时，要根据地质参数的数量多少，分别采用不同的方法进行处理，具体见文献（张琪，2009）。

3.6.4　评价流程

用蒙特卡罗法估算—资源量的计算过程，大体可以归结为 4 个步骤：（1）产生随机数序列：蒙特卡罗法的关键就在于随机数的引入，在计算油气资源量常用到的是均匀分布随机数及正态分布随机数；（2）构造随机变量的分布函数：油气早期勘探阶段，由于所得的地质变量参数的数量一般较少，因此构造随机变量时要根据地质参数的数量确定如何构造随机变量的分布函数；（3）采用蒙特卡罗法计算局部含油气地质单元的资源量；（4）计算含油气区的资源总量，其中后两个步骤都要对一些随机变量进行抽样计算。

3.6.5　评价结果分析及应用

石油天然气勘探开发工作中的资源量估算在很大程度上属于概率统计问题，所以用蒙特卡罗法估算资源量将更合理，更符合客观实际。对于石油天然气勘探开发的投资决策来说，在使用任何一个资源量数值时都需要了解该数值的可靠程度，即得到该资源量可能出现的概率。而用传统的容积法估算资源量只能提供一个确定的资源量数值，不能定量说明该数值的可靠程度，因而给决策工作带来一定的困难。通过对蒙特卡罗法的深入研究以及在油气资源量估算中的实际应用，表明对于勘探程度较高的地区用蒙特卡罗法估算的油气资源量与用传统的容积法估算出的资源量数值比较接近，说明用蒙特卡罗法估算油气资源量是比较可靠的（张琪，2009）。

4 油气资源评价方法研究进展与发展方向

4.1 各类资源评价方法研究进展

4.1.1 成因法研究进展

成因法是中国之前油气资源评价的主要方法，其最大的优点是通过对油气成藏地质过程分析来评价油气资源潜力，对区域勘探潜力和方向的总体把握具有独到优势（张林晔等，2014）。成因法资源量计算过程中，都涉及将生烃量转换成资源量，生烃量转换成资源量的关键是排聚系数的求取。由于现阶段对油气运移、聚集成藏机理研究尚不完善，且不同盆地地质条件差异大，很难建立有效的数学模型确定排聚系数，导致人为因素影响较大，这在很大程度上影响了成因法资源量估算结果的可靠性（周总瑛等，2005）。排聚系数是成因法目前最受人诟病的地方，除此之外，该方法还存在对具体勘探目标可提供的决策信息少等特点（表4-1）。

表 4-1　各类资源评价方法原理及优缺点分析对照表

Table 4-1　Principle of various assessing methods and their differences

资源评价方法大类	基本原理	关键参数	优点	缺点
成因法	干酪根热降解晚期生烃理论、质量守恒原理	有机质丰度、类型确定及其恢复、生排烃效率、排聚系数等	强调生烃为主的地质分析，考虑的油气成藏的全过程，明确资源的聚集区	关键参数取值人为性较大，准确预测困难，决策信息少
统计法	统计模型和趋势预测原理	油气藏规模（最大、最小）、发现年份、地震、探井工作量等	参数取值主观影响小，预测过程简单，结果可靠，指导性强	需要大量油气藏相关数据，油气藏准确归位难度大，缺乏地质分析，不能给出资源位置
类比法	相似性原则，由已知推测未知	刻度区选取，类比参数体系确定	评价思路简单	类比过程复杂，类比参数取值人为影响大

尽管成因法存在上述缺点，但成因法在未来仍将是中国油气资源评价的主要方法之一。经过几十年的发展，成因法在以下4个方面取得了突破性进展，在一定程度上弥补了该方法的不足。

（1）盆地模拟技术取得了长足的进展（尚延安等，2012；郭秋麟等，2006）。目前，盆地模拟技术正朝着"系统化"和"工具化"的方向发展，在油气资源评价中也发挥着越来越重要的作用，主要体现在：① 盆地模拟"五史"研究能够促进基础地质参数研究的规范化，在一定程度上保证了资源评价参数取值的可靠性；② 不断增加的新模块能够解决有效烃源岩分布面积，生排烃效率和裂解气计算等难题，使生烃量与排烃量的计算结果更准确；③ 结合多元统计和三维运聚模拟技术（米石云等，2009；郭秋麟等，2015）的发展完善，盆地模拟技术可以更准确地预测油气资源规模及其分布情况。

（2）成因法资源评价关键参数研究获得了突破性进展。成因法计算资源量主要基于干酪根热降解晚期生烃理论，计算资源量时都涉及几项关键参数，这些参数的选取直接决定了生排烃量和资源量的大小。近年来，随着地质认识的深化和实验分析测试技术的进步，成因法资源评价关键参数取得了较大的进展。主要体现在以下三个方面。① 建立了不同类型有效烃源岩生烃下限标准：之前多公认有效烃源岩生烃下限为 TOC=0.5%；而最新研究进展表明东部主要断陷盆地生油源岩（Ⅰ、Ⅱ₁有机质）生烃下限应是 TOC 在 1.0% 左右（韩冬梅，2014）；② 重新评估了不同类型烃源岩的生排烃效率：之前通过常规生烃热压模拟实验研究表明不同类型有机质烃源岩生排烃效率不同（马卫等，2016）；近年来研究发现咸化湖沉积环境形成的烃源岩进入主生烃阶段早，且具有更高的排烃效率（朱德燕等，2015）；此外，郑伦举（2009）等研究表明地层孔隙热压模拟实验较之前常规热模拟实验提高了烃源岩的生排烃效率，且同一类型不同岩性组合烃源岩的生排烃效率不同（秦建中等，2013）。③ 油气聚集系数研究取得了一定的进展：以往对油气运聚系数的确定主要靠统计、类比和主观判断，人为因素较大，影响了该方法计算结果的可信度；中国石油在"全国第三次油气资源评价"工作中通过对独立油气运聚单元的精细解剖，初步解决了运聚系数的定量取值问题（赵文智等，2005），在此基础上发展成了利用层次分析法定量预测油气运聚系数的思路（祝厚勤等，2017）；此外，随着盆地模拟技术的发展，尤其是三维空间烃源岩生烃、排烃及运聚模型的发展（乔永富等，2005；孙旭东等，2015），逐渐形成了运聚模型正演法计算运聚系数的流程。

（3）成因法中引入含油气系统的研究思路，大大提高了油气资源预测结果的精度。含油气系统的研究思路和方法主要在 3 个方面影响了油气资源评价的客观性（赵文智等，2005）：①有效指导了油气运聚单元与评价单元的划分；②通过对含油气系统静态地质要素和动态地质作用过程的研究，可以为资源评价准备必要且可靠的资源评价关键参数；③通过对特定含油气系统油气成藏过程的研究，可以综合判定不同成藏期油气运移的主体方向，确定油气富集区。

（4）扩展了烃源岩有限空间生烃、排烃计算方法。关德范等认为采用成因法计算生油量是一种纯化学反应的思路（关德范等，2005），忽略了油气成藏边界条件的分析，没有把盆地的演化过程与成烃成藏作为一个统一的过程来综合分析。按照成因法计算的生油量或生气量是一种潜量的概念，是假定烃源岩原始总有机碳都能够转化为烃类的最大量。而实际上烃源岩中有机碳有相当一部分碳目前是尚未转化为烃类的，尤其是对于中国东部较低成熟度烃源岩来说，烃源岩中多数有机碳并未转化生烃，在此基础上采用成因法计算的生烃量再乘以人为性较大的"排聚系数"和"运聚系数"得到的资源量显然是个估算量。针对干酪根热降解生烃理论存在的上述问题，关德范、徐旭辉等（2008、2014）基于成烃、成藏方面的思考提出了有限空间生烃、排烃模式，并建立了对应的评价方法。

研究团队以中国东部主要生油凹陷为例，对烃源岩在石油地质演化过程中的成熟度、孔隙度、含油饱和度做了许多基础性的研究工作，并自主研制了近地质条件下的地层孔隙热压模拟实验仪。在上述研究工作和模拟实验的基础上，已基本形成了烃源岩有效空间生烃、排烃理论的理论方法体系。

4.1.2 统计法研究进展

统计法计算原理比较简单，优点是参数取值客观，且涉及的参数少，能够直接获得评价单元内的油气藏数量、规模等，评价结果比较直观可靠。通常来说，统计法模型结合勘探成本和当前油价设置了最小经济油气藏规模，从而可有效预测经济油气藏的规模范围及其个数（徐春华等，2001；周总瑛等，2005）。同时统计法也存在以下几个主要问题：（1）参与计算的参数过于简单，某些参数没有明确的地质意义（张林晔等，2014）；（2）由于中国盆地类型多，差异大，油气成藏过程复杂，不同地区尚未建立统一的油气藏划分标准，导致油气藏准确划分难度大，这在很大程度上影响了统计法的准确应用；（3）统计法对评价区要求较高，一般适用于高勘探程度地区的中、后期评价阶段，对勘探早期评价基本不适用。

统计法经过几十年的发展，也取得了一定的进展。主要表现在国内对统计法资源评价模型进行了一定的修改，并根据实际应用情况扩充了新的统计模型，增强了应用的针对性，预测效果也有所提高（赵文智等，2005）。此外，统计法的应用范围也得到了扩展。如郭秋麟等（2014）提出了有别于国外常用统计法中关键参数的研究方法，并在一些地区取得了良好的应用效果；再如油藏规模序列法和地质帕莱托法，国外原来只用来预测资源量和待发现储量，现在国内还结合成因法计算的资源量用来预测不同区带、不同类型油气藏的剩余资源规模结构及其分布情况。

4.1.3 类比法研究进展

近十年来，类比法在中国油公司三次资源评价中得到了广泛的应用，该方法强调评价区和刻度区的相似性，类比法的重点在于刻度区（类比标准区）的详细解剖及类比参数体系的选择，类比单元和类比参数的选取是成功进行类比评价的关键。类比法对于刻度区的要求较高，作为刻度区的评价单元要具备"三高"的特征（即勘探程度高、研究认识程度高、资源探明率高）。类比法评价思路较为简单，但类比参数体系的确定和类比过程相对复杂（周庆凡等，2011），一般适用于盆地勘探早期的资源量估算，但是因为很难找到两个完全相似的类比盆地和区块，加上中国对不同类型刻度区数据库的建设不够完善，导致该方法的应用受到限制。

类比法的研究进展主要表现在通过几次全国范围的油气资源评价，初步建立了不同类型刻度区类比评价技术规范（吴晓智等，2011）及刻度区数据库系统，提高了资源量预测精度。此外，还能对油气资源的空间分布、品位评价等方面提供依据。具体表现在（赵文智等，2005）：（1）制订了统一的类比法评价流程和规范，使类比法能够在统一平台、统一参数体系下应用，保证了类比法资源评价结果的可比性；（2）初步明确了类比单元的划分方案及标准，通过几次大范围的油气资源评价工作，初步建立了中国不同油气藏类型的类比刻度区数据库，并建立了详细的刻度区解剖流程和不同类型油气藏的类比参数体系，保证了类比法的成功应用；（3）通过类比刻度区精细解剖，初步明确了各成藏地质要素对油气资源丰度的影响程度，可以为油气资源的空间分布预测提供一定依据。

刻度区解剖是类比法应用中最关键的工作，直接关系到类比法的应用效果。刻度区解剖主要围绕油气成藏地质条件、资源量及关键参数3个核心展开，剖析三者之间的关联规律和定量关系。解剖内容主要包括：（1）油气成藏特征和成藏主控因素分析：按照油气运聚单元→成藏组合→油气藏的层次路线综合分析刻度区烃源条件、储层条件、圈闭条件、保存条件及成藏配套条件等，综合分析各成藏地质条件后综合得到油气成藏的关键因素，为后期建立类比参数体系及取值标准奠定基础。（2）刻度区油气资源量的确定：刻度区具有"三高"的特征，主要采用盆地模拟法计算生烃量，采用统计法计算刻度区资源量，选定的刻度区探明程度越高，越有利于求准统计法中的各类评价参数，计算出的资源量也更准确。（3）油气资源参数研究：通过刻度区解剖，建立参数评价体系和预测模型，获得地质条件定量描述参数、资源量计算参数和经济评价参数，如排聚系数、资源丰度等关键参数，以用于类比区的资源评价。

4.2 常规油气资源评价方法发展方向

4.2.1 烃源岩及资源分级评价

对有机成因油气来说，烃源岩是油气生成的物质基础，进行油气资源量计算之前最重要工作的就是开展烃源岩生烃潜力评价。前期对烃源岩的评价主要是建立在"分散有机质概念"之上（侯读杰等，2008），生烃量计算一般是将每个烃源层段的暗色泥质岩厚度作为烃源岩总厚度，然后结合烃源岩有机质丰度、类型和成熟度综合确定的生油气潜力来计算生烃量。上述生烃量计算方法可以大致给出每套烃源层的生烃量，却无法准确计算不同有机质丰度级别烃源岩的生烃量，尤其是无法对优质烃源岩的生烃量做出准确评估。研究表明优质烃源岩厚度不一定大，但有机质丰度高、类型好，资源贡献率大，并控制着油气藏的形成与分布（任拥军等，2015），如二连盆地阿南凹陷占烃源岩总体积20%左右的优质烃源岩资源贡献率超过了70%（王建等，2015）。卢双舫等（2012）在开展页岩油资源潜力评价时利用烃源岩含油量与TOC关系的"三分性"，将页岩油气分为分散资源、低效资源和富集资源3类，常规油气资源评价也可以借鉴该思路开展烃源岩的分级评价。目前，烃源岩非均质性研究中主要是利用测井资料建立与有机碳含量之间的关系，但是单一测井评价方法难以准确定量评价烃源岩有机碳含量，未来需要多种方法互相结合综合预测不同烃源层段有机碳含量，同时需要结合地球物理方法预测不同级别烃源岩空间展布特征，在此基础上定量计算不同级别烃源岩贡献的资源量。

此外，随着油气勘探程度的提高，除对盆地（凹陷）资源潜力进行准确分析外，明确下一步勘探方向变得尤为重要，这就要求加强对区带和圈闭的油气资源评价。近年来，中国石化石油勘探开发研究院无锡石油地质研究所研发的TSM盆地模拟与资源评价系统就提出了"资源分级评价"的概念，强调从盆地整体出发进行盆地油气资源的分级评价，就是说无论在勘探工作的哪个阶段，都应该从盆地整体到局部进行分析评价，都有盆地、区带和圈闭的资源评价问题（徐旭辉等，2004）。评价步骤是首先在盆地模拟的基础上，实现盆地资源评价；然后根据油气运移路径划分区带，在综合分析基础上对各区带进行资源评价；最后针对重点圈闭，分析运聚趋势，根据圈闭条件进行油气运聚和充满度的评价，从而实现圈闭的资源评价。盆地—区带—圈闭 3 个层次的资源评价可以为油气资源的分级评价起重要的作用，能够为油气目标优选提供坚实的资源基础，是下步常规油气资源精细评价的重要发展方向之一。

4.2.2 剩余油气资源空间分布预测

目前，油气资源评价已由定性评价迈入定量评价阶段，各类资源评价方法均有其优缺点，能够为油气勘探决策提供一定的依据（米石云，2008）。但前期常规油气资源评价中主要注重地质资源量的评价，不能提供资源的分布状况，更无法将总资源量准确劈分到具体的勘探目标。随着勘探进程的推进，区带已发现油气藏越来越多，在总资源量一定的前提下，必将导致剩余油气资源量越来越小，油气发现难度越来越大（郭秋麟等，2015）。下一步如何准确预测高勘探程度区剩余油气资源的空间分布，降低勘探风险，也是低油价状态下油气勘探的重中之重。近期张成林等（2014）提出了信息集成法预测油气空间分布，并在二连盆地取得了较好的应用效果。油气资源的空间分布位置及分布规律，对于指导井位部署、提高勘探经济效益具有十分重要的现实意义，是未来油气资源评价的主要发展方向之一。

4.2.3 深层—超深层领域资源评价

随着全球油气工业的快速发展，成熟探区中、浅层油气探明程度已达到较高水平，油气发现难度日益加大，油气勘探目的层已逐步由中浅层向深层和超深层拓展。据 IHS2013 年统计，全球已发现深层油气田 861 个，其中超深层油气田 122 个（张光亚等，2015）。目前，主要在塔里木盆地、四川盆地、鄂尔多斯盆地、渤海湾盆地和松辽盆地的深层碳酸盐岩、碎屑岩、火山岩等领域获得突破，显示深层、超深层具备一定规模的油气资源潜力，为中、浅层油气勘探的重要接替领域。但由于深层、超深层领域埋深大，经历了多期构造运动，烃源岩和油气成藏演化时期长，过程复杂，烃源岩多进入高成熟、过成熟的裂解气演化阶段，资源潜力精确评估难度大，制约了深层油气的勘探进程。近年来，关于深层油气烃源岩生烃模式和滞留烃、裂解气定量评价（孙龙德等，2013；李剑等，2015）已取得阶段性认识，在一定程度上指导了深层领域的油气资源评价工作。未来需进一步加强该领域烃源岩生、排、滞留烃模式及原油裂解气定量评价工作，尽快形成深层、超深层油气资源评价标准、规范，准确评估其资源潜力，明确资源富集区，这对于下步中国深层油气勘探具有重要的指导意义。

4.2.4 盆地模拟和大数据应用技术

30 多年来，盆地模拟技术为推动石油地质定量化研究和提高油气勘探效益发挥了巨大的作用，随着勘探技术的不断进步，对含油气盆地演化和油气成藏机理的认识将大大加深，地质模型和数学模型将更趋完善，盆地模拟技术也必将得到充分的发展。预测未来盆地模拟的主要发展方向为：（1）基于盆地动力学演化的油气运聚三维动态模拟系统；（2）盆地数值模拟与地质分析结合的综合评价系统；（3）区带与勘探目标评价系统；（4）三维可视化系统。盆地模拟技术的发展和计算机可视化技术的应用在油气资源评价方面仍将起到重要作用，可以直观反映资源预测的结果，有利于决策者做出正确决定。

当前，大数据已经成为继物联网、云计算之后信息技术产业中最受关注的热点领域之一，大数据时代不仅在云计算、数据网格、非结构化信息挖掘、可视化技术集成等方面构建了许多创新型技术平台（肖克炎等，2015），其数据挖掘理论方法和可视化应用技术亦可以借鉴到油气资源评价中。尤其是可以应用到统计法中的样本数据分析、趋势预测和类比法中刻度区数据库管理中。大数据相关性分析和数据可视化技术能够让数据"说话"，在油气资源预测评价工作中，使用大数据思维，能够让人们从繁杂的地质大数据中找出规律，使油气资源评价结果更精确。

4.2.5 多方法综合应用的油气资源评价

从资源评价方法应用情况来看，国外油气资源评价主要采用基于储量成果数据的统计法，而中国目前仍以生烃量计算的成因法为主。各资源评价方法均有其优缺点，用单一方法计算的资源量很可能与实际资源量差别较大。在资料条件满足的条件下，应尽可能采用多种评价方法对同一评价区的油气资源量进行计算和交叉验证（Robert A. Meneley 等，2015），有效弥补单一资源评价方法的不足。多方法综合的油气资源评价体系将会涉及多学科、多领域知识的综合应用，能有效为油气勘探决策提供更可靠的依据，从而降低勘探风险。

4.2.6 专家决策分析系统

长期以来，人们只把油气资源评价理解为资源量的估算，这种油气资源评价与勘探开发是相互割裂的，评价结果不能很好地为勘探开发部署服务。近年来，资源评价专家越来越认识到，应该把专家决策分析技术引入油气资源评价领域，从评价对象实际情况出发，按照专家的思维方式、依据各种定量、定性资料，全面分析各成藏地质条件，大大提高评价结果的可靠性与可比性，这也是未来油气资源评价发展的重要方向之一（郭秋麟等，2016）。目前，国内外已发展了多种油气资源评价专家系统，这些系统在应用中均不同程度地显示了专家系统在油气资源评价中的良好应用前景和发展势头，尤其是对"三新"领域的勘探开发发挥了重要的指导作用。这些领域埋藏深、地质条件复杂、勘探开发难度大，成本高，开展科学而系统的决策分析，优选投资方向和部署方案，对于提高油气勘探成功率具有重要的现实意义。

4.2.7 经济评价越来越重要

在目前低油价的新常态下，石油企业的发展目标从以往追求储量的多少转变为追求经济效益的高低，油气资源经济评价直接关系到企业未来的生存与发展。从二者的关系来看，地质资源评价是经济评价的前提，经济评价是资源评价的延续，且是未来油气资源评价不可或缺的重要组成部分，特别是对勘探目标或圈闭资源来说，经济评价更为重要。之前中国开展的几轮大规模油气资源评价中主要侧重于地质资源量和可采资源量的评价，经济性评价相对考虑较少；而国外油公司实施勘探与开发结合的一体化经济评价体制，评价的资源一般指经济可采资源。目前中国也逐步认识到资源经济评价的重要性，并开展过一些相关研究工作，主要采用现金流法开展油气资源的经济评价，也有学者提出了采用油气资源经济系数图版来估算油气经济资源规模的方法（郭秋麟等，2015；李志学等，2016）。与国际通用做法相比，中国油气资源经济评价总体研究仍较落后，主要表现在评价方法和评价模型较少，评价结果准确性相对较差。未来要尝试采用多种评价方法相结合的经济评价方式，建立一套既符合中国油气地质特点，又与国际接轨的油气资源经济评价方法体系（李丽萍等，2016）。

4.2.8　开展生态环境允许程度评价

生态环境保护已成为一项基本国策，也对油气勘探开发工作提出了新的更高的要求。油气资源开发环境影响评价的关键是要回答资源的勘探开发利用对环境的影响程度，是利多还是弊多、是可恢复还是不可恢复的影响；资源的开发利用在获得经济价值同时，是否能维持油气资源区域生态系统平衡。

资源开发生态环境允许程度评价的任务是对常规及非常规油气资源区域进行现场调研及采样，明确不同油气资源区域主要污染物类型及污染物排放特征，建立基于资源环境压力—资源环境承载力两个层面的环境影响评价指标体系，综合评价油气资源区域环境承载力水平；进而掌握区域资源和环境条件对未开发区块油气资源可持续开发的支撑能力，为油气资源合理开发、生态环境有效保护提供科学依据，实现区域可持续发展。具体方法是收集各个评价区的油气产量及相关参数，水资源及其他原材料消耗状况，污水、废气、固体废物等主要污染物排放数据，区域水、大气、土壤环境质量监测数据等，计算油气开采区域的环境承载力，评价开采区环境负荷水平，预测环境质量演变趋势，并提出相应的污染防治措施。

生态环境允许程度评价的方法采用定性预测与定量评估相结合，具体思路是：通过资料收集、遥感调查、景观生态学、现场勘察等方法，建立资源环境压力预测和资源环境承载力两个方面的评价指标体系和取值标准，开展评价区与刻度区的关键指标对比，划分资源开发对环境的影响等级，并计算不同生态环境影响等级的地质资源量、技术可采资源量和经济可采资源量。

4.3　非常规油气资源评价方法简述

除常规油气资源评价方法外，非常规油气资源（页岩油气、致密油气、煤成气、生物气等）在近年来也得到了广泛关注，并取得了一定的勘探开发进展，也相应地发展了一系列针对非常规油气资源的评价方法。2011年，郭秋麟系统梳理了国内外非常规油气资源评价方法应用现状（表4-2），并详细介绍了类比法（USGS的主流方法）、随机模拟法、EUR法（单井储量估算法）、油气资源空间分布预测法（特殊的统计法）、连续性致密砂岩气藏预测法（特殊的成因法）等5种比较重要的评价方法。

近年来，国家和各油公司分别牵头完成了全国及各自矿权区的非常规油气资源潜力评价工作，页岩油气资源量计算主要采用了以体积法为主、资源丰度类比法为辅的评价方法；致密油气资源评价中也主要采用统计法和类比法为主，在此基础上发展了丰度类比法、EUR法和小面元容积法（王社教，2014）；煤层气、天然气水合物资源评价主要采用体积法；油页岩、油砂资源也主要采用体积法开展评价，辅以类比法。

表 4-2　非常规油气资源评价方法（据郭秋麟，2011）

Table 4-2　Assessment methods of unconventional oil and gas resources（After Guo Qiulin，2011）

资源类型	评价方法	
	国内	国外
致密砂岩气	特尔菲法、地质条件类比法、剩余资源量分析法、聚散平衡计算法、地层流体异常压力恢复法、成藏条件分析预测法、盆地模拟法、"甜点"规模序列模型法、体积法	USGS 的类比法（FORSPAN）、随机模拟法、单井储量估算法、统计法（发现过程与资源空间分布预测法）
页岩气	资源丰度类比法、体积法	USGS 的类比法、单井储量估算法
煤层气	体积法	体积法、类比法
天然气水合物	体积法	体积法
油页岩	体积法、热解模拟法	体积法 资源空间分布预测法
油砂矿	体积法	体积法
致密油 页岩油	盆地模拟法、统计法	统计法（资源空间分布预测法）、类比法

　　与常规油气资源评价方法类似，非常规油气资源评价方法也多达几十种，但从各方法基于的原理仍可以归纳为成因法、类比法和统计法三大类。总体看来，目前国内在非常规油气资源评价方面主要采用成因法和类比法，统计法较少采用。中国目前针对非常规油气资源的评价方法尚不完善，下一步需开展针对性的研究，并根据资源类型及勘探程度的不同建立统一平台下的资源评价方法及参数体系。

第二篇 TSM 盆地模拟资源评价理论方法与系统

本篇主要介绍 TSM 盆地模拟资源评价理论方法与系统

古老中医理、法、方、药理论启发了 TSM 盆地模拟资源评价系统
V(2.0) 的成功开发与有效应用

中医理论：	TSM 盆地模拟资源评价系统的理论：
"人体是一个系统" "取类比象" 系统：人体是一个有机联系的整体 辩症：阴阳、经络、气血等 取类比象：相类似的事物之间进行类比	"油气盆地是一个系统" "盆地分类" 系统："活动论构造历史观"下动态变化规律 分析："原型"并列与叠加 盆地类比：按原型类比
中医看病：	TSM 盆地模拟：
中药铺 诊断—辩证 　　"望、闻、问、切" 　　"阴阳、表里、虚实、寒热" 开方—治疗 　　不同病症的中药配伍 　　随病情演化的方子调整 治病救人	理论建模—模型库 盆地分析 　　"观察、判断、实验、探索" 　　"环境、体制、作用、响应" 动态模拟 　　不同原型模块组合，建立模拟流程 　　多方案模拟与评价 模拟评价预测未知

5 TSM 盆地分析程式与盆地原型分类

朱夏（1983）指出：一个盆地的原型组合方式决定于不同历史阶段形成一定原型的大地构造环境。影响原型形成的大地构造环境主要有三大因素（3T），地壳沉降的时期（time）及其所处的大地构造位置（tectonic setting）和热体制（thermal regime），即反映了原型形成时期的构造—热体制，是地球动力作用在这一时期岩石层（圈）物质运动的总合。当大地构造环境变化，不同世代的原型构造—热体制则阶段性演变。朱夏从全球构造演变关系提出中国盆地可划分为两大阶段，即与古全球构造体制相关的古生代油气盆地和与新全球构造体制相关的中—新生代油气盆地，盆地阶段性在转化上不必同时，可以出现过渡期，历史地控制和改变着不同世代原型的构造—热体制及其油气形成和富集条件。

近年来研究（徐旭辉等，2008）认为：中国大陆是历史上多个小型陆块会聚形成的复合大陆，组成复杂。中国含油气盆地主要发育于显生宙，形成于 3 个大的地质历史阶段（古中国陆、古亚洲陆和新亚洲大陆），在古中国、古亚洲构造环境下形成了古生代盆地，在新亚洲构造环境下形成了中—新生代盆地。针对我国含油气盆地发育演化特点，朱夏（1983）提出的 3T-4S-4M 盆地研究程式已把盆地研究的系统性和动态性有机地融汇在一起，并为盆地的定量分析和模拟提供了一个可行的指导思想。因此，为更好地阐述 TSM 盆地模拟资源评价理论方法，本章首先介绍 3T-4S-4M 盆地分析程式与盆地原型分类。

5.1 3T-4S-4M 油气盆地分析程式

在介绍 3T（环境）—4S（作用）—4M（响应）程式之前，必须知晓盆地原型、盆地原型的并列和叠加之概念。

5.1.1 盆地原型

中国地质结构的复杂性，造就了中国沉积盆地的特殊性，也造就了中国油气分布规律的多样性。国内外学者为了认识中国含油气盆地，做了大量卓有成效的工作。然而，多年来由于不同的学者对盆地有不同的理解，对盆地下过多样的定义。朱夏（1965）理解为"在地质历史一定阶段的一定运动体制下形成发展的、统一的沉降大地构造单元。"张渝昌（1997）提出："可以从盆地各种结构中按照不同的盆地沉降作用及其组成实体的演化关系划分出若干个单一的结构单元，而每一种结构都是同某一阶段沉降动力机制相关。这种单一的结构单元是一种构造形式，也是一个沉积实体。称之为盆地的'原型'，并认为按地球动力学机制来区分和类比的应当是这些原型，而不是它们的组合——盆地。"

5.1.2 盆地原型的并列和叠加

5.1.2.1 原型并列

盆地原型并列指同一世代两个或两个以上的原型结构有部分接合或共同联动而构成统

一的沉降关系。不同动力体制的原型并列会导致原型结构的变异和特殊风格。目前已提出的并列方式有（张渝昌，2001）：

（1）多边界的共生组合，如四川盆地中生代前渊共生；

（2）同边界的分列组合，如华北盆地古近纪—新近纪断陷排列；

（3）主机制的变换组合，如松辽盆地白垩纪断陷变换。

5.1.2.2　原型叠加

盆地原型叠加指一定世代原型及其并列实体的发展过程被新世代的原型及其并列发展过程所取代。叠加不仅是沉积的上叠，更重要的是动态的更迭。已提出的叠加方式有（张渝昌，2001）：

（1）变格叠加，包括断陷—坳陷转化（如华北 E—N）、走滑—断陷变格（如苏北 T、J–K、E）、走滑—前渊变格（如酒泉 K—N）、前渊—走滑变格（如吐哈 T、J—K、E）；

（2）体制叠加，有塌陷—前渊转换（如准噶尔）、坳陷—前渊转换（如四川、陕甘宁）、陆缘—前渊转换（如塔里木）。

（3）主机制的变换组合，如松辽盆地白垩纪断陷变换。

5.1.3　3T（环境）—4S（作用）—4M（响应）程式

朱夏先生（1983）首先从全球热构造运动的体制出发，把沉积盆地区分为古生代和中—新生代的两个世代，创立了盆地原型的概念，提出了变格运动（diktyogenese），指的是阿尔卑斯构造运动新体制对前阿尔卑斯中国地台进行改造而产生的一种新的构造格局。使不同的沉积盆地原型形成叠加和转化，进而提出了盆地研究程式。朱夏先生提出的 3T（环境）—4S（作用）—4M（响应）程式（图 5-1）内涵和外延因素所表述的既是盆地大地构造与油气聚集的关系，也是含油气盆地的系统研究方案。

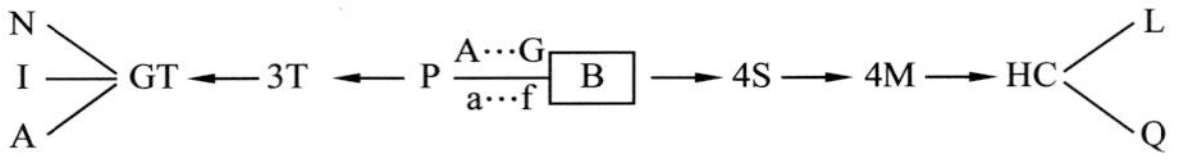

图 5-1　油气盆地 3T-4S-4M 系统研究程式（据朱夏，1983）

Fig. 5-1　3T-4S-4M system program for the study of petroliferous basin（After Zhuxia，1983）

程式中 B 表示盆地（basin），箭头向左和向右各自分别表示盆地与大地构造和油气聚集的关系，其上面所列 P 的分式和上下符号表达为盆地是原型（prototype）并列叠加的组合。一个盆地的原型组合方式决定于不同历史阶段形成一定原型的大地构造环境（T），其构造环境演变的阶段性可以分别归属于古全球构造体制（A，ancient global tectonics）、新全球构造体制（N，new global tectonics）及其过渡阶段（I，intermediate stage）。影响原型形成的大地构造环境主要有三大因素（3T），即地壳沉降的时期（time）及其所处的大地构造位置（tectonic setting）和热体制（thermal regime），反映了原型形成时期的构造—热体制，是地球动力作用在这一时期岩石层（圈）物质运动的总合。当大地构造环境变化，不同世代的原型构造—热体制则阶段性演变。朱夏从全球构造演变关系提出中国盆地可分划为两大阶段，即由古全球构造体制相关的古生代油气盆地和与新全球构造体制相关的中—新生代油气盆地，盆地阶段性在转化上不必同时，可以出现过渡期，历史地控制和改变着不同世代原型的构造—热体制及其油气形成和富集条件。在 B 右面箭头所列的是盆地地质作用（S）与油气响应（M）之间的关系，其地质作用主要概括为 4 个方面（4S），包括了盆地沉降（subsidence）、沉积（sedimentation）、应力配置（stress condition）和风格（style），而油气响应则包括了物质（material）、成熟（maturity）、运移（migration）和保存或调整（maintenance and modification）等 4 个方面（4M），它们彼此相互关联相互作用可以构成若干子系统，在构造—热体制约束下形成系统网络。但是随着大地构造环境变化，盆地不同世代原型并列叠加组合方式不同，盆地的地质作用—油气响应（S-M）关系是动态的，因此，需要通过一定构造环境形成的原型自身，比拟其构造—热体制及其约束的 S-M 关系，认识历史阶段油气形成的规律，进而掌握盆地组合的整体，了解原型动态变化的油气分布规律，就会有助于评价预测油气资源量（Q）及其聚集的位置（L）

5.2　构造热体制下的盆地原型分类

全球岩石层板块运动是地幔物质热对流的动态表现，板块运动既推动了大陆岩石层和大洋岩石层相互作用，又约束着地幔自身热对流的过程，而地幔对流关系决定了盆地的构造—热体制，由此，可区分为大陆边缘和大陆内两大类不同演化的沉积盆地序列。中国大陆中—新生代陆壳形变反映了构造运动的根源来自大陆物质在热覆盖下自身的蠕动。地幔蠕动受陆缘板块会聚运动和相互制约变化引起大陆多期演化从而形成大地构造格局的变化。直接影响了大陆地壳沉降方式，形成世代结构更迭的盆地变格体制（张渝昌，2006）。

5.2.1　大陆热覆盖效应和盆地变格

5.2.1.1　地幔热对流

板块边界构造特征的研究表明，全球岩石层板块运动是地幔物质热对流的动态表现，甚至涉及更深层次的对流关系（图5-2）。就板块离散边界看，洋中脊处于地幔携带热流涌出地表散热的位置，是热上涌裂解岩石层的结果，在此边界新的地幔热物质不断从裂解大陆岩石层顺畅地向大洋蠕动迁移，取代散热的地幔物质并使之向两侧扩张产生大洋壳，由此板块组成分为大洋壳与大陆壳两大岩石层，形成不同的物质运动形式。板块会聚边界的特征反映的就是大洋与大陆两大岩石层组成相互约束的作用变化关系，大洋岩石层在板块球面运动中从滋生到消减，而裂解的大陆岩石层则重新通过陆缘硅铝物质增生和碰撞融合，结果陆缘地幔物质向洋蠕动阻滞，地幔热对流中断。可以理解从大洋岩石层运动变化观察的直接证据推论板块运动必然再次从大陆岩石层裂解开始，热对流新生大洋岩石层，周而复始，旋回发展。然而，受阻中断的地幔物质要继续向洋对流必须要有足够的热能才能突破板块会聚的作用，这时在大陆岩石层覆盖下地幔物质热积累效应提供了新的热蠕动机制，但这一过程引起了大陆壳的形变，是大洋岩石层运动观察不到的。因此只有全面考察大陆岩石层和大洋岩石层在板块运动中相互约束的表现，才能正确认识地幔热对流的旋回变化和板块运动的全过程。

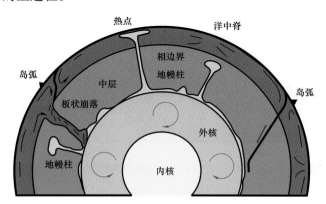

图 5-2　地震层析采用计算机模拟地球热构造和对流（引自 W. K. Hamblin，1989）

Fig. 5-2　The Earth thermal system and convection modeled by computer in seismic tomography
（From W. K. Hamblin，1989）

洋壳以俯冲下潜到670km或在相边界堆积后崩塌拆沉，导致地幔柱热上升对流地幔热对流造就的大陆岩石层和大洋岩石层及其板块运动，既推动了大陆岩石层和大洋岩石层相互作用，又约束着地幔自身热对流的过程。其对立统一的运动形式会表征为板块离散—会聚，大地构造环境和位置变化形成的盆地沉降，反映出洋陆岩石层组成相互作用与地幔对流不同的关系，以及形成盆地构造—热体制的差异，进而可区分为大陆边缘和大陆内不同演化的两大沉积盆地序列。例如在大陆边缘，由过渡地壳组成的盆地序列反映了离散—会聚构造环境下，大洋岩石层滋生和消亡旋回的发展。离散环境裂谷转化为陆缘坳陷反映地幔物质向洋迁移，热冷却沉降；会聚环境弧后盆地是洋壳俯冲阻滞向洋迁移，引起地幔物质热上涌扩张形成的；而最终前陆盆地的形成则反映了洋壳拆沉，陆壳边缘碰撞融合，地温场向正常岩石层过渡的构造—热体制。同样，在大陆内，经过离散环境裂谷转化为台内坳陷盆地之后，在会聚环境的大陆壳形变下，形成不断改变大陆构造格局的变格盆地，向洋中断的地幔流必然会表现与自身热蠕动关联的盆地构造—热体制。因此，通过了解大陆形变及其与深部物质运动方式的关系，建立大陆盆地的构造—热体制，是一项十分重要的基础工作，有助于正确把握沉积盆地油气形成分布的系统边界条件，预测油气藏。

5.2.1.2 地幔热蠕动约束的陆壳形变方式

中生代时，中国大陆已由多期不同组成、大小不等的陆块拼贴，处在全球板块构造大型热对流会聚环境的位置。特别是太平洋和特提斯相互呼应从两侧围限大陆，使地幔物质向洋蠕动散热不畅，结果在大陆覆盖的温室效应下，大陆岩石层固化点降低，上地幔物质升温，自身热蠕动引起大陆壳多次发生形变。中国区域地球物理调查和地震层析分析（图5-3），初步揭示大陆岩石层的确存在蠕动现象，岩石层中上地幔的起伏远大于地壳的厚度，解释为"陆内俯冲"，或"底板垫托"，更有形象比喻为百脚虫运动。与20世纪早期欧洲地质学者提出的"底流"观念一致，论断为大陆地壳形变的深部根源。

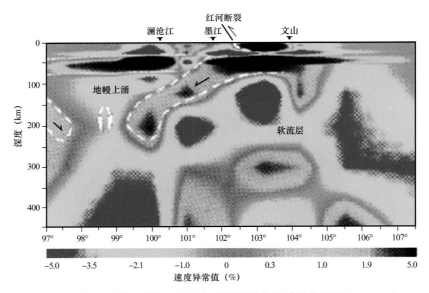

图 5-3　中国区域地球物理调查和地震层析分析（引自刘福田，1989）

Fig. 5-3　Regional geophysics investigation and seismic analysis have proved the creeping in continental lithosphere
（From Liu Futian，1989）

白虚线标志的是大陆岩石层在围限下自身下潜蠕动的特征

1）陆内挤榨作用

蠕动反映大陆岩石层升温，自身积累了热能量，包括上地幔乃至影响到下地壳物质都可以发生热流变。它从先存的大陆"条、块"复杂结构中的古陆块部位向薄弱带蠕动下潜对流，下潜的薄弱带是古碰撞带或裂谷带位置。由此薄弱带岩石层急剧增厚，并在大陆边缘碰撞后继续缩合挤榨（squeezing）效应配合下，发生均衡调整，导致古碰撞带复苏，古裂谷反转，在大陆内形成了挤榨变形带，改造了大陆构造格局。龙门山大地电磁 MT 剖面反映上地幔下潜存在斜向上倾的异常带，与龙门山后山出露的花岗质岩浆侵入岩体呼应，时代为 19—16Ma，表明热蠕动下潜物质发生了分异作用，硅铝质轻组分携带了热流折返上涌到达地表起到了散热的效果。显然，这一大陆内的形变作用不是陆缘构造碰撞造山的晚期活动（late-collision），而是陆壳内的构造运动，是碰撞后（post-collision）大陆多旋回新阶段构造运动的表现。大陆内形变造成的山脉（mountain building）是构造运动改变大陆构造格局的产物，与板块会聚边界由碰撞（collision）解释的造山带（orogen，沿用地槽说的术语）性质不同。陆内挤榨作用使构造形变带产生强烈地基底拆离和盖层滑脱，导致形变带山前因构造载荷挠曲地壳而形成前渊沉降。但是，前渊盆地的沉降幅度取决于岩石层挠曲刚度的大小，一旦下潜的热物质通过分异作用散热使岩石层刚度增大，沉降幅度就会减弱。龙门山山前前渊充填巨厚的上三叠统须家河组就反映了高温岩石层刚度降低的沉降特性，而侏罗纪沉降幅度变小，沉积平缓，则反映了刚度增大的机理，对应了龙门山后山花岗岩涌出散热的效应，也就是形成陆内前渊的盆地构造—热体制。它与大陆边缘开放的前陆部位因碰撞形成前陆褶皱带山前的前陆盆地所处的构造位置不同，形变物质组成不同，热体制不同，盆地演化的世代也不同，或可就此对陆内挤榨形变带山前的沉降盆地称之为"挤榨前渊"，以资区别于碰撞造山带前的前渊或前陆盆地，且便于学术交流。前陆盆地在类比使用中概念一度混乱，原本沉积包括有边缘陆架发育的复理石建造。近期国外大多也将盆地按演化阶段分析，只包括了复理石层序之上的磨拉石层序，指前陆盆地为碰撞造山机理相匹配的沉降沉积单元。对照它的构造体制虽然同陆内挤榨前渊沉降都是构造载荷成因，盆地边界构造冲断席发育，但冲断席岩石组成有差异，与处在陆缘还是陆内的位置有关。更重要的是热体制不同，前陆盆地处于陆块碰撞位置，两侧拼合的大陆硅铝质岩石层趋于融合，地温场由原来离散陆缘坳陷的岩石层低地温值向正常过渡，一般最终地温梯度大体都在 3℃/100m 左右。但挤榨前渊的热机制如前所述，是在大陆岩石层升温下潜形成的，地温场是从高温散热转向低温。如龙门山的前渊上三叠统平均古地温梯度可达到 4.82℃/100m，但热蠕动分异岩浆携带热流重新上涌散热后，盆地中部包括川东褶皱带的侏罗系则降到 2.61～2.88℃/100m，恢复保持到了古地台地温状况。因此，根据大陆构造环境演变可以明确识别陆内挤榨前渊，按照它的盆地构造—热体制约束预测油气形成与分布，以及应用于油气勘探决策是有不同意义的。

2）陆内排斥作用

大陆岩石层地壳形变的另一种方式是排斥作用（expulsion），引起大陆内先存不同性质的块体发生扭动。物理模拟实验已得出陆缘碰撞块体向陆壳内挤榨伸进的楔入作用可以引起大陆内构造滑线应力场，楔入挤榨形变可在侧方转化为排斥运动，沿不同块体非均质边界分体滑移或块体扭动。不过，块体滑移和扭动需要排斥方向有自由空间，要求陆缘具备会聚强度差异以提供可排斥的条件。然而从纵向上看更重要的是排斥会引起岩石层组成内部非均质的脆韧性流变分层作用（delamination），从而更有利于诱发地幔物质蠕散，以致最终突破陆缘会聚阻力而向洋蠕动。相应排斥扭动作用产生的地壳平移断层可以因拉张分量的方位和运动方式不同，表现为走滑拉分或断陷形式的盆地沉降，诱发地幔蠕散向上热涌，并沿断裂减压发生重融性岩浆侵入和火山喷溢，起到局部扰动散热作用。当排斥作用产生块体扭动滑移时，在断层弯折或两条断层断开的两侧，块体同向滑移可因速度差异相对运动形成拉分盆地。但两侧块体继续滑移受到底板黏滞性或前方阻挡关系而影响速度时，块体会变化为反向相对滑移。结果拉分盆地受挤发生构造反转，滑移断层边界表现出花式构造的特征，在剖面结构上显示为下坳上拱，先张后挤。诱发的地幔物质扰动起伏，沿断层裂隙岩浆侵入以至地表喷发散热，地温场高低扰动变化。目前郯庐断层 MT 剖面已经发现岩石层上地幔上涌的现象，而大巴山和雪峰山的剖面也观察到上涌流改造下潜的状况，反映了地表排斥作用形成走滑盆地的扭动构造改造了挤榨前渊冲断形变。在蠕散过程中以拉张应力分量为主发育的犁式断陷群则引起地幔区域性的上涌，表现为上地幔隆升与拉张断陷群沉降的镜像关系。

5.2.1.3 陆缘会聚约束变化的盆地变格

中国中—新生代大陆内的排斥作用大体是接替挤榨发生，改造了挤榨构造形成新的排斥形变带，扭曲了亚洲大陆构造格局。多期性发展的排斥与陆缘会聚差异条件有关。中生代时期西伯利亚大陆向古亚洲大陆继续拼贴产生向南挤压，与大陆东缘太平洋向北加速右行斜向俯冲会聚共同作用于大陆，唯有大陆西缘特提斯扩张提供排斥的自由空间。因此大陆内地壳显出左行扭动应变，出现大规模左行走滑断裂带，相伴形成走滑盆地，如阿尔金断层和郯庐断层等侧方应变形成的盆地（图 5-4 和图 5-5）。当新生代印度大陆向欧亚大陆碰撞后，东缘太平洋滋生新的菲律宾洋壳顺时针旋转向东扩张，与大陆之间形成转换板块边界，并迫使太平洋板块运动后退（图 5-6），为中国大陆向东排斥提供了伸展空间，也提供了积累热力的地幔向东突破大陆转换边界蠕动向洋的机遇。结果中国大陆东部排斥调整为以右行扭动为特征，改变了先期左行的排斥形变带构造格局，在适应拉张应力分量的方位普遍发育断陷，构造—热体制的变化形成了盆地更迭。

中国东部古近—新近纪断陷经过长期油气勘探已经明确了对油气形成和分布的控制关系。陆内断陷一般为半地堑结构具多样组合成群的特征，控制沉降的犁式主断面向下大多会集中到 12～15km 的脆韧性转换面消失，反映岩石层非均一拉张，与离散期拉张裂谷形成方式不同。已发现断陷结构反映有两期活动更迭，有与扭动应力方位偏差发育的走滑盆地反转结构并列，说明上地幔蠕动上涌适应于排斥应力作用的方式和过程是很复杂的。一些数理实验说明地幔流变上涌如果能量不足以减薄岩石层发生裂解时，上升的热物质会自身变冷，相应断陷活动中止，直到热流能量重新补足才再次上涌发生断陷作用并调整先期结构，因此这种"自限式"发展的断陷构造—热体制影响到油气生成和运移聚集条件。例如，苏北盆地晚期断陷并不发育，形成断陷的上涌作用转移到了渤海湾地区，只有转化为坳陷更迭后，早期断陷的烃源岩才成熟，并提供了油气生成条件。它反映热涌后冷却时间长，现今地壳莫霍面深度也比华北大，表明岩石层已比较均衡补偿。由于华北渤海湾晚期断陷发育，转化为坳陷后，莫霍面至今仍隆升很高，反映坳陷补偿还不足，表明地幔上涌

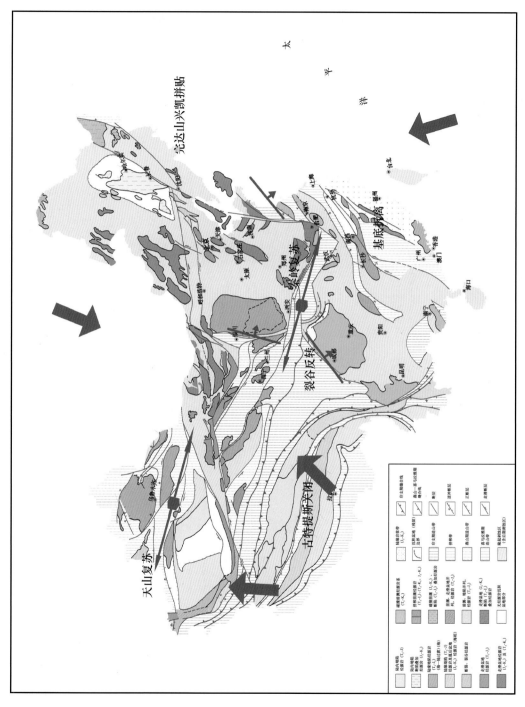

图 5-4　中国陆内晚三叠世—中侏罗世形成的盆地和大地构造环境略图

Fig. 5-4　Continental tectonic environment and basin generation in the Late Triassic—middle Jurassic in the Chinese continent

黄色标志为左行走滑走滑拉分盆地结构

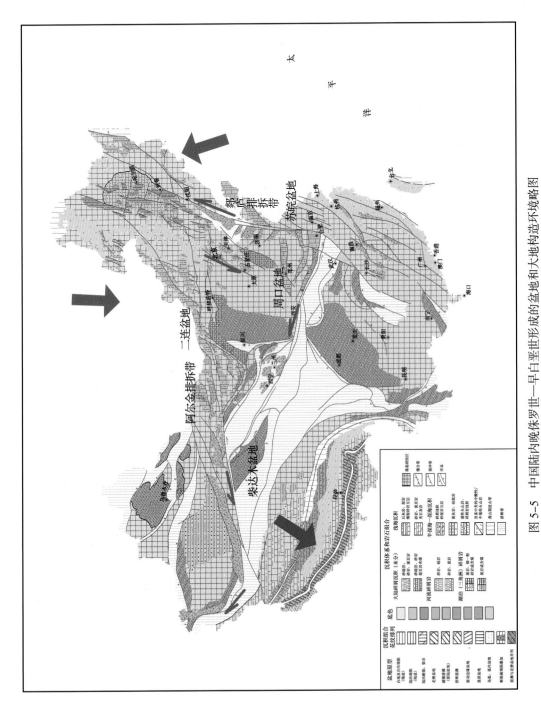

图 5-5　中国陆内晚侏罗世—早白垩世形成的盆地和大地构造环境略图

Fig. 5-5　Continental tectonic environment and basin generation in the Late Jurassic—Early Cretaceous in the Chinese continent

黄色标志为左行走滑拉分盆地结构

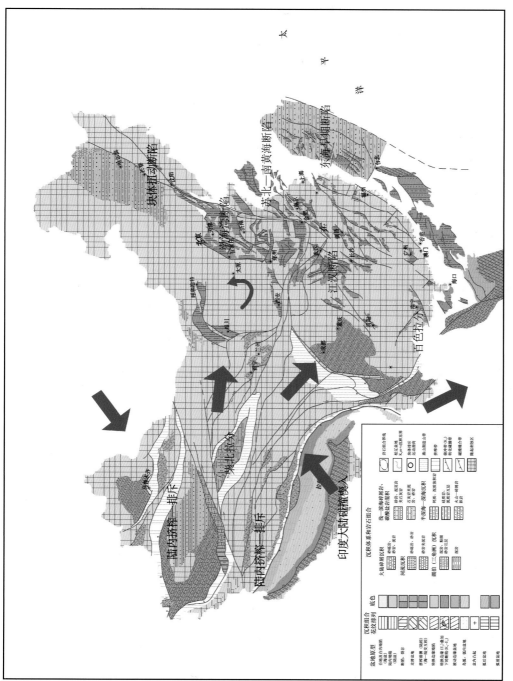

图 5-6　中国陆内晚白垩世—古近纪早期形成的盆地和大地构造环境略图

Fig. 5-6　Continental tectonic environment and basin generation in the Late Cretaceous—Early Paleogene in the Chinese continent

黄色标志态为右行走滑变换作用下适应发育的横张为主的断陷和走滑断陷和走滑反转盆地并列

较强，因此，断陷期较高温的热体制提供了断陷自身烃源岩成熟和成藏条件。但是它调整了渤海湾早期断陷结构，早期的油气运聚与晚期成藏分布规律各具特点。由此联系整个中—新生代变格盆地，说明世代结构更迭的构造—热体制的变化对认识更为复杂的油气形成和运移成藏的条件至关重要，它是油气资源评价的前提和基础。

5.2.1.4 大陆蠕散突破的陆缘盆地转换和呼应

大陆形变反映地幔物质自身蠕动，作为中断了全球地幔热对流的一环，最终会突破板块会聚作用的限制而再现向洋对流。但是如果向洋突破达不到流畅的程度，而只能局部间歇性地进行，就会反映出陆缘盆地短周期发展，并与大陆变形的盆地演化并列呼应。近期中国东部陆缘包括东南亚地域的花采岛弧构造特征就是这种情况。例如，中国大陆东缘的东海陆架盆地大体在 45Ma 左右从断陷转化为陆缘的转换边缘坳陷，反映出转换边界有利于地幔蠕动突破板块会聚向洋迁移，但到 35Ma 转换边界改变为斜向俯冲又阻止了向洋蠕动时，转换边缘坳陷就转化为向陆迁移沉降的陆内坳陷。这一过程正是陆内向东排斥产生两期断陷交替时间，反映了菲律宾洋的板块运动同中国大陆内向东的排斥作用在地幔蠕动过程上是关联和呼应的。

当中国大陆东缘转换边界变换成俯冲边界时，蠕散改向南突破，出现离散大陆边缘，形成大陆边缘离散与会聚共存的格局。东海南部沿广东大陆边缘蠕散出现了南海洋壳，识别有 32Ma 及 11—5Ma 磁条带，存在两期扩张，解体了巽他古陆，同时也与加里曼丹俯冲有关。离散结果，南部陆缘过渡岩石层发育了渐新世晚期以来的离散陆缘坳陷，其断代不整合面（break unconformity）之下是被更迭统一的断陷/裂谷结构，反映了地幔物质热上涌裂解大陆向洋蠕动扩张的过程。香港外海声呐测深记录反映现今还有热物质上涌，表明大陆热蠕动物质持续向洋迁移。但 8—5Ma 以来，南海洋壳扩张受菲律宾洋壳顺时针旋转拖曳，吕宋岛弧向北与大陆碰撞，形成台湾阿里弧—陆碰撞造山带，其结果又围限了南海扩张，阻止了大陆幔流物质持续向洋迁移，南海洋壳不得不向东面吕宋岛弧俯冲。结果受阻的大陆蠕散利用了青藏挤榨转换的缅甸排斥块体，通过拉分盆地上涌滋生安达曼海洋壳，而在大陆东海向陆俯冲的边缘则发展弧后扩张盆地，如先后出现的日本海弧后盆地和东海萌芽的冲绳海槽，反映了蠕散向洋在俯冲边界上涌的状况。由于热迁移，在大陆东部与此相应普遍发育的断陷更迭为统一断陷的陆内坳陷盆地。在整个这一时期，大陆呼应的挤榨—排斥作用由于青藏地区强烈的抬升及向北远距离的迫挤和向东排斥，形成现代不同结构的大陆盆地，从盆地特征分布上反映了自西向东形成与挤榨—排斥作用和地幔蠕动相应构造—热体制的盆地序列关系。例如，在青藏北面向北挤榨发育的昆仑、天山挤榨前渊并列形成现今统一的塔里木盆地，在祁连山北基底拆离形成的酒泉前渊更迭在走滑拉分盆地之上。向东，由于排斥作用使逆时针旋扭的鄂尔多斯块体外围形成放射状分布的拉张断陷。而在华北和苏北地区则发育了补偿均衡的坳陷，蠕散物质向东迁移形成日本海弧后盆地。总体上大陆形变形成的陆内盆地变格序列与陆缘盆地序列在构造—热体制变化上是彼此关联的。从中国新生代大陆边缘的活动构造变化中可以找到大陆热覆盖下地幔蠕动效应的轨迹。

5.2.2 盆地原型分类

术语盆地的"原型"是盆地沉降形成过程中为一定地史演化阶段或世代原本动力机制引发地壳沉降的结构单元。朱夏当初提出这一观念，是为了避免与现今沉积连续分布圈定地壳沉降整体而流行称之为盆地的概念相混淆。因为朱夏（1963）本来认为盆地的概念是"在地质发展历史一定阶段的一定运动体制下形成发展的统一的沉降大地构造单元"。为此，他引伸了 Klemme（1974）提出内含年代概念的 proto-type，强调盆地是不同阶段多种结构的组合，明确"一个阶段的结构单元是一种构造形式，也是一个沉积实体"，称之为"原型"。可按地球动力学机制区分、类比的是原型，而不是它们的组合——盆地。笔者赞同朱夏（1986）的观点：盆地是原型并列叠加的组合。明确盆地世代演化形成的原型序列就是要从历史不同沉降结构组成的复合体系中恢复各阶段原型地质作用与油气响应的关系，进而探讨和预测油气动态成藏和富集分布规律，为提供油气勘探部署服务。本书采用张渝昌提出的盆地原型分类（图 5-7；张渝昌，2010）。

盆地作为全球构造沉降的单元，其空间沉积包括伴随充填生储盖物质的方式都受全球板块构造、地球深部根源和动力作用方式所控制。如果将盆地所处位置的地壳组成随时间变化所历经的板块运动环境，系统地分辨出不同的动力机制对地壳或岩石层具体的反应，那么就可依三端元原则建立盆地原型分类，进行原型类比（图 5-7）。通过多年的研究攻关，盆地原型的类型及其动力学机制研究取得了很大进展，理论日渐完善，并形成了 T（环境）—S（作用）—M（响应）研究流程和勘探指导思想。

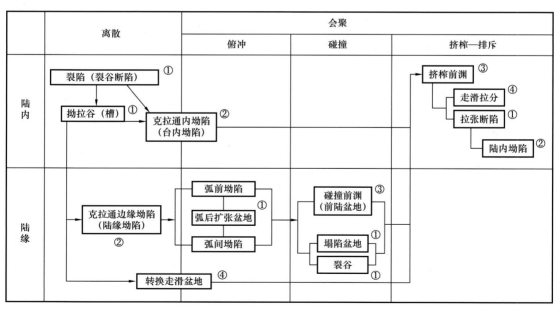

①—下涌上张；②—下缩上沉；③—下插上挠；④—先张后挤

图 5-7　盆地原型分类（据张渝昌，2010）

Fig. 5-7　Classification of basinal protypes（After Zhang Yuchang，2010）

5.3　新亚洲陆形成与陆内变格盆地

中国中—新生代主要发育四大地质事件，这四大地质事件控制了该阶段变格盆地的形成和演化。一是中国西部特提斯的形成演化；二是中国东部太平洋的形成演化；三是蒙古—鄂霍茨克洋的闭合；四是板内变形和陆内造山。

5.3.1　新亚洲陆的形成

应该指出：在新全球构造体制中，中国大陆一直处在三面受挤的动力边界条件下，形成的盆地同大陆内地壳全面的缩合有关，同大陆在受挤状态下整个岩石圈深部的组成变化有关。

中国陆块东、西两侧的活动虽无严格的同时性，但基本彼此呼应。特提斯和西太平洋虽然也经历了明显的拉张—挤压旋回，但特提斯的拉张主要发生在印度冈瓦纳北缘，朝中国陆块主要表现为正向俯冲—碰撞挤压应力；而西太平洋扩张和板块运动对中国大陆东部则交替发生拉张和挤压，且各区段不同。就总体而言，在东、西两条锋线（朱夏，1979）以及蒙古—鄂霍茨克洋消亡和持续向南造山指向的配合下，晚三叠世以来中国大陆内主要处在挤压为主的状态下，并发生了 3 次构造变格，形成相应的变格盆地。

5.3.1.1　中国中西部

特提斯洋由班公湖—怒江小洋盆和雅鲁藏布江主洋盆及其间的拉萨小陆块组成。雅鲁藏布江主洋盆在中、晚侏罗世至早白垩世急剧扩张时，拉萨陆块向北漂移，班公湖—怒江洋自东而西封闭，拉萨地块拼合到亚洲陆块上。在中白垩世到古近纪主洋盆急剧向北俯冲，形成拉萨陆块中南部冈底斯—念青唐古拉陆缘火山—岩浆弧和日喀则弧前复理石楔的堆积。喜马拉雅地区由被动边缘的陆棚—陆坡沉积（K_{2-3}）向局部残留的台型浅海沉积过渡（E_1—E_2^2）。从始新世晚期起，印度陆块与增生的亚洲大陆碰撞，海域最后消失，形成指向南喜马拉雅的叠覆造山系。早期（E_2^3—N_1）喜马拉雅尚未发生强烈的抬升，缺乏造山相磨拉石组合，中新世末以来，印度陆块继续向北推挤，沿喜马拉雅南麓的西瓦利克带发生向北的陆内俯冲，使喜马拉雅山快速隆起。这一碰撞事件是如此强烈，其影响范围波及整个中国中西部，主要表现为陆内挤榨—老山系复活—前渊的形成和分块体排出—拉分盆地的形成。

5.3.1.2　中国东部

Hilde 等（1977）有过出色的见解：这一地区（中国和亚洲东部）的关键特色是曾经有过一个从中生代到新近纪的连接特提斯—印度洋与太平洋的洋脊体系，它们大体上是沿东西方向延展的，并为一系列南北向的转换断层所错开。中国东南部大陆边缘中—新生代构造演化可以分为以下几个阶段：

（1）中、晚三叠世，洋壳向亚洲大陆俯冲和沿南北向转换断层的平移活动，亚洲大陆东部外侧增生，俯冲带从日本西部，可以经过台湾海峡到东沙群岛，然后分两支经巴拉望和海南岛南侧，分别与西部"印支造山带"相连。在大陆内侧，朝鲜半岛南部、下扬子和华南台缘断坳盆地反转，发生指向北西的前进式强烈基底—盖层冲断—褶皱作用和花岗岩侵入。这一过程一直延续到中侏罗世，由于该洋盆是古特提斯的直接延伸部分，在动力学体系上归属于古特提斯系统。

（2）中生代中晚期以来，中国东部动力学体系发生了根本的变化，185Ma左右三联点扩张形成的太平洋是这一转变的标志和直接动力来源。晚侏罗世—早白垩世库拉板块向北移动和向亚洲东北部俯冲、微地块拼贴，而在中国华南和台湾则沿南北向转换断层斜向俯冲和微地块拼贴，形成从锡霍特阿林—西南日本—琉球群岛—台湾中部的俯冲增生造山带和华南广阔的岩浆岩带。

（3）大约40—38Ma起，太平洋板块运动方向转变为北西西向俯冲，它主要影响日本。在中国东部沿海从晚白垩世—古近纪早期被动边缘转化为活动边缘，确切地说与菲律宾海俯冲有更直接的关系，重要的表现就是5Ma以来菲律宾板块仰冲到台湾岛之上。南海可以看作是沿菲律宾东部转换—洋壳仰冲而被围限的洋盆，北侧仍为广宽的被动陆缘，表现出与东海—琉球不同的特征。

5.3.1.3 中国北方

自古中国陆块与北方陆块拼合形成古亚洲大陆以来，西伯利亚同蒙古陆块的拼合并没有彻底完成。它们之间的蒙古—鄂霍茨克洋的消减一直进行到白垩纪。

5.3.2 中—新生代盆地特征

自晚三叠世以来，中国大陆在三面挤压、不断隆起的总背景下经历了3次构造变格及相应的陆相盆地的形成。虽然中国大陆经过二叠—三叠纪构造事件基本实现了统一，但由于它是由不同的旧构造单元组合而成，所以这种统一只是相对的，是具有继承与新生关系的，这些旧单元的界线在后来的复合陆块内部运动中仍发挥着重要作用。例如近南北向贺兰—龙门山和太行山—武陵山及其间的鄂尔多斯中间隆起到四川中间隆起带，对复合陆块内部中—新生代盆地的形成有显著的影响。大体以此向西的地区主要受西部锋线持续挤压控制，形成连续的或分阶段的压性和拉分盆地；东部则以压性、张性和拉分盆地交替发育为特征。

但从中国大陆挤榨—排斥变格关系来看，盆地发育无不与具体位置受到外围"两条锋线"影响的基底反应有关。从变格发展期次来说，陆内首先发生的是挤榨缩合，它涉及全国基底陆块拼合的部位，往往是地壳薄弱而活动的地带。挤榨的反应造成先存陆缘碰撞造山带的复苏，陆块内部裂谷，包括转化为坳陷统称为拗拉槽的反转，以及利用陆缘软弱层系（如泥板岩）发生的基底拆离，形成了构造载荷沉降的挤榨前渊。它的动力来源于大陆自身内部岩石层地幔热运动，产生挤榨围限下的"陆内俯冲"。它所产生的热体制是从热变冷，与陆缘碰撞产生的前陆盆地热体制从冷趋于正常的特点不同，反映了不同大陆岩石层的融合特征不同。排斥作用是挤榨的后续发展，主要表现为组成不同的陆块之间的错移和扭动，以调整适应陆内的缩合。由此构造应力作用下地壳往往被走滑拉分，并在走滑断层诱发下抽动地幔物质局部上涌，形成走滑盆地，而当上涌流扩展的情况下形成地壳非均一拉张的半地堑式断陷，反映了排斥作用不同构造—热体制下原型的区别。实际上挤榨—排斥是体制发展过程性的反应，对陆内变格体制任何阶段都表现存在挤榨—排斥的过程，只是具体位置的构造环境和基底条件不同而反应的主导作用和表现形式有所差异。

例如，P. Tapponnier等（1986）指出新近纪印度板块楔入导致陆内滑线场分体排斥，但是楔入引起青藏地区的隆升向北则表现为挤压，表现为祁连山前挤榨前渊叠加在早期走滑拉分盆地之上，叠加组合形成优势的成藏系统。再如由新生代前渊并列统一的塔里木盆地，其南部早期挤榨是指向帕米尔，昆仑山前表现为侏罗系走滑盆地，而后期印度板块碰撞所表现的挤榨在山前才反映出挤榨前渊。南天山前是多期挤榨前渊的叠加，但是排斥作用是存在的，它以走滑断层形式出现在塔北隆起，复杂化了前渊结构，但却给成藏条件提供有利因素，而后期的库车前渊还有可能受到重力滑脱与扭动作用的影响，提供油气成藏多样化的条件。

因此变格盆地的形成必须从活动论构造历史观进行动态的具体分析，才有助于了解油气聚集规律。在中国东部变格盆地的叠加显现出前渊→走滑→断陷和坳陷的序列，在一个变格期内反映出挤压和排斥的先后关系，因此可分出两个亚期。这同样与所处构造环境和基底性质反应有关，作为大陆形变的边界条件，东部太平洋加速差异向北俯冲促进了中国东部侏罗—白垩纪排斥作用的主体性，这种"四世同堂"的关系，复杂化了古生代盆地的分布，但是中古生界已揭示的高产油气井出现，指示了盆地动态分析的重要性。就东部普遍发育的古近纪断陷来说，它是多期的，现在已识别出早、晚两期，本身就具有变格性，先后之间的叠加差异是明确的，在苏北油气藏与早期断陷形成有关，但晚期发育断陷约束着油气分布。在渤海湾晚期断陷形成富集的自生系统，被改造的早期断陷也显示其对油气的贡献。在江汉盆地，潜江凹陷表达的是晚期断陷成藏系统，江陵凹陷则是早期断陷发育的位置。因此只有整体的、系统的、动态地进行分析才是正确的评价方向。

从大陆古近纪两期断陷对比到陆缘，表现出晚期断陷已经转化为陆缘坳陷的性质，在珠江口盆地坳陷转化是在渐新世，而东海陆架盆地断陷转化为陆缘坳陷发生在始新世晚期，而坳陷的性质也无不受具体构造环境的控制。因此盆地的世代分析既要区分成盆体制变化的阶段性，也要把握盆地所处具体位置构造环境变化的动态性，以有利于正确建立盆地演化序列和相关对比性。

5.3.2.1 第一变格期（T_3—K_1）盆地（图 5-4、图 5-5）

考虑中国大陆受到 3 个方向挤压作用，以昆仑山—秦岭—大别山作为南北分界，贺兰山—龙门山作为东西分界，分成四大块进行讨论。西南块（青藏）早期（T_3—J_2）是新特提斯洋及它的被动陆缘系（唐古拉）和台内坳陷（昌都—思茅）；晚期（J_3—K_1）怒江缝合带以北隆起，在挤压平移剪应力下产生陆相拉分盆地。西北块，昆仑山及天山大陆裂谷挤榨变形带发育为反转花式构造，在塔里木南、北形成迁移的挤榨前渊。准噶尔、吐鲁番等盆地在继续沉降过程中受到天山、准噶尔西缘的逆掩，转变为挤榨前渊。费尔干纳—英吉沙北西向右旋和阿尔金北东向左旋成对平移剪切，引起塔里木东、西两侧产生共轭的拉分盆地；柴达木两侧和河西走廊带的拉分盆地是东西向压剪性断裂的产物。东部两块大致以大兴安岭东侧—太行山—武陵山为界，又各分为两个亚区。东北块的西部，阿拉善块体向东排出、贺兰山向东冲断，形成鄂尔多斯前渊。东部早期隆起受北北东向断裂左行平移活动影响，出现了走滑变格或转化为坳陷盆地。如松辽盆地和华北的天津—济南盆地。但在它的南部，受大别山北缘向北冲断控制形成合肥 T_3—K_1 向北迁移的挤榨前渊。大兴安岭地区，在晚期（J_3—K_1）发育的走滑拉分盆地（二连盆地），很可能是阿尔金走滑系向东的延伸。东南块，西部川滇地区，岩石圈上地幔向四周蠕动及松潘、秦岭、武陵—雪峰 3 个方面向内指向的褶皱—推掩的联合作用，形成了四川、楚雄等地区迁移的前渊。东部主要是向西北迁移的基底拆离和盖层滑脱下的挤榨前渊及上覆体拉分盆地和后缘的拉张断陷。

在大陆边缘的东海—南海和浙闽粤东部，晚侏罗世—早白垩世斜向俯冲和微陆块（台湾东部微陆块）拼贴及陆内左行平移活动，形成宽广的、特殊的火山—深成岩浆弧和海陆过渡相火山—沉积充填，这种沉积在浙江象山县石浦已有出露，东海中西部新生界之下的由地震勘探确定的"厚平层"极可能是它的东延，可能是当时的陆缘盆地沉积。

5.3.2.2　第二变格期（K_2—E_{2-3}）盆地（图 5-6）

晚白垩世至始新世雅鲁藏布江新特提斯主洋盆逐步封闭，印度板块北移并和中国大陆靠拢、挤压，与作用于西太平洋边缘中南段（华北、华南及外侧海区）的应力从前期挤压转变为与拉张相结合，使原来的 4 块地壳块段发生新的分化，出现了西升东降强烈差异活动。西部的挤压缩短主要通过隆起和沿北西西—东西向古断裂分块体向东滑移实现的。鄂尔多斯、四川、松辽盆地抬升与秦岭—北淮阳一线拉分盆地取代了前期的前渊。以郯庐断裂为代表的东部北北东向断裂系从左旋转为右旋，在中国东部广泛产生向太平洋方向的伸展拉张，形成箕状断陷或裂谷，如苏北—南黄海、东海陆架盆地等，沉积了巨厚的上白垩统—古近系。

5.3.2.3　第三变格期（E_3/N 至今）盆地

由于印度陆块和亚洲陆块的碰撞及随后沿西瓦利克带的陆内俯冲，以及西太平洋的菲律宾洋壳北西西向俯冲（北段），中国陆块处在双向挤压之下。西线挤压结果表现为青藏地区强烈的地壳隆起和增厚，盆地主要以南北向拉张的断陷和东西向压剪性断裂的拉分为特色。在外围，亚洲内部古生代造山系复活，边界断裂表现为以挤压为主兼左旋平移，在昆仑山前、天山前、祁连山前、龙门山前都形成挤榨前渊，沉积了巨厚的新近系和第四系。塔里木盆地共用一个中间陆隆的南北两个前渊及其相向对冲变形就是在天山、昆仑山相对冲断下形成的。由于中国东部边缘形成新的沟弧体系和弧后的强烈扩张，东海盆地从被动大陆边缘拉张断陷转化为弧后扩张盆地；南海洋盆形成和进一步扩张，在它的北面从裂陷进一步发育为被动大陆边缘，这种差别是由于菲律宾洋沿台湾东海岸到菲律宾东海岸转换边界仰冲（不是北段那样俯冲）的结果。在中国东部陆上，华北盆地、苏北盆地从断陷变为坳陷。

5.4　小结

（1）3T-4S-4M 油气盆地系统研究程式。

朱夏从全球热构造运动的体制出发，把沉积盆地区分为古生代和中—新生代两个世代，创立了盆地原型的概念，提出了变格运动（diktyogenese）。提出的 3T（环境）—4S（作用）—4M（响应）程式所表述的既是盆地大地构造与油气聚集的关系，也是含油气盆地的系统研究方案。

（2）中—新生代陆壳形变的根源：来自大陆深部自身的地幔蠕动。

纵观中国大陆中—新生代陆壳形变反映了它们的构造运动根源来自大陆深部自身的地

幔蠕动。板块离散运动反映地幔上涌发散热量，板块会聚运动在洋、陆岩石层边界表现为中止了地幔散热输导，而在大陆内的地幔蠕动则反映了会聚环境重建地幔热对流的过程。板块离散—会聚运动与地幔热对流全过程的关系不仅反映在大洋壳的滋生和消亡，还包括会聚运动中大陆形变的过程。但是大陆岩石层在热覆盖效应下重建热对流的过程中，蠕动的发展与陆缘板块会聚运动是相互呼应和相互制约的，陆缘运动的变化引起大陆多期改变构造格局。因此深入研究大陆构造格局的变化对认识分辨历史的地幔蠕动过程和方式十分重要。大陆构造环境的变化直接影响了大陆地壳沉降形成的盆地，通过环境识别而建立的构造—热体制就是盆地油气形成的系统边界条件。

在一定的构造环境下形成的盆地构造—热体制，可以通过盆地沉积、构造地质作用识别出压力、容积和温度（P–V–T）特点，提供约束预测油气生成、运移和聚集的过程，从而合理建立油气勘探模式。全球地幔物质动态热对流所造就的大陆岩石层和大洋岩石层，既推动了大陆岩石层和大洋岩石层相互作用，又约束着大陆地幔自身热对流的过程。根据其对立统一的板块运动形式，可区分出大陆边缘和大陆内不同演化的两大沉积盆地序列。因此，全力推动大陆形变和盆地形成的研究，无论在地质理论和找油实用上都是十分必要的。

（3）中国中—新生代主要发育四大地质事件、三期变格盆地。

中国中—新生代主要发育四大地质事件，这四大地质事件控制了该阶段变格盆地的形成和演化。一是中国西部特提斯的形成演化；二是中国东部太平洋的形成演化；三是蒙古—鄂霍茨克洋的闭合；四是板内变形和陆内造山。形成三期变格盆地：第一变格期（T_3—K_1）盆地；第二变格期（K_2—E_{2-3}）盆地；第三变格期（E_3/N—现今）盆地。

6 TSM 盆地模拟资源评价系统及模型库

6.1 TSM 盆地模拟资源评价系统方法

6.1.1 TSM 盆地原型类比评价方法

所谓盆地原型类比资源评价，就是按照 TSM 系统程式，从运动体制出发研究盆地系统，就是研究物质运动形式引起的系统边界的变化，研究系统变化条件下各个油气要素响应的变化，研究系统成藏的动态整合。为了分析复杂而动态的盆地含油气系统，应该遵循"理论建模—实例校验—动态模拟"（朱夏，1986）的工作程序，按照油气成藏系统动态网络工作流程（图 6-1），对含油气盆地这样一个复杂系统进行油气预测。"用系统论的观点和方法，把这种复杂相关性的地质语言以符号、数据或方程式来表达，通过电脑的运算、模拟""从少量的已知东西来推演许多未知的、潜在的东西，以期有助于油气田在找油工作者脑海中的形成"（朱夏，1986）。

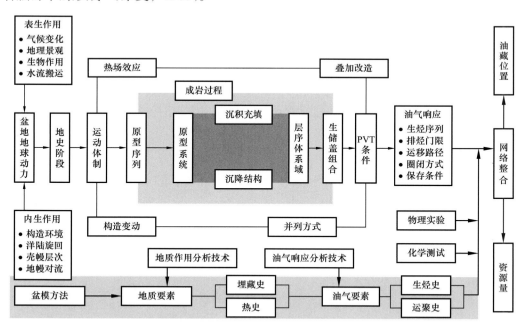

图 6-1　盆地油气成藏系统网络工作流程图（据张渝昌，2010）

Fig. 6-1　Flow chart of oil and gas accumulation system network in a basin（After Zhang Yuchang，2010）

所谓理论建模，就是建立盆地原型并列叠加的模式。它要求在盆地地球动力学知识的基础上，包括内生动力和外生动力作用的关系，建立地壳沉降的基本结构及其空间充填的沉积体系，明确控制原型沉降的方式及其构造—热体制类型，建立原型系统的生储盖组合关系。进而根据油气演化机理的知识，按照"理应如此"的方式来分析原型地质作用，诸如压力、体积、温度等因素如何约束油气响应，包括生烃转化、排烃门限、运移路径、圈闭产状，以及油气聚集和保存或再运移的方式，建立原型的地质作用可预测油气响应的模式。

所谓实例校验，就是要在原型理论建模的基础上，通过勘探事实修正或消除模式的错误，反复验证类比推理的合理性。许多实例分析表明，由于具体盆地所在的大地构造环境所指示的原型沉降体制和规模程度等风格不同，因而各个盆地油气分布特色不同，但是它应当符合原型叠加组合下系统条件变化的规律。因此通过大量油气勘探实践，不断累积原型地质和油气的要素信息，及其要素在不同叠加序列中的系统整合的案例，提供从少量已知信息推理未知的知识。

所谓盆地的动态模拟指的就是运用计算机技术，经数学演绎模拟进行盆地分析的方法。通过地质分析，一旦类比确立了油气勘探地域盆地原型的构造—热体制，那么原型的沉降结构及其沉降空间充填的沉积形式，作为模拟的对象。其中的层序沉积体系和生储盖组合的分布，可以在一定原型体制关联的压力、体积、温度条件下进行油气响应实验。还可以在系统条件变化下，用数学的方法模拟原型叠加的油气响应变化，考察盆地系统油气形成和分布的动态规律。

TSM 盆地模拟资源评价方法强调地质与物理学和化学普遍的数学形式相结合，要求按照严格的确定性的函数关系或数理逻辑，定量地描述地质作用，起到理应如此的预测效应。图 6-1 也表达了盆地原型叠加作为动态系统建立数值模拟技术的方法和流程的关系。它可以从动态的定量描述反映盆地演化过程中任意时刻的重大地质事件，并随之可以在任何勘探决策之前迅速提供评价预测。这种方法可以采取多组确定性方案进行模拟比较，从而减少不确定性，可以与随机地质模型互为补充达到异曲同工之妙，从盆地系统网络出发预测油气成藏。

因此，从原型结构入手进行盆地资源评价的步骤主要归纳包括为以下 6 个方面。

（1）划分盆地历史演化阶段，确定不同阶段的盆地结构。

盆地阶段的划分就是原型叠加关系的分析。现代隐伏区的地球物理勘探技术，特别是地震勘探提供了分析和解释盆地结构的基础，通过钻井检验和层序地层学方法分析为建立地史不同阶段划分盆地原型结构提供必需的论据。有必要强调识别原型结构并不仅依从层序关系划分，更重要的是要分辨层序结构上改变构造格局的条件和因素。例如有些层序沉积实体的变化都受同一构造因素控制，是同一个构造体制多期次的反映，在整体上仍然是一个原型。除此之外，许多原型是经历过叠加改造的，而地下信息往往还不足以满足原型结构的分析，因此结合地表观察与区域地质调查结合建立原型模式，十分关键。在中国，数十年盆地调查已经广泛开展了盆地的描述，发现了众多的油田，但是许多盆地整体结构关系仍不完全清楚。它们都是复杂结构盆地，因此从盆地原型分析方法入手进一步开展盆地研究，对预测和评价未知油气资源就显得十分重要了。

（2）类比分析盆地沉降结构的形成机制，建立原型构造—热体制模式。

在原型结构分析的基础上必须进行结构的成因机制分析，目的在于把握系统关系，从而推测油气成藏规律，而在方法上就是按照不同阶段的结构确立原型的类型，建立可类比的构造—热体制模式。

　　建立模式的方法在本质上是在勘探调查中对一个盆地油气评价知识和预测能力逐渐完善和系统化的过程。因为勘查过程中盆地结构的信息并不完全，即使发现了油气井往往还不知道发现部位与整体结构上的关系，因此运用模式对比技术方法有助于比拟推断未知部位，有助于勘探部署。由于原型对比方法强调了类比的机制关系，一旦原型被确立，意味着油气聚集成藏的系统边界条件就被设定，因此运用其特征边界，包括压力、体积和温度等因素，可以分析油气响应要素的系统约束条件，即使在油气信息不完善的情况下，仍能够进一步模拟系统成藏的整合关系，特别是在原型并列叠加引起系统边界条件变化下更有助于动态地推论油气聚集规律和未知潜力，为进一步勘探找油服务。

　　（3）结合原型的沉积和成岩序列，确定生、储、盖赋存组合和展布规律。

　　盆地原型几何学及其动力学分析对认识原型的沉积过程是十分重要的，在本质上就是在构造—热体制制约下原型地质作用的表现，大量温度、压力和体积变化因素的信息都记录在沉积物中。因此首先要通过层序地层学分析方法逐步深化建立沉积序列的埋藏史，以及其分级序列的沉积体系域和沉积相的分布模式。沉积物埋藏过程所反映的三维空间变化的沉降史，集中反映了温度、压力和体积变化的过程。按照分级序列的沉积体系域和沉积相的分布特征集中反映了生、储、盖赋存组合关系和展布规律，而生、储、盖赋存组合随沉降史过程的成岩变化提供了油气响应的分析基础。例如通过埋藏过程中沉积充填与沉降空间、压实作用与岩石受力、成岩矿物相与热场等变化关系的分析方法，提供油源物质响应转化为油气及其流体流动的约束条件。

　　许多大陆内的盆地原型，特别是中国中—新生代盆地，是以陆相沉积为特征的。确立它的层序地层在方法上与目前从大陆边缘以海平面变化为基础所建立的层序地层学是不同的。陆相沉积的湖水面是间歇性变化的，其湖泊沉积体系只是整个陆相沉积序列阶段性的产物。最近一些见解已经提出采取构造基准面的概念建立沉积体系模式，强调构造沉降空间在大陆内盆地沉积充填中的首要性。因此借鉴海相沉积序列研究方法时不能照搬，它涉及地层同时性对比最基本的概念和研究方法，需要深入研究，提供可推理的原型实体模式。

　　（4）进行原型的构造组合，识别原型并列叠加的动态关系。

　　不同历史阶段的原型确立以后，按时空关系就可以组合成现今盆地整体区划的历史发展关系，反映了地球动力环境的变化关系，指示了盆地沉降的构造—热体制变化关系，也就是在制约盆地地质作用与油气响应关系上，表现为温度、压力和体积随时间动态变化的系统关系。

　　目前在分析原型组合方式上已经提出一系列识别原型并列和叠加关系的分析方法。所谓原型并列即指同一世代两个和两个以上的原型结构部分地共同结合联动构成统一沉降的关系；而原型叠加则指一定世代的原型及其并列实体的发展过程被新的原型及其并列发展过程所取代。应当指出，不同动力体制的原型并列会导致原型结构的变异和特殊风格，而从原型组合来看，先存的原型系统特征被纳入新生的运动形式，改变了原先系统的特征，新的原型系统又是在原先的基础上继承了某些先存系统的风格，影响到新生系统的特定规律。因此透过原型并列和叠加这种继承与新生的关系，分析和总结已知油气成藏规律，是发展油气勘探理论，预测未知，指导实践的重要途径。

（5）匹配油气响应条件，拟定原型地质作用制约下系统整合的成藏模式。

从盆地原型及其并列叠加关系研究油气盆地动态成藏的思想和方法，从某种意义上说，原型及其并列制约了油气的形成，而原型的叠加则控制着油气的分布。通过原型类比和组合分析，即使从少量已知事实出发，可以运用原型类比方法，凭借盆地地质作用模式与油气响应之间的匹配和规律的拟议，以及后来勘探决策结果的反馈，达到正确地进行油气预测的目标。

当前，大量油气知识的积累表明具备工业性的油气藏都是有机成因的。有机物质保存在波浪面下的还原环境的沉积物中，随埋藏转化为油气的过程与有机质降解的地球化学热动力作用有关，而其可转化的油气数量则与表生地球动力作用下保存的原始有机物质丰度、组成有关，前者是条件，后者是基础。从构造—热体制分析建立的原型系统，通过原型制约地质作用所确定的地热流特征性质和量化地热值可以建立烃源岩转化成油气的时间和成熟度条件关系，而通过原型作用的层序地层沉积体系模式可以建立烃源岩展布时空位置和体积关系，进而结合烃源岩丰度可以估算生烃量，提供勘探评价依据。

从烃源岩生成的油气按照达西定律通过输导体孔—渗条件运移而聚集到圈闭内的理论已经确立。生成的烃通过烃源岩中微孔隙网络在异常压力下突破毛细管阻力而排出的认识已得到了较多实验数据的支持。压力差的产生与烃生成的体积膨胀有关，也与沉降实体的构造反转有关。

按照原型地质作用建立的沉积—构造模式，可以作为一定温度、压力和体积关系的边界条件，据此可以推测油气响应系统的油气成藏模式。同时，按照不同的盆地原型的确定性系统的边界条件，可以推测不同温度、压力和体积变化条件下的油气响应关系，根据盆地原型经过并列叠加关系的边界条件变化，可以推测实际复杂的动态成藏模式。因此，按照盆地复杂结构分析，划分的特征性构造成因区带，由不同沉积—成岩体系所控制的储集体多源、多期圈闭提供了形成复合油气藏的条件。

这样从盆地动态分析油气成藏的系统整合建立的模式，可以成为现今勘探评价和预测油气资源的重要方法途径。

（6）开展 TSM 盆地模拟，进行油气评价与再评价。

盆地动态成藏模式的建立是一个复杂的系统网络关系分析，而每一个网络节点上的要素作用都有它自身适应于勘探程度的数据分析。这种动态的关系网络，往往使人在分析中顾此失彼，因此采取计算机数值模拟方法技术可以取得更好的效果。它通过基本的盆地动态成藏模式，可以按物理的和化学的数理逻辑建立地质作用与油气响应关系模型或风格化多模块的组合优化进行盆地数学模拟，起到检验地质概念模式、揭示作用过程、预测未知的作用。按照盆地环境（T）—作用（S）—响应（M）关系分析建立的以原型分析为基础的 TSM 盆地模拟方法，已经在油气勘探中成为系统性定量评价和预测的重要方法。

面对复杂地质实体，TSM 盆地模拟方法主张从实际地质建模出发，采取相应风格的多模块组合建立不同原型地质作用的模拟模型，而不是通用性统一的埋藏史模型模拟，以期能够检验原型类比模式，并通过多方案模拟比较推理，把握模拟未知的合理性与逼真性。由此 TSM 盆地模拟需要准备出不同原型产生沉降作用的运动学的系列模型及其适应不同风格的多样化模块，以及不同原型并列叠加方式的成因模型，加强非连续沉降数学模型的研究；需要不断引入各个油气事件成因的实验研究新进展并开发响应模型，从而深化系统整合。

6.1.2 TSM 盆地模拟的概念与特色

油气勘探工作是从油气盆地这一基本单元出发，内分次级单元，按照分级评价程序，逐级缩小进行评价，并在勘探方法上形成一套综合的多学科联合进行的系统工程，以取得地下不同评价尺度的信息。油气资源的分级评价则在于充分运用这些信息，从石油地质学不同学科进行综合，提供评价依据。虽然分级评价尺度不同，不同学科也发展出众多的评价方法，然而，不同勘探阶段的评价工作都是从盆地整体出发的，评价是在系统的、历史的、动态的分析基础上反复进行的。为了达到认识盆地这一大系统诸种要素的内在联系，盆地研究方法正沿着系统化、动态化和定量化的方向发展。

根据朱夏提出的 3T–4S–4M 盆地分析思路（参见图 5-1），已把盆地油气评价方法的系统性和动态性融汇在一起，形成了盆地定量模拟评价方法的指导思想，形成按照理论建模—实例校验—动态模拟的实施思路。盆地模拟要求在盆地原型地质建模的基础上，通过模拟来洞察原型并列叠加效果，检验概念、揭示过程、预测未知，以期在勘探进程中从盆地整体上进行分级评价，预测油气的所在位置和数量，提高勘探命中率。

经过探索实践，归纳起来有它自身技术实现思路和研发价值，逐步形成了具有原创特色的方法，称之为 TSM 盆地模拟技术。所谓 TSM 盆地模拟就是在盆地构造环境演化（3T）分析类比建立不同世代原型的基础上，利用计算机技术对原型地质作用（4S）和油气物质响应（4M）之间可能的各种组合关系方案进行确定性数值模拟实验，进而研究原型并列叠加演化、盆地系统整合和油气动态成藏的模拟技术。

（1）TSM 盆地模拟技术强调了原型地质作用约束下的油气预测模拟。以盆地原型并列叠加分析作为模拟的前提，以针对性的模拟方法模拟不同类型的地质作用过程，从而突出其演化特点。同时 TSM 盆地模拟强调地质作用是油气物质演化的边界条件，强调了对油气演化的控制作用和动态系统的整合，有别于通常盆地模拟方法在简单的埋藏史框架下的热和生烃、排烃及运聚的模拟计算，对控制油气演化的各项因素及其相互关系进行动态的模拟。

目前盆地模拟研究大多从盆地埋藏史、热史、生烃史和运聚史（包括油气初次运移和二次运移）这四个方面进行模拟。埋藏史和热史的模拟就是原型地质作用（4S）模拟，而生烃史和运聚史的模拟就是地质作用约束下的油气响应（4M）模拟。埋藏史主要模拟恢复盆地原型的构造—沉降史、沉积史，模拟原型的并列叠加的关系，包括剥蚀史。热史的研究主要是重建古热流史和古温度史，这是盆地模拟的关键之一。因为古地温史是影响烃类成熟的最重要的客观条件，并且也是影响埋藏史和运聚史的重要因素。从原型分析构造应力与热力是互动的，原型模式可以约束模拟反映构造—热体制的一致性，并受实测热参数的检验。因此埋藏史与热史模拟构成整个盆地系统地质作用（4S）的模拟，主要反映了系统边界地壳沉降的构造—热体制的变化，为后续油气响应模拟提供动态的边界条件，其精度直接影响生烃史和运聚史的研究精度。由于盆地构造的多样性和复杂性，埋藏史的研究不可能使用同一的、通用的方法。正因如此，根据不同原型及其风格建模，体现了

TSM 盆地模拟的优越性。

（2）TSM 盆地模拟采取了确定性的数值模拟方法。确定性数值模拟方法就是要求用严格的逻辑关系或函数关系来描述对象，表述数值模拟"理应如此"的结果。因此它突出了物理学和化学的定理同地质原理或规律的结合。也就是说，它力图用物理学或化学的数理逻辑的方法来表达地质作用（4S）同油气响应（4M）诸参数之间的关系，动态地演绎推论油气的赋存位置及其数量。

TSM 盆地模拟的数学模型就是在地质原型建模之后，用数学公式或数理逻辑运算形式表达地质规律或地质概念，其结果是将地质事实抽象为数据通过计算机运算实现的。由于自然界地质作用的长期性和复杂性，盆地模拟涉及地质论理的确定性和可量化的程度。一般模拟总是对模型给出某些假设和简化条件，但只有当模型代表了自然体系的本质时，简化才是合理的。一个模型要符合实际，其初始假设就必须建立在观察到的地质基本事实之上。任何与地质实际不符的模型通过模拟都有可能将其误差传递并且扩大从而导致不恰当的错误认识。目前有的勘探工作，往往直接指向目的层而忽略相关的整体，从而形成数据不配套，这往往给盆地模拟工作中的数据提取带来困难，因此需要在模拟前进行合理的预处理，包括外推数据，并且在模拟后进行检验拟合实际。此外，由于采集到的地质数据大多属于现今静态系统的情况，诸如油气生成、运移历史过程的直接证据已不存在，因此对待历史的、动态的模拟结果并不是专断地看作"是"或者"否"，而是看它"合理"还是"不合理"。

（3）TSM 盆地模拟是盆地系统整合的有效方法。模拟是一种仿真技术。现今的盆地模拟通常已表述为应用计算机技术实施的数值模拟，它有助于实现系统的动态化分析。由于盆地原型并列叠加的模拟系统涉及众多的参数，为了寻找石油，也只有全面综合地考虑各项因素的作用机理，才能最终得出正确的结论。因此这些系统参数在模拟盆地沉降过程中彼此动态制约，几乎其中任何一个参数的变化都会牵动着系统的变化，形成了一个庞大的联动网络。它需要借助于现代的数理化理论和先进的计算技术，卷入了地学乃至数学、物理学、化学的各个分支学科的数理内涵，才能更好地进行系统数值模拟。通过 TSM 盆地模拟原型并列叠加关系可以区别不同地质作用及其随时间的变化，揭示成藏系统压力、体积和温度变化的边界条件及其油气响应的制约过程，能够满足成藏系统动态整合的分析。TSM 盆地模拟采取多方案、多模块组合模拟地质作用的方法，还可以提供非确定性问题的优化，因而反映了盆地模拟技术自身发展的优势，促进了数学实验研究的发展（张渝昌等，2005）。

把计算机技术应用于盆地模拟，是"对含油气盆地的形成发展及其控制油气生成运移和聚集的演变过程进行理论探索，从而建立模式，指出方向，以有利于油气普查勘探的实践"（朱夏 1978），"通过电脑的运算、模拟，将能使各种盆地原型具有全球的可比拟性，并从而突出中国盆地在全球构造环境中的特殊性"（朱夏，1986）。通过实践表明，TSM 盆地模拟方法能够在油气勘探评价中发挥作用，并且显示出地质"数学实验"系统、动态、定量的研究前景，具有下列功能：

第一，模拟可以检验地质概念模型。地质学家通过观察思考，形成了诸多的地质概念，这些地质概念往往是定性的，互不关联的，不同学者之间有不同意见。通过盆地模拟，对定性的概念进行定量化的推理演算，将各自独立的概念模型，融于综合联动的系统之中，对同一问题的不同模型分别进行模拟比较。这样，这些地质概念中的不合理成分就显现出来，其演算的结果用实际数据进行检验，可以确定地质概念模型的合理性，达到"证伪"的效果。

第二，模拟可以动态揭示演化过程。TSM 盆地模拟采取确定性动态模拟是按照原型地质建模—数学表达—程序演算三个步骤进行的。这种模拟的实现过程和人脑中推理的过程是一致的，是人脑推理过程的延伸。由于地质勘探和实际观测取到的大量数据都是反映现时的地质系统的静态情况，而对于诸如油气生成、运移的过程控制都是动态的随时间变化的地质系统要素，但是它们的直接证据不存在了。因此按照物理学、化学的法则模拟地质和油气演化的过程就可以避免专断的解释，而更趋于合理的估量。通过模拟运算得到盆地演化史中各项参数的四维数据体可以动态地揭示盆地的埋藏史、热史和生烃史、运聚史。

第三，模拟可以预测油气资源与分布。模拟演算综合了油气演化的各项影响因素和过程，是地质推断"理应如此"的量化结果。由于模拟量化的结果必须经过实际数据拟合或反馈检验，因此所得到的油气资源量和聚集位置，一旦与已知的实践相吻合，其量化外延的部分就是理论推断的结果，就是对油气资源的合理预测。然而由于模拟受理论的简化或运用前提的限制以及实施参数提取的可行性等问题的制约，相对简化和数据相对少量进行的模拟会同实际之间产生误差，因此模拟预测是需要随数据积累反复逼近的，而油气评价是随勘探过程滚动进行的。这符合认识论，但是预测应该在勘探之前提出，提供先行的指导。

6.1.3　TSM 盆地模拟的基本方法

盆地模拟是用数学的方法模拟盆地演化的过程，用数值表征油气地质演化的特征，因此，必须首先建立地质概念模型，然后转换成数学模型。所谓概念模型就是在人们通过地质调查，从描述提高到规律性认识，从定性发展到可定量的认识，这样就在头脑中形成了可以转化为数学模型的地质概念模型。而数学模型就是用数学的公式等方法把地质概念模型表达出来，把地质事实抽象为数据，把地质概念抽象为数学和物理的定理或逻辑。为了在计算机上实现模拟，还必须解决数学模型的计算方法，需要确定或假设必要的边界条件，进而解决数据准备、输入输出、程序开发组织等一系列问题。

在由概念模型向数学模型和计算机实现的过程中，简化和假设是必需的，也是必然的。TSM 盆地模拟强调简化要突出概念模型的本质特征，数据结构和计算方法设计都要考虑到地质模型的含义。把复杂的连续的地质体离散化，就是一个极其重要的简化过程，为了适应不同的地质概念模型，TSM 盆地模拟方法采用了相应的计算网格方法。

TSM 盆地模拟涉及广泛的地质模型，从盆地沉降与沉积—构造作用到油气生成和油气成藏及其这些模型之间的关系，实现这一庞大的、复杂的油气盆地模拟，需要一个代表各类盆地原型的模型库，按照埋藏史、热史、生烃史和运聚史逐步建立了一套 TSM 盆地模拟资源评价系统模型库（图 6-2），它将随着油气盆地模拟研究工作的不断深化，不断地充实、更新库中的模型。在后文将按照地质作用和油气响应描述目前系统中部分主要的

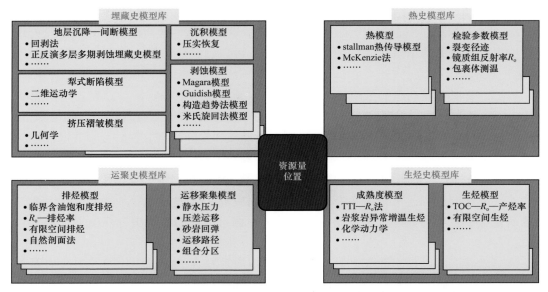

图 6-2 TSM 盆地模拟资源评价系统模型库

Fig. 6-2 Model bank for TSM basin simulation and resource assessment system

模拟模块。

经过多年来的实践，已经明确了对系统的总体要求，可以提出实施的方案。实现了系统整合方案的功能。

由于 TSM 盆地模拟的要求，模拟的数据结构和数据格式必须是规范和通用的，否则灵活组合的模块就无法顺利衔接，实用系统流程就不能顺利运行。因此，必须开展 TSM 盆地模拟数据分析，包括内容分类、形式分类和相关关系分析，存贮数据格式设计，数据提取方法等的研究。在此基础上，设计出了一套数据格式规范，适应于 TSM 盆地模拟特点并且考虑到扩展的灵活性。

TSM 模拟模型库包含了几种不同类型的模块（图 6-3）。首先是模拟计算的核心模块，核心模块就是对地质的过程进行模拟。这些模块又可分为地质作用模块和油气响应模块，各有特点。地质作用模块一般根据实际地质情况的不同，也就是盆地原型及其并列叠加关系来进行选用，同时不同的地质学家对同一个地质问题上存在的不同认识观点，也需要建立相应不同的模型加以模拟比较。而油气响应模块是在地质作用这个边界条件下按照一定的物理化学规律来进行的。原则上说油气响应模型在不同地区应该大体是一致的，但是由于认识程度上的差距，不能完全掌握油气演化的机理，因此反映出的模型往往跟地区有关。由于研究程度的不同，勘探程度的不同，能够提供数据参数的准确度不同，采用的模型必定是有差异的。所以对同一个问题就可能会有多种不同的模型。即使是同一个模块，由于在模块开发过程中不断地改进，会有适应不同情况的各种版本，这也需要相应的管理。除了模拟计算的核心模块，还有一类是辅助性的模块。这些模块包括数据的采集整理、数据网格化和数据插值之类的模块，以及结果的显示和可视化操作的模块。虽然这些模块不直接与地质原理相关，但与地质数据的情况、勘探程度以及与模拟本身的发展程度有很大关系，它们在模拟系统中是必不可少的。

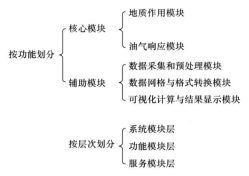

图 6-3　TSM 模型库模块分类示意图

Fig. 6-3　Schematic diagram showing classification of modules of TSM model bank

TSM 盆地模拟模型库中的模块，可以划分为 3 个层次：一是服务模块层，主要包括数据交换和函数计算等；二是功能模块层，这个层次的模块完成特定的基本功能，如解热传导方程、压实计算、剖面显示、三维立体显示等；三是系统模块层，这个层次的模块完成具有针对性的综合模拟功能，如拉张断陷位移、挤压反转模拟等。高层次的模块往往需要调用低层次的模块。划分不同的层次，有利于模块的管理和更新，局部模块的更新，提高系统的功能，但不需要修改和变动其他模块。

每一个模块，从开发、应用到成熟，有一个生命周期。在这个过程中，需要修改更新，可能存在不同版本，这也需要恰当的管理措施。因此，建立了模块的注册和认证方法，当确认一个新开发的模块与系统中其他模块的相容性后，就可以将该模块注册到系统中，这样才能使它在系统中发挥作用。有了这样的技术手段来管理这些模块，就可以对各模块方便地进行组合，从而根据模拟的需要，迅速构建一个以具体情况为基础、可以实际运用的模拟流程。一旦在进行模拟过程中有新的概念模型提出，马上可以根据新的要求构建另外一种模拟流程。这样就可以达到数学实验室的目的。

TSM 盆地模拟在实际的模拟过程中，把地质分析和地质数据的采集以及模拟结果与实际勘探评价的不断反馈作为一个整体来系统考虑，模拟计算是其中核心的环节（图6-4）。

为了适应盆地原型并列叠加分析下的作用与响应关系模拟，TSM 盆地模拟系统在模拟的流程、离散格网数据结构、模型库和数据库支持等方面提出了相应的技术措施。

一般在计算机上实现地质模拟，首先必须进行数据的离散化，即网格化，也就是对所模拟的连续对象进行离散划块。图 6-5 表示了在一个沉积实体剖面上进行数值化的概念和离散格网的方法，盆地实体进行时空离散划块的方法概念也是同样的。每一个被划分的立方块代表了运算的最小单元，即假定每个单元内的物质都是均匀的，所有的地质参数都是一致的。这样，各单元的参数和状态随时间的变化就反映或再现了该单元地质演化的过程及其相应的油气条件。模型网格化是实现数学模拟的重要过程，数学模型的讨论和计算都是以上述最小单元为基础的。因此模型可划块的程度决定了模拟的精细程度，这同可取计算参数的程度有关。在参数不足的情况下，将网格划得很小是没有意义的，只是徒增计算过程。网格化的方法可以是多种多样的，关键是要根据地质模型和数学模型以及参数情况来选用。

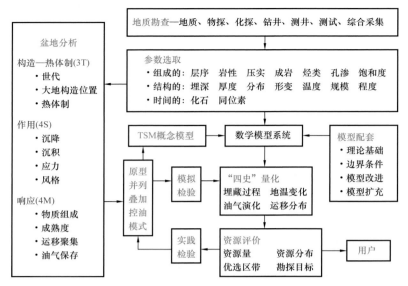

图 6-4　TSM 盆地模拟流程

Fig. 6-4　Flowsheet for TSM simulation

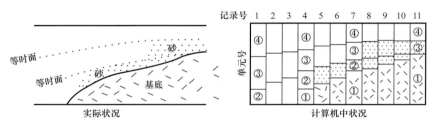

图 6-5　地质体模拟基本单元划分示意剖面（据 Nakayama，1981）

Fig. 6-5　Schematic cross section showing classification of basic units for simulation of geological body（After Nakayama，1981）

在 TSM 盆地模拟中，由于建模考虑的是原型的并列叠加产生的复杂结构关系，根据网格划分的假设，每一个单元内部是均匀的，在计算时取相同的参数，但在实际上，由于各方面条件的限制，特别是在纵向上的网格划分往往比较粗，包含了多种复杂的成分。为了便于计算，采取了平均的办法，取参数的平均值来代表。而像岩性等参数，在实际地层中一个网格单元中，既有砂岩又有泥岩，而且粗细不均，采用定义标准砂岩和标准泥岩，再用砂泥比参数来代表其中的岩性，跟岩性有关的其他参数（如孔隙度、比热容等）也据此推算。但是，并非所有参数都可以用平均来近似，比如热传导和排烃，即使是相同的砂泥比，如果分布不同，性质也不同。

类似图 6-5 这样的网格划分方法适应于质点竖直上下运动的模型，当地层质点在横向运动时，必须重新定义网格。在进行二维的拉张断陷运动模拟时，为了进行模拟计算，必须对连续的地质体进行数据离散。方法是把整个凹陷的沉降模拟归结为各个剖面的模拟，假设质点只在剖面平面的移动，然后综合各剖面的运动，得到立体的质点运动。模拟选取的剖面位置以滦潼凹陷地震测线布置的主测线作为计算的剖面，它们与盆地拉张的方向一致，即垂直于构造走向。

计算中，为了充分体现质点的运动，特别是为了保真断层的形状，埋藏史模拟采用了适用于二维运动的计算网格（图6-6），以断层形状变化的关键点为计算点，结点可密可稀，比较灵活，同时保持了断层与地层的连接关系。

在纵向计算单元的划分上，首先考虑了地震波组所代表的层位划分，它们与某个地质时间相对应。依据钻井岩性划分的地层单位不具备地质时间上的同时性，这种层位不能作模拟取值的依据。

各层位对应的地质时间，对模拟计算的结果具有较大的影响，但实际资料往往缺乏详细确切的数字（同位素）年龄控制，会有诸多不同的认识。研究所采用的时间方案，一般是经有关专家会商后选定的，可以在模拟时采用多方案实验比照分析。

根据地震波组确定了起控制作用的等时界线之后，进一步按照平均比例细划了层位，以提高计算的精度，但是由于是平均划分，不具有进一步的地质意义。

埋藏史模拟所需要的数据除了地层的同位素年龄之外，主要是从地震剖面及钻井资料得到的地层深度、岩石及孔隙度—深度关系等信息。

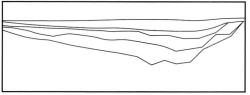

(a) 采用等间距计算网格的情况

(b) 采用二维计算网格的效果

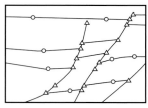

(c) 图（b）的局部放大

图6-6 二维计算网格示意图

Fig. 6-6 Schematic diagram showing two-dimensional calculation grid

地震剖面的解释是以全局的眼光，参照各有关地质信息进行的。解释出的全区各有关波组和断层形态保证了数据的完整。解释工作之后，把需要模拟的解释剖面输入计算机，得到深度数据文件。为了模拟计算的需要，对存在尖灭、剥蚀、超覆、断层等现象的地层进行必要的数据补充和规范化处理。

含油气盆地是在一定的运动体制下形成的，当盆地沉降随地质历史变化时，可以按照其形成机制划分出不同的沉降类型和相应的结构单元，作为一个盆地整体就是这些不同世代的结构单元（称之为原型）的组合。各个原型之间的在时空上构成了不同结构的并列与叠加作用关系，反映了盆地整体动力沉降和变化的全过程，从而控制着盆地油气最终资源的量和分布。

盆地模拟为了反映盆地的地史演化过程，计算的模型必须适应这种不同原型并列叠加的作用。因此，盆地模拟的操作流程必须根据盆地分析得出的概念模型和实际地质资料情况的分析确定，同时分别选择适应的计算模型。

比如，根据分析认为，苏北溱潼凹陷古近纪以来是呈断—坳叠加的盆地结构。按其结构划分，溱潼凹陷古近系属于断陷的范围，而新近系只是苏北盆地整体凹陷的一部分。溱潼凹陷的形成发展经历了多次构造运动，主要的是仪征运动、吴堡运动和三垛运动，仪征运动揭开新生代断坳盆地的序幕，而三垛运动以后，断裂活动趋于宁静，箕状凹陷的构造格局转化为碟状坳陷，叠加在断陷之上，吴堡运动结束了泰州组、阜宁组统一湖盆的沉积历史，进入了新的一期分割性极强的断陷沉积阶段。总之，溱潼凹陷的构造发育具有断陷—断陷—坳陷的阶段性特点，期间有一定规模的构造抬升形成的地层剥蚀。按照这样一个地质的概念模型，通过回剥法恢复溱潼凹陷的埋藏历史，其操作流程相应地确定为去坳—恢复剥蚀—去断—恢复剥蚀—去断，同时选择主断裂控制的二维拉张断陷模型来计算断陷层的恢复，而选择碎屑岩压实的模型恢复坳陷部分的地层厚度等（图6-7）。

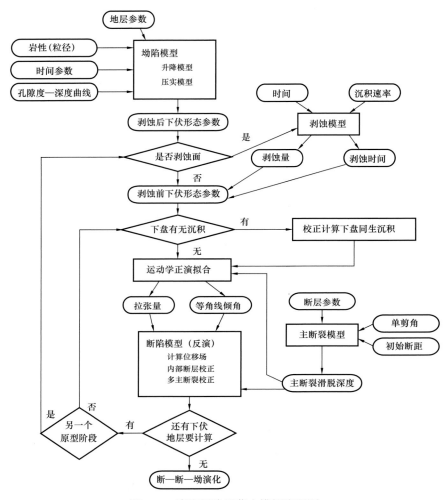

图6-7　溱潼凹陷埋藏史模拟流程图

Fig. 6-7　Flow chart for simulation of burial history in Qintong Depression，Subei Basin

　　盆地的地质作用由于其形成盆地的构造—热体制各不相同，模拟必须采取因地制宜的模型和操作流程。而盆地的充填物质在地质作用的控制下以其固有的物理化学规律变化，实现油气的生成、排出以及运移和保存等相应的过程，但是由于实际地质情况的复杂性，提出的理论和方法各有局限，对同一个问题往往有多种认识，需要在模拟中进行多个方案的计算比较。比如，在东海西湖凹陷排烃史模拟中，同时采用了自然剖面法和临界含油饱和度法进行计算。

　　盆地的各个子系统是互相关联互动的，因此在模拟计算中也必须体现，热史和生烃史就是互相关联的两个子系统。

在恢复了埋藏史的基础上，就可以根据大地热流值随时间变化计算古地温场的演化。再根据温度场积分计算时间与温度并求取 TTI，从而进一步得到成熟度 R_o。由实验测试得到的各层段 R_o—产烃率关系，再加上有机碳含量、暗色泥岩的体积等参数，就可用以计算得到生烃量。热—生烃演化计算的关键问题在于与实测资料的拟合（图 6-8）。首先计算得到的地温值应当与有关测试数据包括裂变径迹、包裹体测温以及井中测温等进行拟合。根据积分累计效应，最后计算的 R_o 也应当与实测的 R_o 值相拟合。由于测试的样品往往取自不同的钻井和地层，所以要分析测试数据和计算数据的误差范围，考虑综合的拟合效果，而不能简单地比较。

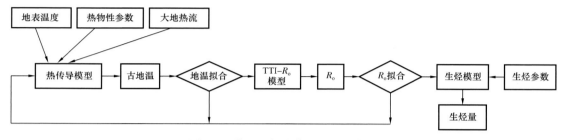

图 6-8　热—生烃史模拟流程示意图

Fig. 6-8　Flow chart for simulation of thermal – hydrocarbon generation history

为了实现这样一个系统，必须借助现代信息技术，建立一套符合动态模拟需要的软件平台系统。这个系统应当可以根据实际地区的情况和不同的地质模式，选用不同的模块和模拟流程进行模拟计算，而不是以固定的运行模式进行，从而达到数学实验的效果。这样一个系统要有一个包含多种适用方法的模型软件库作为支撑，而且必须符合一定的标准和规范。

6.2　地质作用模拟模型

含油气盆地是在一定的构造—热体制下沉降形成的负向构造单元，通过沉积作用在负向单元中充填了沉积物，这些物质在后续的地质历史中发生压实成岩、形变、剥蚀等作用，地球内部的热能也在地层中发生作用，这些都构成了油气物质演化的物质基础和边界条件。地质作用模拟模型表达了盆地沉降、沉积充填、剥蚀和热演化等一系列的过程，计算得到盆地演化的框架，可以为油气响应模拟奠定基础。下面就介绍部分主要的模型。

6.2.1　回剥法和孔隙压实恢复模型

本模型采用了一维升降反剥的方法直接简化表达了成盆的沉降变化过程，避免了复杂模型设置和参数拾取上人为误差，总体上保持了地质演化概念上的一致性。

描述不同层序的沉积物分布现状，岩性是按照钻井和地震层序对应解释的地层组段特征予以赋值的，因此模型是经过简化的，它在层序上有一定的可分辨性，并采用砂泥比表征地层中的岩性分布。

考虑了沉积物的压实成岩过程，按公式求取原始沉积厚度和孔渗变化。压实模型可

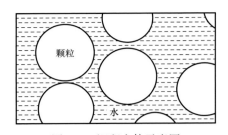

图 6-9 沉积实体示意图

Fig. 6-9 Schematic diagram showing
sedimentary body

以在下列前提下工作：（1）沉积单元内只包括骨架颗粒和孔隙流体，而且同一单元中岩性一致（图6-9）；（2）沉积单元由碎屑岩组成，而碎屑颗粒骨架没有变形；（3）负载压实是地层孔隙度变化的唯一原因；（4）构造活动为垂向上升或下降。在不符合上述条件下模拟的结果会产生一定的误差，当有相当多的检验参数时可以估算误差关系。

由于实际采集到的地层厚度是经历了压实作用后的数据，最初沉积时的原始厚度是指处于水下的厚度，刚沉积的物质只能支撑自身重量而呈软泥状态。与原始厚度相对应的孔隙度称为原始孔隙度。不同岩性的原始孔隙度不同，而同一岩性的原始孔隙度变化很小。从原理上说（Magara，1986），水的声波时差 $\Delta t = 200\mu s/ft$，对孔隙度来说是100%。经验表明少量的黏土沉积并不影响声波时差的变化。当黏土占总体积的38%时，时差开始降低，相应的临界孔隙度是62%。同理，标准砂岩（粒径 $=2\phi$）的原始孔隙度为46%。由上，因压实作用恢复的地层原始厚度可按下式求取，而被恢复的原始地层厚度加上水深就是某层沉积时的埋藏深度：

$$THK_0 = \frac{1-POR_1}{1-POR_0} \cdot THK_1$$

式中　THK_0——原始孔隙度 POR_0 时的地层原始厚度；

　　　THK_1——孔隙度 POR_1 时的地层厚度。

根据机械压实原理，沉积层会随着上覆沉积不断堆积，载荷重量增大而不断压紧变薄。这种压实过程会引起地层厚度和孔隙度等物性参数的变化，这种变化又会导致热参数和水力学参数的变化，从而影响到烃的生成和运移。通过孔隙度—深度变化关系可以描述地层的压实过程，并且随时校正埋深。

1930 年 Athy 首先用物理实验方法模拟了泥岩的孔隙度随压力变化的函数关系（李明诚，1986），提出在正常压实下孔隙度与深度之间呈指数关系。该关系曲线经多次检验而被肯定并由 Magara 等总结推广到整个碎屑岩。孔隙度和深度的函数关系可按下式计算：

$$POR = POR_0 \cdot e^{-C \cdot z}$$

式中　POR——深度 Z 时上覆沉积层载荷压实造成的孔隙度；

　　　C——因次常数或压缩系数，代表正常压实趋势的斜率；

　　　POR_0——原始孔隙度。

上式可求出模拟单元在深度为 Z 处的孔隙度。理论上可求出该单元相应的厚度，进而可以得到坳陷情况下盆地的沉降过程。

实际从井中所取得的孔隙度数据往往并不能很好地符合上述公式，甚至会取得互相矛盾的数据。因此在具体实现时，按照理论曲线的趋势可以根据测井和实验室测定值用回归统计的方法，直接编制砂岩和泥岩的深度—孔隙度曲线。

实际地层单元中的岩性往往比较复杂，并不是单一岩性，可能是砂泥岩互层而且砂泥岩之间的比例各不相同，即使同是砂岩，颗粒的粗细程度也不一样。为了便于处理，根据标准岩性（纯泥岩或纯砂岩）的孔隙度—深度关系曲线，再按照砂泥岩比例关系综合求出该单元当时的孔隙度。

6.2.2 剥蚀模型

剥蚀模型模拟了非连续沉积的情况，计算剥蚀厚度和剥蚀时间。恢复地层不整合面之下被剥蚀的地层厚度是合理地反映埋藏史的一个方面。它对油气生成时间的估算和了解圈闭发育有十分重要的意义。但是，被剥蚀的地层已不可见，现在所计算的剥蚀量，实际上都是在一定假设模式前提下的一种估计，因而针对盆地不同的演化情况，存在多种不同的剥蚀模型。

6.2.2.1 Magara 模型

根据压实原理，剥蚀时沉积卸载，但残留地层的孔隙度不变。如图 6-10 所示，当新的沉积物重新载荷而未达到残留地层原来深度 B，即上覆沉积层的厚度小于被剥蚀地层厚度时，正常孔隙度—深度曲线在不整合面位置出现不连续性。如果新沉积物堆积超过老沉积物的厚度 C，不整合面上下沉积物压实将趋于一致。通过正常孔隙度—深度曲线可以比较出剥蚀厚度与上覆沉积层厚度的关系：

当剥蚀厚度大于上覆沉积层厚度时，可以用不整合面上下层同一岩性物性参数的变化和差异方便地计算剥蚀地层厚度。

常见的是用声波测井法。根据声波测井资料判明不整合面上下泥岩的时差值 Δt 存在明显跳跃后，编制深度—页岩声波时差关系图。按正常压实趋势线将不整合面下的声波时差向上外推到 $\Delta t = 200\mu s/ft$ 位置，则该位置的深度到不整合面深度之差值就是被剥蚀的地层厚度，其关系如图 6-10 所示。

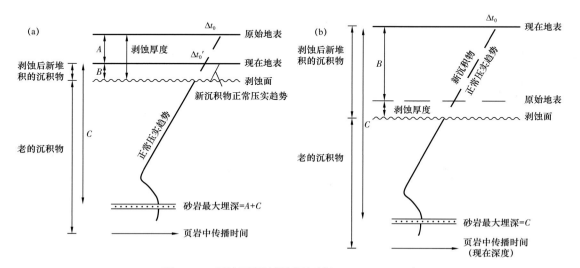

图 6-10　剥蚀厚度计算原理（据 Magara，1986）

Fig. 6-10　Principle for calculation of denudation thickness（After Magara，1986）

6.2.2.2 Guidish 模型

Guidish（1985）假设把不整合面看成是一个完全的沉积和剥蚀周期来模拟，并提出计算的方法。图 6-11 表示了该方法的原理。

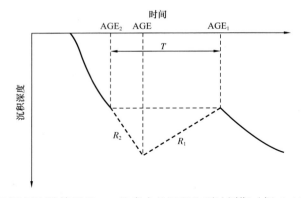

图 6-11　剥蚀厚度计算原理——按完全的沉积和剥蚀周期（据 Guidish，1985）

Fig. 6-11　Principle for calculation of denudation thickness: according to a complete deposition and denudation cycle （After Guidish，1985）

该方法认为在一个沉积—剥蚀周期内剥蚀的速率相当于上覆沉积的速度，其剥蚀开始时间（AGE_e）和被剥蚀的厚度（THE_e）可按下列公式计算：

$$AGE_e = (R_1 \times AGE_1 + R_2 \times AGE_2) / (R_1 + R_2)$$

$$THE_e = (AGE_e - AGE_1) \times R_1$$

式中　AGE_1——紧靠不整合面之上的沉积物绝对年龄；

　　　AGE_2——紧靠不整合面之下的沉积物绝对年龄；

　　　R_1——直接盖在不整合面之上的地层沉积速度；

　　　R_2——紧挨不整合面下的地层沉积速度。

6.2.2.3　构造趋势法模型

根据对解释的地震剖面上所显示的剥蚀现象的分析，可以归纳为多种剥蚀类型，如：截顶型、超覆型、残留型等（图 6-12）。

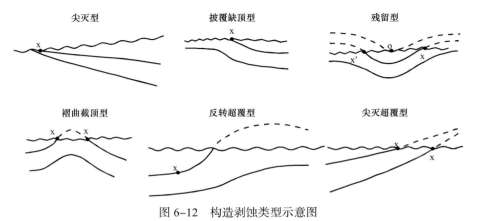

图 6-12　构造剥蚀类型示意图

Fig. 6-12　Schematic diagram showing types of structural denudation

假定沉积速率不发生突变，则有可能根据现今的残留厚度推算恢复沉积层的原始厚度关系。这样的计算在剖面上进行，分为3种不同的情况（图6-13）：

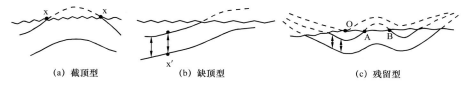

图 6-13　构造剥蚀量恢复计算方法示意图

Fig. 6-13　Schematic diagram showing calculation method for restoration of structural denudation amount

（1）截顶型：褶曲的顶部被剥蚀，而两侧的地层界面仍保留，则可依两侧地层的变化趋势来推算被剥蚀层的形状。假定原始地层界面形状是光滑的，因此选用连续光滑性质较好的 Bessel 曲线来拟合，可估算出被剥蚀部分的形状。

（2）缺顶型：剖面的边部地层被剥蚀，而只在一侧留有残留的层面。在此种情况下，假定地层厚度的变化是均匀的，可根据残留地层的厚度变化率来推算原始的厚度，从而按地层底界确定原始顶界形状，剥蚀厚度也就估计出来了。

（3）残留型：被剥蚀的地层只残留了一部分，其顶面已被剥蚀掉。严格地讲，它的真正剥蚀厚度需要其他资料佐证。假定地层的厚度变化率与其下一层的变化率一致，那么可以推算出一系列的厚度，但原始厚度必然大于或等于残留厚度，可以选取最接近残留厚度的方案作为最小原始厚度的估计值。

通过上述方法建立的构造趋势法模型可计算各个剖面的原始地层厚度，减去残留厚度，也就算出了剥蚀厚度。

6.2.2.4　米氏旋回法模型

前南斯拉夫学者米兰柯维奇在总结前人研究的基础上精确的阐明了地球轨道参数与日照量的关系及轨道参数的周期性变化（简称 M 周期），从而提出了米氏旋回理论（徐道一，2005）。米氏旋回作为地质时间的一种标尺，目前已被证实在地层记录中确实存在。

米兰柯维奇旋回理论认为，地球公转轨道参数（包括偏心率、地轴斜率及岁差）影响地球表层单位面积所接受到的日照量，日照量的变化引起气候系统的变化，气候系统的变化进一步影响沉积环境的变化，沉积环境的变化造成沉积地层的物理化学性质及沉积结构的变化，即沉积地层中保存了轨道参数变化的信息，能够起到与年、月、日一样的作用，可作为地质时间的一种标尺。天文周期的计算结果表明（Beroger A. L.，1989），在过去的 5Ma 里，米氏旋回理论的 3 个周期参数分别为：偏心率周期（413ka，123ka，95ka），地轴斜率周期（54ka，41ka），岁差周期（23ka，19ka）。而且随着时间的前移，岁差和地轴斜率的周期都在不断减小（表6-1）。

根据上述原理，可以通过测井等资料，计算单井的剥蚀量。如果在一个盆地内有一定数量的井计算了剥蚀量，再结合其他资料，就可以较为准确地估算盆地范围内的剥蚀量。具体的步骤大体分为 4 步，分述如下。

表 6-1 各地质历史时期的米兰柯维奇周期

表 6-1 各地质历史时期的米兰柯维奇周期

Table 6-1 Milankovitch cycles in different geological times

地质年代	绝对年龄（Ma）	米兰柯维奇周期（ka）						
		偏心率			地轴斜率		岁差	
		A_1	A_2	A_3	B	C	D	E
全新世	0	413.000	123.000	95.000	54.000	41.000	23.000	19.000
晚白垩世	72	413.000	123.000	95.000	51.226	39.381	22.481	18.645
早二叠世	270	413.000	123.000	95.000	44.284	35.145	21.034	17.638
晚石炭世	298	413.000	123.000	95.000	42.936	34.291	20.725	17.421
中泥盆世	380	413.000	123.000	95.000	39.484	32.053	19.886	16.824
早志留世	440	413.000	123.000	95.000	37.222	30.546	19.296	16.339

1）测井等资料的准备

研究米氏旋回周期的资料有 3 类：（1）岩心和露头观测数据；（2）高密度岩石分析数据，如物理化学组成、古生物、同位素等资料；（3）地球物理资料，如人工地震、地球物理测井资料等。选用的原则是数据对沉积环境要敏感，条件是数据的分辨率要高、采样间隔要小。

2）频谱分析

频谱分析是将地质数据作为随时间变化的信号来分析其频率组成，从中提取周期信息的方法。在正常稳定的相同沉积环境中，相同的旋回厚度代表相等的时间间隔，当沉积环境变化时，沉积速率也相应变化，则时间上相等的旋回不一定具有相等的厚度。对离散化后的数据进行频谱分析，将其从深度域转换到频率域，频谱分析的方法包括快速傅里叶变换（适合于等间距取样数据）、Walsh 谱分析（适合于地质编码数据的分析）、小波变换和滤波等。频谱分析是米氏旋回法计算地层剥蚀厚度流程中特别重要的环节，其精确度直接关系到米氏周期的判别结果，在使用时必须根据实际情况选择合适的频谱分析方法。

3）米氏周期的判别

Kauffman（1988）提出鉴别沉积旋回是否属于米兰柯维奇旋回的 3 个条件：（1）该旋回的年限及其在地层中的重复性必须符合米兰柯维奇旋回的周期性；（2）该旋回必须与米兰柯维奇提出的气候效应有内在联系，气候效应表现在沉积记录的物理、化学及生物的特征；（3）由于区域性乃至全球性气候制约的结果，该旋回必须同时发育于不同的沉积地点及不同的沉积相区。前者是定量标准，而后两者则为定性依据。目前没有一个完全可靠的方法可以确定米氏周期值，研究当中判别米氏周期主要根据第 1 个条件，即将频谱分析所得到的比值与地质历史时期标准米氏旋回各周期比值进行最佳匹配（表 6-2），误差在 10% 范围以内，则认为地层中存在米氏周期，进一步计算层段内所包含米氏旋回的个数，就可以得到分析层段的持续时间，并利用磁性地层学、同位素地层学、生物地层学等方面的研究成果进行验证。

地质年代	绝对年龄（Ma）	米兰柯维奇周期（ka）						
		偏心率			地轴斜率		岁差	
		A_1	A_2	A_3	B	C	D	E
全新世	0	1.000	0.298	0.230	0.131	0.099	0.056	0.046
晚白垩世	72	1.000	0.298	0.230	0.124	0.095	0.054	0.045
早二叠世	270	1.000	0.298	0.230	0.107	0.085	0.051	0.043
晚石炭世	298	1.000	0.298	0.230	0.104	0.083	0.050	0.042
中泥盆世	380	1.000	0.298	0.230	0.096	0.078	0.048	0.041
早志留世	440	1.000	0.298	0.230	0.090	0.074	0.047	0.040

4）地层剥蚀厚度的计算

根据米氏旋回厚度及对应的周期时间，可计算出平均沉积速率，进而可获得连续沉积的时间。利用平均沉积速率和相应的地层沉积时间拟合，得到沉积速率—时间曲线方程，计算沉积速率为零时对应的时间，亦即沉积停止的时间，对沉积速率—时间曲线方程从残留地层顶面时间到沉积停止时间进行积分，从而获得对应的地层剥蚀厚度。这样的计算，要与地层中实测的磁性地层、生物地层等重要的地质年龄比对，才能取得符合实际的结果。

6.2.3　正反演多层多期剥蚀埋藏史模型

盆地埋藏史的数值模拟旨在恢复盆地埋藏历史，为下一步模拟盆地热史、生排烃史和运聚史建立动态演化的数值框架，也就是计算各个地质年代各地层的埋深、厚度等的演变历史。而这样的数值模拟研究可以在含油气盆地的资源评价、盆地构造演化分析等发挥重要的作用。恢复盆地埋藏历史，也就是要计算各个地质年代各地层的埋深厚度等的演变历史。除了通常的地层沉积压实模拟功能外，必须对剥蚀的过程进行细致恢复，才能全面恢复埋藏演化过程。

通常的埋藏史模拟往往对剥蚀进行简单化处理，直接在特定的时间段去除与剥蚀厚度相当的埋藏量，以调整埋藏深度，来拟合剥蚀过程。本模块软件除了具备通常的地层沉积压实模拟功能外，通过对模拟时间段的精细划分，计算每一个节点的沉积和剥蚀的演化，对剥蚀的过程进行细致恢复。模拟考虑了平面上各个节点演化在时间上的不一致性，可以模拟剥蚀过程的平面演化，对下伏地层的孔隙演化和砂岩回弹研究具有重要意义。

目前，一般的埋藏史模拟只考虑了一次剥蚀一个地层的情况，"多层多期剥蚀埋藏史模拟"不仅可以模拟多期剥蚀，并且每一期剥蚀模拟可以涉及多个下伏地层。同时模拟的剥蚀起始和结束时间在平面上可以不一致，容许出现沉积间断，从而可以分析平面演化。

模块的具体处理流程如图 6-14、图 6-15 所示。如有剥蚀，沉积埋藏史中加入剥蚀，压实校正时对有剥蚀的层进行残留部分和剥蚀部分分别校正。针对剥蚀期记录未剥蚀时的埋深为最大埋深，泥岩孔隙度为最小孔隙度；上覆层再沉积时，下伏地层未埋深到大于最大埋深时则不进行压实计算，下伏地层埋深到大于最大埋深时则重新开始进行压实计算。输出各层现今厚度对应的原始沉积厚度和现今剥蚀厚度对应的原始沉积厚度。

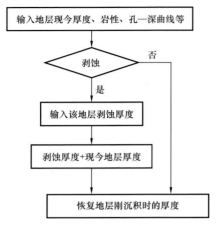

图 6-14　多期多层剥蚀埋藏史预处理流程

Fig. 6-14　Modeling of burial history for simulation of denudation with multilayer and multiphase

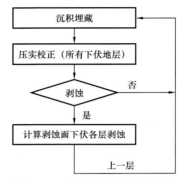

图 6-15　埋藏史正演模拟流程

Fig. 6-15　Flowsheet for forward modeling of burial history

剥蚀设置界面如图 6-16 所示。主要是设置剥蚀层及剥蚀次数。设置之后可以增加和减少剥蚀期次（图 6-17、图 6-18），并且设置每一期剥蚀所涉及的地层，并加以合理性检查（图 6-19）。

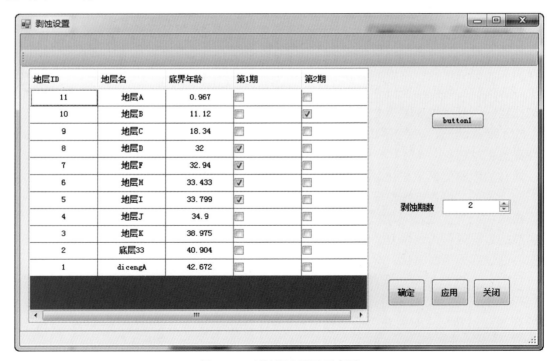

图 6-16　剥蚀期次设置示意图

Fig. 6-16　Schematic diagram showing design of denudation period

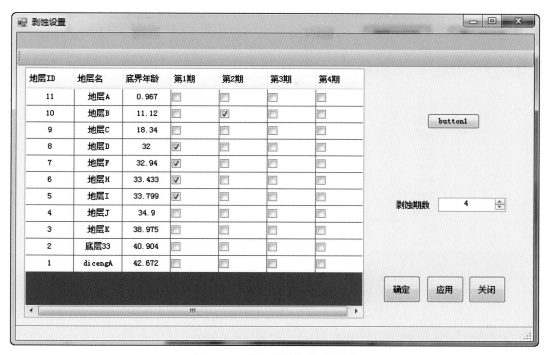

图 6-17 增加剥蚀期次示意图

Fig. 6-17 Schematic diagram showing increasing of denudation period

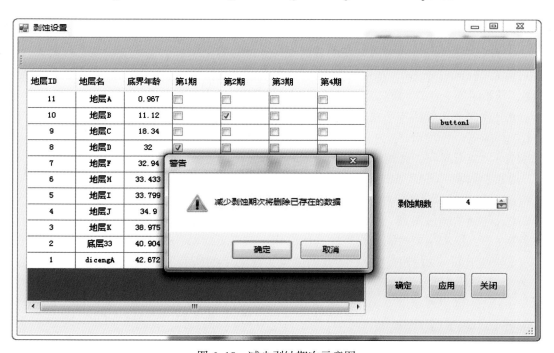

图 6-18 减少剥蚀期次示意图

Fig. 6-18 Schematic diagram showing decreasing of denudation period

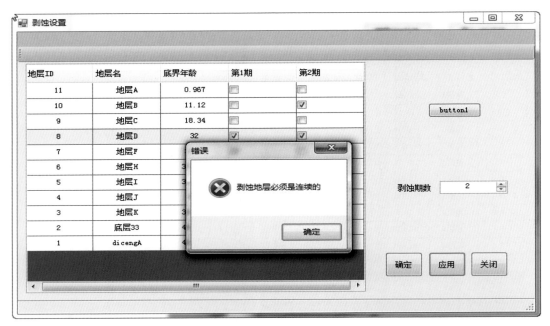

图 6-19 剥蚀规则检查示意图

Fig. 6-19 Schematic diagram showing check of denudation rules

确定剥蚀期次和层位后，需要输入相应的数据。

模块的输入数据主要包括：各地层及其年代；现今埋深，每一地层对应一个埋深文件；砂岩百分比，每一地层对应一个埋深（砂岩百分比）文件；孔隙度—深度分区，每一层一个分区文件，也可能为所有层的分区文件相同，或几个层的分区文件相同。孔隙度—深度曲线（分区、分层），每个类型为一对孔隙度—深度曲线，即砂岩、泥岩两种；剥蚀厚度、开始时间、结束时间、残留地层顶部时间。

输出数据主要包括各历史时期各地层的埋深；各地质年代砂岩和泥岩孔隙度；砂岩百分比、孔隙度—深度分区、孔隙度—深度曲线类型、孔隙度—深度曲线文件，剥蚀厚度、开始时间、结束时间、残留地层顶部时间。

剥蚀参数输入界面如图 6-20 所示，所需要的有关平面分布的参数，可以选择输入平面网格文件，也可以输入单值（图 6-21）。

输入的各项剥蚀参数，必须符合一定的规则，否则无法正常计算。在假设没有沉积间断的前提下，沉积结束时间就是剥蚀开始时间。按照下面两条规则来检查：

（1）对于同一期剥蚀，若下层有剥蚀量，则其上的所有剥蚀层的地层残留厚度应为0。若上层有残留厚度，则其所有下伏层不应有剥蚀量。

（2）若剥蚀层残留厚度为正，残留面时间应晚于该剥蚀层的沉积开始时间，早于剥蚀开始时间。

按照步骤逐步检查，剥蚀厚度检查无误后，才可以检查剥蚀时间。

当检查有关数据发现不合理数据时，应当修改有关数据并重新输入。虽然本模块在埋藏史计算之前也提供自动修正功能，但是应当按照实际的地质模型来修改参数，才能得到合理的模拟结果。

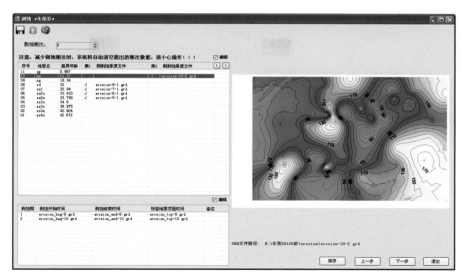

图 6-20 剥蚀参数输入界面

Fig. 6-20 Input interface of denudation parameters

图 6-21 生成单值 GRD 文件界面

Fig. 6-21 Interface of GRD document with single value

6.2.4 犁式断陷模型

中国东部大量发育半地堑式拉张断陷，也叫"箕状断陷"。研究认为这种盆地是在犁式断层控制下发育的，因此，断层的形状和拉张的强度是主要的因素。

Verrall（1981）和 Gibbs（1983）应用 Chervron 作图法从滚动背斜中制作犁式断层形状，其主要的假定是当犁式正断层发育时，水平分量是断层上盘中唯一不变的因素。在该法基础上进一步提出 Chervron 修订法和滑线反演法（Williams 和 Vann，1987），它们二者有一共同假设是沿运动轨迹的位移量不变。只不过是前者与后者的等角线倾角 β（假定等角线为一直线）不一致。即前者的 $\beta=0°$，而后者的 $0°<\beta<90°$。Davison（1986）等认为在拉伸或挤压构造地区，沉积层中的能干岩层（如石英砂岩、厚层状石灰岩等）基本遵循变形前后地层长度不变的变形规律，提出了地层长度平衡反演法（图 6-22）。

岩石力学告诉我们，地层受力变形时，层内物质会出现剪切应变，其剪切方向由地层的岩石动力学参数及边界条件决定。上述各类推测断层几何形态的方法，虽不失为一种好方法，但它们均假设上盘形变是由于垂直单剪所成。White（1986）在研究上盘地层几何变形时，提出了单剪角（simple shear angle）的概念。并在后来的研究中认为当边界正断层拉张活动时，上盘地层内的质点应沿单剪角方向运动，从而造成上盘地层的变形（William F. Dula, Jr., 1991）。

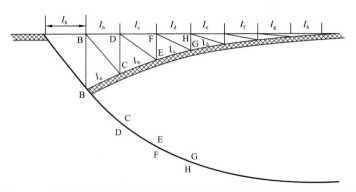

图 6-22　地层线长度守恒法反演断层示意图（引自 Davison，1986）

Fig. 6-22　Schematic diagram showing restoration of fault by method of conservation of formation length

（From Davison，1986）

利用图 6-23 来说明拉张前后犁式断层与地层之间的关系，图（a）表示在移动前的几何形态。如果现在有一移动使得上盘内的所有点相对于下盘移动一矢量 h，其几何形态就如图（b）所示。如果该面积没有移出该剖面平面，则依据面积守恒原理，面积 A = 面积 B。实际上在上、下盘之间不会产生空隙，并且上盘物质将会充填其空隙后产生变形，同时在上部保留一空间（C）；因此面积 A = 面积 B = 面积 C。显然，图（c）中上盘表面的形态在某些方面上与下伏断层的几何形态有关。

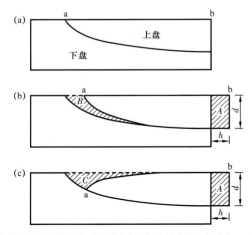

图 6-23　拉张前后犁式断层与地层几何关系示意图（引自 William，1991）

Fig. 6-23　Schematic diagram showing geometric relation between formation and listric fault before and after extension

（From William，1991）

在此将引用断层和沉积层之间更为普通的分析几何关系（White，1986），并考虑了非垂直单剪。

据此原理，可以得到断层与地层关系如下式：

$$F' = \frac{1}{h'} \int_0^{x'} \left[B' - B_0' - \left(R' - R_0' \right) + h' \tan\theta_0' \right] \mathrm{d}x' \qquad （6-1）$$

其边界条件 B_0'、θ_0' 和 h' 必须已知且需要指定位移前的地层形态 $R(x)$。从而，给出一观测到的地层几何形态，对于不同的单剪角 α，均可计算出断层几何形态。

上述表达式都是在（x'，y'）坐标内，而该坐标对于（x，y）坐标来讲是通过了角 α 的旋转，此处 y 是垂直向下（图 6-24）。因此，确定在（x，y）坐标内的地层 $B(x)$ 和其他参数，必须利用下式把它们旋转至（x'，y'）坐标内：

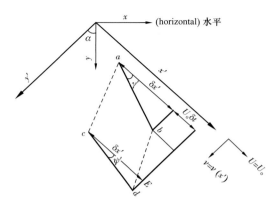

图 6-24　坐标几何关系示意图（引自 William，1991）

Fig. 6-24　Schematic diagram showing coordinate geometric relation（From William，1991）

$$x'=x\cos\alpha+y\sin\alpha$$
$$y'=-x\sin\alpha+y\cos\alpha$$
（6-2）

当然，其断层几何形态的计算结果也将用下列关系式转换回（x，y）坐标内：

$$x=x'\cos\alpha-y'\sin\alpha$$
$$y=x'\sin\alpha+y'\cos\alpha$$
（6-3）

公式的导出过程中特有的一些主要假定是：

（1）所有的位移量是小的；

（2）没有位移量出剖面平面；

（3）由于单剪伴随上盘形变；

（4）在整个过程中下盘保持不变；

（5）不考虑压实对沉积层几何形态的改变。

在这些条件中，（4）可能是最重要的。

根据物理模型的研究，箕状断陷可能是在不对称张力的作用下形成的，断陷中地层形态的演化主要受主断层（犁式拉张断层）的控制。要研究断陷的发展，首先必须了解主断裂的形态，但是目前在地震剖面上主断裂只有在较浅的地方比较清晰，一旦延伸到深部，就无法直接从地震剖面上求取。在计算了主断裂的延伸形态之后，考虑在主断裂控制下，断层上盘内各质点的运动。

速度场及变形的时间可以完全描述上盘变形。速度场给出上盘任意点的速率和位移方向。图 6-25 中 A 处的质点的运动速度可以用速度向量 $V(x，y)$ 来表示，$V(x，y)$ 可以分解为一个位移速率 $v(x，y)$ 以及与水平方向的夹角 $\theta(x，y)$。这个速度场使一个质点在随时间变化所经过的路径上，不会与其他质点在同一个时间占据相同的位置。这里有一个假设为"体积平衡"，即组成上盘的物质被认为是不可压缩的，如果发生了有效的压实作用，该方法将不适用，需要做出调整，一个不可压缩的"流体"运动的速度场必定是螺线型的。

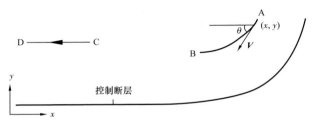

图 6-25　质点位移几何形态示意图（引自 Waltham，1989）

Fig. 6-25　Schematic diagram showing geometric configuration of particle displacement（From Waltham，1989）

$$\nabla \cdot V = 0 \qquad (6-4)$$

该条件表明进入任何一定空间的物质体积等于离开该空间物质的体积。在二维速度场的情况下，方程（6-4）可以改写为：

$$\frac{\partial V_x}{\partial x} + \frac{\partial V_y}{\partial y} = 0 \qquad (6-5)$$

二维的方程（6-5）将使地层的面积守恒而不是体积守恒，由此而导出一个面积平衡的方法。于是，根据其速率 v 和方向 θ 描述速度场就更容易。

$$v_x = v\cos\theta$$
$$v_y = v\sin\theta \qquad (6-6)$$

因此方程可以改写为：

$$\frac{\partial v}{\partial x} + \tan\theta \cdot \frac{\partial v}{\partial x} = v\left(\tan\theta \cdot \frac{\partial \theta}{\partial x} - \frac{\partial \theta}{\partial y} \right) \qquad (6-7)$$

该方程可以用有限差分方法解出。

目前，对于速度场 V，方程（6-7）中的速度 v 是线性的。因此，对于一个给定的位移方向 $\theta(x, y)$，变形仅仅取决于总的伸展，而不取决于速率。

为了给出方向 $\theta(x, y)$，必须遵守一些约束条件，即位移方向场要满足在近断层处的位移平行于边界断裂。在这个条件下，最简单的假设是位移方向平行于该点正下方的断层倾角，这就是垂直单剪，它给出与最简单的图解方法相同的结果。另外，位移方向也可能平行于在某一非垂直方向上的断层，这就是倾斜单剪的假设，它给出与 White 等（1986）相同的结果。倾斜单剪是此次运动场模拟的前提。

为了更加方便地考虑方向场，引入位移等角线的概念（图 6-26）。位移等角线是位移方

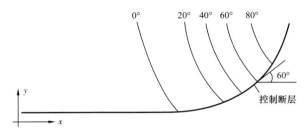

图 6-26　位移方向等角线示意图（引自 Waltham，1989）

Fig. 6-26　Schematic diagram showing isogonal line of displacement direction（From Waltham，1989）

向的等值线，即由相同 θ 值的点所组成的线。垂直单剪所对应的等角线为垂直直线，而倾斜单剪则为倾斜的、直的等角线。一般的，等角线是任意的非交叉形式的曲线，任一等角线的值等于该线与断层交点处的断层倾角。由此，可以对等角线做出更为复杂的假设，比如等角线的倾角取决于深度，如果上盘为非均质，等角线的倾角甚至也可以取决于组成上盘的物质。

6.2.5 Stallman 热传导模型

热能是地壳运动的重要动力。在盆地演化过程中，地下温度场在不断有规律地变化。大量盆地研究的结果表明，不同类型的盆地原型地温场不同，任一盆地因原型并列叠加而造成地温场历史性的变化。然而这种变化的地质热历史过程，又具体反映在是盆地埋藏史中，包括埋深变化，并控制着油气的生成史。此外热史还影响到储层的成岩作用和孔渗空间的发育等。

统计研究表明沉积盆地中占较大比例的热汇来源于上地幔。热源以辐射、对流和传导的方式进行。在盆地内地热主要通过岩石矿物颗粒和基质进行传导，而热传导是盆地内乃至地壳中热力传播的最主要形式。

Stallman（1963）提出的热流方程来描述地热分布随时间的变化。图 6-27 表示了该方程相关的边界条件和理想状态下的热流分布（yukler，1978）。方程的数学表达如下：

$$\nabla\left(K_{\mathrm{s}}\nabla T\right) - C_{\mathrm{w}}\rho_{\mathrm{w}}\nabla\left(VT\right) + Q = C_{\mathrm{s}}\rho_{\mathrm{s}}\frac{\partial T}{\partial t}$$

式中　T——温度；

　　　K_{s}——沉积物导热率；

　　　V——流体运动速度场；

　　　C_{w}——流体比热容；

　　　ρ_{w}——流体密度；

　　　C_{s}——沉积物比热容；

　　　ρ_{s}——沉积物密度；

　　　Q——热源（汇）；

　　　t——时间。

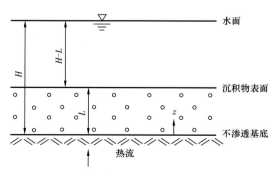

H—水面到不渗透基底之间的距离；L—沉积物表面到不渗透基底之间的距离；
z—模拟单元到不渗透基底之间的距离；H-L—水深

图 6-27　理想的盆地热流原理示意图（据 Yukler，1978）

Fig. 6-27　Schematic diagram showing ideal heat flow in a basin（After Yukler，1978）

方程由热传导、对流、热源和热容 4 项内容组成，能充分反映沉积物由于热汇位置、物性差异、地下水循环的变化而引出的地温梯度的变化。

上述热流方程必须根据具体情况确定初始边界条件，并进行一定的简化求取参数才能用计算机求出其数值解。

一般盆地的上边界假设为常温边界。当盆地周边较陡或假定为垂直边界的情况下，该边界可作为绝热边界，而其水平热流值计算为零。若周边缓斜坡并作为盆地下边界的情况下，该边界也可作为热流边界或温度边界，其热值计算同空间坐标位置有关。如果盆地下边界为热流边界，需要给出古大地热流值；若为温度边界，则需要给出盆地底界的古地温。因此，求解热流方程，还必须借助于求算古大地热流值或盆地底界古地温值的方法。

结合目前资料情况，简化假设（1）不考虑热对流的影响；（2）只考虑垂向方向的热传导；（3）不考虑盆地内部热源影响。经过公式简化得到：

$$K_s \cdot \frac{\partial^2 T}{\partial Z^2} + Q = C_s \cdot \rho_s \cdot \frac{\partial T}{\partial t}$$

式中　Z——沉积物的埋深。

必须强调，上述给定条件下计算的模拟温度应当有合适的实测值进行拟合。

6.3　油气响应模拟模型

油气响应是指油气物质在地质作用背景下，成烃、成藏的过程，大体包括生烃、排烃和运聚过程。油气成烃成藏机理的研究是石油地质学的核心。油气响应数值模拟所依据的往往是较为成熟的理论技术，下面就部分广泛采用的生烃、排烃和油气运移的模块进行介绍，而随着机理研究的不断进展，新的油气响应模拟模块必将不断涌现。

6.3.1　TTI-R_o 成熟度模型

目前流行的生烃计算方法都建立在 Tissot 和 Welte（1984）提出的干酪根热降解理论方法之上，即 TTI-R_o 法，并已普遍使用。该方法认为有机质在一定温度范围内经过一定时间的作用才能转化成石油，其转化温度范围的起始值即为门限温度，并且在温度范围内为主要生油区间，被称为生油窗。越过此温度范围，沉积岩进入深层作用阶段和准变质作用阶段，石油会进一步转化成为湿气、凝析油和干气。

根据 Lopatin 的经验指数计算生烃量的 TTI-R_o 法的实现流程为：根据热史模拟计算所得各个时期的古地温数据以及模拟的各层埋深，按照 Lopatin（1971）的经验公式计算出各层某时刻的时间温度指数 TTI 值。然后依据岩心样品实测镜煤反射率 R_o 与各层埋深的 TTI 值进行 TTI-R_o 回归，得出 R_o 与 TTI 的关系式。由此，结合已计算得到的 TTI 值求出随时间变化的 R_o 值。把 R_o 作为有机质成熟度的鉴定标志来建立凹陷烃类成熟度史，即 R_o 演化史。

各层埋深的 TTI 值按下式求算：

$$TTI = \int_0^t 2^{[T(Z,\,t)-105]/10} \, dt$$

式中　t——埋藏时间，Ma；

　　　　$T(Z,t)$——古地温，℃；

　　　　Z——生油岩埋藏深度，m。

为了求算生烃量必须得到不同生油母质类型随成熟度（R_o）变化的生烃强度值。它可以通过实测值拟合出 R_o——生烃率关系曲线，求算出单位重量的生油母质随 R_o 变化的产烃率。

生烃量（Q_i）计算公式如下：

$$Q_i = C_{有} \cdot V_{有} \cdot \rho_{岩石} \cdot 产烃率$$
$$V_{有} = V_{岩} \cdot (1-\phi) \cdot h$$

式中　$C_{有}$——各层有机碳含量；

　　　　$V_{有}$——泥岩体积；

　　　　$\rho_{岩石}$——岩石密度；

　　　　$V_{岩}$——岩石体积；

　　　　ϕ——各层孔隙度；

　　　　h——各层泥岩含量（厚度百分比）。

在计算时，需要根据实际资料取得不同层位有机碳含量的大小以及生油岩厚度百分比。利用上述公式计算出各网格单元的生烃量，从而可以累加得到某时间段各层位的生烃量。

这种生烃量的计算方法必须建立在已有的实验资料基础之上。影响计算结果的因素主要有 3 个方面：（1）R_o 与 TTI 的关系曲线；（2）R_o 与生烃率关系曲线；（3）有机碳含量及生油岩的厚度百分比。这些参数关系曲线的合理性和准确度取决于盆地的勘探程度。随着勘探程度提高、钻井资料的丰富，参数的取得会较为完善而且相对准确，从而使得生烃量的计算更加趋于合理。

6.3.2　化学动力学模型

6.3.2.1　化学动力学方法总述

根据李术元等（2000）的研究总结，化学动力学方法主要是基于干酪根的晚期热降解生烃理论，即油气的生烃母质是干酪根，干酪根在热力学和动力学作用下发生一系列的热降解反应生成油气。化学动力学方法的基本思路是：对未成熟或低成熟烃源岩样品进行热模拟实验，应用合适的化学动力学模型处理实验数据，求得化学动力学参数（活化能 E、频率因子 A、反应级数 n）。假设实验室内人工模拟（即高温短时间）条件下得到的这些动力学参数，与地下自然演化（即低温长时间）条件下的动力学参数相同，故可应用这些参数值，结合古地温演化、沉降速度等地质参数，算出某个地区在给定地质时期的生烃率和生烃量。

6.3.2.2　化学动力学模型

化学动力学模型分为四大类：总包反应模型、连串反应模型、平行反应模型及串联反应模型。

1）总包反应模型

总包反应模型是将干酪根的热解过程概括地看成一个反应，从而建立起总包反应动力学模型。对于一级反应，干酪根热解过程的动力学方程可写为：

$$\frac{\mathrm{d}x}{\mathrm{d}t} = A\mathrm{e}^{-E/RT}(1-x)$$ （6-8）

当热模拟实验采用恒速升温时，其升温速率和写为 $\beta = \dfrac{\mathrm{d}T}{\mathrm{d}t}$，代入式（6-8）并整理得：

$$\int_0^x \frac{\mathrm{d}x}{1-x} = \frac{A}{B}\int_{T_0}^T \mathrm{e}^{-E/RT}\mathrm{d}T$$ （6-9）

式中　A——频率因子；

E——活化能；

R——通用气体常数；

T_0——室温；

T——热解温度；

x——生烃率；

β——升温速度。

通过对式（6-9）积分并整理得：

$$\ln\left[\frac{-\ln(1-x)(E+2RT)}{T^2}\right] = \ln\frac{AR}{\beta} - \frac{E}{RT}$$ （6-10）

式（6-10）即为总包一级反应积分法的计算公式。利用模拟实验中得到的热解生烃率 x 与温度 T 的关系数据，对式（6-10）进行线性迭代回归，即可由回归的斜率和截距，分别求得活化能 E 和频率因子 A。

2）连串反应模型

该模型适用于反应：A→B→C，其中 B 是中间产物。在干酪根热解生成油气的过程中，干酪根先生成中间产物——热沥青及部分气体，热沥青再进一步生成油气：

根据这一反应机理，可以利用热模拟实验数据来建立过程的动力学模型。在建立模型时根据实验数据的特点，又可分为恒温模型和恒速升温模型。

3）平行反应模型

干酪根是一种具有多种官能团和多种键型构成的三维网络大分子，其热解过程涉及不同类型不同能级的化学反应，具有不同的化学动力学特征。因此，用总包的反应模型来描述这一复杂过程是不够精确的。针对这一缺陷，提出了用平行反应模型来描述干酪根的热解过程。

（1）有限平行反应模型。

如下所示，假设干酪根的热解：

$$K_e \begin{bmatrix} x_{01} \\ x_{02} \\ \cdots \\ x_{0n} \end{bmatrix} \begin{matrix} \rightarrow x_1 \\ \rightarrow x_2 \\ \cdots \\ \rightarrow x_n \end{matrix}$$

过程是由 n 个同时发生的平行一级反应组成，这些反应均以干酪根为反应物，但具有不同活化能 E_i 和频率因子 A_i。

（2）在有限平行反应模型中，当反应个数 $n \rightarrow \infty$ 时，可以得到无数平行反应模型。为了简化起见。假设：

① 反应数目很多，多到可以用连续函数来表示；

② 所有反应的频率因子相同，但活化能不同；

③ 所有反应均为一级反应；

④ 反应的频率分布就其活化能来说服从高斯正态分布。

4）串联反应模型

干酪根是一种具有多种官能团、含有多种化学键的复杂大分子，在热解生烃过程中其组成性质及所断裂的化学键种类不断发生变化，所以热解反应的本质随生烃率不断变化。串联反应模型认为，干酪根的热解过程由一系列串联反应组成，每个反应对应于不同的生烃率，具有不同的活化能 E 和频率因子 A，反应级数为一级或 n 级。E、A、n 随生烃率的变化反映了干酪根的组成、结构的不均匀性及其在热解过程中的变化。当考虑为串联一级反应时，动力学方程为：

$$\frac{\mathrm{d}x}{\mathrm{d}t} = A(x) \cdot \exp\left[-E(x)/RT\right] \cdot (1-x)$$

取对数得：

$$\ln\frac{\mathrm{d}x}{\mathrm{d}t} = \ln\left[A(x)(1-x)\right] - \frac{E(x)}{RT}$$

对于干酪根进行不同升温速率的热模拟实验，得到不同升温速率下对应的 x—T 或 x—t 曲线。以 $\ln\frac{\mathrm{d}x}{\mathrm{d}t}$ 对 $\frac{1}{T}$ 进行线性回归，可分别得到每个 x 值所对应的活化能 E 和频率因子 A。

6.3.2.3 各种模型特点

总包反应模型：是将干酪根视为一个均一的化合物，用一个简单的反应来描述其热解过程，其优点是简单明了，使用方便，但难以反映其热解过程的动力学规律。

连串一级反应模型：可以合理地用于油的二次分解过程，即：干酪根→油→气。不仅可以用来研究干酪根热解生烃过程，也可以用来研究油气成藏过程中进一步的化学作用。

平行反应模型：能较为客观地反映出干酪根热解过程的本质，但该模型的数学方程很复杂，参数标定困难，计算工作量大，非线性回归会带来较大的计算误差，应用上多为数目较少的一级平行反应。

串联反应模型：利用该模型对模拟实验数据进行处理，可得到不同生烃率时的动力学参数（E、A），以及确定动力学参数随生烃率的变化关系，这一关系揭示了反应进程中不同的生烃对应于不同的反应类型，反映了干酪根结构的非均一性和不同类型的化学键断裂的难易程度。优点是反应模型简单，计算量小，使用方便，其线性回归的参数是唯一的，无标定误差。

串联反应模型和平行反应模型的适用性较宽，能适用于各种类型的干酪根，而总包反应模型仅适用于Ⅰ型干酪根的热解过程。

6.3.3 岩浆岩异常增温生烃模型

盆地发育过程中往往岩浆活动发育，为了探讨岩浆活动与油气生成演化的关系，定量评价侵入岩体异常增温对有机质热演化的影响，探索性地建立了基于时间—温度指数 ΔTTI 的异常生烃模型。

6.3.3.1 理论依据

侵入岩体对生油岩热演化影响的研究方法可归纳为两大类。一类是通过热传导、热平衡方程估算岩浆冷却过程中围岩的受热范围和冷却速率；另一类是建立围岩的有机地球化学剖面，根据围岩中的生油岩有机地球化学指标，并与未受岩浆作用区对比，分析围岩的热演化程度。

时间和温度是影响有机质热演化的两个主要因素。根据 Loptin 在 1971 年提出的就具体分析了时间温度与成熟度之间的定量关系（TTI 法），岩浆异常增温冷却过程中对烃源岩的影响可以直观地反映在 R_o 或 TTI 的变化上，因此考虑围岩受热范围和时间两个因素，可以 TTI 的增量即 ΔTTI 来表征这一热效应：

$$\Delta TTI = TTI_{异常增温} - TTI_{背景} \qquad (6-11)$$

ΔTTI 的地质意义是距岩体中央面一定距离的生油岩，在岩体降温的每一个阶段内 TTI 增值的总和。

6.3.3.2 计算方法和步骤

异常生烃量的求取包括以下 4 个步骤：

（1）建立 TTI 及 ΔTTI 关系曲线；

（2）建立 R_o 与 TTI 关系曲线；

（3）建立母质类型及 R_o—产烃率曲线；

（4）计算生烃量。

杨文宽（1982）、陈荣书（1989）、王有孝（1990）、周荔青（1997）等从不同角度探讨过岩浆活动对有机质成熟作用的影响。根据研究，苏北溱潼凹陷辉绿岩体异常升降过程以影响时间短为显著特点，200m 厚的辉绿岩从 1050℃降至 60℃与围岩达热平衡约需 4万年，从 1050℃降至 100℃约需 0.923 万年（周荔青，1997）。在盆地模拟过程中，是以百万年为时间步长单位计算的，在辉绿岩体侵入期以 ΔTTI 加上背景 TTI 既考虑了岩浆活动的影响，也便于统一热史、生烃史的计算。

6.3.3.3　ΔTTI 取值

假设板状侵入体的热学性质各向均质，杨文宽（1982）提出了板状侵入体对异常生烃影响热模型（图 6-28）及计算方法，可得表 6-3 的结果。

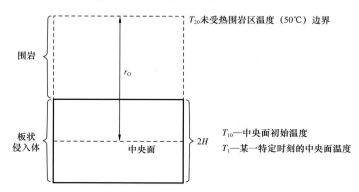

图 6-28　板状侵入体对异常生烃影响热模型

Fig. 6-28　Thermal model for abnormal hydrocarbon generation resulted from tabular intrusive body

表 6-3　岩浆活动对围岩的热影响

Table 6-3　Thermal influence of magmatic activity on surrounding rocks （单位：m）

T_1	r_0				
	2H=300	2H=200	2H=150	2H=100	2H=50
1050℃→850℃	500	333	250	166	83
850℃→650℃	667	444	333	222	111
650℃→450℃	1000	666	500	333	166
450℃→250℃	2000	1333	1000	666	333
250℃→100℃	8000	5333	4000	2667	1333

由表 6-3 可知，厚度为 50m 的侵入体中央面温度由 250℃降到 100℃时，受热围岩外边界至侵入岩体中央面的距离大于 1333m。

影响生油岩 ΔTTI 的主要因素是辉绿岩体厚度及生油岩距岩体的垂直距离。盆地模拟时是以一定的时间步长（百万年级）及某一地层单元（组、段）厚度参与计算的，因此，可以用某一地层单元的综合 ΔTTI 考虑侵入体的热影响、按线性插值原则分析侵入体厚度对 ΔTTI 的贡献。

根据前人文献（周荔青，1997；陈荣书，1989）归纳出热演化估算值（表 6-4）。

以 150m 厚的侵入岩体为例，按表 6-4 的结果，可估算 340℃（相当于 R_0=0.78%）温度点的距岩体距离，可得如下结果（图 6-29）。

表 6-4　板状岩体热演化估算（据周荔青，1997；陈荣书，1989）

表 6-4　板状岩体热演化估算（据周荔青，1997；陈荣书，1989）

Table 6-4　Estimation of thermal evolution of tabular intrusive body（After Zhou Liqing，1997；Chen Rongshu，1989）

岩体厚度（m）	背景 R_o（%）	ΔTTI	平均 ΔTTI	距岩体距离（m）	地区
220	0.770	75	37	250～350	高邮
	0.750	25			
	0.700	10			
45	0.988	128	50	50～100	冀中
	0.954	15			
	0.935	6			
23.5	0.823	135	53	10～40	冀中
	0.831	20			
	0.839	5			

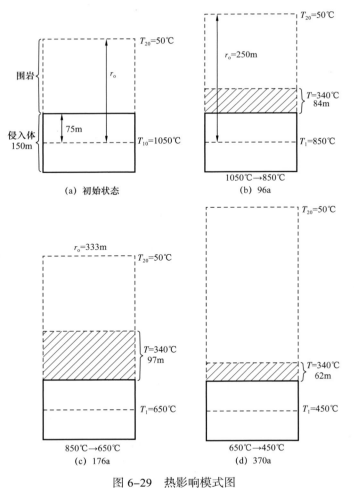

图 6-29　热影响模式图

Fig. 6-29　Model of thermal influence

6.3.4　有限空间生排烃模型

石油生成是一个物理、化学作用过程，该过程受到空间、时间、温度、压力等约束；因此，提出了烃源岩可容纳油及其排出油模式（关德范等，2004，2014）。在砂泥岩沉积盆地中，泥质烃源岩在成岩演化和有机物热演化过程中，提供有机物生油率反应以及容纳生成石油的只能是烃源岩层此阶段的孔隙空间，某一时间对应一个定量，而且随着埋深的增加而减小，实际上烃源岩孔隙体积限定了烃源岩生成石油的量。上覆岩层的剥蚀，会引起岩层有效上覆压力减小，由于砂岩具有弹性特征，有效上覆压力减小必然会引起砂岩回弹，砂岩回弹增加的孔隙空间使地层孔隙空间内的流体压力降低，诱导烃源岩中的石油向孔隙空间增加的砂质岩区运移成藏。当石油从烃源岩孔隙空间中排出后，由于烃源岩（泥质岩）具有塑性特征，在上覆岩层压实作用下，烃源岩（泥质岩）的孔隙空间将减少排出石油占据的相应孔隙空间，因此，通过烃源岩孔隙空间及其变小量可以定量计算烃源岩的生排油量。具体计算公式参见本书第一篇中的 1.6 节。

石油是含油气盆地在长期的石油地质演化过程中形成的，因此，对含油气盆地的成烃成藏定量评价研究，必须按含油气盆地的石油地质演化过程来进行动态的系统研究。必须把成盆成烃成藏作为一个统一的石油地质体来探讨各种石油地质问题，分析盆地不同发育阶段的石油地质演化特征，以及与成烃过程和成藏过程的内在关联。即将含油气盆地作为一个整体系统来看待，研究其边界条件对其内部的物理和化学变化的控制作用和影响。具体技术方法、路线如图 6-30 所示。

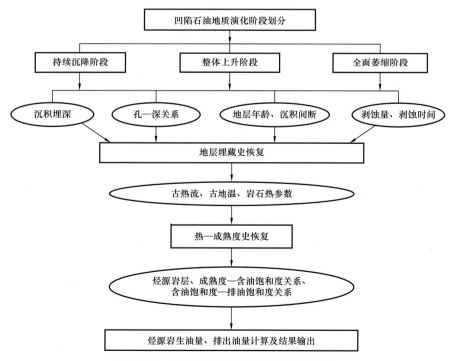

图 6-30　有限空间生排烃模型技术路线图

Fig. 6-30　Technical line for model of hydrocarbon generation and expulsion in limited space

6.3.5 TOC—R_o—产烃率模型

产烃率曲线，是指烃源岩的产率随着成熟度的变化曲线。传统的热降解模拟观点认为，产烃率曲线主要是由干酪根类型决定的，不同的干酪根类型，决定了不同的产烃率曲线；相同的干酪根，即使有机质丰度不同，虽然生烃量肯定不同，但其单位有机质的产烃率都是相同的。

但经热压模拟实验技术与烃源岩不同有机质含量的油气产率的实验研究证明 ❶（秦建中等，2010），相同干酪根类型的优质烃源岩、好—中等烃源岩及差烃源岩生排油气率并不相同，后者要逐渐降低到接近零。即产烃率曲线不仅由干酪根类型决定，相同类型的干酪根，有机质含量不同，单位有机质的生烃量也会有很大的差异。

在人工配制的绝对相同烃源岩热模拟实验中（图6-31），可以看出，在模拟的生排油高峰阶段，不同有机碳含量样品的生排油效率也存在明显差异。有机碳含量高的优质烃源岩样品，无论是灰岩烃源岩还是钙质泥岩烃源岩，生排油效率（单位重量有机碳生排出的油的质量）也是较高的，对比低有机碳样品，其生排油效率也会相应降低。这反映出在烃源岩生排烃过程中，随着热演化程度的增加和有机碳丰度的降低，生排油效率也呈现降低趋势。

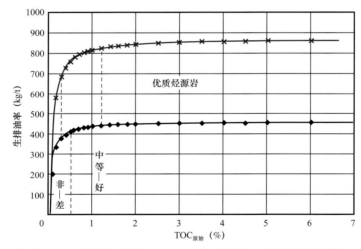

×—石灰岩＋Ⅰ型，常规热压模拟350℃；◆—钙质泥岩＋Ⅰ型，常规热压模拟350℃

图6-31　不同丰度烃源岩生排烃率（据申宝剑等，2017）

Fig. 6-31　Hydrocarbon yield ratio V. S. expulsion among source rocks with different abundance（After Shen Baojian，2017）

人工配制不同有机质丰度烃源岩常规热压模拟350℃时（相当于 $R_o \approx 1.0\% \pm$ ）的单位TOC生排油气率随总有机碳含量（$TOC_{原始}$）的变化曲线

实际样品的实验也证明了这一点（图6-32a），有机质类型相似的海相烃源岩，有机碳丰度控制液态烃的产量。TOC含量大于2%的优质烃源岩在低成熟阶段产油率可达300kg/t；在成熟生油高峰期产油率可达500kg/t；在过成熟阶段产油率为160kg/t左右。TOC含量在0.5%～2%之间的中等烃源岩低成熟阶段产油率为133kg/t，生油高峰期产率

---

❶　秦建中等，中国海相碳酸盐岩层系生烃条件与生烃史分析（973课题研究报告），2010。

为 273.53kg/t，过成熟阶段产油率为 150kg/t 左右。TOC 含量小于 0.5% 的差烃源岩则与优质和中等烃源岩有明显的差别，不同成熟阶段其产油率均小于 90kg/t，对油气藏贡献相对较小。在高—过成熟阶段，优质烃源岩的产油率仍明显占优。类似地，对于 II 型干酪根，中等烃源岩刚刚达到 2m³/t，差烃源岩达不到，优质烃源岩超过该标准（图 6-32b）。有效的页岩气藏的形成主要来自优质烃源岩的贡献。

在实验中，不同 TOC 的生油、生气率有明显的差异。这说明传统以干酪根类型来区分产烃率的生烃量计算模型具有很大缺陷，只有在某地区有机质丰度变化不大的情况下才适用。所以，在研究烃源岩生烃演化时，应该在考虑干酪根类型的同时，还要考虑烃源岩有机质丰度的不均匀性。

据此可以开发新的适应性生烃动态数值模拟模块，综合考虑烃源岩的丰度类型来决定产烃率曲线，而这些曲线是通过对不同丰度的烃源岩进行热压模拟实验得到的。

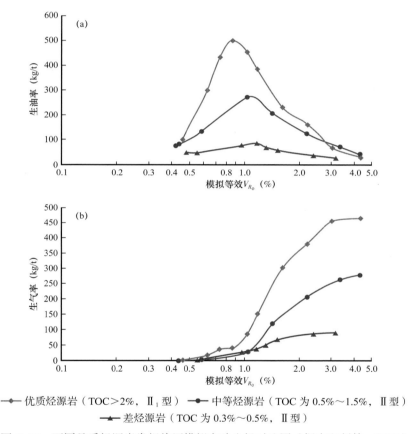

图 6-32　不同品质烃源岩常规热压模拟实验生烃对比图（据申宝剑等，2017）

Fig. 6-32　Correlation of hydrocarbon generation resulted from normal hot pressure simulation（After Shen Baojian，2017）

海相优质烃源岩（钙质页岩，II 型）、中等烃源岩（钙质页岩，II 型）和差烃源岩（钙质泥岩，II 型）常规热压模拟实验生油气量的对比

6.3.6　临界含油饱和度排烃模型

临界含油饱和度模型是从排烃效果建立的，认为当一个连续而重要的生油岩孔隙中含

油饱和度增加达到和超过饱和度门槛值时就排烃，而这一饱和度门槛值称之为临界含油饱和度。规定临界运移饱和度值就是现在可测定的残余烃饱和度，认为它不能被排出原因就是埋深不够、压实不足、孔隙压力偏低。在模拟排烃量的过程中，采用了直接计算排油量的方法（李明诚，1992），其公式如下：

$$Q_{排} = V \cdot S_{o} \cdot \rho_{o} \cdot (\phi_{m} - \phi_{z}) / (1 - \phi_{m}) \qquad (6-12)$$

式中　$Q_{排}$——排油量，t；

S_{o}——排出流体中的含油饱和度（排油饱和度），%；

ϕ_{m}——烃源岩开始排油深度的孔隙度，%；

ϕ_{z}——烃源岩现埋深孔隙度，%；

ρ_{o}——地下原油密度，t/m^{3}；

V——生油岩体积，m^{3}。

由式（6-12）建立的模型是随着埋深升温生油母质裂解使油源岩中的油气量不断增加。当它们增长的总含油量达到临界运移饱和度时，油气便在浮力的作用下，直接进入上覆的输导层。

在排烃量的计算中，关键的参数是排油饱和度的求取。排油饱和度的值是含油饱和度与临界运移饱和度之差。其中关键是临界运移饱和度的求取。这里采用李明诚（1992）的方法，利用同一层位沥青"A"饱和度直接求取该值。具体做法是用同一源岩层的孔隙曲线和沥青"A"曲线拟合，取得沥青"A"饱和度曲线，在该曲线上饱和度由小变大的拐点处，可以认为是该层的临界运移饱和度。

6.3.7　油气运移聚集模型

这里讨论的油气二次运移是指油气在离开生油岩层进入输导层之后的物理运动。通常称之为"二次运移""聚集"等概念。由于地质运动的多旋回性，盆地原型的叠加作用，重新再次运移也是可能的。所有这些，都是油气在势场下的运动。

在地质作用过程中影响油气势的作用力主要有浮力和毛细管力。浮力是由于油气物质的密度低于地下水而引起的。浮力直接随油相和水相之间的密度而变化。密度差越大，对一特定高度油柱的驱动力就越大。在重力作用下浮力驱动石油垂直向上运移，而天然气所受的驱动力比石油更大。圈闭或运移期间油柱的高程越大，油柱顶部的浮力就越大。

毛细管压力随孔喉体积的减少，以及界面张力和润湿性的增加而增加。润湿性是使润湿液从岩石表面分开所需要的功。如果岩石是部分亲油的，这将大大降低石油运移的毛细管压力，有利于运移。根据上述理论，引入运移路径模型，以指示烃排出进入运载层后，从初始烃汇位置到油气聚集位置的运移路径，与实际油藏拟合分析，提供油气可能聚集位置的分析依据。

地层中的孔隙流体势应当包含静水和动水两部分，在模型中只考虑静水压力所形成的势场，并且假设盆地内互相连通，即不考虑异常压力，而盆地底部和边界与外界隔绝。

在理论上单位重量的地下水体在重力场下具有的能量，即机械能，或所谓水头，可以用式（6-13）表述：

$$e=p/\rho+V+V^2/2 \tag{6-13}$$

式中　e——水的机械能，或水头；

　　　p/ρ——比压能，指单位质量的水在压力 p 作用下所做的功；

　　　ρ——水的密度；

　　　V——比势能，指单位质量的水体离基准面的高度所具有的能量；

　　　$V^2/2$——比动能，指单位质量的水体在一定流速 v 的状况下所具有的能量。

　　由上，水头不只考虑了局部地区压力的大小，它包含了水体所具有潜能的总效应。一般地下流体的流动常处于层流状态，其速度 v 可小到忽略不计。在这种情况下可简化为只考虑静水压力状态的油气二次运移。根据这个概念，本模型采用了 Yukler（1978）修订的 Gibson 水流方程描述在连续压实的孔隙介质下的水头分布。该方程数学表达式如下：

$$\frac{\delta}{\delta z}K_{hy}\frac{\delta h}{\delta z}=S_s\frac{\delta h}{\delta t}-\alpha(L-z)g\frac{\delta\rho_sL}{\delta t}-\alpha(\rho_s-\rho_w)g\frac{\delta L}{\delta t}-\alpha\rho_wg\frac{\delta H}{\delta t} \tag{6-14}$$

式中　z——计算点到基线（地表）的垂直距离；

　　　K_{hy}——水导率；

　　　h——水头；

　　　S_s——储水因数；

　　　t——时间；

　　　L——沉积物厚度；

　　　H——水深；

　　　ρ_s、ρ_w——沉积物、水的密度；

　　　α——沉积物、固体格架的压缩系数。

　　式（6-14）左端表示单位时间内流入和流出单元体的水量差，式右端逐项表示单元体内弹性释放（或贮存）的水量、单元体受压而释放（或贮存）的水量，以及由于沉积物沉积速度、水深变化而导致单元体内流体的流出（或流入）。

　　式（6-14）通常是在给定盆地为统一体系的情况下沉积基底面不存在异常水头，水表面水头值为零的初始条件下解出方程的值。

　　本模型简化沉积物表面之上水深为零，即 $H=L$，则式（6-14）可简化为：

$$\frac{\delta}{\delta z}K_{hy}\frac{\delta h}{\delta z}=S_s\frac{\delta h}{\delta t}-\alpha\rho_s\frac{\delta L}{\delta t} \tag{6-15}$$

　　这样计算的水势，除了体现高程变化之外，也体现了输导层密度、孔隙度和渗透率的横向变化，综合了这些因素的水势，更加确切地表达了油气运移中动力与阻力的平衡关系。

　　模型考虑在静水条件下石油会沿沉积剖面向上运移，除非它受到足够大的毛细管压力的抑制（如盖层）。如果石油已被俘获，不运移，那么密封盖层所包围的圈闭中就会充注石油。如果由于浮力太大，冲破毛细管压力，就会造成石油渗漏。这样，任何盖层都有一个它所能支撑的油气柱上限。充满圈闭的石油一旦突破盖层的封闭能力，石油将继续向上运移。因此，受静水条件下浮力和毛细管压力这两种反向作用力所控制的石油运移，一般来说可用于解释大多数沉积盆地中石油的分布状况。

但在实际地质作用过程中，毛细管力取决于岩石物性的变化。物性的不均一性会使得油气的运移路径复杂化。在孔隙度和渗透率较高的输导层比如砂岩层中，浮力远远大于毛细管力，毛细管力对运移路径影响小，运移路径对其变化的敏感性低，这样岩性的微小变化就不是重要因素，盖层的底界形状就成了影响运移路径的重要因素。在孔隙度和渗透率较低的岩层中，比如粉砂岩与泥岩互层，侧向变化大，毛细管力起主导作用，运移路径对毛细管力的变化敏感性高，这样岩性分布就会成为影响运移路径的重要因素。

本模型简化了岩性因素，认为输导层从盆地尺度是在区域范围内沟通的，只考虑了盖层形状引起的势差，以及烃汇的位置，由此设计追踪算法，计算运移路径。

图6-33表达了几种相对简单的封盖面的几何形状及其以下运载层的运移情况。模型认为生烃后初始排出的烃（初次运移）在输导层中要达到一定的浓度（油柱高）才会在输导层中发生真正的运移（二次运移），因此初始排出的烃汇集范围是局部的。把能够达到二次运移的初始烃汇范围称为油汇位置，可与灶区概念相比，并非任何生烃位置都是二次运移起始位置。油汇的范围决定了二次运移的起始位置，在油汇内的任何低势部位都可形成聚集，而从油汇向外，油气只循运移路径行进，因此路径犹如河流入海，不是到处漫溢发生。由于决定运移路径的因素复杂，油汇的位置与运移路径并不是简单的线性关系。比如处于"分水岭"附近的油汇，位置的微小变化就有可能使实际的运移路径面貌发生很大的变化。但它的变化从盆地整体范围尺度来考察运移路径的变化是局部的，因此局部的变化不可能改变大局的总观，但是界定合适的油汇边界对运移路径的研究是很重要的。

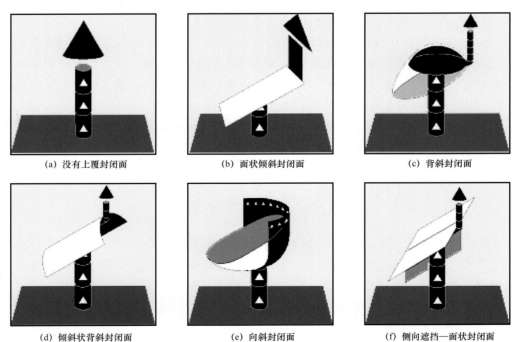

(a) 没有上覆封闭面　　　　(b) 面状倾斜封闭面　　　　(c) 背斜封闭面

(d) 倾斜状背斜封闭面　　　(e) 向斜封闭面　　　　(f) 侧向遮挡—面状封闭面

图6-33　石油运移中封闭面形态的作用（据 A. D. Hindle，1997）

Fig. 6-33　Function of shape of sealing face in petroleum migration（After A. D. Hindle，1997）

除了盖层的几何形态、输导层的物性和边界之外，排烃的量以及运移的速度对运移的路径也有重要的影响。为了实现实际的计算模型，必须给出一定的条件，做出相应的假设。运移模拟是在埋藏史、热史、生烃史模拟的基础上进行的。根据成藏组合的研究，首先要划分出与埋藏史模拟相应的输导层和盖层。上述模型只涉及了同一层内进行的运移，但事实上大量存在穿层的运移，比如通过断层等。通过地质分析，设定各地质时期断层的开启或封闭状况，从而建立层间油气运移的网络，拟合实际的运移状况，更加准确地预测油气藏的分布。显然，模拟的精细程度取决于给出的数据，而这些数据的精度和敏感度是与从地震剖面上取数的尺度以及后续一系列处理的综合结果有关。在特定情况下，微小的不同可能会引起模拟的运移路径结果不同，因此结果必须与勘探的实践相拟合。

影响运移的速度是多方面的，但由于运移模拟是在较大时间间隔内（往往是几个百万年）进行的，运移的速度能够足以使油气从高势区到达低势区，因而模型忽略运移速度因素。

在确定了运移路径之后，就可以进而计算运移的量。初次运移排入输导层的油气，按照运移路径所指定的路线运移到可能的圈闭位置。运移路径是复杂的，在同一输导层内，运移路径可能汇合或者分叉，也可通过断层跨层运移，这样，初次运移排出的量，就在整个模拟范围内重新配置。油气在输导层中的运动过程是十分复杂的，它不仅涉及输导层的物理化学性质（如孔隙大小、裂缝分布以及岩石物质的亲油性等），也涉及油气本身的组成和性质，它们之间的相互作用更为复杂。为了在现有条件下实现模拟，忽略了诸多复杂因素，假设在运移过程中，油气不存在吸附等损失，也不考虑油气组成成分因素，而看成是单一性质的流体。

由于油气的量是在模拟范围内重新配置，运移到计算范围边界（包括周边边界和顶层边界）时，就不再继续向前运移，结果就会在边界积聚一定的量，这一部分量应当根据实际地质情况进行解释，其中绝大部分应该是散失量。运移过程是在整个地质发展过程中持续发生的，油气在输导层内也会继续发生裂解变化。在本模型中，不考虑这个变化，上一时段模拟结束圈闭的油气量，在下一时段全部直接参加运算。由于上述诸多简化因素，模拟结果所得到的圈闭聚集的量，不应当被简单地当作通常意义的油气聚集量，而应当根据它们之间的相对关系，选择有利的勘探前景地区。

运移路径必然地受地层非均一性的影响。也就是说即使在同一输导层内，由于层内岩性的变化，孔隙度渗透率相应变化，运移的路径将呈现复杂的变化，它需要充分的输入数据。从宏观模拟来说，在岩相带划分的研究基础上，粗略划分沉积组合当作单一均匀岩性，模拟或许反映盆地或区带尺度在本质上的运移路径和趋向，更确定的关系则要求深入开展沉积分析以及精细的孔隙度或者渗透率的相关研究，反复提供输入参数，进行模拟再模拟。

6.3.8 砂岩回弹模型

上覆地层剥蚀，有效压力降低而引起砂岩回弹，属于砂岩的弹性特征的体现，因而可以根据砂岩的弹性特征进行计算，同时也可以实验室模拟。但地层抬升剥蚀是缓慢过程，在此缓慢过程中，如果砂岩继续成岩演化，必然会改变砂岩的弹性特征，或者由于构造应力的影响，改变岩石的应力状态，引起岩石非弹性变形等都会影响岩石的弹性力学参数，如果忽略抬升过程中成岩、构造应力等影响，则可以近似计算抬升剥蚀引起的岩石体积回弹量。

东营凹陷砂岩样品覆压孔隙体积压缩实验数据按深度分类，并且对各个深度的样品的实验数据计算出回弹过程平均岩石体积变化量与有效上覆压力关系。统计结果表明：同样深度的砂岩其回弹岩石体积增加量与有效压力降低量具有相似的规律，不同深度砂岩回弹岩石体积增加量与有效压力降低量关系差异较大，在同样有效压力降低情况下，浅部岩石回弹体积增加量明显大于深部岩石。

各个深度样品，回弹过程中，岩石体积的增加量（相对量）与有效压力降低量具有很好的二次函数关系（图6-34，据胜利油田资料），相关关系较好，其中常数项为零，即

$$y = ax^2 + bx$$

式中　y——回弹过程引起岩石体积增加量，%；
　　　a，b——随深度变化的系数；
　　　x——有效上覆压力变化量，MPa。

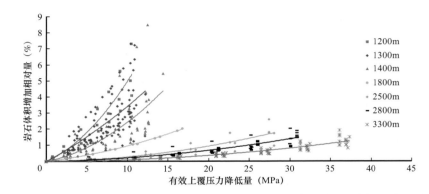

图6-34　东营凹陷不同深度砂岩回弹体积增加量与有效上覆压力降低量关系图
Fig. 6-34　Relationship between the increased volume due to sandstone rebound in different depth and the decreased efficient overlying pressure in Dongying Depression

式（1）至式（7）为东营凹陷不同深度砂岩回弹岩石体积增加量计算公式。

$$1200 \pm 20\text{m}: y = 0.0281x^2 + 0.2174x \quad R^2 = 0.865 \tag{1}$$

$$1300 \pm 20\text{m}: y = 0.008x^2 + 0.2617x \quad R^2 = 0.6097 \tag{2}$$

$$1400 \pm 20\text{m}: y = 0.0145x^2 + 0.0977x \quad R^2 = 0.5524 \tag{3}$$

$$1800 \pm 20\text{m}: y = 0.0035x^2 + 0.0592x \quad R^2 = 0.9984 \tag{4}$$

$$2500 \pm 20\text{m}: y = 0.0019x^2 + 0.0082x \quad R^2 = 0.8012 \tag{5}$$

$$2800 \pm 20\text{m}: y = 0.0012x^2 + 0.0093x \quad R^2 = 0.8682 \tag{6}$$

$$3300 \pm 20\text{m}: y = 0.0009x^2 + 0.0007x \quad R^2 = 0.8781 \tag{7}$$

按上述规律，以已有深度的砂岩样品回弹数学模型对其他深度砂岩回弹特征进行插值计算，并绘制出东营凹陷砂岩回弹体积增量与有效上覆压力降低量图版（图6-35）。

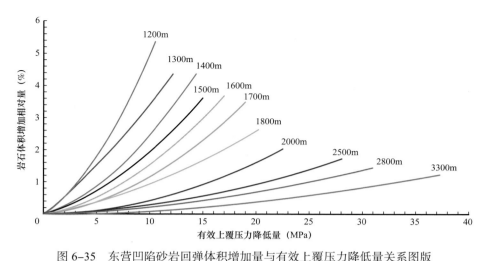

图 6-35　东营凹陷砂岩回弹体积增加量与有效上覆压力降低量关系图版

Fig. 6-35　Chart showing Relationship between the increased volume due to sandstone rebound and the decreased efficient overlying pressure in Dongying Depression

根据上述上覆岩层剥蚀减压引起砂岩回弹原理，开发了砂岩回弹体积增量与有效上覆压力降低量模型软件，其主要功能包括数据输入，回弹量计算和输出。

6.4　小结

TSM 盆地模拟资源评价就是遵循朱夏提出的 TSM 系统程式，首先进行盆地原型分析，就是从运动体制出发研究盆地系统，研究物质运动形式引起的系统边界的变化，研究系统变化条件下各个油气要素响应的变化，研究系统成藏的动态整合。在此基础上系统地模拟地质作用与油气响应个因素间关系的动态演化，从而评价油气资源。所谓 TSM 盆地模拟就是在实际盆地构造环境演化（T）分析类比建立不同世代原型的基础上，利用计算机对原型地质作用（S）和油气物质响应（M）之间可能的各种组合关系方案进行确定性数值模拟实验，进而研究原型并列叠加演化、盆地系统整合和油气动态成藏的模拟技术。

TSM 盆地模拟资源评价方法强调地质与物理学和化学普遍的数学形式相结合，要求按照严格的确定性的函数关系或数理逻辑，定量地描述地质作用，起到理应如此的预测效应。盆地系统中的各项参数在盆地模拟过程中彼此动态制约，其中任何一个参数的变化都会引起系统的变化，形成了一个庞大的联动网络。TSM 盆地模拟方法的实施应用已充分显示出其作为一个盆地分析和油气资源评价的有力工具，其"思考"的系统性、定量性和动态的演化观念是人工无法比拟的，并随着勘探程度不断提高，模型方法的不断更新，模拟可以实现"评价与再评价"。

为了实现这样一个系统，必须借助现代信息技术，建立一套符合动态模拟需要的软件系统。这个系统应当可以根据实际地区的情况和不同的地质模式，选用不同的模块和模拟流程进行模拟计算，而不是以固定的运行模式进行，从而达到数学实验的效果。TSM 盆地模拟涉及盆地演化的各个方面，地质作用模拟模型表达了盆地沉降、沉积充填、剥蚀和热演化等一系列的过程，计算得到盆地演化的框架，可以为油气响应模拟奠定基础。油气响应是指油气物质在地质作用背景下，成烃、成藏的过程，大体包括生烃、排烃和运聚过程。实现这一庞大的、复杂的油气盆地系统模拟，要有一个包含各种适用方法的模型软件库作为支撑，同时必须在一个标准和规范的平台上运行。目前按照埋藏史、热史、生烃史和运聚史建立了一套 TSM 盆地模拟资源评价系统模型库和平台。

模型库中的每一个模型，都是地质研究达到定量化后才能实现，因此模拟模型的开发有赖于地质定量化研究的进展。目前地质作用的数值模拟只是提供了一个基本框架，油气成烃成藏的机理研究是石油地质学的核心，随着地质机理研究和定量化的不断进展，新的模拟模块必将不断涌现。

7　TSM 盆地模拟资源评价系统（V2.0）

7.1　系统平台与模拟流程建立

7.1.1　系统架构

　　为了实现 TSM 盆地模拟的系统功能，需要建立模拟工作的系统架构。TSM 盆地模拟资源评价系统可以分为 3 个主体部分（图 7-1）：TSM 盆地分析系统、TSM 盆地模拟系统和资源分级评价系统。这 3 个系统是既相互独立，又彼此联结的。TSM 盆地分析系统首先对研究区进行盆地原型及其并列叠加关系的研究，进行勘探数据的分析和梳理，建立地质模型；TSM 盆地模拟系统在盆地分析的基础上，建立模拟的流程和数据库，进行盆地原型的地质作用和油气响应的动态定量模拟，形成盆地"四史"演化模拟数据体，为资源分级评价提供数据基础；盆地资源评价工作按照盆地、区带和圈闭等不同级别进行，它们既各有侧重又互相关联，都是从盆地整体出发，评价油气资源的量和分布。

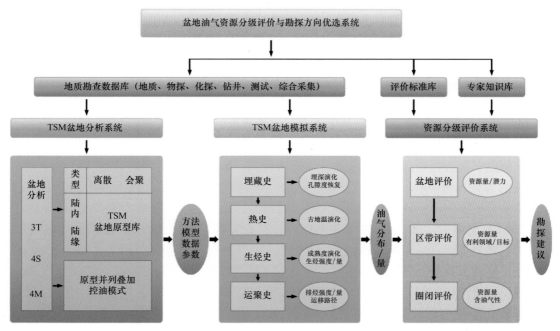

图 7-1　TSM 盆地模拟资源评价系统架构

Fig. 7-1　Framework of TSM basin simulation and resource assessment system

　　盆地分析、模拟与资源分级评价是一个整体。盆地分析作为模拟的前提，盆地模拟的结果也可以为盆地分析提供定量的参考资料，进而深化盆地建模，达到认识的跨越。盆地分析和盆地模拟工作的最后落脚点都是对油气资源进行评价，动态的油气资源评价，可以提高勘探命中率，从而降低勘探风险。

盆地原型分析是以专家地质分析为主的工作，地质专家综合各种勘探数据、资料进行分析，从而得到研究区的盆地原型及其并列叠加关系的认识，建立模拟所需要地质模型（图 7-2，图中原型分类据张渝昌 2010 年修改）；借助软件对各类勘探数据进行整理和统计等工作，从而建立盆地分析和数值模拟的数据库；通过盆地原型分析，以及地质数据、参数的分析，确立模拟使用的方法，为建立模拟模型打下基础。

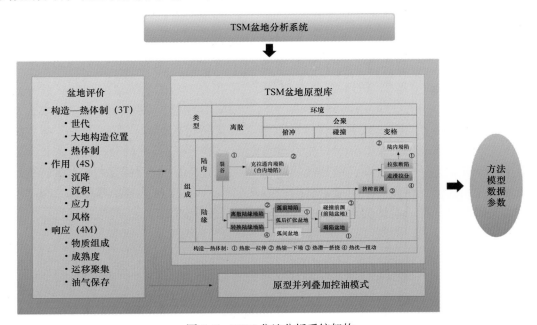

图 7-2　TSM 盆地分析系统架构

Fig. 7-2　Framework of TSM basin analysis system

TSM 盆地模拟系统的模拟组织工作包括模拟数据的研究选取和模拟流程的分析确定。通过前面的盆地分析工作，选用合适的模拟模型，形成相应的模拟流程，不同的盆地原型和勘探程度，要选择不同的模拟模型和流程来模拟。确定模拟模型和流程之后，输入和编辑相关的参数和数据体，完成"四史"模拟，得到"四史"演化的数据体。通过模拟工作，明确盆地演化的定量过程，得到生烃、排烃量，及聚集量的分布（图 7-3）。

TSM 盆地模拟实质上是 TSM 盆地分析的定量研究工具，因此，它能提供什么信息，取决于它建立了哪些适用的模拟模型，和可以有什么样的输入信息。因此，如果地质模型的研究足够发展并且开发了足够多的模块，那么就可以利用足够多的地质勘探信息，从而提供资源分级评价所需要的信息。即便如此，盆地模拟也只是整个工作的一部分，它不能包含和替代地球物理勘探信息和钻井资料的处理分析等方面的工作，它是地质分析的工具。现在讨论基于现有技术水平的 TSM 盆地模拟可以提供什么信息，相信随着 TSM 盆地模拟技术的不断发展，可以提供更多信息。

同时，当地质学家给出不同的地质认识和模型，模拟系统就会得到不同的结果，这样的结果将在实际勘探中进行证伪，从而达到地质实验的效果。

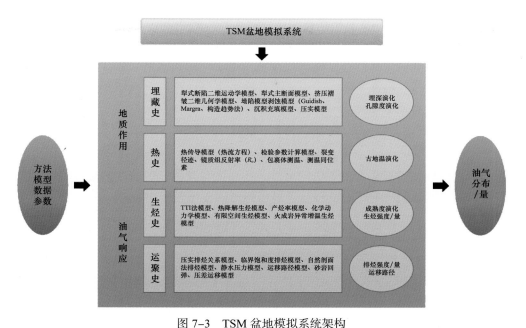

图 7–3　TSM 盆地模拟系统架构

Fig. 7–3　Framework of TSM basin simulation system

在 TSM 盆地模拟的基础上，利用其结果数据，开展盆地评价、区带评价和圈闭评价工作，最终为勘探决策提供建议（图 7–4）。

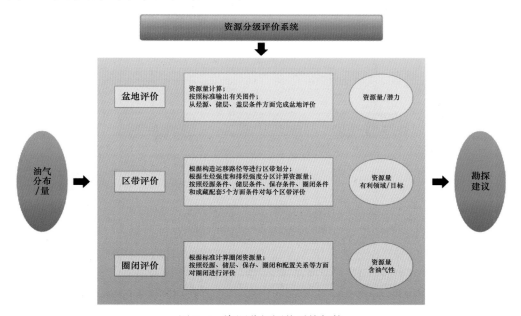

图 7–4　资源分级评价系统架构

Fig. 7–4　Framework of hierarchical resource assessment system

为了开展 TSM 盆地模拟计算，系统输入了诸多相关的地质分析信息，具体包括：各地层埋深、砂岩百分比、年龄、剥蚀量、大地热流、孔隙度—深度关系、烃源岩百分比、TOC 分布、烃源岩类型、产烃率曲线、临界排油饱和度、断层分布等。

通过 TSM 盆地模拟计算，包括埋藏史、热史、生烃史和运聚史，可以提供盆地演化的埋深、孔隙度、古地温、生烃强度、排烃强度，这些信息都是四维的。还可以通过运移路径模拟，提供运移的优势路径。这些信息都是模拟计算的结果，但往往不可以简单地直接用于资源分级评价，因此，需要开发资源分级评价的软件模块，把盆地模拟的信息进行加工，辅助石油地质学家进行油气资源分级评价。

根据 TSM 盆地模拟系统的要求，建立了盆地油气资源分级评价与勘探方向优选软件系统的功能结构平台（图 7-5）。这个平台联结各类数据文件，包括地质数据和参数，专家知识和评价标准，模拟结果及评价结果等，还连接与其他软件的数据交换接口。在软件平台之上，建立盆地模拟的核心部分，通过模拟可以支撑勘探决策。

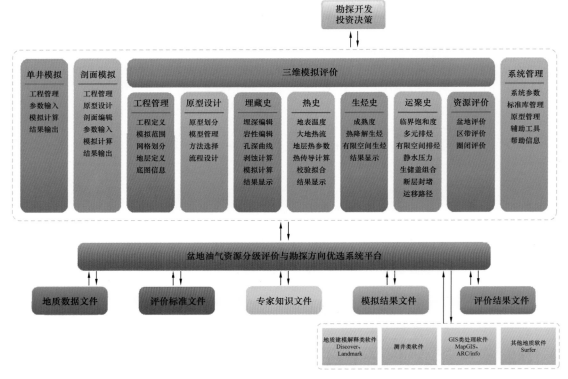

图 7-5　TSM2.0 软件系统的功能结构示意图

Fig. 7-5　Schematic diagram showing functional structure of TSM 2.0 software

软件结构的核心部分，分为一维单井模拟、二维剖面模拟、三维模拟，以及一个"系统管理"模块和帮助模块，系统管理负责处理一些参数管理和软件系统相关的管理工作（图 7-6），帮助模块则是软件各模块的在线说明书。单井模拟和剖面模拟一般用于对特定的井或剖面进行分析时使用。一维、二维和三维系统的地质模型都是一样的，所采用的算法也是相同的，它们彼此独立工作，同时也相互关联，用户可以输入多个单井数据，或者输入多个地震剖面，插值生成三维数据体进行盆地模拟工作，在三维盆地模拟完成后，也可以抽取一个单井或切一个剖面来对模拟结果进行显示、分析。资源评价模块在三维模拟的基础上开展。

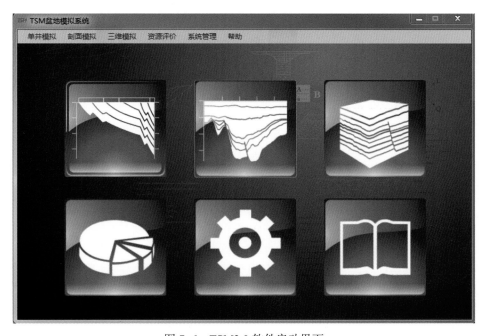

图 7-6　TSM2.0 软件启动界面

Fig. 7-6　Startup interface of TSM 2.0 software

7.1.2　模块管理平台

含油气盆地是在一定的运动体制下形成的，当盆地随地质历史演化时，可以按照其形成机制划分出不同的沉降类型和相应的结构单元，作为一个盆地整体就是这些不同世代的结构单元（称之为原型）的组合。各个原型之间在时空上构成了不同结构的并列与叠加作用关系，反映了盆地整体动力沉降和变化的全过程，从而控制着盆地油气最终资源的量和分布。

针对 TSM 盆地模拟系统整合的总体要求，提出建立系统平台的设想方案。这个系统平台应当具有系统的层次性和可扩展性，功能模块的可置换性。系统的平台方案包括模拟模块和流程的控制平台以及数据组织平台。

系统模块和流程控制平台（图 7-7）是一个软件支撑平台，在计算机操作系统支持下，建立系统模型库，模型库中包括核心计算模块和辅助模块。关键是这个模型库是可扩展的，当开发出一个新的模块之后，通过模块注册功能，让新模块加入模型库中，可以与

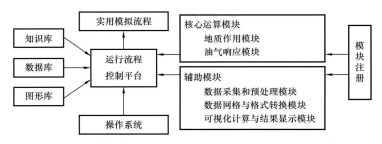

图 7-7　模块和流程控制平台示意图

Fig. 7-7　Schematic diagram showing module and flowsheet control platform

原有的模块一样被灵活地组合和调用。除了模型库，系统还需要知识库、数据库和图形库，这些库也是可以随着研究工作的开展，不断地扩展和积累。在知识库、数据库和图形库的支持下，根据实际模拟目标的要求，通过这个平台的组织实用的模拟流程，而这个流程是因时因地而变化的，这样就达到数学实验的目标。

通过模块管理平台实现新开发模块的注册。它是针对新开发的符合系统平台要求的模块提供注册服务，使之成为系统的一部分并在系统中发挥作用。平台主要提供了剖面模拟、三维模块的模拟方法及其约束关系的设定。该模块由系统管理员操作，模块有口令保护，以避免误操作。模块管理有 3 个选项（图 7-8），选择剖面模块管理或三维模块管理，可以对剖面模拟或三维模拟进行方法选择（图 7-9）。

图 7-8　模块管理界面
Fig. 7-8　Interface of module management

可以针对不同的盆地原型，不同的模拟阶段，设置可选的模拟方法模块（图 7-10）。

添加的任何一个模块，都必须要添加与其他模块间的约束关系（图 7-11）。这些约束关系包括，针对每一种盆地原型的适应性，分为推荐使用、可以使用和不可使用 3 种情况；针对相邻模块的适应性，这又包括前阶段模块要求和前地层模块要求。前阶段模块要求是指前一个模拟阶段所采用的模拟方法对后阶段所采用的方法有约束，比如生烃模拟采用了有限空间方法，那么排烃只能采用有限空间方法，而不能采用其他方法。前地层模块控制是指同一个模拟阶段里面前一个地质时期所采用的方法对后一个地质时期的模拟方法约束，比如在排烃模拟阶段前一个地质时期采用了临界饱和度方法，那么后一个也只能采

原型方法	裂谷	克拉通凹陷	挤榨前渊	走滑拉分	拉张断陷	陆内坳陷	离散陆缘坳陷	转换陆缘坳陷	弧前凹陷	弧后扩张盆地	弧间盆地	逆撞前渊	塌陷
埋藏史													
回剥法	可用	推荐	可用	可用	可用	推荐	推荐	推荐	推荐	推荐	推荐	可用	可用
型式拉张法	推荐	禁用	可用	可用	推荐	禁用	禁用	禁用	禁用	禁用	禁用	可用	可用
热史													
热传导法	推荐	推荐	推荐	推荐	推荐	推荐	推荐	推荐	推荐	推荐	推荐	推荐	推荐
成熟史													
TTI-Ro	推荐	推荐	推荐	推荐	推荐	推荐	推荐	推荐	推荐	推荐	推荐	推荐	推荐
温度-Ro	可用	可用	可用	可用	可用	可用	可用	可用	可用	可用	可用	可用	可用
生烃史													
热降解生烃	推荐	推荐	推荐	推荐	推荐	推荐	推荐	推荐	推荐	推荐	推荐	推荐	推荐
有限空间生烃	可用	可用	可用	可用	可用	可用	可用	可用	可用	可用	可用	可用	可用
排烃史													
临界饱和度法	可用	可用	可用	可用	可用	可用	可用	可用	可用	可用	可用	可用	可用
Ro-排烃率法	推荐	推荐	推荐	推荐	推荐	推荐	推荐	推荐	推荐	推荐	推荐	推荐	推荐
有限空间排烃	可用	可用	可用	可用	可用	可用	可用	可用	可用	可用	可用	可用	可用
运聚史													
运移路径	推荐	推荐	推荐	推荐	推荐	推荐	推荐	推荐	推荐	推荐	推荐	推荐	推荐

方法设置　　　　　　　　　　保存　　　下一步　　　退出

图 7-9　模拟方法设置示意图
Fig. 7-9　Schematic diagram showing design of simulation methods

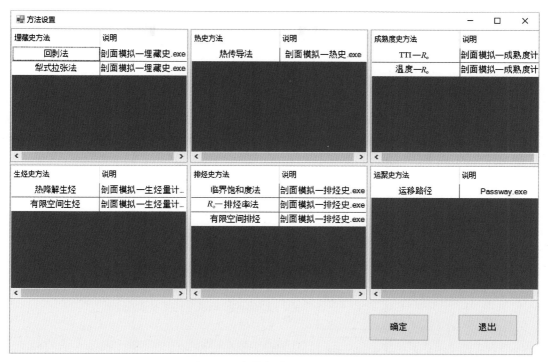

图 7-10　各模拟阶段的方法设置

Fig. 7-10　Design of simulation methods in different stages

图 7-11　方法约束关系设置

Fig. 7-11　Design of confining relations among different methods

用相同的方法。这个约束的设计是为了适应更加广泛的情况而采用的，约束的条件跟每一个模块的数学和地质模型以及数据结构的相容性有关。有了约束的设定，避免了在模拟计算中出现矛盾而导致计算失败。

系统管理的第三个选项是辅助工具管理。可以通过单击添加按钮来添加辅助工具。当 TSM 程序运行时，如果设定了辅助工具，则在系统管理中可以看到辅助工具的菜单，在该菜单中可以看到用户添加的辅助工具。这些辅助工具可以是一些通用的数据处理工具。

7.1.3 模拟流程的建立

TSM 盆地模拟是在地质研究人员对盆地进行 TSM 盆地原型分析后，根据该盆地的原型叠加序列，选择合适的地质模型来完成模拟计算。埋藏史、热史、生烃史、运聚史等模拟过程中，每个模拟过程都要选择与原型相适应的计算模块来执行（图 7-12）。

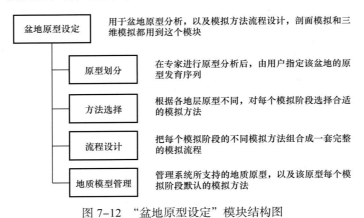

图 7-12 "盆地原型设定"模块结构图

Fig. 7-12　Structure of "basinal prototypes set" module

要实现这样的模拟，需要对每一个部分有深入的研究，建立各种类型的地质模型直至数学模型，但是这个过程是一个不断逼近的过程。在现阶段可以使用相对简单的模型，那么对于不同的原型，在简化的情况下，可以使用相同的模型，只要这个模型反映了主要的演化特征。从地质原理上来讲，坳陷盆地、断陷盆地、走滑盆地等，不同原型的发展过程是完全不同的，需要用不同的算法、不同的模型来模拟它的演化过程，但在实际操作中，目前几乎所有的盆地模拟软件都不分盆地原型，任何盆地都用同一个算法来模拟，这种的操作方式无疑是存在问题的。

比如，某盆地原型序列为下断上坳，则先对断陷期的地层在埋藏史、热史、生烃史等模拟过程中，选取合适的模拟方法，再对坳陷期的地层也同样在每个模拟阶段选取合适的模拟方法，这些模拟方法，最终被组合成一个完整的模拟流程，完成整个的模拟过程（每个模拟阶段的具体参数、数据还是要等到具体的模块时再输入，这里仅完成流程组织的工作）。图 7-13 和图 7-14 展示了设计模拟流程的过程。用户选择每一个模拟阶段的各个地质时期，选择相应的模拟模块，注意选择模块的顺序和互相约束关系。检查方法设置无误后，保存结果并退出。

盆地模拟为了反映盆地的地质演化过程，计算的模型必须适应这种不同原型并列叠加的作用。因此，盆地模拟的操作流程必须根据盆地分析得出的概念模型和实际地质资料情况分析确定，分别选择适应的计算模型。图 7-15 中，根据盆地原型分析的结果，针对各演化史的分别选择模拟计算的方法，组成一个完整的模拟流程。这也就是所谓"中药铺"的概念。

图 7-13　方法选择界面

Fig. 7-13　Interface for selection of methods

图 7-14　方法选择示意图

Fig. 7-14　Design of handling tool module

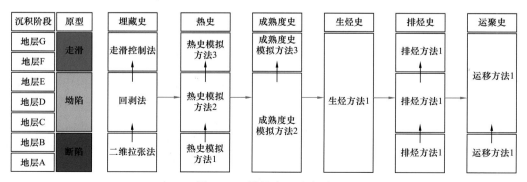

图 7-15　模拟流程示意图

Fig. 7-15　Schematic diagram showing how to select a method

7.2 模拟实现

在输入必要的参数之后，系统中的模拟计算可以按照选定的模拟流程进行，形成模拟结果数据体。为了适应不同的需求，系统实现了单井模拟，剖面模拟和三维模拟。

7.2.1 单井模拟

单井模拟是针对单井进行埋藏史、热史、生烃史和排烃史进行模拟，其输入输出数据都是针对单井的。单井模拟可以对研究区进行快速的模拟评价，尤其是在资料不多时，可以起到初步认识规律和指导部署的作用。

单井模拟系统的功能结构如图 7-16 所示。

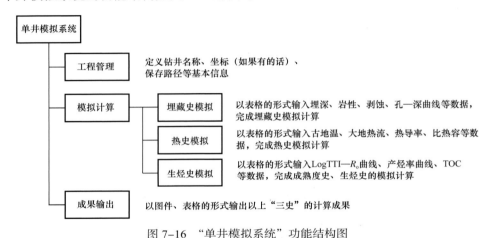

图 7-16 "单井模拟系统"功能结构图

Fig. 7-16 Functional structure of "single well simulation system"

单井模拟的输入数据可以是实际的钻井，也可以是虚拟井。根据所模拟的地层序列，针对每一层输入参数，而不考虑参数的横向变化。当盆地范围较大并且有变化时，可以选择不同的位置，建立几个典型的模拟井，通过互相对比来分析盆地演化的差异。这样就可以在勘探程度较低的地区开展模拟计算，取得初步的认识。

7.2.2 剖面模拟

剖面模拟是针对剖面进行埋藏史、热史、生烃史和排烃史的模拟。剖面模拟的输入数据要求以剖面的形式输入，展示结果也是以剖面的形式。剖面模拟可以对研究区进行快速的二维模拟评价，可以起到对成盆成烃成藏规律的初步认识和指导部署的作用。

剖面模拟有原型分析的要求和模拟方法流程设计的功能。通过对剖面盆地原型演化序列的分析，对每个地质阶段选择合适的模拟方法，完成模拟过程（图 7-17）。

剖面模拟的剖面可以是一条折线，这样就可以切过盆地构造的多个部位，反映盆地的概貌，其输入数据需要按照一定的格式做出准备。剖面模拟介于单井和三维之间，如果选取的剖面位置恰当，可以基本反映盆地的总体情况，但是其准备数据和计算的工作量可以大大减少。

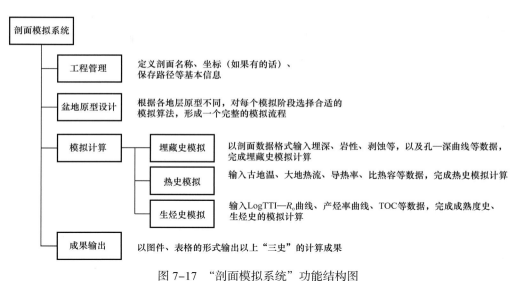

图 7-17 "剖面模拟系统"功能结构图

Fig. 7-17 Functional structure of "cross section simulation system"

7.2.3　三维模拟

三维模拟是针对三维数据体的埋藏史、热史、生烃史、运聚史模拟。其输入数据往往按照地层逐层输入，形成完整的三维数据体，而输出数据则是随时间动态演化的数据体，可以多角度多种形式显示。通过盆地原型分析，选择模拟模块，设定模拟流程；埋藏史模拟展示构造沉降发育包括剥蚀阶段的历史，通过模拟可以在三维空间上认识沉降演化特征；热史模拟展示古地温的演化历史；生烃史给出生烃开始时间、高峰时间和强度分布；排烃史给出排烃开始时间、排烃高峰时间和排烃强度的分布；运聚史模拟根据古压力分布给出运移路径和方向。三维模拟可以对研究区进行系统模拟，深化对成盆成烃成藏规律的认识和有利区带的评价，从而指导部署。

三维模拟系统是整个软件系统中最复杂的部分，下面以三维模拟系统为例，描述系统的架构。三维模拟系统被分为 4 个部分：工程管理、原型分析、模拟计算和结果显示，并为后续的资源评价提供基础。

7.2.3.1　工程管理

针对每一个具体的盆地（或坳陷、凹陷）的模拟工作，都要建立一个工程，该次模拟的所有数据都在该工程的总领之下。有时在对某个盆地模拟时，为了对比不同模拟方案的结果，也需要分别建立不同的工程。工程管理模块负责管理每次模拟的工程名称、保存路径等，以及一些全局性的参数、数据，具体如图 7-18 所示。

"模拟范围"模块用于定义数据的有效范围。有效范围外的数据不作为结果和分析依据。

"网格划分"模块用于设置本次数据的网格划分方案。埋深、岩性等地质数据都要经过离散化后才能进入系统进行处理。每一个工程里的各种平面数据，经离散化处理后，平面网格划分方案都是统一的。

7.2.3.2　原型分析

这个模块是最能体现 TSM 盆地模拟特色的模块，前面已经进行了描述。

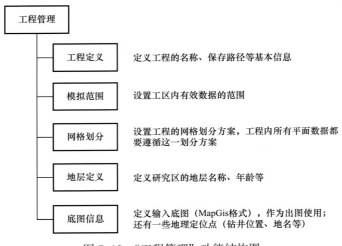

图 7-18 "工程管理"功能结构图

Fig. 7-18 Functional structure of "engineering management"

　　本模块的功能是辅助地质研究人员对研究区的盆地原型进行分析,并将分析结果输入系统中去,针对不同的原型,在每个模拟阶段都要选择合适的模拟方法,最终形成一个完整的盆地模拟方法流程。

7.2.3.3　模拟计算

　　三维的模拟计算部分,结构如图 7-19 所示,这是本系统中主要的也是较为成熟的一部分。

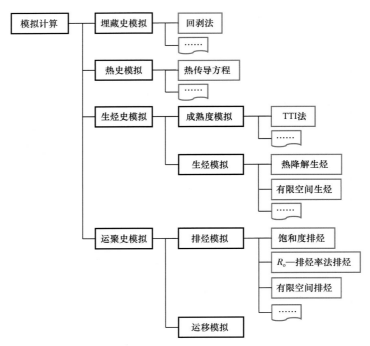

图 7-19　三维的"模拟计算"功能结构图

Fig. 7-19　Functional structure of 3D "simulation calculation"

一般常规说的"四史"模拟指的是埋藏史、热史、生烃史、运聚史，其中运聚史包括排烃史（也称初次运移）和运移史（也称二次运移）。

7.2.3.4 结果显示

模拟计算之后，可以多角度多形式显示计算结果。在后续的模拟结果可视化展示部分详细描述数据结果显示的特点。

7.3 油气资源评价

油气勘探是一项高风险的活动，为了合理地预测评估油气资源，从整体到局部进行分级评价意义重大。根据地质结构规模由大到小分级区划和评价油气资源，并依区划对象应用石油地质学系统方法分别进行不同勘探阶段的油气目标的预测。根据目前的勘探实际，提出盆地、区带和圈闭3个级别的分级资源评价。当然这三者是互相关联，评价也是动态进行。

盆地评价是对含油气盆地及其含油气远景所做出的评价，是石油地质研究的重要内容。它以石油地质理论为指导，计算机技术为支撑，综合应用地面地质调查、物探、化探、钻井、录井、测井、测试和分析化验等多种资料和信息，详细分析盆地的地层、构造、沉积、生储盖组合等各种地质特征，建立现今盆地的地质模型，动态模拟各种地质过程、烃类的演化和相互关系，并在此基础上估算出盆地的油气资源量及其三维空间分布，优选出有利的含油气区带。

区带评价是对盆地内油气富集的区带及其含油气远景所做出的评价。区带评价以石油地质理论为指导，应用各种地区物探、化探、钻探及各种勘探技术方法所取得的丰富资料，详细综合分析含油气区带的地层、构造、沉积、岩性、生储盖组合，建立区带油气形成、运移、聚集和成藏的地质模型，动态模拟油气形成与演化过程，对区带含油远景及其油气资源量进行估算，并提出"靶区"。区带评价是盆地勘探发展到一定阶段后自然产生的，适宜于局部评价和预测的分析方法，它有利于提高对评价对象的油气分布规律，有利于勘探区块选择和规划部署。区带分析方法已在油气勘探评价中得到了广泛的应用，是石油公司具体操作和把握的基本方法。

圈闭评价以油气成藏理论为依据，以石油、天然气勘探数据库为依托，充分利用地面物探资料、化探资料、井筒资料和综合研究资料，采用综合评价方法，对识别出的圈闭进行含油气性综合分析、资源量计算、经济评价、圈闭综合排队优选和可钻圈闭的精细描述，进而提出预探井部署设计意见，并对已钻探圈闭进行圈闭钻探效果分析和反馈评价。

盆地、区带和圈闭，这三者本质上是一个序列关系，既有继承性，又各有特点。其中区带是介于盆地（或坳陷、凹陷）与圈闭之间，可以理解为盆地的同一区域内有相同成因联系的所有圈闭或潜在勘探目标的总和，也可描述为存在于盆地同一构造带中，具有相同成因联系和油气生、运、聚规律并在地域分布上相邻的一系列圈闭与已发现油气藏（田）的统一组合。其中的圈闭可以具有不同的地质特点，或以一类为主，或几类相互组合，它们在平面上可以单独或组合出现。

因此，在三者的评价上，既有共性和继承性，又各有特点。它们都要以石油地质理论为指导，都要根据各种勘探技术所取得的资料进行综合分析，都要建立地质模型（生储盖圈运保），都要对含油气性及演化过程进行动态分析，都要进行油气资源量计算，并对评价目标进行综合排队优选。并且这些评价从盆地到区带、圈闭都是有继承性的。由于规模和范围的不同，不同级别的评价关注也各有侧重：盆地评价侧重关注整个盆地的资源潜力及其形成演化过程和特点；区带评价的重点在于在盆地中如何按照油气的特点进行细分，并且确定每一个区带的油气资源量和特点，从而提出勘探优先顺序；圈闭评价是在盆地、区带评价的基础上，对圈闭进行精细描述和综合优选排队，为井位部署提供意见和依据。

7.3.1　盆地评价

根据盆地评价技术规范（SY/T 5519-2011），盆地评价包括区域地质评价和盆地评价两个阶段。区域地质评价阶段的研究内容主要有：基底；大地构造及周边地质情况，岩浆活动；盆地构造单元划分、盆地构造演化史、埋藏史；建立盆地地层序列，包括年代、厚度、岩性、岩相及其分布；烃源岩的层位、厚度、生烃能力；储盖组合情况；油气显示，油气水物理化学性质，区域水文条件；盆地油气资源量和盆地（坳陷、凹陷）优选。

盆地评价阶段的内容主要有：构造形态和断层及其演化；地层层序，岩性横向分布；有效烃源岩，储集岩和盖层的分布；盆地埋藏史、热史、生烃史、运聚史分析；圈闭类型、要素和分布；油气成藏组合分析；有利区带优选；盆地资源量及勘探前景分析。

在盆地模拟计算的基础上，可以根据用户输入的评价标准库（系统也提供一些典型的评价标准库以供用户参考）进行盆地综合评价。

盆地评价系统的模块结构图如图 7-20 所示。

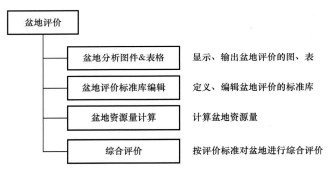

图 7-20　"盆地评价"模块结构图

Fig. 7-20　Module structure of "basin assessment"

"盆地分析图件"可以将三维模拟结果用于盆地分析的图件输出，以供用户使用（图7-21）。输出的图件可以直接导入 MapGis 系统中进行编辑，输出符合工业制图标准的图件。

虽然在"四史"模拟的每个模拟系统中，都有自己"结果显示"模块可以输出图件，在此可以叠加不同的地质要素和模拟结果，比如在埋深图上叠加 TOC、生烃强度、排烃强度等。

"盆地评价标准库编辑"是用户定义、编辑盆地评价的评价标准库的。用户可以根据自己的研究建立针对几种地质要素（如烃源条件、储集条件、保存条件等）的评价标准库，或者修改已有的评价标准库。

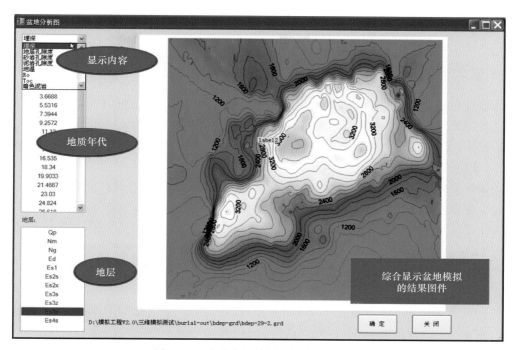

图 7-21　盆地分析结果图件输出示意图

Fig. 7-21　Schematic diagram showing result map output of basin analysis

盆地资源量计算，通过排聚系数、运聚系数方法，计算盆地资源量（图 7-22）。

层位	生油量（百万吨）	排聚系数（%）	生气量（亿方）	排聚系数（%）	总生烃量（百万吨）	资源量（百万吨）
Es3z	160.21	10	2771.51	10	2931.73	293.172
Es4s	398.38	10	6501.26	10	6899.64	689.964
总计	558.59	/	9272.77	/	9831.37	983.136

图 7-22　盆地资源量计算示意图

Fig. 7-22　Schematic diagram showing calculation of basin resources

　　盆地评价模块，依据用户选择或输入的评价标准库，结合实际地质条件，对盆地进行综合评价。盆地评价主要提供盆地（坳陷、凹陷）级别的评价结果，主要包括构造演化、热演化、生烃演化等的分析，盆地资源量等。评价结果主要以图件和表格的形式输出给用户。

　　盆地评价能提供的图件有：单井构造演化图、单井古地温演化图、单井成熟度演化图、单井生烃强度图，剖面构造演化图、剖面孔隙度演化图、剖面古地温图、剖面成熟度演化图、剖面生烃强度图、平面埋深演化图、平面地层厚度图、各层孔隙度演化图、砂岩百分含量图、各层古地温演化图、烃源岩厚度图、有机质丰度分布图（TOC）、烃源岩成熟度（R_o）演化图、烃源岩生烃（油、气）强度演化图、孔隙度—深度关系曲线图、产烃率曲线图等。

盆地评价能提供的资源量数据有：各烃源岩层生烃（油、气）量演化表、盆地（油、气）资源量表、盆地综合评价结论。

7.3.2　区带评价

区带是介于盆地和圈闭之间的地质单元，区带评价则是连接盆地评价与圈闭评价的纽带。盆地评价一般达不到区带评价所需要的详细程度，而圈闭评价也很难建立对油气聚集区带的整体认识。区带评价着眼于油气聚集区带，研究它的圈闭、储层、烃源、盖层与保存条件，以及各个地质因素的匹配关系及其演化。

区带评价的研究内容主要包括：构造特征及其演化、圈闭组合及其演化、储层特征及其演化、盖层特征及其演化、输导体系及评价、成藏动力及评价、油气成藏年代学、成藏组合及分布、流体特征与演化、成藏主控因素。

在 TSM 盆地模拟资源评价系统（V2.0）中，区带评价模块主要是基于盆地"四史"模拟的结果。下面介绍一下有关的模块功能。

区带划分，这个模块提供相关的参考底图（如构造图、生烃强度、运移路径图等），由用户手工划分区带，或将划分好的区带分界线，在这里导入系统（图 7-23）。

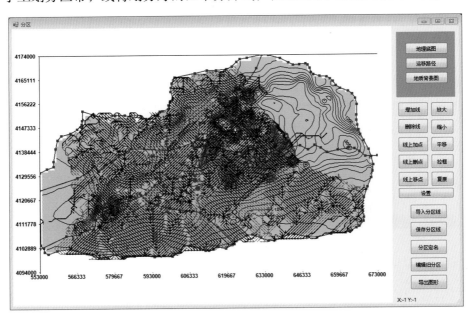

图 7-23　区带划分示意图

Fig. 7-23　Schematic diagram showing division of plays

区带统计，在区带划分的基础上，对盆地模拟所涉及的各项数据，按照区带划分方案进行统计，并且以图件和表格的方式表达（图 7-24）。

区带资源量计算，在划分好区带的前提下，可以在排烃强度分布的基础上，根据聚集系数计算分区带的资源量。

区带评价标准库编辑，系统提供一些典型的区带评价的标准库，用户可参照提供的标准库，输入、编辑自己的评价标准。

区带评价，依据区带评价标准库，对划分的区带进行综合评价。

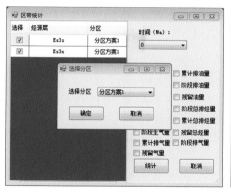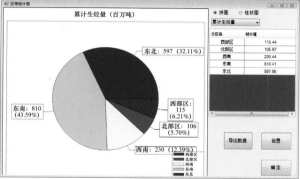

图 7-24　区带统计示意图

Fig. 7-24　Schematic diagram showing statistics of plays

区带评价的过程还是主要依靠地质人员的认识。因此在操作相关模块的过程中，必须注意与实际地质情况的比对，才能取得合理的结果。

7.4　数据平台与可视化计算

所谓"可视化"，就是将科学计算的中间数据或结果数据，转换为人们容易理解的图形图像形式。可视化计算（visualized computing）是利用可视化计算环境，实现程序和算法的设计、测试和结果呈现。其中包括程序和算法的设计过程可视化、运行过程可视化、问题和求解结果的可视化。

随着计算机、图形图像技术的飞速发展，人们现在已经可以用丰富的色彩、动画技术、三维立体显示及仿真（虚拟现实）等手段，形象地显示各种地形特征和植被特征模型。目前，科学计算可视化已广泛应用于地球科学中诸多领域。从可视化的数据上来分，有点数据、标量场、矢量场等；有二维、三维，以至多维。从可视化实现层次来分，有简单的结果后处理、实时跟踪显示、实时交互处理等。通常一个可视化过程包括数据预处理、构造模型、绘图及显示等几个步骤。随着科学技术的发展，人们对可视化的要求不断提高，可视化技术也向着实时、交互、多维、虚拟现实及因特网应用等方面不断发展。

对于 TSM2.0 软件系统来说，可视化计算主要体现在参数数据编辑时的图形化交互操作和模拟结果的可视化。

7.4.1　交互式参数输入与编辑

交互式处理是操作人员和系统之间存在交互作用的信息处理方式。操作人员通过终端设备输入信息和操作命令，系统接到后立即处理，并通过终端设备显示处理结果。操作人员可以根据处理结果进一步输入信息和操作命令。

系统与操作人员以人机对话的方式一问一答，直至获得最后处理结果。采用这种方式，可以边设计，边调整，边修改，使错误和不足之处及时得到改正和补充。特别对于非专业的操作人员，系统能提供提示信息，逐步引导操作者完成所需的操作，得出处理结果。这种方式和非交互式处理相比具有灵活、直观，便于控制等优点，因而被越来越多的信息处理系统所采用。

一个交互式处理系统需要解决 3 个问题:(1)信息以会话方式输入;(2)存储在计算机中的信息文件能被及时处理修改;(3)处理的结果可以立刻被利用。具备这样的条件就能保证输入的信息得到及时处理,使交互方式能够进行下去。

交互式处理时操作人员的操作速度与计算机的处理速度相比是很慢的,所以目前一般的系统能够满足交互操作的速度要求。

盆地模拟中涉及的诸多参数往往是几个因素之间的相互关系,而这些关系是在地质分析的基础上得到的,需要进行反复的修改和编辑。例如孔—深关系曲线、产烃率曲线等。

所谓交互式的编辑,就是用户可以通过多种合理的方式编辑数据,而这种编辑的效果立即能够以图形,数据等方式在用户界面上表现出来,使操作者可以立即了解编辑的效果,从而进行下一步的操作。

以孔隙度—深度曲线为例说明交互式操作的设计(图 7-25)。因为关系曲线实质上是两列对应的数据,既可以用数据表格表现,也可以用关系图来表现。关系图表现较为直观,但数据表可以精确地表达数据。所以为了体现交互式的编辑,用户界面同时具有表格和图形,并且两者是联动的。用户可以通过对数据表格的编辑来修改曲线,双击表格项可以修改相应的数据。而修改的效果可以在图形上即时反映出来。当用户在表格中选中某一组数据,在曲线图中就会高亮显示所选中的点。同时也可以切换到编辑曲线模式。点击曲线上的任何一个数据点,就可以用鼠标拖动曲线点的方式来调整曲线数据,点击并按住需要编辑的数据点,拖动后在鼠标旁边显示新的数据点值,松开鼠标后即可将新的值更新到表格中。通过点击相应的按钮,可以在两种不同的编辑状态之间切换,以适应用户的操作。

另外,在模拟数据体上切出剖面和单井并加以显示,也利用了交互式操作来确定单井和剖面的位置。

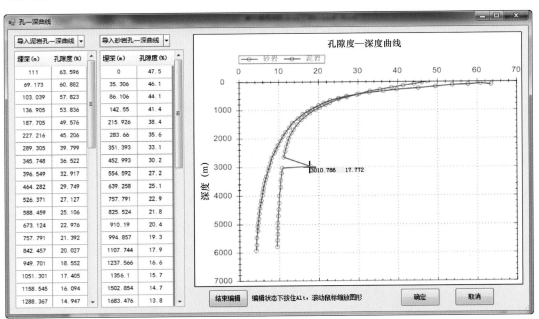

图 7-25　孔隙度—深度曲线交互编辑界面示意图

Fig. 7-25　Schematic diagram showing interactive editing interface for porosity – depth curve

当模拟计算形成了数据体，就可以通过单井和剖面等形式全方位多角度地展示数据。

当进入单井显示状态，在屏幕上显示的平面图中单击相应位置，可以提取井位置坐标（图7-26），这个坐标就体现在屏幕，用户可以即时检查。当然用户也可以在左侧表格中选择某一个井的数据进行修改，修改后的数据也会更新到右侧的平面图中。

同样，对于剖面位置的确定也可以类似操作（图7-27）可以根据需要确定图形元素显示的方式。

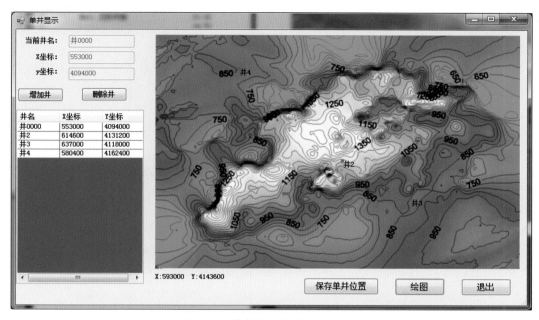

图7-26　单井位置提取界面示意图

Fig. 7-26　Schematic diagram showing interface for retrieval of location of single well

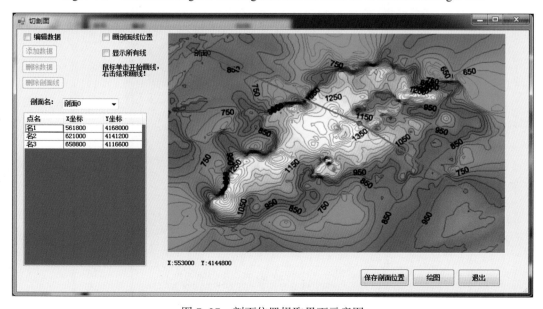

图7-27　剖面位置提取界面示意图

Fig. 7-27　Schematic diagram showing interface for retrieval of location of cross section

7.4.2 模拟结果的可视化展示

盆地模拟系统的大量数据很大部分都需要以图表达。借助于一套完善的图形输出系统，能够快速反映模拟过程，直观表达模拟的结果，便于提供地质分析。

在盆地模拟运算进程中，需要快速地表达运算的结果，以便于掌握模拟的情况，及时做出调整。在这种情况下的图件，要求快速、直观地在屏幕上显示或者用打印机输出。当作为成果输出时，就需要整饰，以便完整、准确、美观地提供模拟成果。更加普遍的应用是把模拟的情况及时以图形图像的方式导出，以便及时用于汇报和交流，这对提高目前协作式的地质研究的效率很有意义。

以图形形式出现的有平面图、剖面图，以及直方图、参数关系图等，各种不同形式的图件需要相对应的绘图软件。

盆地模拟过程中，图形、图像输出的工作量非常巨大，为了解决盆地模拟图形输出，把图形显示输出系统与数据独立，分层次、分形式制订统一的解决方案，解决相关的技术问题，提高了图件输出的工作效率。

所有这些图件的输出，除了要充分合理表达地质的现象，还必须符合各类标准的要求以及地质人员熟悉的惯用表达方式。

单井演化图（图7-28），以地质时间为横轴，以埋深为纵轴。可以表达单井随着时间的演化。地质时间坐标轴上还标注了地质年代，下端标注地质年龄，右侧标注了地层名称，左侧标注了埋深，便于地质人员识别。在图面上还可以根据需要叠加表达温度、成熟度等地质属性，并且用颜色表达生排烃强度等。

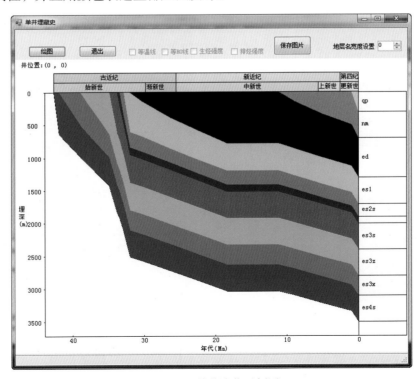

图7-28　单井演化示例图

Fig. 7-28　An example of simulation of geological evolution in a well

剖面图是表达地质属性最常用的形式之一（图 7-29）。剖面图借鉴了行标中的图式，以剖面中地层埋深作为表达的基础，可以叠加温度、成熟度等各类地质属性，用颜色表达生排烃强度的分布。在图形的下方，通过选择不同的勾选框，显示不同种类的生排烃强度。通过选择不同的地质时间，相应显示地质剖面，达到表达剖面动态演化的效果。除此之外，还附加了剖面位置图和图例，这两个因素都是可以根据图面的实际情况，由用户摆放到合适的位置。

系统也具备三维显示的功能，一种方式就是用平面等值线的方式，显示不同地质时间不同层位的地质属性，这些图件也可以导出使用。还有可以用三维立体图的方式表达埋深的演化。当然每一个显示的图形，都可以方便地导出，供用户使用。

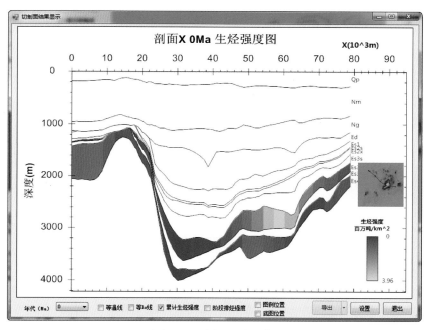

图 7-29　剖面图式示例

Fig. 7-29　Some examples of graphic representation of cross section

7.5　小结

TSM 盆地模拟资源评价系统（V2.0）建立了以埋藏史、热史、生烃史和运聚史等"四史"为核心的原型地质作用与油气响应关系的系统整合模拟，模拟系统以盆地原型及其并列叠加分析为前提，提出建立数据库和模型库的方法，系统、动态、定量地进行油气资源的模拟评价；软件系统平台实现了整合单项模拟模块的软件集成方式，根据实际需要定制模拟流程和不断扩展模拟模块的要求。并且依据模拟流程，其方法软件系统具有支持根据各种复杂的地质情况灵活组合的能力；并相应系统建立了数据采集管理、可视化等系列辅助模块，为开展模拟评价工作提供了完整的平台。系统可以以单井、剖面和三维的方式模拟埋藏史、热史、生烃史和运聚史，并在此基础上开发了油气资源分级评价模块，定量评价有利区带。

实践应用是软件发展的真正动力。通过多年实践，研发团队取得了把握这种方法在运用中有关原理假设、条件简化、参数选取、精度检验、程序编制和表达方式诸方面的成果和经验。通过更多的实践应用，随着石油地质新理论、新技术的发展，结合现代信息技术包括大数据、人工智能等的应用，TSM盆地模拟技术将跃上一个新的台阶，也将更加有效地实现3T-4S-4M系统程式所提出的要求。

第三篇

不同原型盆地组合模拟与资源评价

本篇主要介绍中国东部古近纪断陷—坳陷叠加组合（渤海湾盆地东营凹陷）、中国南方古近纪走滑盆地（百色盆地）、中国北方中生代断陷（松辽盆地长岭凹陷）、南海裂谷—边缘坳陷叠加组合（琼东南盆地）、中国中西部坳陷—前渊叠加（川西坳陷）组合 5 个地区的 TSM 盆地模拟与资源评价

8 中国东部古近纪断陷—坳陷叠加组合模拟与资源评价

——以渤海湾盆地东营凹陷为例 ❶❷

8.1 渤海湾盆地东营凹陷地质演化模型

东营凹陷位于渤海湾盆地济阳坳陷的东南部，东接青坨子凸起，南部与鲁西隆起、广饶凸起接触，西与惠民凹陷毗邻，北以陈家庄—滨县凸起为界，东西长约90km，南北宽约65km，总面积约5850km²（图8-1）。

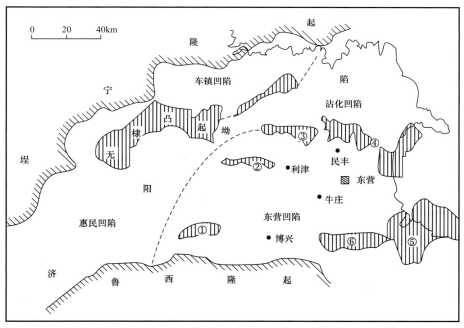

① 青城凸起；② 滨县凸起；③ 陈家庄凸起；④ 青坨子凸起；⑤ 潍北凸起；⑥ 广饶凸起

图 8-1　东营凹陷区域构造位置（据胜利油田资料）

Fig. 8-1　Tectonic location of Dongying Sag（After Shengli Oilfield）

在大地构造区划上，东营凹陷属于中国东部渤海湾盆地中的一个次级构造单元（图8-2），是在古生界背景上发育起来的以新生界为主体的断陷。

---

❶ 中国石化科技部项目：东营凹陷成烃成藏定量研究，P05038，2007。
❷ 中国石化科技部项目：烃源岩有限空间生排烃机理研究与应用，P11060，2013。

－129－

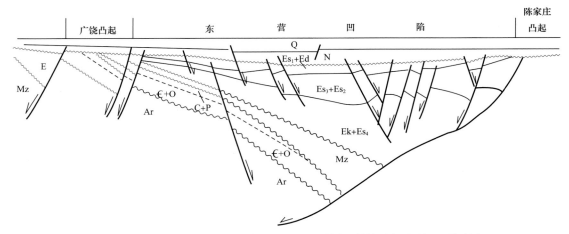

图 8-2　渤海湾盆地东营凹陷南北向区域地质剖面结构（据胜利油田资料）

Fig. 8-2　Regional geological section in N–S direction in Dongying Sag of Bohaiwan Basin（After Shengli Oilfield）

Q—第四系；N—新近系；Es_1+Ed—沙一段—东营组；Es_3+Es_2—沙三段—沙二段；Ek+Es_4—孔店组—沙四段；E—古近系；Mz—中生界；C+P—石炭系—二叠系；$\in$+O—寒武系—奥陶系；Ar—前震旦系

　　晚白垩世以来，印度大陆向亚洲大陆会聚。在缩合环境下拉萨—羌塘持续挤压，昆仑、天山挤压发展前渊。同时陆块开始分体向东发生排斥运动，形成西挤东斥格局。由此，大陆岩石层地幔开始向东蠕散，深部地幔物质受向东蠕散运动的驱使，同时被来自东面西太平洋板块俯冲阻挡，东部陆块在三面受压共同应力作用下，表现出下挤上张。张渝昌（1997）从构造—热体制角度，归纳为岩石圈热物质在热胀—拉伸作用下，壳下黏热物质上涌，岩石圈减薄，上壳引张，产生上壳的脆性破裂沉降，形成拉张断陷盆地。在该应力作用下，地壳下挤上张形成一系列晚白垩世—古近纪 NE 向的断陷盆地；盆地的沉积速率一般很高，地热梯度大；凹陷内巨厚的上白垩统—古近系的沉积提供了东部油气的物质基础，断陷盆地的半地堑发育特征影响和控制着生储盖组合以及油气藏的形成和分布。东营凹陷在此背景下形成发育为一个北断南超、西陡东缓的以新生界为主的断陷。

　　东营凹陷在新生代经历了三大演化阶段：（1）古近纪以强烈的块断为特征，使盆地加速陷落、扩大，发生大量盆倾断层及同生构造，为断陷发展阶段；（2）古近纪末期盆倾断层结束活动，抬升并遭受剥蚀；（3）新近纪构造活动减弱，进入坳陷发展阶段。关德范等（2004）系统总结了陆相沉积盆地的演化过程与成烃、成藏的内在关联，认为该类盆地的演化阶段可划分为持续沉降阶段（即成烃过程）、整体上升阶段（即成藏过程）、全面萎缩阶段（即油气藏定型过程）3 个发展阶段，并指出每个阶段物理场性质的变化（加载增压、卸载减压、压力平衡）对成烃、成藏过程的重要作用。依据从盆地到油气藏的分析思路，对东营凹陷新生界的石油地质基本特征进行分析，提出了东营凹陷新生界的石油地质演化简史见表 8-1（关德范等，2014）。

表 8-1 东营凹陷新生界沉积特征与石油地质演化简史

Table 8-1 Cenozoic sedimentary characteristics and simplified evolutional history of petroleum geology in Dongying Sag

地层			代号	厚度（m）	地质作用	石油响应	石油地质演化特征	盆地原型
第四系	全新统	平原组	Qp	250～350	馆陶组、明化镇组沉降沉积，明化镇组沉积末期小幅上升，第四系沉降沉积压力调整（能量调整）	烃源岩成熟、排油、运移、成藏定型	全面萎缩	坳陷
新近系	上新统	明化镇组	Nm	100～1200				
	中新统	馆陶组	Ng	300～400				
				剥蚀	东营组沉积末期上升剥蚀、剥蚀卸载、卸载减压、减压后下伏地层（砂岩）回弹（能量释放）	泥岩排油、运移、聚集成藏	整体上升剥蚀	
古近系	渐新统	东营组	Ed	100～800	沉降沉积、沉积加载、加载增压、深埋加热（能量积聚）	加热成油	持续沉降	断陷
		沙河街组	沙一段	Es$_1$	0～450			
			沙二段	Es$_2$	0～350			
			沙三段	Es$_3$	700～1200			
			沙四段	Es$_4$	<1500			
	始新统	孔店组	孔一段	Ek$_1$				
			孔二段	Ek$_2$				

8.2 渤海湾盆地东营凹陷盆地模拟流程与参数

8.2.1 模拟系统流程建立

依据上述东营凹陷的断陷、剥蚀、坳陷的演化模型，建立对应的"四史"模拟系统流程；地层埋藏史是通过现今地层埋深、砂岩孔隙度—深度曲线、泥岩孔隙度—深度曲线、地层砂泥比等参数用回剥法进行模拟的，计算获得各地层在各地质历史时期的埋深，以及各个地质历史时期地层埋深对应的砂、泥岩孔隙度；在恢复埋藏史基础上模拟热史。热史计算是根据大地热流值随时间的变化，并用热传导方程计算古地温的演化，同时根据温度和时间的积分计算出 TTI，再根据 R_o 与 TTI 的关系式，进一步得到各个地质历史时期各深度烃源岩的成熟度；东营凹陷内的地层以砂岩和泥岩为主，因此，生排烃模拟采用了有限空间法。

埋藏史模拟是根据质量守恒法则采用回剥技术，随埋藏深度的增加，岩石孔隙被压实，孔隙度变小，地层厚度随之变小，但地层的骨架厚度始终不变，骨架厚度是假设地层孔隙度变为零时的地层厚度。回剥技术的主要思路是：各地层在保持其骨架厚度不变的条件下，从今天盆地分层现状出发，按地质年代逐层剥去，直至全部剥完为止，计算出地层的埋深史，输出各个地质历史时期各个地层的埋深。

　　热史—成熟度史模拟的关键在于与实测资料的拟合。计算获得的地温、R_o 值应当与实测的地温、R_o 值有较高的拟合度。

　　有限空间生排烃法是在热史模拟基础上，结合前面埋藏史记录的各深度对应的孔隙度，找出各烃源岩进入成熟阶段对应的孔隙度，再根据成熟度—含油饱和度关系计算生油量。在盆地抬升剥蚀期，砂岩发育区剥蚀量往往较大，剥蚀减压使砂岩回弹孔隙增大，砂岩发育区成为相对低压区；烃源岩发育区剥蚀量往往较小或继续接受沉积压实增压，烃源岩发育区成为相对高压区；这种压力差诱发烃源岩高压区的石油向相对低压的储集岩（砂岩）区运移。烃源岩内的石油运移出后，在上覆岩层的压实作用下孔隙变小，通过对各时期已成熟烃源岩的孔隙度减小量计算获得各时期的排油量（图 8-3）。

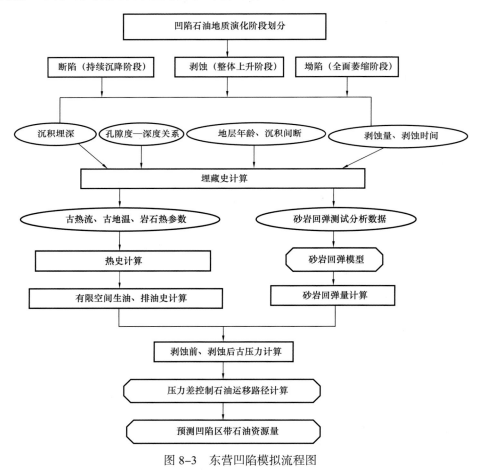

图 8-3　东营凹陷模拟流程图

Fig. 8-3　Flow chart of basin modelling for Dongying Sag

8.2.2 主要数据参数研究

通过对东营凹陷基础数据的系统分析，确定了埋藏史、热史、生烃史、运聚史等"四史"模拟主要参数及数据。

8.2.2.1 埋藏史

1）模拟层位及深度

从东营凹陷断陷、剥蚀、坳陷 3 个演化阶段中确定了 10 个模拟的主要层位：平原组（Qp）、明化镇组（Nm）、馆陶组（Ng）、东营组（Ed）、沙一段（Es_1）、沙二段（Es_2）、沙三上亚段（$Es_3^{上}$）、沙三中亚段（$Es_3^{中}$）、沙三下亚段（$Es_3^{下}$）、沙四上亚段（$Es_4^{上}$）。

2）确定各层位绝对年龄

各模拟层位的绝对年龄是采用天文地层与沉积、生物等研究得到的年龄界线。

为确定东营凹陷新生代各层位绝对年龄，选择了地层连续沉积且分层明确、测井齐全的郝科 1 井、牛 38 井、利 1 井、华 8 井、东辛 2-4 井等进行天文地层与沉积、生物研究，最终确定了东营凹陷新生代各地层界线绝对年龄（表 8-2）。

3）各层位深度数据

各层埋深数据是模拟运算的主要参数。通过收集东营凹陷主要探井的分层数据、区域地震地质解释大剖面和连井剖面、多层不同比例及范围的构造图开展综合对比分析。最终选择了钻遇层位较全的探井分层数据、地质解释较一致的区域地震地质解释大剖面（南北向的 591.7、618.2 和东西向的 92.3、109、104.6 区域地震地质解释大剖面）和连井剖面（共453.7km）、分区埋深图的数据为依据作各层位底界埋深图。

4）孔隙度—深度关系曲线

孔隙度—深度关系曲线包括砂岩和泥岩两种类型，它们对恢复地层的原始厚度非常重要。为了减小剥蚀对统计结果的影响，选用了剥蚀量相对较小的深凹区的泥岩实测资料，并综合考虑标准泥岩的地面孔隙度数据等建立泥岩孔隙度—深度关系曲线图（图 8-4）。参考东营凹陷主要油层段的砂岩孔隙度测试数据，建立砂岩孔隙度—深度关系曲线图（图8-5）。

5）各层段岩性分布与砂泥比

该参数一方面收集东营凹陷各模拟层位的已有沉积相图及砂岩百分比图，另一方面是通过收集探井的岩性数据进行统计，在对各层位沉积相的认识基础上，用探井的岩性统计数据来绘制各模拟层位的砂岩百分比图。各层位深凹区砂岩含量基本都低于斜坡区。

6）剥蚀量计

东营凹陷的主要剥蚀期为东营组沉积末期和明化镇组沉积末期。选择了控制地层分布的 185 口钻井资料进行地层记录中米氏旋回的识别，经过反复对比和校正，恢复出各井地层中保存的 0.405Ma 米氏天文周期对应的优势厚度旋回，进而计算出东营组沉积末期剥蚀残留地层顶面的绝对地质年龄（图 8-6）和剥蚀量（图 8-7）。选择了 57 口井资料计算出明化镇组沉积末期剥蚀残留地层顶面的绝对地质年龄（图 8-8）和剥蚀量（图 8-9）。

表 8-2　东营凹陷新生代天文地层年代表
Table 8-2　Chart of Cenozoic astrogeological time in Dongying Sag

国际地层委员会，2013			中国区域年代地层表 全国地层委员会		李前裕 2005	东营凹陷地层						
统(世)	阶(期)	年龄底界(Ma)	阶	年龄底界(Ma)	405ka 周期	组	段	亚段	地层代号	底界年龄(Ma)	剥蚀情况	米氏旋回研究井
全新统		0.0115	(未建)	0.01	1~5	平原组	四		Qp	①0.0115		①东辛2-4井 ④华8井 ⑤郝科1井 ②利1井 ③牛38井
更新统	"更新统上阶"	0.126	塞拉乌苏阶				三			①0.126		
	"更新统中阶"	0.781					二			①0.781		
	卡拉布里雅阶	1.806	周口店阶				一			①0.967 / 1.806	剥蚀期 ①被剥129.6m	
	杰拉阶	2.588	泥河阶	2.588	5~10	明化镇组	上		N_2w_2	①2.572		
上新统	皮亚琴察阶	3.600	麻则沟阶		5~10					①3.598		
	赞克勒阶	5.332	高庄阶	5.3	10~14					⑤5.003		
中新统	墨西拿阶	7.246	保德阶		14~19		下		N_1m_2			
	托尔托纳阶	11.608			19~29					④11.120		
	塞拉瓦莱阶	13.65	通古尔阶		30~34	馆陶组	上		N_1g_2	⑤15.031		
	兰盖阶	15.97	山旺阶		35~40							
	波尔多阶	20.43			41~51		下		N_1g_1	⑤16.722		
	阿基坦阶	23.03	谢家阶	23.03	52~58					23.03	剥蚀期 被剥10~600m	
渐新统	夏特阶	28.4±0.1	塔本布鲁克阶		59~64	东营组	一		E_3d_1	②25.12		
					64~80		二		E_3d_2	②28.83		②利1井
			乌兰布兰格阶	32			三		E_3d_3	②31.829		
	吕珀尔阶	33.9±0.1	蔡家冲阶		80~83	沙河街组	一	上	$E_2s_1^{上}$			
								中下	$E_2s_1^{}$	③32.770		③牛38井
							二	上	$E_2s_2^{上}$	③33.433		
								下	$E_2s_2^{}$	③33.660		
							三	上	$E_2s_3^{}$	③34.900		
始新统	普利亚本阶	37.2±0.1	垣曲阶		84~93		三	上 上部		③36.275		
								中 中部	$E_2s_3^{中}$	③36.895		
								中 下部		③38.975		
	巴顿阶	40.4±0.2			93~101			下	$E_2s_3^{下}$	⑤40.904		⑤郝科1井
	卢泰特阶	48.6±0.2	卢氏阶		101~121		四	上	$E_2s_4^{上}$	⑤42.671		
								中	$E_2s_4^{中}$	⑤44.264		
								下	$E_2s_4^{}$	⑤48.148		
	伊普里斯阶	55.8±0.2	岭茶阶			孔店组 侯镇组	一	上	$E_1k_1^{上}$	⑤50.536		
								上	$E_1k_1^{}$	⑤53.028		
								上	$E_1k_2^{上}$			
古新统	坦尼特阶	58.7±0.2	池江阶	56.5	121~162		二	中 上部	$E_1k_2^{中}$			
								中 下部				
	塞兰特阶	61.7±0.2						下	$E_1k_2^{下}$			
	丹麦阶	65.5±0.3	上湖阶	65			三	上	$E_1k_3^{上}$			
								下	E_1k_3			

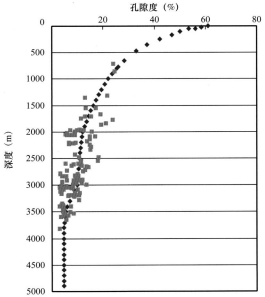

图 8-4 泥岩孔隙度—深度关系曲线
（据无锡石油地质研究所测试数据）

Fig. 8-4　Porosity–depth plot of mudstones（Data
From Wuxi Research Institute of Petroleum Geology）

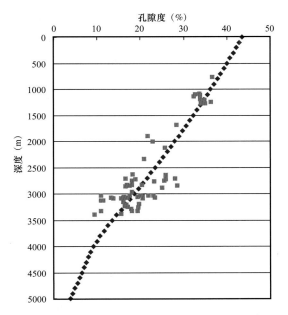

图 8-5　砂岩孔隙度—深度关系曲线
（据胜利油田测试数据）

Fig. 8-5　Porosity–depth plot of Sandstone
（Data From Sheng li Oilfield）

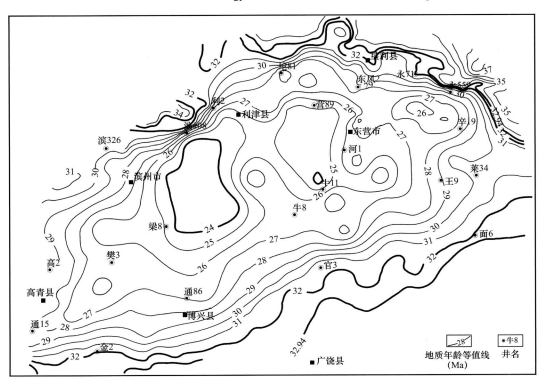

图 8-6　东营凹陷东营组沉积末期剥蚀残留地层顶面绝对地质年龄等值线图
Fig. 8-6　Contour diagram of absolute geological time of top residual horizon in the end of
Dongying deposition period in Dongying Sag

东营组沉积末期剥蚀残留地层顶面的绝对地质年龄，利津洼陷和牛庄洼陷深凹处小于24Ma，残留大部分东营组；凹陷周边大于32Ma，已剥蚀到沙河街组。明化镇组沉积末期剥蚀残留地层顶面的绝对地质年龄，亦是利津洼陷和牛庄洼陷深凹处小于2Ma，凹陷周边大于3.2Ma，但都残留有明化镇组。

东营组沉积末期从23.03Ma开始抬升遭受剥蚀，盆地东南部剥蚀量最大，达1000～1700m；其次为盆地的东北部也较大，达到600～1000m，西南、西北略小，达500～800m，深凹区最小的剥蚀量仅数米。明化镇组沉积末期剥蚀量较小，最大约为180m，且剥蚀相对较均匀。

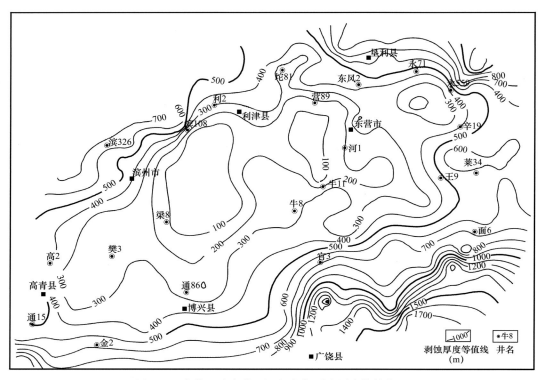

图 8-7　东营凹陷东营组沉积末期剥蚀厚度等值线图

Fig. 8-7　Contour diagram of denudation thickness in the end of Dongying deposition in Dongying Sag

根据57口井的馆陶组沉积起始时间，也即为东营组沉积末期剥蚀结束时间，编制东营组沉积末期剥蚀结束时间图（图8-10）。盆地边缘剥蚀结束时间晚，约为11.6Ma；深凹结束时间早，约为18.5Ma。

8.2.2.2　热史

1）地表温度

现今地表温度及各地质时期的地表温度：根据东营地区现今年平均气温及古近纪以来的气候条件选用平均地表温度15℃。

2）导热率

各层位的导热率数据见表8-3。

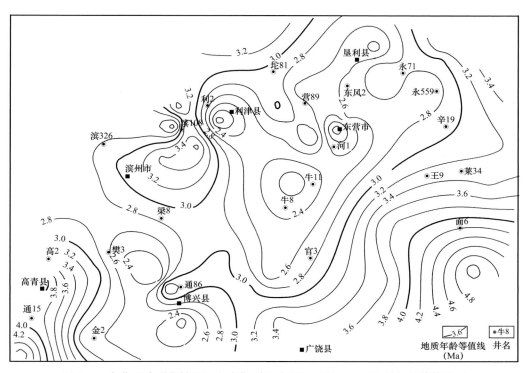

图 8-8 东营凹陷明化镇组沉积末期剥蚀残留地层顶面绝对地质年龄等值线图

Fig. 8-8 Contour diagram of absolute geological time of top residual horizon in the end of Minghuazhen deposition in Dongying Sag

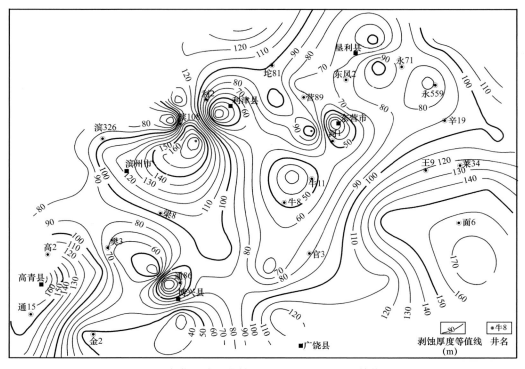

图 8-9 东营凹陷明化镇组沉积末期剥蚀厚度等值线图

Fig. 8-9 Contour diagram of denudation thickness in the end of Minghuazhen deposition in Dongying Sag

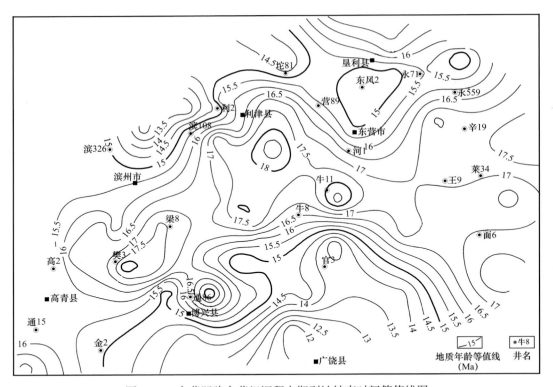

图 8-10　东营凹陷东营组沉积末期剥蚀结束时间等值线图

Fig. 8-10　Contour diagram showing the end time of denudation in the end of
Dongying deposition in Dongying Sag

表 8-3　东营凹陷导热率数据表（据龚育龄，2003）

Table 8-3　Thermal conductivity data in Dongying Sag（After Gong Yuling，2003）

层位	$Es_4^{上}$	$Es_3^{下}$	$Es_3^{中}$	$Es_3^{上}$	$Es_2^{下}$	$Es_2^{上}$	Es_1	Ed	Ng	Nm	Qp
CGS	0.00473	0.00432	0.00432	0.00432	0.00406	0.00406	0.00454	0.00499	0.00471	0.00487	0.00487

注：CGS 制，1cal/（cm·s·℃）=418.68W/（m·K）。

3）密度、比热容

水和岩石密度、比热容见表 8-4。

表 8-4　密度、比热容参数（据 Yukler，1978；韩玉芨，1986）

Table 8-4　Data of density and specific heat capacity（After Yukle,1978;Han Yuji，1986）

参数	砂岩	泥岩	水
密度 ρ（g/cm³）	2.650	2.680	1.004
比热容 C［Cal/（g·℃）］	0.197	0.223	1.008

4）R_o 与 TTI 的关系曲线

采用 Waples 统计的 31 个盆地 402 个样品回归的 R_o 与 TTI 关系曲线（图 8-11）。

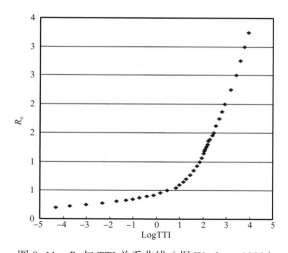

图 8-11　R_o 与 TTI 关系曲线（据 Waples，1980）

Fig. 8-11　R_o—TTI relation curve（After Waples，1980）

5）热拟合参数

由井中测温获得的静温数据可对热史模拟计算出的温度进行检验和校正，模拟计算获得的现今温度与井中测温获得温度较一致（图 8-12），表明热拟合结果较合理。

实测 R_o 数据为生油岩演化程度的模拟结果提供检验参数，模拟计算获得的现今 R_o 数据与实测 R_o 数据较一致（图 8-13），表明热成熟度史模拟结果较可靠。

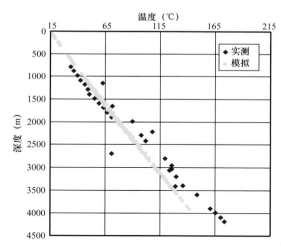

图 8-12　东营凹陷模拟计算现今温度与实测现今温度对比图（据胜利油田实测数据）

Fig. 8-12　Correlation of present geo-temperature calculated by simulation with those measured in Dongying Sag（Measured data From Shengli Oilfield）

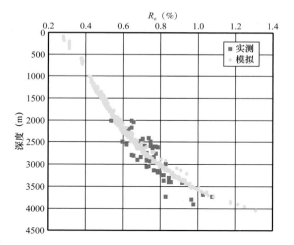

图 8-13　东营凹陷模拟计算现今 R_o 与实测现今 R_o 对比图（据无锡石油地质研究所实测数据）

Fig. 8-13　Correlation of present R_o calculated by simulation with those measured in Dongying Sag（Measured data From Wuxi Research Institute of Petroleum Geology）

8.2.2.3　生烃史

1）主要生油层位烃源岩厚度平面分布情况

东营凹陷主要生油层位为 $Es_3{}^{中}$、$Es_3{}^{下}$、$Es_4{}^{上}$，其烃源岩厚度根据泥地比及烃源岩评价标准等确定。

2）含油饱和度

通过对 $Es_3^{中}$、$Es_3^{下}$、$Es_4^{上}$烃源岩有机碳含量分布特征及类型研究，确定 $Es_3^{下}$、$Es_4^{上}$烃源岩的平均有机碳取值4%，$Es_3^{中}$烃源岩的平均有机碳含量取值2%。各层位烃源岩的含油饱和度由近地质条件下的地层孔隙热压模拟实验数据计算获得（表8-5）。

表8-5 东营凹陷 I—II₁型不同有机质丰度烃源岩热演化阶段孔隙空间含油饱和度（%）模型

Table 8-5 Hydrocarbon saturation of pore space in different thermal evolution stage of type I—II₁ source rocks with different abundance of organic carbon in Dongying Sag

深度 （m）	成熟度 R_o（%）	I—II₁型不同有机质丰度烃源岩热演化阶段孔隙空间含油饱和度（%）				
		TOC=1%	TOC=2%	TOC=3%	TOC=4%	TOC=5%
1500	0.50	0.53	1.07	1.60	2.14	2.94
2200	0.60	2.49	4.93	7.19	9.43	11.67
2700	0.70	6.57	12.72	18.40	24.35	29.36
3100	0.80	20.47	36.84	51.90	65.40	74.89

8.2.2.4 运聚史

1）排油饱和度

油气水三相模拟实验表明，油气水在生油气地层条件下是以三相混合溶液的形式存在。$Es_3^{中}$、$Es_3^{下}$、$Es_4^{上}$烃源岩在近地质条件下的地层孔隙热压模拟实验的排油过程中，石油也是以三相混合溶液的形式排出，因此，将排出油饱和度定为等于其烃源岩孔隙中的含油饱和度。

2）砂岩回弹模板

东营凹陷砂岩回弹模板由各深度砂岩回弹体积增量与有效上覆压力降低量关系实验测试数据回归获得（图8-14）。

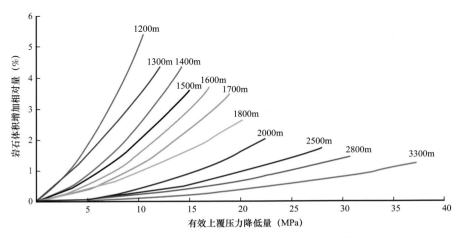

图8-14 东营凹陷砂岩回弹体积增加量与有效上覆压力降低量关系图

Fig. 8-14 Relationship between the increased volume by sandstone rebound and the decreased overlying pressure in Dongying Sag

8.3 渤海湾盆地东营凹陷动态模拟评价

按前文模拟流程和参数对东营凹陷进行了模拟计算，获得了新生界各地层的埋藏史、热史、生烃史、运聚史。尤其获得了东营凹陷主要烃源岩在东营组沉积末期剥蚀前后、明化镇组沉积末期剥蚀前后及现今等5个时间点的基于有限空间生、排油模式下的生、排油量。

埋藏史、热史模拟表明东营凹陷在断陷期利津洼陷埋藏最深，其次为牛庄洼陷、民丰洼陷、博兴洼陷，且 $Es_3^{中}$、$Es_3^{下}$、$Es_4^{上}$ 3个主要烃源岩层均存在利津、牛庄、博兴、民丰4个发育中心，烃源岩在4个发育中心的成熟度亦较高，$Es_4^{上}$在断陷末期进入生油高峰，$Es_3^{下}$、$Es_3^{中}$在断陷末期基本成熟并在坳陷期进一步成熟达生油高峰期。

8.3.1 东营凹陷成烃定量研究

通过动态模拟计算各历史时期的生油量，获得了东营凹陷东营组沉积末期、明化镇组沉积末期及现今主要生烃期的生油量。

8.3.1.1 东营组沉积末期（断陷期末）主要烃源岩石油生成量

东营组沉积末期，东营凹陷古地温梯度达到3.88℃/100m。$Es_3^{中}$烃源岩埋藏较浅，热演化程度较低，底界埋深在南部最浅为600m左右，全凹陷最深的利津洼陷底界最深约为2500m（图8-15），R_o在0.46%~0.6%之间（图8-16）；$Es_3^{下}$烃源岩局部埋藏较深达2800m（图8-17），已达生油成熟范围，R_o大多数在0.5%~0.74%之间（图8-18）；$Es_4^{上}$烃源岩埋藏较深（图8-19），已达生油成熟范围较大，R_o在0.5%~0.95%之间（图8-20）。

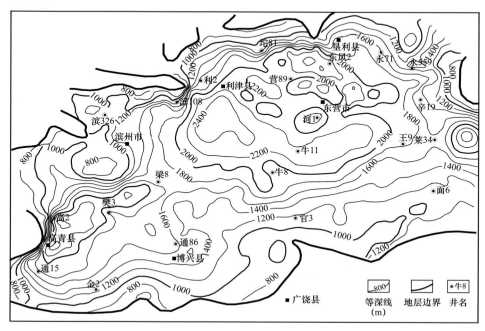

图 8-15 东营凹陷东营组沉积末期 $Es_3^{中}$ 底界埋深图

Fig. 8-15 Map showing burial depth of bottom of middle Sha-3 sub-member at the end of deposition of Dongying Formation in Dongying Sag

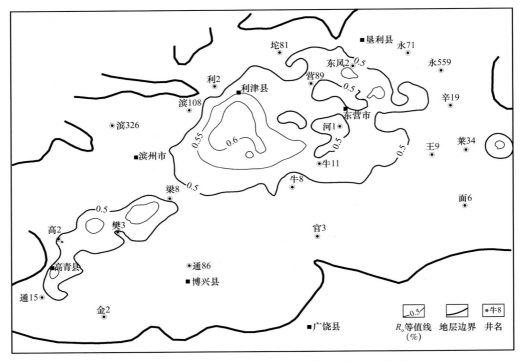

图 8-16　东营凹陷东营组沉积末期 $Es_3^{中}$ 烃源岩 R_o 等值线图

Fig. 8-16　Contour map of R_o value of middle Sha-3 sub-member source rocks at the end of deposition of Dongying Formation in Dongying Sag

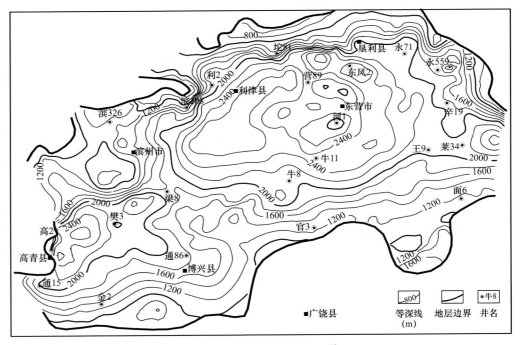

图 8-17　东营凹陷东营组沉积末期 $Es_3^{下}$ 底界埋深图

Fig. 8-17　Map showing burial depth of bottom of lower Sha-3 sub-member at the end of deposition of Dongying Formation in Dongying Sag

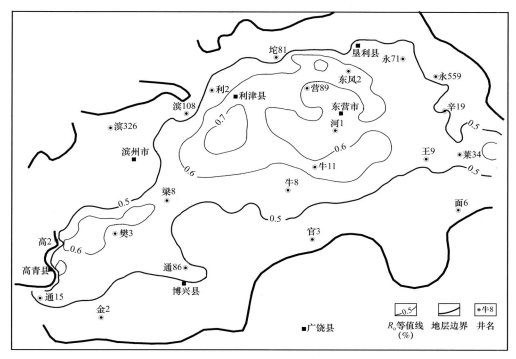

图 8-18 东营凹陷东营组沉积末期 Es₃^{下}烃源岩 R_o 等值线图

Fig. 8-18 Contour map of R_o value of lower Sha-3 sub-member source rocks at the end of deposition of Dongying Formation in Dongying Sag

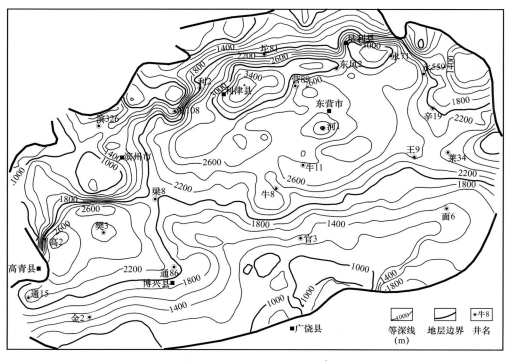

图 8-19 东营凹陷东营组沉积末期 Es₄^{上}底界埋深图

Fig. 8-19 Map showing burial depth of bottom of upper Sha-4 sub-member at the end of deposition of Dongying Formation in Dongying Sag

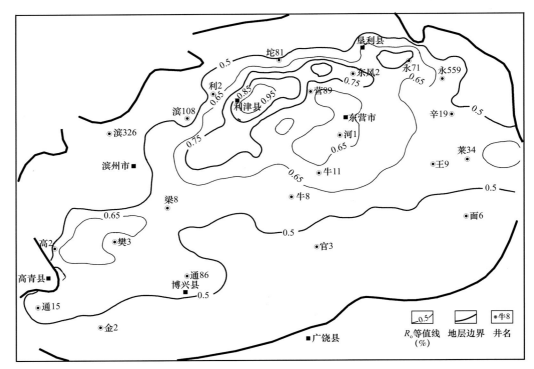

图 8-20 东营凹陷东营组沉积末期 $Es_4^{上}$烃源岩 R_o 等值线图

Fig. 8-20 Contour map of R_o value of upper Sha-4 sub-member source rocks at the end of deposition of Dongying Formation in Dongying Sag

$Es_3^{中}$烃源岩总生油量较小为 $27.74 \times 10^8 t$（表 8-6）。其中最深的利津洼陷生油量在 4 个洼陷中占优势，占 $Es_3^{中}$总生油量的 48%；牛庄洼陷生油量占 $Es_3^{中}$总生油量的 31%；民丰洼陷生油量占 $Es_3^{中}$总生油量的 11%；博兴洼陷生油量仅占 $Es_3^{中}$总生油量的 10%。

表 8-6 东营凹陷东营组沉积末期 $Es_3^{中}$烃源岩演化特征及累计生油量表

Table 8-6 Evolution characteristics of source rocks in middle Sha-3 sub-member at the end of deposition of Dongying Formation and Cumulative oil amount generated in Dongying Sag

洼陷	埋深（m）	R_o（%）	累计生油量（$10^8 t$）
利津	2500	0.60	13.20
牛庄	2300	0.52	8.58
博兴	2400	0.55	2.85
民丰	2000	0.50	3.11
合计			27.74

$Es_3^{下}$烃源岩总生油量 $64.52 \times 10^8 t$（表 8-7、图 8-21）。其中最深的利津洼陷生油量在 4 个洼陷中占优势，占 $Es_3^{下}$总生油量的 44%，生油丰度最大达 $15 \times 10^6 t/km^2$ 以上；牛庄洼陷生油量占 $Es_3^{下}$总生油量的 27%，生油丰度最大达 $5 \times 10^6 t/km^2$ 以上；博兴洼陷生油量占 $Es_3^{下}$总生油量的 15%，生油丰度最大达 $2.5 \times 10^6 t/km^2$ 以上；民丰洼陷生油量仅占 $Es_3^{下}$总生油量的 14%，生油丰度最大达 $2.5 \times 10^6 t/km^2$ 以上。

表 8-7　东营凹陷东营组沉积末期 $Es_3^{下}$ 烃源岩演化特征及累计生油量表

Table 8-7　Evolution characteristics of source rocks in lower Sha-3 sub-member at the end of deposition of Dongying Formation and Cumulative oil amount generated in Dongying Sag

洼陷	埋深（m）	R_o（%）	累计生油量（10^8t）
利津	2700	0.70	28.24
牛庄	2600	0.60	17.70
博兴	2650	0.65	9.72
民丰	2200	0.55	8.86
合计			64.52

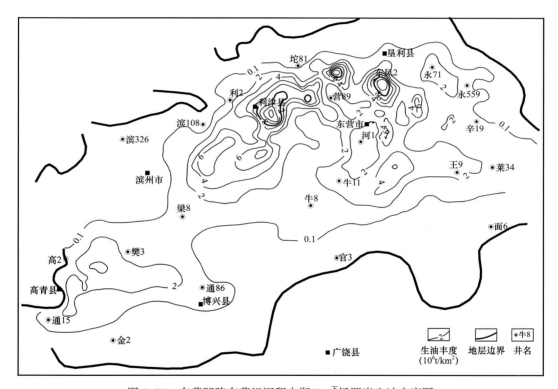

图 8-21　东营凹陷东营组沉积末期 $Es_3^{下}$ 烃源岩生油丰度图

Fig. 8-21　Diagram showing hydrocarbon generation intensity of lower Sha-3 sub-member at the end of deposition of Dongying Formation in Dongying Sag

$Es_4^{上}$ 烃源岩总生油量 92.33×10^8t（表 8-8、图 8-22），是 $Es_3^{下}$ 总生油量的近 1.5 倍。其中利津洼陷生油量占 $Es_4^{上}$ 总生油量的 40%，生油丰度最大达 17.5×10^6t/km² 以上；牛庄洼陷生油量占 $Es_4^{上}$ 总生油量的 29%，生油丰度最大达 7.5×10^6t/km² 以上；民丰洼陷生油量占 $Es_4^{上}$ 总生油量的 17%，生油丰度最大达 12.5×10^6t/km² 以上；博兴洼陷生油量占 $Es_4^{上}$ 总生油量的 14%，生油丰度最大达 5×10^6t/km² 以上。

因此，到东营组沉积末期，在 4 个生油洼陷中，无论是生油量还是生油丰度均以利津洼陷为最高，其次为牛庄洼陷，民丰洼陷和博兴洼陷的生油量和生油丰度相对较低。

表 8-8　东营凹陷东营组沉积末期 $Es_4^{上}$ 烃源岩演化特征及累计生油量表

Table 8-8　Evolution characteristics of source rocks in upper Sha-4 sub-member at the end of deposition of Dongying Formation and Cumulative oil amount generated in Dongying Sag

洼陷	埋深（m）	R_o（%）	累计生油量（10^8t）
利津	3600	1.00	36.57
牛庄	2800	0.75	26.76
博兴	2600	0.70	13.13
民丰	3200	0.75	15.87
合计			92.33

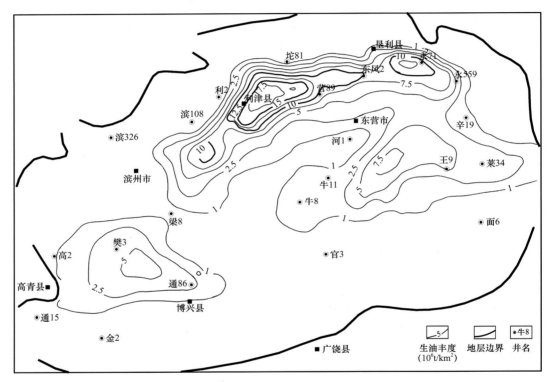

图 8-22　东营凹陷东营组沉积末期 $Es_4^{上}$ 烃源岩生油丰度图

Fig. 8-22　Diagram showing hydrocarbon generation intensity of upper Sha-4 sub-member at the end of deposition of Dongying Formation in Dongying Sag

8.3.1.2　明化镇组沉积末期主要烃源岩石油生成量

明化镇组沉积时期，盆地处于坳陷阶段，古地温梯度从东营组沉积末期的 3.88℃/100m 降低到 3.55℃/100m，但地层埋深增加了 1000～1200m，使得烃源岩大量进入了生油成熟范围。$Es_3^{中}$ 烃源岩局部埋藏较深达 3400m（图 8-23），已达生油成熟范围，R_o 在 0.65%～0.95% 之间（图 8-24）；$Es_3^{下}$ 烃源岩局部埋藏较深达 3600m（图 8-25），已达生油高成熟范围，R_o 在 0.65%～1.15% 之间（图 8-26）；$Es_4^{上}$ 烃源岩埋藏较深达 4000m（图 8-27），已达生油高成熟范围较大，R_o 在 0.65%～1.3% 之间（图 8-28）。

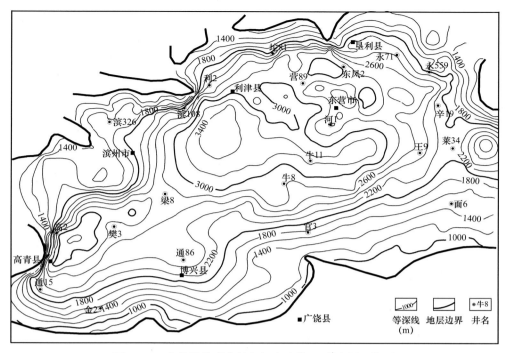

图 8–23　东营凹陷明化镇组沉积末期 Es$_3$^{中}底界埋深图

Fig. 8–23　Map showing burial depth of bottom of middle Sha–3 sub–member at the end of deposition of Minghuazhen Formation in Dongying Sag

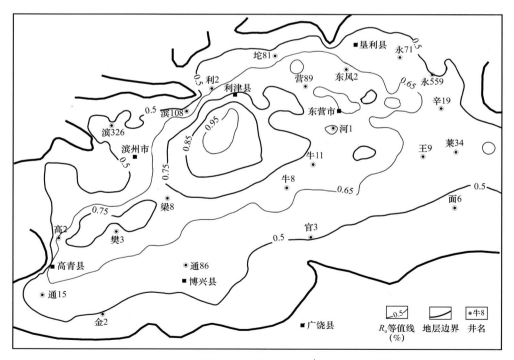

图 8–24　东营凹陷明化镇组沉积末期 Es$_3$^{中}烃源岩 R_o 等值线图

Fig. 8–24　Contour map of R_o value of middle Sha–3 sub–member source rocks at the end of deposition of Minghuazhen Formation in Dongying Sag

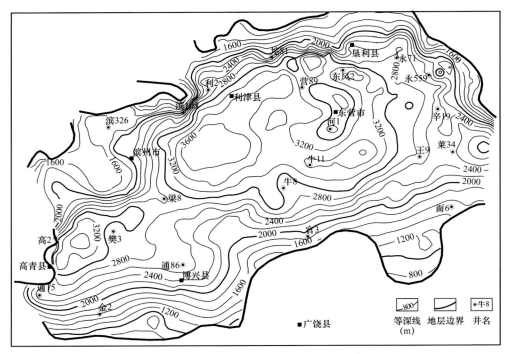

图 8-25　东营凹陷明化镇组沉积末期 Es$_3^\text{下}$底界埋深图

Fig. 8-25　Map showing burial depth of bottom of lower Sha-3 sub-member at the end of deposition of Minghuazhen Formation in Dongying Sag

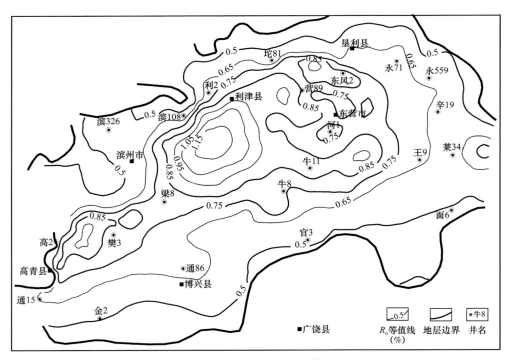

图 8-26　东营凹陷明化镇组沉积末期 Es$_3^\text{下}$烃源岩 R_o 等值线图

Fig. 8-26　Contour map of R_o value of lower Sha-3 sub-member source rocks at the end of deposition of Minghuazhen Formation in Dongying Sag

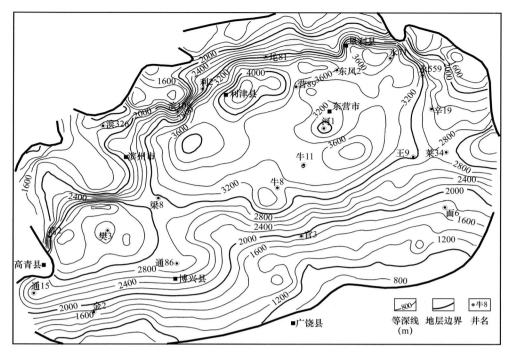

图 8–27　东营凹陷明化镇组沉积末期 Es₄$^\perp$底界埋深图

Fig. 8–27　Map showing burial depth of bottom of upper Sha–4 sub–member at the end of deposition of Minghuazhen Formation in Dongying Sag

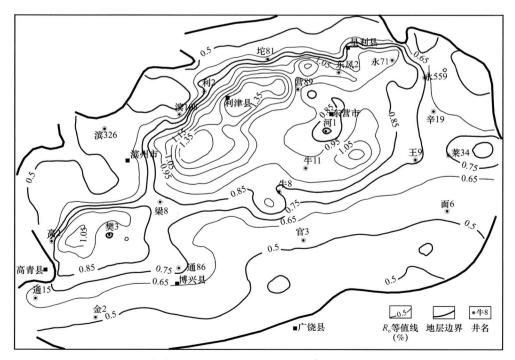

图 8–28　东营凹陷明化镇组沉积末期 Es₄$^\perp$烃源岩 R_o 等值线图

Fig. 8–28　Contour map of R_o value of upper Sha–4 sub–member source rocks at the end of deposition of Minghuazhen Formation in Dongying Sag

$Es_3^{中}$烃源岩总生油量 84.61×10^8t（表 8-9、图 8-29）。其中利津洼陷生油量占 $Es_3^{中}$总生油量的 39%，生油丰度最大达 8×10^6t/km^2 以上；牛庄洼陷生油量占 $Es_3^{中}$总生油量的 34%，生油丰度最大达 6×10^6t/km^2 以上；博兴洼陷生油量占 $Es_3^{中}$总生油量的 15%，生油丰度最大达 2×10^6t/km^2 以上；民丰洼陷生油量占 $Es_3^{中}$总生油量的 12%，生油丰度最大达 3×10^6t/km^2 以上。$Es_3^{下}$烃源岩总生油量 131.94 $\times 10^8$t（表 8-10、图 8-30）。其中利津洼陷生油量占 $Es_3^{下}$总生油量的 37%，生油丰度最大达 20×10^6t/km^2 以上；牛庄洼陷生油量占 $Es_3^{下}$总生油量的 31%，生油丰度最大达 10×10^6t/km^2 以上；博兴洼陷生油量占 $Es_3^{下}$

表 8-9　东营凹陷明化镇组沉积末期 $Es_3^{中}$烃源岩演化特征及累计生油量表

Table 8-9　Evolution characteristics of source rocks in middle Sha-3 sub-member at the end of deposition of Minghuazhen Formation and Cumulative oil amount generated in Dongying Sag

洼陷	埋深（m）	R_o（%）	累计生油量（10^8t）
利津	3400	1.00	32.63
牛庄	3200	0.75	28.82
博兴	3200	0.80	13.04
民丰	2600	0.60	10.12
合计			84.61

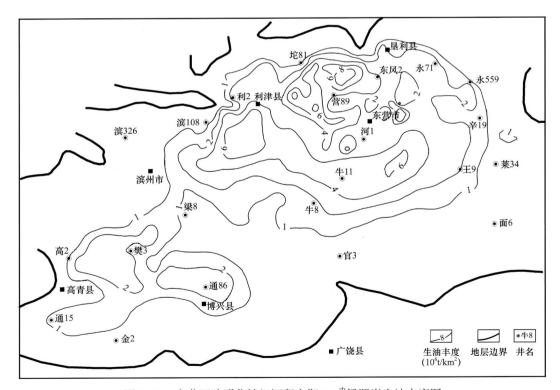

图 8-29　东营凹陷明化镇组沉积末期 $Es_3^{中}$烃源岩生油丰度图

Fig. 8-29　Diagram showing hydrocarbon generation intensity of middle Sha-3 sub-member at the end of deposition of Minghuazhen Formation in Dongying Sag

总生油量的 19%，生油丰度最大达 $7.5 \times 10^6 t/km^2$ 以上；民丰洼陷生油量占 $Es_3^{\text{下}}$ 总生油量的 13%，生油丰度最大达 $15 \times 10^6 t/km^2$ 以上。$Es_4^{\text{上}}$ 烃源岩总生油量 $137.2 \times 10^8 t$（表 8-11、图 8-31）。其中牛庄洼陷生油量占 $Es_4^{\text{上}}$ 总生油量的 34%，生油丰度最大达 $10 \times 10^6 t/km^2$ 以上；利津洼陷生油量占 $Es_4^{\text{上}}$ 总生油量的 32%，生油丰度最大达 $17.5 \times 10^6 t/km^2$ 以上；博兴洼陷生油量占 $Es_4^{\text{上}}$ 总生油量的 19%，生油丰度最大达 $7.5 \times 10^6 t/km^2$ 以上；民丰洼陷生油量占 $Es_4^{\text{上}}$ 总生油量的 15%，生油丰度最大达 $15 \times 10^6 t/km^2$ 以上。因此，到明化镇组沉积末期，在 4 个生油洼陷中，生油量和生油丰度仍然基本是以利津洼陷为最高，其次为牛庄洼陷，民丰洼陷和博兴洼陷的生油量和生油丰度相对低。

表 8-10　东营凹陷明化镇组沉积末期 $Es_3^{\text{下}}$ 烃源岩演化特征及累计生油量表

Table 8-10　Evolution characteristics of source rocks in lower Sha-3 sub-member at the end of deposition of Minghuazhen Formation and Cumulative oil amount generated in Dongying Sag

洼陷	埋深（m）	R_o（%）	累计生油量（$10^8 t$）
利津	3700	1.20	48.21
牛庄	3400	0.95	40.84
博兴	3500	0.95	25.54
民丰	3300	0.70	17.35
合计			131.94

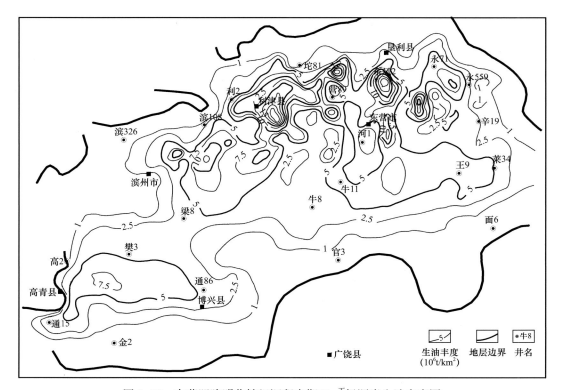

图 8-30　东营凹陷明化镇组沉积末期 $Es_3^{\text{下}}$ 烃源岩生油丰度图

Fig. 8-30　Diagram showing hydrocarbon generation intensity of lower Sha-3 sub-member at the end of deposition of Minghuazhen Formation in Dongying Sag

表 8-11　东营凹陷明化镇组沉积末期 Es$_4^\perp$烃源岩演化特征及累计生油量表

Table 8-11　Evolution characteristics of source rocks in upper Sha-4 sub-member at the end of deposition of Minghuazhen Formation and Cumulative oil amount generated in Dongying Sag

洼陷	埋深（m）	R_o（%）	累计生油量（10^8t）
利津	4400	1.50	44.30
牛庄	3800	1.15	46.70
博兴	3600	1.05	25.50
民丰	3800	1.10	20.70
合计			137.20

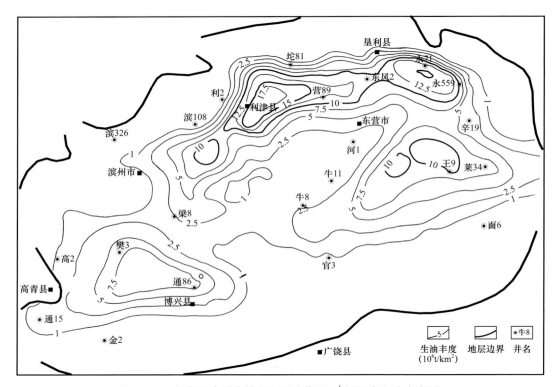

图 8-31　东营凹陷明化镇组沉积末期 Es$_4^\perp$烃源岩生油丰度图

Fig. 8-31　Diagram showing hydrocarbon generation intensity of upper Sha-4 sub-member at the end of deposition of Minghuazhen Formation in Dongying Sag

8.3.1.3　东营凹陷石油总生成量

东营凹陷东营组沉积末期累计生成的油量为 184.59×10^8t，占凹陷总累计生油量的 51%；馆陶—明化镇组沉积时期沉积厚度达到 1000m 以上，烃源层的 4 个主要生油洼陷（利津、牛庄、民丰、博兴）的地温达到 95℃以上（图 8-32）、R_o 达到 0.7 以上（图 8-33），全面进入了生油成熟阶段，该时期生成的油量达 169.16×10^8t，占凹陷总累计生油量的 47%；第四系平原组厚近 200m，使得烃源岩进一步成熟生成的油量较少，仅比明化镇组沉积末期增加了 7.43×10^8t（表 8-12）。因此，东营组沉积末期和馆陶组—明化镇组沉积时期是两个主要生油期，且东营组沉积末期是 Es$_4^\perp$ 的主要生油期，馆陶组—明化镇组沉积时期是 Es$_3^{\text{中}}$ 的主要生油期。

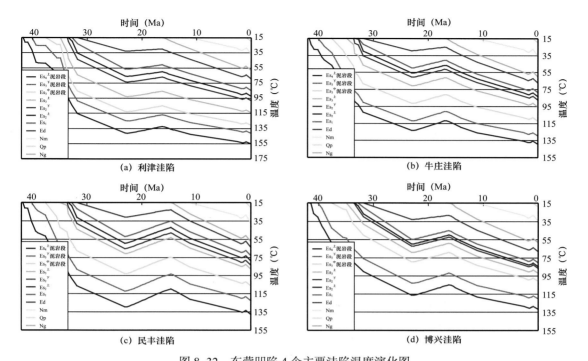

图 8–32　东营凹陷 4 个主要洼陷温度演化图

Fig. 8–32　Diagram showing evolution of geo–temperature in Dongying Sag

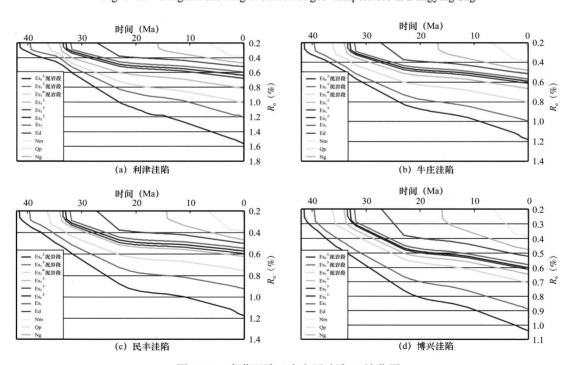

图 8–33　东营凹陷 4 个主要洼陷 R_o 演化图

Fig. 8–33　Diagram showing R_o evolution in Dongying Sag

表 8-12　东营凹陷主要烃源岩各期累计生油量表

Table 8-12　Cumulative oil generated by main source rocks in different stages in Dongying Sag

时期	累计生油量（10^8t）			
	$Es_3^{中}$	$Es_3^{下}$	$Es_4^{上}$	总量
东营组沉积末剥蚀期	27.74	64.52	92.33	184.59
明化镇组沉积末剥蚀期	84.61	131.94	137.20	353.75
现今	87.73	134.81	138.64	361.18

上述计算结果表明，$Es_3^{中}$、$Es_3^{下}$、$Es_4^{上}$ 3 套主要烃源岩在东营组沉积末期：$Es_3^{中}$只有少量烃源岩进入成熟门限，生油量也较少；$Es_3^{下}$的大部分烃源岩已进入成熟范围，生油量占该时期总生油量的 35%；$Es_4^{上}$占 50%。明化镇组沉积末期：$Es_3^{中}$烃源岩部分进入成熟范围，生油量占该时期总生油量的 34%；$Es_3^{下}$烃源岩大量进入成熟范围，生油量占该时期总生油量的 40%；其余 26% 由 $Es_4^{上}$生成。$Es_3^{中}$累计生油量占总生油量的 24%，$Es_3^{下}$的累计生油量占总生油量的 37%，$Es_4^{上}$的累计生油量占总生油量的 38%。$Es_4^{上}$、$Es_3^{下}$生油量大，一是因为埋藏深，有机质类型好，进入生油成熟范围的面积和厚度大，二是因其进入成熟期的时间早，孔隙空间较大。

8.3.2　东营凹陷成藏定量研究

关德范等（2004）认为，伴随着盆地整体上升及剥蚀作用的发生，盆地内的烃源岩和储集岩内部积累的化学能和弹性能，在剥蚀卸载减压过程中逐步释放并逐渐达到能量平衡。在烃源岩内部由于卸载减压的诱发作用，可以导致烃源岩破裂甚至产生断层，促使烃类物质的排出（即初次运移），并在上覆岩层的压实作用下，烃源岩进入排烃压实状态。盆地边缘抬升剥蚀强烈，成为相对低压区，盆地烃源岩发育的洼陷区剥蚀结束早，继续接受沉积，烃源岩进一步压实，其孔隙流体压力亦进一步增加，使盆地边缘储集岩发育区与洼陷区烃源岩之间的压力差不断增加，这种压力差促使烃源岩层系中的石油向盆地边缘高部位孔隙度相对较大的储层运移，同时剥蚀减压使砂岩回弹，造成局部相对低压，抽吸石油聚集成藏。

在盆地抬升剥蚀减压产生压力差诱发烃源岩高压区的石油向相对低压的储集岩区运移后，烃源岩发育区上覆岩层继续沉积使下伏烃源岩压实排油，烃源岩排出油的同时孔隙就减小，即油的排出体积等同于烃源岩的孔隙减小体积。因此，通过对各时期具有一定含油饱和度的已成熟烃源岩的孔隙度减小量计算就可获得各时期的排油量。

8.3.2.1　总排油量分析

通过对东营凹陷 $Es_3^{中}$、$Es_3^{下}$、$Es_4^{上}$亚段 3 套烃源岩成熟时的孔隙度与东营组剥蚀末期、明化镇组剥蚀末期和现今孔隙度间的差值累积计算获得了东营凹陷的排油量。计算结果如下（表 8-13）：

从表 8-13 可看出，整体抬升剥蚀期（东营组沉积末期）的排油量占总排油量的 48%，馆陶组—明化镇组沉积时期（明化镇组沉积末期）的排油量占总排油量的 47%，是东营凹陷的两个主要排油期。下面对整体抬升剥蚀期、馆陶组—明化镇组沉积时期的排油量进行分析。

表 8-13　东营凹陷主要烃源岩各时期累计排油量表

Table 8-13　Cumulative oil expulsed From main source rocks in different stages in Dongying Sag

时期	累计排油量（10^8 t）			
	$Es_3^中$	$Es_3^下$	$Es_4^上$	合计
东营组沉积末剥蚀期	7.04	19.95	31.89	58.88
明化镇组沉积末剥蚀期	23.06	44.20	50.01	117.27
现今	25.49	46.82	51.55	123.86

8.3.2.2　整体抬升剥蚀期排油量分析

整体抬升期（东营组沉积末期）是指东营组沉积结束开始剥蚀（23.03Ma）到整个凹陷全部结束剥蚀（13.5Ma）这段时间。利津洼陷和牛庄洼陷最早结束剥蚀，同时这些区开始沉积上覆馆陶组，而凹陷边缘的滨州市北最晚结束剥蚀。因此，东营组沉积末期凹陷周缘与深凹内剥蚀量有近 1600m 的差异（图 8-7），使二者间产生剥蚀减压差，且周缘砂岩发育区剥蚀产生砂岩回弹引起减压，诱导深凹区烃源岩内的油向砂岩回弹高值区运移成藏，同时深凹区剥蚀结束早，接受沉积早，沉积增压进一步促使烃源岩内的油向砂岩回弹高值区运移成藏。该期 $Es_3^中$、$Es_3^下$、$Es_4^上$ 3 个主要烃源岩层的排油情况如下（表 8-14）：（1）$Es_3^中$烃源岩该期总排油量较小，仅为 7.04×10^8t，只占该期总排油量的 12%。其中利津洼陷排油量最大；其次为牛庄洼陷；民丰洼陷、博兴洼陷排油量相对较小。（2）$Es_3^下$烃源岩该期总排油量相对较大，达到 19.95×10^8t，占该期总排油量的 34%。其中利津洼陷排油量最大，排油丰度最大达 6×10^6t/km^2；其次为牛庄洼陷，排油丰度最大达 3×10^6t/km^2；博兴洼陷、民丰洼陷排油量相对较小，最大排油丰度分别为 1×10^6t/km^2 和 4×10^6t/km^2（图 8-34）。（3）$Es_4^上$烃源岩该期总排油量最大，达到 31.89×10^8t，占该期总排油量的 54%。其中利津洼陷排油量最大，排油丰度最大达 7×10^6t/km^2；其次为牛庄洼陷，排油丰度最大达 4×10^6t/km^2；民丰洼陷、博兴洼陷排油量相对较小，最大排油丰度分别为 4×10^6t/km^2 和 2×10^6t/km^2（图 8-35）。

表 8-14　东营凹陷 4 个主要生油洼陷整体抬升阶段排油量表

Table 8-14　Hydrocarbon accumulated in four main areas during uprising stage in Dongying Sag

洼陷	整体抬升阶段排油量（10^8t）			
	$Es_3^中$	$Es_3^下$	$Es_4^上$	合计
利津	3.95	9.78	14.28	28.01
牛庄	2.13	5.25	8.45	15.83
博兴	0.47	2.71	3.98	7.16
民丰	0.49	2.21	5.18	7.87
合计	7.04	19.95	31.89	58.88

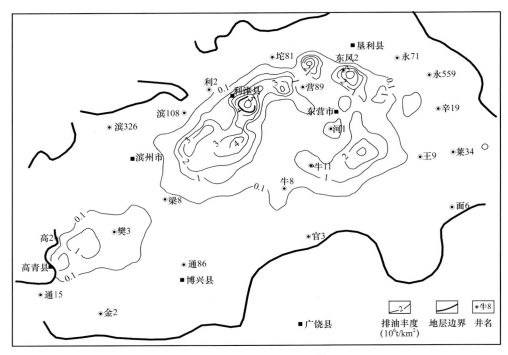

图 8-34 东营凹陷东营组沉积末剥蚀期 $Es_3^{下}$ 烃源岩排油丰度图

Fig. 8-34 Hydrocarbon expulsion intensity for lower Sha-3 sub-member source rocks during denudation period in the end of Dongying deposition in Dongying Sag

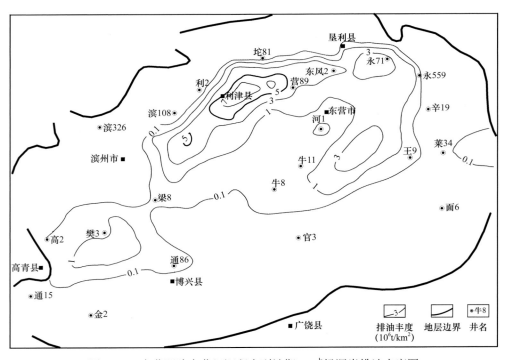

图 8-35 东营凹陷东营组沉积末剥蚀期 $Es_4^{上}$ 烃源岩排油丰度图

Fig. 8-35 Hydrocarbon expulsion intensity for upper Sha-4 sub-member source rocks during denudation period in the end of Dongying deposition in Dongying Sag

因此，在 4 个生油洼陷中，排油量和排油丰度以利津洼陷为最高，占该期总排油量的 48%，其次为牛庄洼陷，占该期总排油量的 27%，民丰洼陷和博兴洼陷的排油量和排油丰度相对偏低，分别占该期总排油量的 13% 和 12%。

上述分析可以看出，整体抬升阶段是东营凹陷的主要排油期之一，该段时期的排油总量占累计总排烃量的 48%。

8.3.2.3 馆陶组—明化镇组沉积时期排油量分析

馆陶组—明化镇组沉积时期是全凹陷比较均匀的一个沉积过程，其压力场特征继承了东营组沉积末期剥蚀的特征。这个时期烃源岩上覆地层增加了近 1000～1200m，烃源岩上覆地层的增加使烃源岩进一步受到压实而大量向东营组沉积末期剥蚀形成的储集岩低压区运移聚集成藏。$Es_3^{中}$、$Es_3^{下}$、$Es_4^{上}$ 3 个主要烃源岩层的排油情况如下（表 8-15）：（1）$Es_3^{中}$ 烃源岩该期总排油量最小，为 $16.02 \times 10^8 t$，只占该期总排油量的 27%。其中利津洼陷排油量最大，排油丰度最大达 $3 \times 10^6 t/km^2$；其次为牛庄洼陷，排油丰度最大达 $1.5 \times 10^6 t/km^2$；博兴洼陷、民丰洼陷排油量相对较小，最大排油丰度分别为 $1 \times 10^6 t/km^2$ 和 $0.3 \times 10^6 t/km^2$（图 8-36）。（2）$Es_3^{下}$ 烃源岩该期总排油量最大，达到 $24.25 \times 10^8 t$，占该期总排油量的 42%。其中利津洼陷排油量最大，排油丰度最大达 $7 \times 10^6 t/km^2$；其次为牛庄洼陷，排油丰度最大达 $5 \times 10^6 t/km^2$；博兴洼陷、民丰洼陷排油量相对较小，最大排油丰度分别为 $3 \times 10^6 t/km^2$ 和 $1 \times 10^6 t/km^2$（图 8-37）。（3）$Es_4^{上}$ 烃源岩该期总排油量相对较大，达到 $18.12 \times 10^8 t$，占该期总排油量的 31%。其中牛庄洼陷排油量最大，排油丰度最大达 $7 \times 10^6 t/km^2$；其次为博兴洼陷，排油丰度最大达 $4 \times 10^6 t/km^2$；民丰洼陷、利津洼陷排油量相对较小，最大排油丰度分别为 $4 \times 10^6 t/km^2$ 和 $2 \times 10^6 t/km^2$（图 8-38）。

因此，在 4 个生油洼陷中，排油量和排油丰度以牛庄洼陷为最高，占该期总排油量的 35%，其次为利津洼陷，占该期总排油量的 31%，博兴洼陷和民丰洼陷的排油量和排油丰度相对较低，分别占该期总排油量的 19% 和 15%。

表 8-15　东营凹陷 4 个主要生油洼陷馆陶组—明化镇组沉积时期排油量表

Table 8-15　Hydrocarbon accumulated in four main areas during Guantao-Minghuazhen period in Dongying Sag

洼陷	馆陶组—明化镇组沉积时期排油量（$10^8 t$）			
	$Es_3^{中}$	$Es_3^{下}$	$Es_4^{上}$	合计
利津	6.61	8.39	2.87	17.87
牛庄	5.33	7.66	7.68	20.67
博兴	2.16	4.72	4.43	11.31
民丰	1.92	3.48	3.14	8.54
合计	16.02	24.25	18.12	58.39

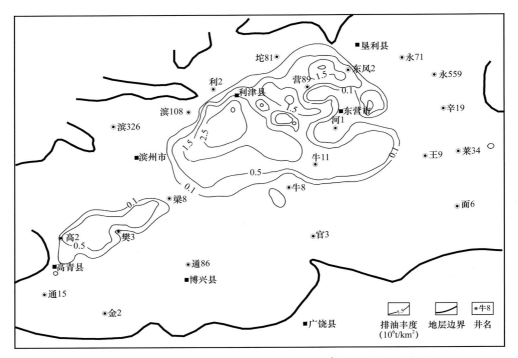

图 8-36　东营凹陷明化镇组沉积末剥蚀期 $Es_3^{中}$烃源岩排油丰度图

Fig. 8-36　Hydrocarbon expulsion intensity for middle Sha-3 sub-member source rocks during denudation period in the end of Minghuazhen deposition in Dongying Sag

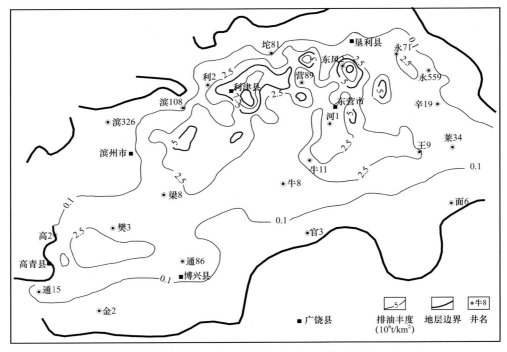

图 8-37　东营凹陷明化镇组沉积末剥蚀期 $Es_3^{下}$烃源岩排油丰度图

Fig. 8-37　Hydrocarbon expulsion intensity for lower Sha-3 sub-member source rocks during denudation period in the end of Minghuazhen deposition in Dongying Sag

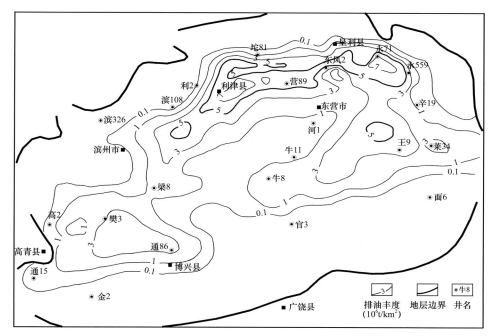

图 8-38　东营凹陷明化镇组沉积末剥蚀期 $Es_4{}^{上}$烃源岩排油丰度图

Fig. 8-38　Hydrocarbon expulsion intensity for upper Sha-4 sub-member source rocks during denudation period in the end of Minghuazhen deposition in Dongying Sag

上述分析可以看出，馆陶组—明化镇组沉积时期也是东营凹陷主要排油期之一，该时期的排油总量占总排油量的 47%。

总之，无论是生油、排油量，还是生油丰度、排油丰度，相比之下 $Es_4{}^{上}$ 和 $Es_3{}^{下}$ 较高，$Es_3{}^{中}$ 较低。

8.4　渤海湾盆地东营凹陷区带石油资源评价

8.4.1　东营凹陷砂岩回弹与区带成藏研究

东营凹陷主要剥蚀期因剥蚀减压产生的砂岩回弹量采用东营凹陷砂岩回弹体积增量与有效上覆压力降低量实验测试结果归纳的图版计算（图 8-14）。

通过计算获得东营凹陷东营组沉积末剥蚀期砂岩回弹量分布（图 8-39），从图 8-39 中可看出总体上凹陷边缘回弹量大于凹陷中部。凹陷东南区和东北区是砂岩回弹高值区，较大的回弹量在 20~30m，如胜坨、东辛、牛庄等地区；其他地区一般在 3~8m 之间。

明化镇组沉积末剥蚀期砂岩回弹量图（图 8-40）反映，总体上凹陷内砂岩回弹量变化小，相对高值区的回弹量在 2~4m 之间。

埋藏浅的砂岩的回弹能力较强，随砂岩埋深增加，岩石的回弹能力变弱。东营组沉积末期抬升剥蚀减压产生的回弹量约为明化镇组沉积末期抬升回弹量的 5~20 倍。这不仅是东营组沉积末期抬升剥蚀的总量大于明化镇组沉积末期抬升剥蚀的总量造成的，也与东营组沉积末期抬升时东营组、沙河街组的埋深比明化镇组沉积末期抬升时的埋深浅 1000~1200m 有关。

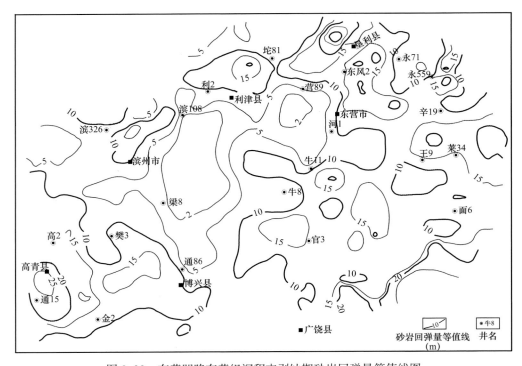

图 8-39 东营凹陷东营组沉积末剥蚀期砂岩回弹量等值线图

Fig. 8-39 Contour map of volume of sandstone rebound during denudation
period in the end of Dongying deposition in Dongying Sag

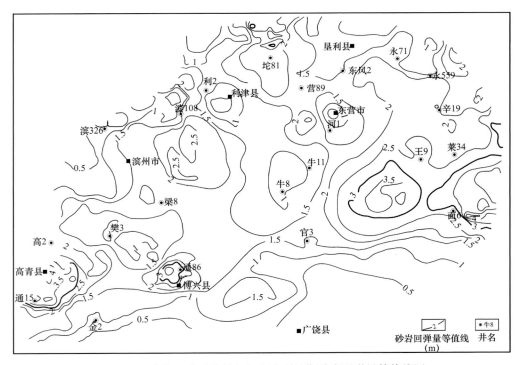

图 8-40 东营凹陷明化镇组沉积末剥蚀期砂岩回弹量等值线图

Fig. 8-40 Contour map of volume of sandstone rebound during denudation
period in the end of Minghuazhen deposition in Dongying Sag

砂岩回弹量与砂岩发育程度、回弹前埋深和上覆地层剥蚀厚度有关。回弹体积增加量与砂岩体积和上覆地层剥蚀厚度呈正相关，与回弹前埋藏深度呈负相关。在砂体发育较厚，抬升前埋深较浅并且上覆地层剥蚀厚度较大的地方其回弹量较大，如凹陷南部及北部边缘砂体发育区，反之则小，如凹陷中部地区。

砂岩回弹量与已知油区分布图反映出胜坨、东辛、永安等含油丰度高的大油田都分布在砂岩回弹相对高值区（图8-41、表8-16），石油聚集成藏需要有空间提供其储集，砂岩回弹提供的空间就是其最有利的储集场所之一，因此，砂岩回弹高值区是有利的石油聚集区。

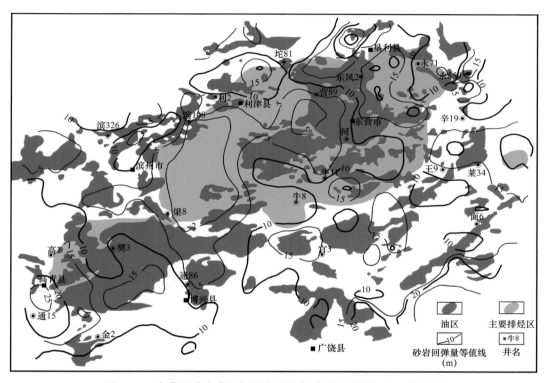

图 8-41　东营凹陷东营组沉积末剥蚀期砂岩回弹量与油区分布图

Fig. 8-41　Diagram showing oil distribution and volume of sandstone rebound during denudation period in the end of Dongying deposition in Dongying Sag

8.4.2　各区带成藏过程综合分析

前期研究表明，上覆地层的剥蚀，会引起地层上覆压力发生变化，由于砂岩具有弹性特征，上覆压力的卸载必然会引起砂岩回弹，而盆地不同地区存在岩性发育差异、剥蚀量差异、岩石弹性差异等。这些差异必然会造成盆地不同地区的回弹差异，且砂岩在不同埋深和成岩演化阶段的回弹强度亦不同。岩石回弹会增加其孔隙体积从而改变岩石内流体的压力的状态，因此剥蚀回弹后会造成盆地内流体压力场有较大变化，打破原来相对平衡的流体压力场，并改变流体的运移特点。从理论上分析，只要烃源岩有足够的油排出，而且有足够的压差能使油运移到储集岩，那么处于低压状态的各类储集岩均能成藏。由于储集岩的类型和形态各不相同，因此，成藏类型呈现出多样化的特点。

表 8–16 东营凹陷各油田探明石油储量丰度表

Table 8–16 Abundance of proven oil reserve in oilfields in Dongying Sag

油田	层位	面积（km^2）	探明石油储量（10^4t）	探明石油储量丰度（$10^4t/km^2$）
胜坨	E\N	84.83	49197.04	579.95
新立村	E	4.50	2105.00	467.78
单家寺	E\N	26.60	10023.45	376.82
东辛	E\N	92.18	28030.26	304.08
永安镇	E	20.00	5862.00	293.10
王庄	E\N	36.24	9642.66	266.08
高青	E\E_2	12.01	2757.62	229.61
盐家	E	4.48	997.87	222.74
金家	E	15.17	3343.62	220.41
现河庄	E	53.64	11124.61	207.39
八面河	E	90.66	16056.84	177.11
尚店	E\N	45.93	8007.55	174.34
宁海	E	9.14	1590.97	174.07
乐安	E\N\O	82.93	13966.90	168.42
平方王	E	39.66	6327.30	159.54
广利	E	31.80	4468.00	140.50
利津	E	37.55	5206.43	138.65
郑家	E	4.52	619.91	137.15
滨南	E\E_2	84.93	10301.76	121.30
纯化	E	57.70	6557.00	113.64
史南	E	30.86	3315.72	107.44
梁家楼	E	46.10	4898.00	106.25
王家岗	E	47.28	4673.28	98.84
牛庄	E	104.00	9929.10	95.47
林樊家	E\N	45.80	4013.28	87.63
春光	N、N_1	11.75	933.06	79.41
郝家	E\E_2	40.00	3157.00	78.93
平南	E\O	6.50	480.00	73.85
乔庄	E	11.95	714.51	59.79
正理庄	E\E_2	110.42	6260.19	56.69
大芦湖	E	166.08	9099.39	54.79
小营	E	15.74	664.94	42.25
博兴	E\E_2	40.17	1341.08	33.39

（截至 2006 年底）

8.4.2.1 区带划分

由于东营凹陷内各层压力分布特征较为一致，使得各层内的孔隙流体运移特征亦相近，且东营组沉积末期剥蚀后的压力场是诱发石油成藏的动力源，因此，选用区域盖层 Es_1 直接覆盖下的主要石油成藏段 Es_2 的东营组剥蚀后的压力分布，采用基于压力场的石油运移模型，计算石油运移路径来划分区带。按运移路径将东营凹陷分为 6 个石油主要聚集区带（图 8-42），分别为：中央隆起带地区、东营北带地区、东营南坡东段地区、博兴地区、滨南地区、青西地区。

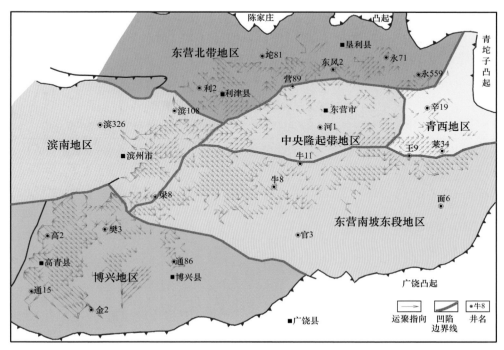

图 8-42　东营凹陷石油聚集区带划分图

Fig. 8-42　Classification of oil plays in Dongying Sag

8.4.2.2　区带排油量

根据上述分区，统计了这 6 个区带的排油量，其结果见表 8-17：其中，排油量东营南坡东段地区最高，其次为中央隆起带地区、东营北带地区，博兴地区、滨南地区和青西地区相对较低。

表 8-17　东营凹陷各区带排油量表

Table 8-17　Expulsed oil amount in different plays of Dongying Sag

区带	排油量（10^8t）
中央隆起带地区	27.55
东营北带地区	28.43
东营南坡东段地区	32.23
博兴地区	19.40
滨南地区	10.96
青西地区	5.28
合计	123.85

8.4.3 东营凹陷剩余石油排出量和勘探有利方向预测

8.4.3.1 东营凹陷剩余排油量分析

剩余排油量是指排油量减去石油探明储量的差值，用该值作为区带剩余资源状况，便于评价分析。通过统计东营凹陷 6 个区带的石油探明储量，以 6 个区带的排油量减去其石油探明储量获得了各区的剩余排油量，其结果见表 8-18，剩余排油量占排油量的 78.56%，还具有很大的勘探潜力。其中，东营南坡东段地区最高，占总剩余排油量的 27.65%；其次为中央隆起带地区、东营北带地区，均占 22% 以上；博兴地区、滨南地区和青西地区相对较低。

表 8-18　东营凹陷各区带剩余排油量表

Table 8-18　Expulsed amount of residual oil in different plays of Dongying Sag

区带	探明储量（10^8t）	剩余排油量（10^8t）
中央隆起带地区	5.22	22.33
东营北带地区	6.64	21.79
东营南坡东段地区	5.32	26.91
博兴地区	4.45	14.95
滨南地区	3.64	7.32
青西地区	1.28	4.00
合计	26.55	97.30

8.4.3.2 东营凹陷勘探有利方向预测

基于砂岩回弹和剥蚀前后古压力差的分析，通过拟合勘探现状，预测勘探有利方向。

东营凹陷 Es_2 已探明油田与砂岩回弹量、剥蚀前后压力关系分析

（1）Es_2 东营组沉积末剥蚀期、明化镇组沉积末剥蚀期砂岩回弹量与勘探现状分析。

统计了 Es_2 段东营组沉积末期和明化镇组沉积末期两个剥蚀期引起的砂岩回弹量与 Es_2 实际勘探油藏储量数据（表 8-19）。发现油田分布与剥蚀引起的砂岩回弹量高值区叠合关系较好，大油田基本都分布在剥蚀引起的砂岩回弹量较大的地区，如 Es_2 的已探明石油储量亿吨级以上的胜坨、东辛和千吨级以上的永安油田、利津油田等油藏。

（2）Es_2 东营组沉积末期剥蚀前后、明化镇组沉积末期剥蚀前后压力差与勘探现状分析。

考虑了剥蚀卸载和砂岩回弹两种因素对古压力的共同作用，计算了东营组和明化镇组两个剥蚀期前后的古压力，大油田基本都分布在东营组沉积末期和明化镇组沉积末期剥蚀前后古压力差较大的地区（表 8-19）。如 Es_2 的已探明石油储量亿吨级以上的胜坨（图 8-43）、东辛等油藏；千吨级以上油田分布在东营组沉积末期或明化镇组沉积末期剥蚀前后古压力差相对较大的地区，如永安油田分布在东营组沉积末期剥蚀前后古压力差相对较大的地区、现河庄和利津油田分布在明化镇组沉积末期剥蚀前后古压力差相对较大的地

区。说明只要剥蚀期前后压力差、砂岩回弹大的地层，上覆有效盖层并能形成有利圈闭的地区就是有利的石油成藏区，如为多期剥蚀，则多期压力差、砂岩回弹高值叠合区为最佳有利区，依此可预测勘探有利方向。

表 8-19　东营凹陷 Es_2 砂岩回弹及剥蚀前后压力差与勘探成果对照表

Table 8-19　Relationship between the pressure difference before and After sandstone rebound of Sha-2 member and denudation and the present hydrocarbon exploration results

油田级别	剥蚀期	砂岩回弹量（m）	剥蚀前后压力差（MPa）	油田名称
亿吨级	东营组沉积末期	2～6	4～9	胜坨
	明化镇组沉积末期	0.1～0.4	2～3	
	东营组沉积末期	0.5～2.0	2～5	东辛
	明化镇组沉积末期	0.2～0.3	1.8～2.3	
千万吨级	东营组沉积末期	0.1		现河庄
	明化镇组沉积末期	0.1	2.4～2.7	
	东营组沉积末期	1±	6～7	永安
	明化镇组沉积末期	0.4±	1.6±	
	东营组沉积末期	0.5～1.0	1～4	利津
	明化镇组沉积末期	0.1±	2.2～3.0	

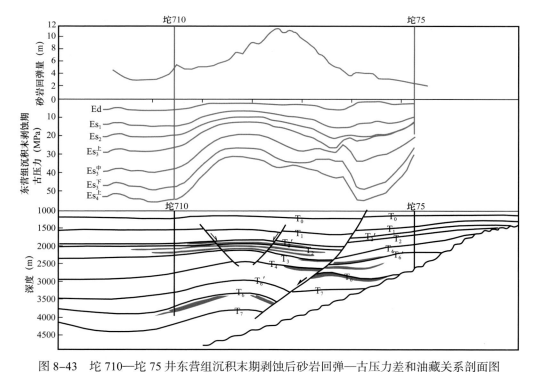

图 8-43　坨 710—坨 75 井东营组沉积末期剥蚀后砂岩回弹—古压力差和油藏关系剖面图

Fig. 8-43　Cross section along wells T710 to T75 showing relationship among sandstone rebound, paleo-pressure difference and hydrocarbon accumulation After denudation in the end of deposition of Dongying Formation

根据东营凹陷勘探现状及沉积特征，研究了东营组沉积末剥蚀期和明化镇组沉积末剥蚀期剥蚀卸载引起的砂岩回弹量及古压力差的特征，通过拟合勘探成果，对东营凹陷 Es_1、Es_2、$Es_3^{中}$亚段、$Es_3^{下}$亚段、$Es_4^{上}$亚段未探明区预测有利勘探区结果如下（表8-20、图8-44）。

表8-20 东营凹陷有利勘探区预测表
Table 8-20 Prediction of favorable targets for hydrocarbon exploration

区带	有利区	主要层位	剥蚀期	砂岩回弹量（m）	剥蚀前后古压力差（MPa）
东营北带地区	垦利—高盖镇	Es_2、$Es_3^{上}$	东营组	2~5	4~18
			明化镇组	2.0~2.5	1.8~5.0
	利津北	Es_2、$Es_3^{下}$ $Es_4^{上}$	东营组	1~3	6~8
			明化镇组	2~3	2.6~3.0
	胜坨北	Ed、$Es_3^{下}$ $Es_4^{上}$	东营组	5~20	8~12
			明化镇组	1.5~2.0	2.2~4.0
滨南地区	里则镇	Ed $Es_4^{上}$	东营组	2~12	6~18
			明化镇组	1.0~1.5	4~6
博兴地区	高青—荆家镇	Ed、Es_2、$Es_3^{上}$、$Es_4^{上}$	东营组	2~20	4~10
			明化镇组	2~4	2.2~4.6
东营南坡东段地区	牛庄西	Ed、Es_1、Es_2、$Es_3^{上}$	东营组	1~10	处于运移路径上
			明化镇组	1	
	牛庄南	Es_1、Es_2、$Es_3^{中}$	东营组	1~8	1~10
			明化镇组	1~2	1.4~2.6
	花官东	$Es_3^{下}$、$Es_4^{上}$	东营组	1~2	1~10
			明化镇组	2.5~3.0	1.4~2.6
中央隆起带地区	胜利	Ed、Es_2、$Es_3^{上}$、$Es_3^{中}$	东营组	2~4	处于运移路径上
			明化镇组	2~2.5	
青西地区	新立村	Es_3、$Es_4^{上}$	东营组	4~6	2~14
			明化镇组	2.0~2.5	2~3

东营北带地区预测有利勘探区主要有：胜坨北、垦利—高盖镇、利津北地区。胜坨北、垦利—高盖镇地区位于民丰生烃洼陷内或周缘，油源充足，砂泥配比好，东营组沉积末剥蚀期和明化镇组沉积末剥蚀期砂岩回弹量高，剥蚀后压降大，为成藏提供了良好的动力和储集空间；利津北地区位于凹陷最大生烃洼陷利津洼陷北缘，油源非常充足，砂泥配比较好，东营组沉积末剥蚀期和明化镇组沉积末剥蚀期砂岩回弹量高，剥蚀后压降大，为成藏提供了很好的动力和储集空间。

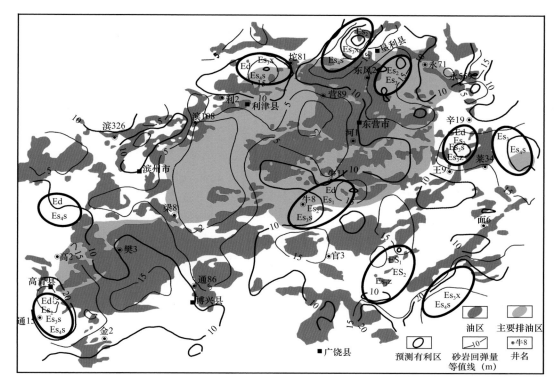

图 8-44　东营凹陷有利勘探区预测评价图

Fig. 8-44　Prediction and assessment of oil potential in Dongying Sag

滨南地区预测有利勘探区主要有：里则镇地区。里则镇地区位于凹陷最大生烃洼陷利津洼陷西部，油源非常充足，砂泥配比较好，东营组沉积末剥蚀期砂岩回弹量高，剥蚀后压降大，为成藏提供了较好的动力和储集空间。

博兴地区预测有利勘探区主要有：高青—荆家镇地区。高青—荆家镇地区位于博兴洼陷西南缘，油源较充足，砂泥配比较好，东营组沉积末剥蚀期砂岩回弹量高，剥蚀后压降大，明化镇组沉积末剥蚀期砂岩回弹量较高，剥蚀后压降较大，为油的成藏提供了较好的动力和储集空间。

东营南坡东段地区预测有利勘探区主要有：牛庄西、牛庄南、花官东地区。牛庄西、牛庄南地区位于牛庄洼陷中部，油源充足，砂泥配比好，东营组沉积末剥蚀期砂岩回弹量较高，剥蚀后压降较大，为成藏提供了较好的动力和储集空间；花官东地区位于牛庄洼陷南部，是牛庄洼陷原油运移的主要趋势区之一，砂泥配比好，东营组沉积末剥蚀期砂岩回弹量较高，剥蚀后压降较大，为成藏提供了较好的动力和储集空间。

中央隆起带地区预测有利勘探区主要有：胜利地区。胜利地区位于牛庄洼陷东部，油源充足，明化镇组沉积末剥蚀期砂岩回弹量中等，为成藏提供了储集空间。

青西地区预测有利勘探区主要有：新立村地区。新立村地区位于牛庄洼陷东部，是牛庄洼陷原油运移的主要趋势区之一，其自身 $Es_4^{上}$ 亚段也有一定的生油能力，砂泥配比好，东营组沉积末剥蚀期和明化镇组沉积末剥蚀期砂岩回弹量较高，剥蚀后压降较大，为成藏提供了较好的动力和储集空间。

8.5　小结

针对东营凹陷所处的大地构造环境、盆地地质作用和油气响应等方面的特征，利用TSM盆地模拟方法，恢复了东营凹陷的埋藏史、热史；采用有限空间生、排油模式模拟计算东营凹陷生、排油量；以盆地持续沉降末期（断陷期末）到盆地整体上升后的古压力变化来研究成藏过程，强调整体上升阶段剥蚀和砂岩回弹对压力的影响，以及砂岩回弹量和剥蚀前后压力差对石油运聚成藏的控制作用，结合生油、排油量结果和已知勘探成果，对东营凹陷的石油资源潜力及有利区进行了分析。主要认识总结为：

（1）在大地构造区划上，东营凹陷属于中国东部渤海湾盆地中的一个次级构造单元，是在古生界背景上发育起来的以新生界为主的断陷。晚白垩世以来，在印度、欧亚和太平洋三大板块共同作用下，表现出 NE 向拉张形成一系列晚白垩世到古近纪的断陷盆地。东营凹陷在此背景下形成发育为一个北断南超、西陡东缓的以新生界为主的断陷，其经历了三大演化阶段：① 古近纪以强烈的块断为特征，使凹陷加速陷落、扩大，发生大量盆倾断层及同生构造，为断陷发展阶段；② 古近纪末期盆倾断层结束活动，抬升并遭受剥蚀；③ 新近纪构造活动减弱，进入坳陷发展阶段。

（2）埋藏史、热史模拟表明东营凹陷在断陷期利津洼陷埋藏最深，其次为牛庄洼陷、民丰洼陷、博兴洼陷，且 Es$_3^{中}$、Es$_3^{下}$、Es$_4^{上}$ 3 个主要烃源岩层均存在利津、牛庄、博兴、民丰 4 个发育中心，烃源岩在 4 个发育中心的成熟度亦较高，Es$_4^{上}$ 在断陷末期进入成熟高峰，Es$_3^{下}$、Es$_3^{中}$ 在断陷末期基本成熟并在坳陷期进一步成熟达高峰期。东营组沉积末期累计生成的油量为 184.5×10^8t，占凹陷总累计生油量的 51%；馆陶组—明化镇组沉积时期生成的油量达 169.25×10^8t，占凹陷总累计生油量的 47%，因此，东营组沉积末期和馆陶组—明化镇组沉积时期是两个主要生油期，且东营组沉积末期是 Es$_4^{上}$ 的主要生油期，馆陶组—明化镇组沉积时期是 Es$_3^{中}$ 的主要生油期，生油中心主要分布在利津、牛庄、博兴、民丰 4 个洼陷区。整体抬升剥蚀期（东营组沉积末剥蚀期）的排油量占总排油量的 48%，馆陶组—明化镇组沉积时期（明化镇组沉积末剥蚀期）的排油量占总排油量的 47%，是东营凹陷的两个主要排油期。排油量和剩余排油量东营南坡东段地区均最高。

（3）指出了 10 个有利勘探区。东营北带有 3 个有利勘探区：垦利—高盖镇、利津北、胜坨北地区；滨南有 1 个有利勘探区：里则镇地区；博兴有 1 个有利勘探区：高青—荆家镇地区；东营南坡东段有 3 个有利勘探区：牛庄西、牛庄南、花官东地区；中央隆起带地区有 1 个有利勘探区：胜利地区；青西有 1 个有利勘探区：新立村地区。

9 中国北方中生代断陷发育演化模拟与资源评价

——以松辽盆地长岭凹陷为例

9.1 松辽盆地长岭凹陷地质演化模型

长岭凹陷位于松辽盆地南部地区，是发育在海西期褶皱基底之上的断—坳叠加盆地，面积约 $1.3 \times 10^4 km^2$。早白垩世以来发育断陷层火石岭组、沙河子组、营城组和登娄库组，坳陷层泉头组、青山口组、姚家组、嫩江组、四方台组和明水组，晚白垩世末期整体抬升，结束了盆地演化阶段。白垩系地层累计最大厚度超过 6000m，断陷层和坳陷层油气资源丰富，其中，断陷层以天然气为主，坳陷层以石油为主。

9.1.1 断陷发育的区域地质条件

9.1.1.1 松辽盆地形成的动力学机制

中生代以来，东北地区的动力学背景由原来的古亚洲陆转变为古中国陆构造域，整个中生代时期，环太平洋构造起了主导的作用（田在艺，1993；高瑞祺等，1997）。古亚洲洋关闭而形成的南北板块相向碰撞、挤压是东北地区印支期之前 SN 向或 NNW 向的主要动力；古太平洋板块 NW、NWW、NNW 向俯冲作用是中—新生代时期 SE 向或 SSE 向挤压应力的源泉之一，形成了中生代东北地区由近 SN 或 NNW—SSE 向挤压往近 EW、NWW 向区域性伸展作用的变格。

有学者通过考察古太平洋板块运动轨迹的变化，说明东北地区尤其是松辽盆地的结构演化（图 9-1），并认为古太平洋板块运动方向和速率的改变是导致松辽盆地断—坳盆地原型演化的区域动力根源。早白垩世早期（K_1^1），随着古太平洋板块俯冲速率的变小（Engebretson 等，1985），东北地区发生 NW—NNW 向引张，并伴随左旋走滑，NE—NNE 向与共轭的 NW—NNW 向断裂共同控制早期断陷的发育，上覆地壳破裂促进了广泛的火山作用；早白垩世晚期（K_1^2），随着古太平洋板块俯冲速率的增大及俯冲 NWW 向的改变，东北地区上地壳再一次经历强烈的伸展作用，使得原有的 NE 向张性断裂进一步强烈伸展，断陷作用加强，湖盆整体沉降幅度加大。在充沛水系供给下，湖平面上升并达到最大湖泛面；深大断裂作用的增强，使得火山作用再次加强，发育了营城组沉积早期大套的火山岩。因而，可以推测该时期是松辽盆地岩石圈热隆升最强烈、盆地基底热流最强的时期。早白垩世末期—晚白垩世（K_1^2—K_2），伊泽奈崎（Izangi）板块再次往 NNW 转向，且俯冲下插速率增大，深部热场由此往东北迁移而导致深部热衰减，松辽地区上覆地壳发生区域性沉降，与上覆坳陷形成对应。晚白垩世末期—新生代早期，区域性构造反转结束了坳陷盆地演化，反转构造在盆地周边较盆地内部要明显，盆地内部主要是宽缓背斜和局部鼻状构造。

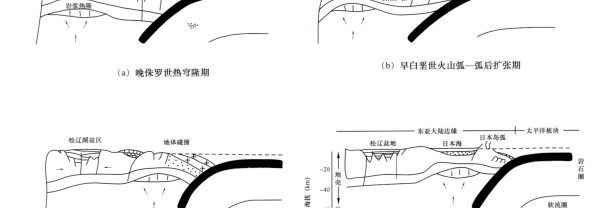

(a) 晚侏罗世热穹隆期   (b) 早白垩世火山弧—弧后扩张期

(c) 早白垩世嫩江组沉积期末—晚白垩世明水   (d) 新生代伸展断陷期
    组沉积期末构造反转期

图 9-1　松辽盆地形成的地球动力学演化示意图

Fig. 9-1　Schematic diagram showing geodynamic evolution in process of formation of Songliao Basin

9.1.1.2　东北地区中—新生代断—坳原型盆地演化

深部热源的变化、上覆地壳拉伸减薄及后期的热迁移沉降，形成了上覆地壳箕状或地堑式断陷与碟型坳陷相叠加的盆地结构特征（田在艺，1993；高瑞祺等，1997）。

松辽盆地原型演化可分为以下四个不同阶段（图 9-2）：

（1）早白垩世早期为早期断陷阶段，发育火石岭组—沙河子组沉积时期的断陷盆地。NW 向断陷剧烈，深大断裂的活动和火山喷发较为强烈，古热流值高。主要断裂控制着不同次凹的沉降，形成相对孤立、分散的次凹并列的构造格局。

（2）早白垩世中期为晚期断陷阶段，发育营城组—登娄库组沉积时期的断陷盆地。断陷的拉张作用由先期的 NW 向转变为 SE 向，程度有所减弱；同时，由于上地幔物质的侵入、地壳受热密度发生的变化，产生的上覆地壳均衡调整，使得先期形成的各次凹整体沉降，形成统一的断陷格局。该时期盆地演化的另一重要特征就是具有较高的古热流。

（3）早白垩世晚期至晚白垩世晚期，为盆地整体坳陷阶段。热地幔下沉，盆地古热流快速降低衰减，岩石圈开始冷却。在重力作用下，先期以伸展作用为主的盆地受深部热收缩沉降控制而整体沉降。盆地由断陷转变为坳陷，坳陷叠加在早期的断陷盆地之上。

（4）晚白垩世晚期至古近纪早期，为坳陷萎缩阶段。地幔活动较前期继续减弱，结束了坳陷演化阶段，差异沉降转变为大规模的褶皱回返。

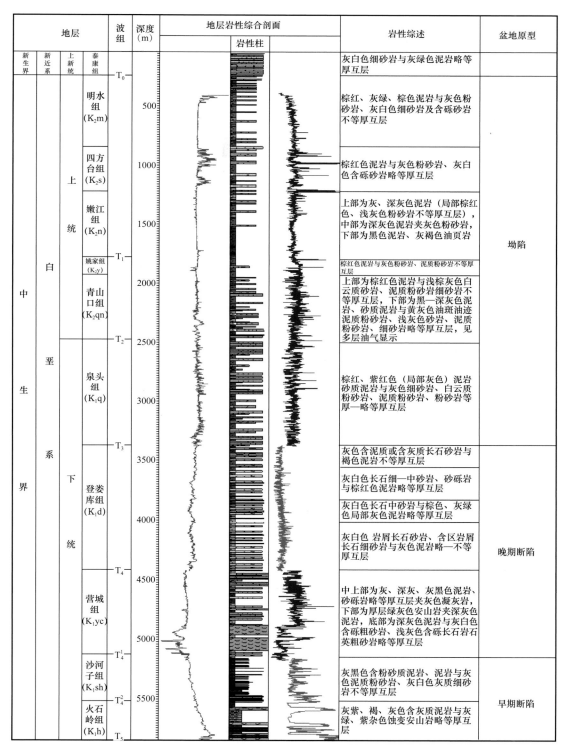

图 9-2　松辽盆地晚侏罗世以来地层综合柱状图与盆地原型

Fig. 9-2　Generalized geogram and basin prototype evolution in the Songliao Basin since Late Jurassic

9.1.2 结构特征与烃源岩发育和演化

9.1.2.1 断陷结构特征及演化

"下断上坳"结构特征是东北大多数中—新生代盆地最典型、最重要的结构标志之一（图 9-3）。剖面和平面上，火石岭组—登娄库组沉积时期反映出断裂控制着盆地或凹陷的沉降和沉积，断裂多为正断层，近断裂的下降盘普遍表现为快速沉降，以及较厚沉积，残留的下白垩统均表现为厚度、岩性横向变化大的特征。早白垩世晚期到晚白垩世，松辽盆地的整体沉降，表现出断裂作用不强、沉降空间横向变化趋缓、沉积厚度由湖盆中心向周边均匀变薄，剖面上形成上白垩统碟形结构覆盖在下白垩统箕状结构上，在盆地周边披覆在老地层上。

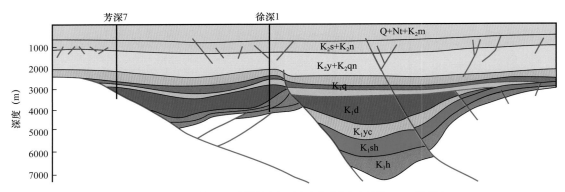

图 9-3　松辽盆地地质结构剖面图（徐家围子断陷 82.0 测线）
Fig. 9-3　Cross section showing geological structure of Songliao Basin（82.0 Line of Xujiaweizi Sag）

长岭凹陷是位于松辽盆地中央隆起带的南部，呈双断、箕状复合结构特征，总体为具不对称的几何形态。断陷层平面上受数条 NNE、SN、NW 向大断裂控制，西部乾安、北正镇—苏公坨断裂是控制西部次凹的主要大断裂，往东分布有长岭、查干花及孤店、顾家店—伏龙泉等断裂，分别控制着断陷期各个次凹。西部、中部地区次凹是长岭断陷的主体，各次凹均表现出西断东超的箕状特点，东部地区控次凹的断层倾向西，形成了东断西超的箕状特点。

从长岭凹陷 T_4^1、T_4^2、T_5 构造层断裂系统叠合图（图 9-4）来看，平面上明显表现出长岭凹陷南部地区的控盆、控次凹断裂走向大多为 NW、NWW 或 SN 向，而北部地区进入乾安次凹的控凹断裂走向主要为 NNE、NE 走向，这在各个构造图上均有反映。NNW、NW 向断裂被 NNE、NE 向错开或错开 NNE、NE 向断裂，是在同一应力场条件下的共轭的特征，同时由于基底性质、构造带所处的应力环境等差异，南北地区在结构特征、凹陷展布走向及规模上均存在差异。早晚期构造图上反映了这种构造变形的差异，南部地区次凹走向为近 NW-NNW-SN 向，如长岭牧场次凹、查干花次凹及伏龙泉次凹等，而北部地区的次凹多为 NE 向，次凹之间均由古隆起分隔而形成凸、凹相间。

从地震地质解释剖面上看（图 9-5），断陷基底和沙河子组底界由西向东受断陷期断裂分隔，表现出明显的若干个楔形体相连；而到营城组沉积以后，虽然断裂活动延续作用，但断裂对地层横向厚度变化影响不大，分析认为，火石岭组—沙河子组沉积时期（早期断陷）在强烈断陷、湖盆水体逐渐上升、沙河子组沉积末期局部抬升剥蚀的影响下，早期断陷层厚度横向变化较大，各次凹分隔并列的格局较为明显。

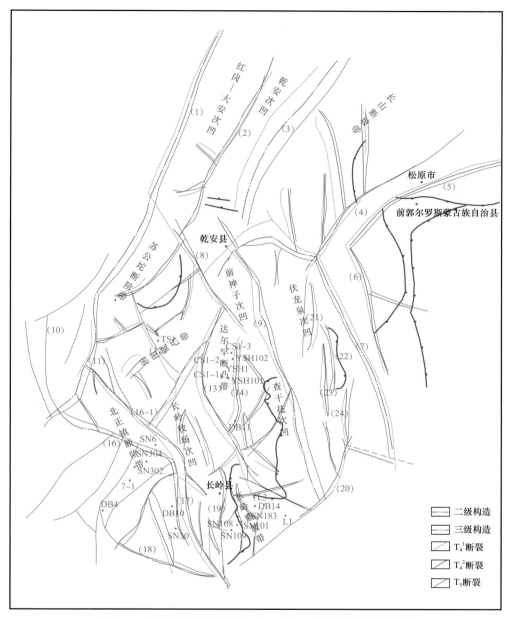

图 9-4　松辽盆地长岭凹陷 T_4^1、T_4^2、T_5 波断裂系统叠合图

Fig. 9-4　Overlay of fault systems developed in seismic wave layers T_4^1,
T_4^2 and T_5 in Changling Sag of Songliao Basin

（1）红岗—龙沼镇断裂；（2）大安断裂；（3）大安西断裂；（4）新立—大老爷府断裂；（5）松原断裂；（6）孤店断裂；
（7）孤店—伏龙泉断裂；（8）水字镇—大情字断裂；（9）乾安—大井里营子断裂；（10）高家店断裂；（11）苏公坨断裂；
（12）大布苏断裂；（13）查干花西断裂；（14）查干花断裂；（15）北正镇—龙凤山断裂；（16）北正镇断裂；
（17）龙凤山断裂；（18）大黑坨子断裂；（19）长岭断裂；（20）乔家店断裂；（21）华字井断裂；
（22）莲花山断裂；（23）乌兰图嘎镇断裂；（24）巨宝镇断裂

营城—登娄库组沉积时期（晚期断陷）由于区域构造应力场的局部变化，使得 NNE、NE 向断裂活动加强，同时，断陷湖盆的水体进一步扩大，营城组—登娄库组的沉积范围较早期范围要大，并且沉积水体也漫达了早期的凸起，将早期分隔性的湖盆统一，从而形成西断东超的整体断陷。随着湖盆水体覆盖面积的进一步扩大，在营城组沉积末期—登娄库组沉积早中期达到了最大湖泛面，而深大断裂的活动均止于登娄库组中，并且从地震地质解释剖面上也明显看出登娄库组的横向展布范围已经超过了断陷期的边界断层，表明登娄库组沉积的中后期已经开始了对断陷期形成凸凹相间的结构进行"填平补齐"。

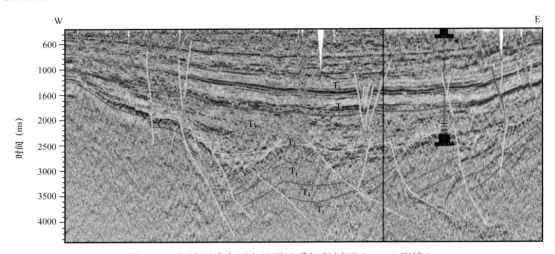

图 9-5　长岭凹陷东西向地震地质解释剖面（DB99 测线）
Fig. 9-5　E–W oriented cross section showing seismic geological
interpretation in Changling Sag of Songliao Basin（DB99 Line）

长岭断陷期挤压反转的特征不明显，沙河子组沉积末期断陷受挤压抬升多表现为波组削截接触关系，仅在控凹断裂部位多见反转背斜，次凹之间的构造高部位沙河子组可能被剥蚀殆尽，从现今残留地层厚度分布来看，构造高部位沙河子组及部分火石岭组缺失，导致了早期断陷分隔性较强。营城组—登娄库组沉积时期的断陷持续作用较松辽盆地北部地区断陷要强，营城组沉积期末没有明显的构造反转现象。这个方面与北部断陷特征有差异，晚期断陷一直持续到了登娄库组沉积中期，地震地质解释剖面上明显表现为控盆断裂活动一直持续到登娄库组沉积中期，登娄库组三段—四段已不再受边界断层的控制，之后断裂活动也大幅减少。

综上所述，长岭凹陷的构造演化可划分为以下几个阶段。

1）断陷期——火石岭组—登娄库组沉积时期

（1）火石岭组—沙河子组沉积时期（早期断陷）。

受 NNW 向为主体的张性断层影响，呈现西断东超的箕状结构，控洼断层均呈东倾，在主断层及断隆部位，伴有中基性和酸性火山喷发沉积，此时断陷的规模和沉积范围较小，为断陷初期发育阶段。沙河子组沉积时期，断陷加强，边界断层进一步发育，形成西强东弱的不均衡格局，该时期的沉积主要表现为充填、超覆式沉积。沙河子组沉积厚度、岩性组合均与火石岭组有差异，沉积相反映水体由浅到深的变化，断陷湖盆覆盖范围也有明显的扩大，发育了断陷期沙河子组的主力烃源岩。

（2）营城—登娄库组沉积时期（晚期断陷）。

营城组为断陷强烈活动期的产物，大套火山岩、火山碎屑岩是营城组沉积的主体，仅在查干花次凹、长岭牧场次凹及东岭构造带上发育湖相的暗色泥岩。表现出地层厚度大，分布范围广，同时沉降幅度大。地震地质解释剖面表现为西断东超箕状特征，该时期的沉积结束了早期断陷多沉降、沉积中心的分割状态。

营城组沉积末期，随着区域应力的变化，松辽盆地南部地区尤其是西南部开鲁地区发生了较强的构造反转，而中部长岭地区抬升幅度相对较小，地层只发生轻微褶皱，断陷周缘及盆地东部地区遭受剥蚀，如苏公坨—十家户、大情字井—双龙一带，断陷层遭受了不同程度的剥蚀。从断陷期结构演化特征来看，营城组沉积末期已经定型了长岭断陷层的构造面貌。

登娄库组沉积的早晚期也有明显差异，在地震剖面上反映出下部地层登娄库组一段、登娄库组二段为充填式沉积，仍受边界断层控制。登娄库组三段、登娄库组四段表现为全区披盖，沉积范围超过下伏各组地层，且断陷期的主控断层没有延伸到登娄库组三段、登娄库组四段中，因而也有人将登娄库组沉积时期称为断坳转换期。登娄库组沉积末期，挤压抬升使得登娄库组遭受了严重剥蚀。

2）坳陷期——（泉头组沉积时期—第四纪）

（1）泉头组—嫩江组沉积时期（坳陷发育期）。

泉头组—嫩江组沉积时期，是坳陷期的稳定发展阶段，表现为全区披覆沉积，范围广，沉积体系展布特征整体性强。发生于嫩江组沉积末期的燕山运动Ⅳ幕是一场波及整个松辽盆地并对油气成藏演化过程具有重要控制作用的挤压褶皱运动，主要表现为断陷控盆断层反转，形成低幅宽缓的褶皱。但此期的反转构造在长岭地区表现较弱，只是在控凹的主断裂附近，地层发生挠曲，同样长岭凹陷的坳陷层整体变形较弱。

（2）明水组沉积时期—第四纪（坳陷萎缩期）。

明水组沉积末期是松辽盆地中生代以来最强的一次反转运动，尤其是东部和南部抬升幅度大，地层剥蚀严重，在长岭凹陷中表现为构造深洼部位的明水组保存相对较好，而两侧斜坡带和断阶带大多剥蚀至四方台组。

9.1.2.2 断陷层沉积特征

岩性组合特征来看，不整合在前白垩统之上的火石岭组主要为一套碎屑岩与火山岩地层，其下部以灰白色、黑色粉砂质泥岩、泥岩为主，夹灰色细砂岩；上部为玄武岩、安山岩夹棕色、灰黑色泥岩。沙河子组主要为深湖、半深湖相的暗色泥岩，是研究区主要断陷层烃源岩；下段为杂色砂砾岩、灰黑色泥岩夹薄煤层的不等厚互层，上段为灰黑色泥岩、粉砂质泥岩与灰色细砂岩不等厚互层。火石岭组与沙河子组为整合接触。营城组沉积早期以砂泥岩沉积为主，沉积晚期为火山剧烈活动期。底部岩性主要为火山岩和凝灰岩；中部以浅灰色细砂岩、含砾中粗砂岩、杂色砾岩为主，见薄层深灰色粉砂质泥岩、灰色泥质粉砂岩、粉砂岩，与灰绿色玄武岩、棕色凝灰岩互层；上部主要为流纹岩。与下伏沙河子组呈局部不整合接触。普遍厚 200～550m，最大厚度超过 1200m，横向上表现为西厚东薄，往东超覆沉积。登娄库组沉积早期表现为充填式沉积，中、晚期逐渐过渡为坳陷式沉积，主要发育的是河流相—滨浅湖相的褐色泥岩、粉砂质泥岩与灰白色细砂岩互层。与下伏营城组呈平行不整合接触，最大沉积厚度超过 1300m。

火石岭组沉积时期 NW 走向为主体的 NE—SW 基底拉张断裂控制地层的横向展布和沉积变化，沉积中心和沉降中心靠近北西向控凹断裂。控凹断裂活动发育了大规模火山岩，火山间歇期粗碎屑沉积物由断陷边缘向中心快速充填，表现出以冲积扇体系为主的沉积建造。沙河子组沉积时期继承了火石岭组沉积时期断陷结构特征，沉降中心、沉积中心没有明显变化。此时火山活动基本停息，沉降空间加大，湖盆水体变深，呈现了以半深湖—深湖体系为主的沉积建造。早期发育以粗碎屑岩性组合占优势的冲积扇沉积体系；中期发育以浅湖相、扇三角洲沉积体系为主，沉积了一套夹薄煤层灰色泥岩、粉砂岩及砂砾岩为主的岩性组合；晚期发育以半深湖—深湖相、扇三角洲、水下扇等沉积体系，形成一套深灰、灰黑色泥岩及砂砾岩互层的岩性组合（图 9-6）。营城组沉积时期区域应力场的变化导致北西—南东方向右旋扭张应力出现，新一轮火山沿查干花西、查干花等近南北向断裂喷发，反映了又一期断陷旋回的开始。发育模式为初期充填—最大湖盆期—萎缩期完整的断陷旋回。早期为冲积、沼泽沉积体系与火山喷发沉积共生，向上水体加深，以湖泊沉积体系为主，岩性组合在深洼范围内以浅湖—半深湖相的灰、深灰色泥岩、粉砂岩为主，在周缘缓坡为扇三角洲相的砂岩、砂砾岩与泥岩互层（图 9-7）；在营城组沉积晚期，由于物源充足而演化为沼泽相沉积环境。

特别强调的是，在松辽盆地两期断陷演化过程中，强烈拉张伴随着强烈的火山活动，表现在两期断陷演化初期大量火山岩、火山碎屑岩的发育，如火石岭组的火一段、火三段，营城组的下部和上部等。从目前钻井揭示情况来看，长岭凹陷的火山作用强度大，尤其是营城组沉积时期火山作用尤为强烈。因而，从纵向岩性组合上断陷层表现为两个火山岩—碎屑岩组合旋回。

总之，长岭凹陷早白垩世经历的两期断陷控制了湖盆沉积体系两期的水进旋回过程，伴随的火山作用，形成了两套火山岩—碎屑岩岩性组合旋回。两个旋回中的湖相沉积环境有利于断陷期不同层系烃源岩的发育。其中火石岭组沉积时期的深洼部位的半深湖—深湖相环境，分布较为局限，分隔性明显；沙河子组沉积时期，湖盆水体加深、火山作用停滞，半深湖—深湖相沉积环境平面分布较广，大范围沉积了灰色、灰黑色泥岩、粉砂质泥岩、泥质粉砂岩等细碎屑为主的岩性组合，构造相对较高部位也发育较厚的暗色泥岩，东南构造高部位钻井揭示了该特征；营城组沉积时期，断陷再次加强，火山活动频繁并强烈，该组的沉积火山岩广泛发育表现为受火山作用强烈影响的扇三角洲相与半深湖相交替的沉积环境。

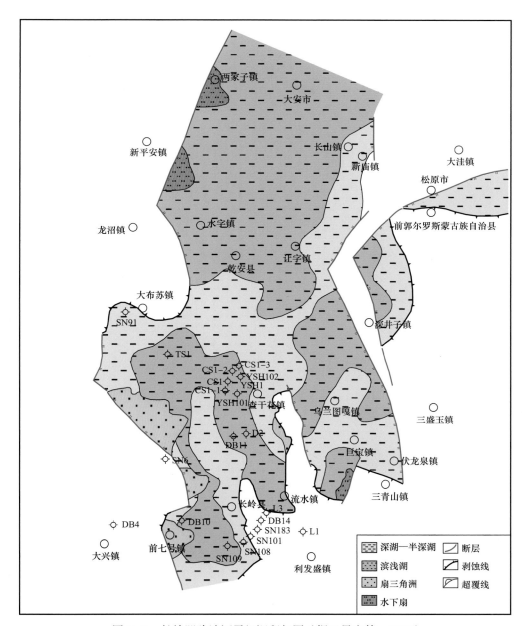

图 9-6 长岭凹陷沙河子组沉积相图（据王果寿等，2006）

Fig. 9-6 Sedimentary facies of Shahezi Formation in Changling Sag（After Wang Guoshou，2006）

9.1.2.3 优质烃源岩发育环境

1）氧化—还原条件

一般来说，植烷（Ph）偏向于还原环境，而姥鲛烷（Pr）偏向于氧化环境，通过姥鲛烷/植烷比值大小可以定性地判断沉积环境是否更有利于优质烃源岩的发育。长岭凹陷各区带暗色泥岩的 Pr/Ph 数据表明（表 9-1），腰英台—查干花北部地区火石岭组、沙河子组、营城组及登娄库组烃源岩的 Pr/Ph 值全部小于 1，表明整个时期均处于还原环境；达尔罕构造带只有营城组的一个测试数据，Pr/Ph 值为 0.68 也处于还原环境；双坨子构造带

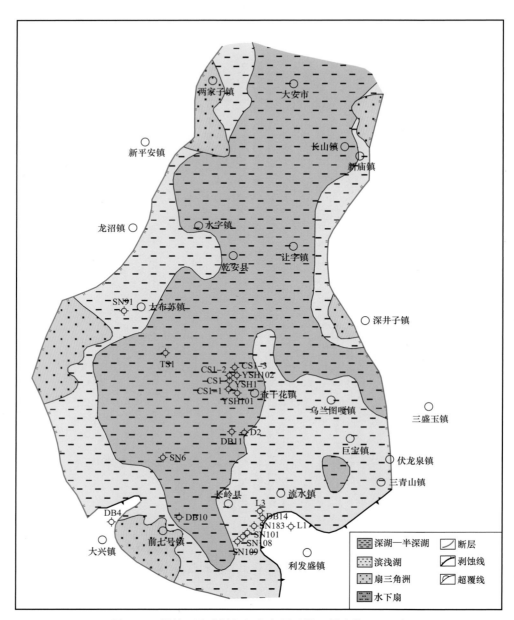

图 9-7　长岭凹陷营城组沉积相图（据王果寿等，2006）

Fig. 9-7　Sedimentary facies of Yingcheng Formation in Changling Sag（After Wang Guoshou，2006）

测试数据变化较大，Pr/Ph 值介于 0.34～1.45 之间，其中，火石岭组及沙河子组属于弱氧化—弱还原环境，营城组部分地区处于还原环境，登娄库组处于还原环境；东岭构造带上只有部分营城组属于还原环境，其余地区都属于弱氧化—弱还原环境；长岭牧场次凹南部地区样品较少，只有沙河子组及登娄库组的数据，Pr/Ph 值均小于 1 处于还原环境。总体上，断陷层烃源岩均处于弱氧化—弱还原、还原的沉积环境，尤其是各个次凹的深洼部位沉降大、水体深，有利于有机质的保存和优质烃源岩的形成。

表 9-1　长岭凹陷不同构造带断陷层烃源岩姥植比特征

Table 9-1　Pristane to phytane ratio of source rocks in different structural belts in Changling Sag

层位	腰英台—查干花次凹北部	Pr/Ph	备注	达尔罕构造带	Pr/Ph	双坨子构造带	Pr/Ph	备注	东岭构造带	Pr/Ph	备注	长岭牧场次凹南部	Pr/Ph
登娄库组	YS101	0.62				S103	0.34		SN113	1.3	油	XS1	0.14
	YS3	0.66											
	YS4	0.98											
营城组	YS3	0.53		DB11	0.68	S102	0.54		DK1	1.08	油		
	YS4	0.48				S103	0.43		SN101	0.83			
	YS5	0.62				SS1	1.16		SN108	0.92			
									SN109	1.57			
									SN115	1.51			
									SN181	1.36	油		
沙河子组	YS3	0.23	油砂			SS1	1.13					XS1	0.38
	YS3	0.62											
	YS7	0.64											
火石岭组	YS3	0.51				S101	1.6		SN183	1.23	油		
						S101	1.45	油	SN183	1.44			
						S102	1.14		SN187	1.39			
						S103	1.18		SN188	1.7			
						S103	1.28	油	SN188	1.25	油		

2）沉积水介质条件

饱和烃色谱中正十七烷、正十八烷与邻近的姥鲛烷、植烷的相关关系能较好地辨别原油、烃源岩形成的沉积环境。长岭断陷层展示的烃源岩形成环境反映出沉积环境多样性（图 9-8），也说明了断陷沉积环境横向变化快、水介质条件变化快及物源供给多样等特征。

火石岭组—营城组烃源岩形成环境变化较大，半咸水至湖沼相环境均有发育。其中，火石岭组主要处于淡水湖泊环境到湖沼环境之间，少量分布在半咸水的环境中，不同次凹火石岭组的沉积环境存在一定的差异，查干花次凹北部地区多为半咸水环境，而南部地区的东岭构造带及其周缘，包括查干花次凹的南部地区多为淡水湖相与湖沼相环境。沙河子组的沉积环境主要处于半咸水到淡水湖泊的环境中，其分布特征与火石岭组形成了较为明显的区别，查干花次凹和长岭牧场次凹多以半咸水环境为主，而查干花次凹南部地区多以淡水湖泊环境为主，形成了南北差异，结合构造演化，东岭构造带较早时期的抬升使得南部地区更多接受陆源物质的供给和淡水的注入，使得早期断陷湖盆南部地区的湖水淡化。营城组沉积时期，沉积水体变动较大，从半咸水环境到湖沼环境均发育，从区域上来说，查干花次凹北部地区与长岭牧场次凹多发育半咸水的环境，东岭构造带地区的变化较大，半咸水、淡水及湖沼环境均有发育，同样也表现出断陷期构造相对高部位受陆源物质的影响。

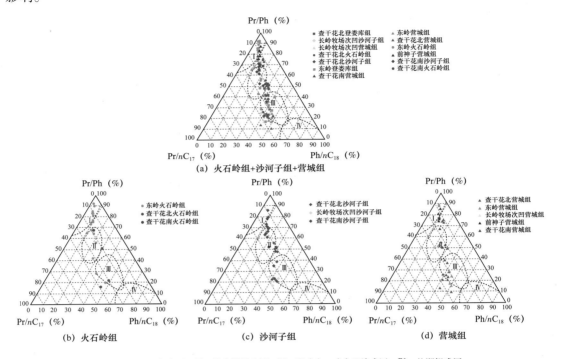

Ⅰ—湖沼相成因；Ⅱ—淡水湖相成因；Ⅲ—半咸水—咸水环境成因；Ⅳ—盐湖相成因

图 9-8　烃源岩饱和烃色谱判断烃源岩形成环境

Fig. 9-8　Formation environment of source rocks determined by saturated hydrocarbon chromatogram

　　总的看来，断陷层的火石岭组与营城组的沉积环境有相似之处，这与样品的分布存在一定的关联，火石岭组与营城组的大多数样品均来自南部东岭及其周缘地区，由于东岭构造带在晚期断陷之前就已经抬升，并遭受剥蚀，因而受陆源物质的影响较大（陆源生物和淡水注入），导致了该构造带火石岭组上部、营城组这两个烃源岩层系的沉积环境变化较大，从半咸水到湖沼环境均有发育；而在西侧长岭牧场次凹、查干花次凹主体的沙河子组和营城组多为半咸水—淡水湖泊环境，这与两个烃源岩系沉积时期次凹主体为半深湖—深湖相的沉积环境有关，随着淡水对断陷湖盆的注入，早期强烈扩展时期受火山作用影响而形成的咸化湖泊逐渐淡化，形成了半咸水—淡水的交替。

　　3）有机质来源

　　干酪根碳同位素可以判别生油母质的来源。一般认为，干酪根碳同位素 $\delta^{13}C$ 大于 $-24.5‰$ 为腐殖型干酪根，小于 $-24.5‰$ 为混合型干酪根。根据该指标与姥鲛烷比值的相关关系（图 9-9），断陷层烃源岩的有机质类型和来源存在较明显的差异。平面上，北部腰英台地区无论是火石岭组、沙河子组还是营城组烃源岩均具重干酪根碳同位素特征，为典型的腐殖型干酪根，南部地区包括东岭地区火石岭组、营城组干酪根碳同位素分布范围较大，但大部分相对较轻，属腐殖—腐泥型干酪根。

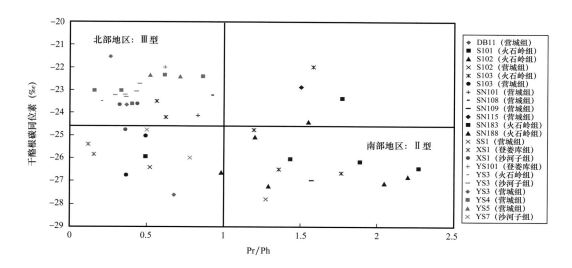

图 9-9　长岭断陷层烃源岩干酪根碳同位素与 Pr/Ph 关系图

Fig. 9-9　Relationship between Pr/Ph and carbon isotope
of kerogen of source rocks formed in rift subsidence in Changling Sag

　　断陷湖盆因其规模相对小、水深变化较大、物源短距离供给、陆源生物影响大等特征，沉积层中有机质的来源也就相对多样，尤其是在分隔性较强的各个次凹之间，受陆源生物、水深变化的影响，其有机质来源差异很大。在 Pr/nC_{17} 与 Ph/nC_{18} 对数坐标系中（图 9-10），断陷各层烃源岩的有机质来源表现出明显的两分性，一方面表现为半咸水—咸水水体、还原性较强环境下的有机质来源；另一方面表现为淡水水体、偏弱氧化环境下受陆源有机质供给影响的有机质来源。

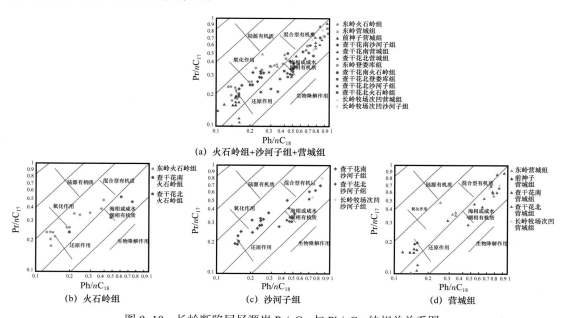

图 9-10　长岭断陷层烃源岩 Pr/nC_{17} 与 Ph/nC_{18} 的相关关系图

Fig. 9-10　Diagram showing relationship between
Pr/nC_{17} and Ph/nC_{18} in source rocks formed during rift subsidence in Changling Sag

烃源岩有机质来源多样性的特征是陆相断陷湖盆共有的特征，由于陆相湖盆规模相对局限，周缘抬升区的物源供给成为影响和控制湖盆沉积组成的重要因素，不仅带来了抬升剥蚀区河流淡水的注入，而且也带来了大量的陆源植物和生物，与湖盆自生的水生生物混合共同组成了断陷湖盆有机质的母质来源。平面上，向半深湖—深湖区，陆源的影响逐渐减少，湖盆自生水生生物占主体，而向抬升剥蚀区的断陷周缘，陆源的影响逐渐增强，多以陆源生物为主。

这种情况下，长岭断陷层优质烃源岩发育环境的分析需要结合构造演化特征来区分两种有利于优质烃源岩发育的环境。从目前长岭的勘探和成果来看，断陷层存在油源岩和气源岩两种类型的烃源岩，形成了东岭构造带及周缘以石油为主、查干花次凹北部及腰英台地区以天然气为主的"南油北气"的格局。南部地区优质油源岩形成的环境主要为淡水、弱氧化—弱还原及陆源与水生共生生物来源的环境特征，其有机质类型偏向于腐泥型；北部地区优质气源岩形成的环境主要是半咸水、还原条件及以水生生物为主、陆源影响为辅的环境特征，其有机质类型偏向于腐殖型。纵向上，早期断陷中水体由浅变深，陆源供给影响大，而导致有机质母质类型偏向腐殖型，营城组断陷时期水体达到了鼎盛，水生生物为烃源岩有机质的主要母质来源，因而偏向于腐泥型。

9.1.2.4 烃源岩生烃潜力评价

通过烃源岩的丰度特征评价生烃潜力，总体反映了断陷各层系烃源岩生烃潜力较强，纵向和平面上生烃潜力变化较大。TOC—S_1+S_2 相关特征图反映（图 9-11），东岭构造带上（SN183、SN187、SN188、S101、S102、S103 井区）火石岭组烃源岩从差到好均有分布，总体以中等偏好为主，均具备了较好的生烃潜力；查干花次凹北部（YS3 井区）地区只有两个样品点落在图版内，有机碳含量属于中等，生烃潜力较差；长岭牧场次凹南部（XS1井区）样品点全部落在图版外，失去了判断的作用。火石岭组烃源岩总体上具有较好的生烃潜力，但生烃潜力较高的集中在南部地区，估计也受到烃源岩样品的采样分布情况的影响。钻井揭示营城组烃源岩较多，因而该组样品点的平面分布较广，从分布变化来看，查干花次凹南部（SS1 井区）的营城组烃源岩，具有较好的生烃潜力；查干花次凹北部地区（YS3、YS4、YS5、YS7、YS301、YS202 井区等）的营城组烃源岩有机碳含量表现中等偏好，S_1+S_2 较差，生烃潜力整体表现为较差；东岭构造带上的营城组烃源岩（SN109、SN115、S101、S102、S103 井区等）生烃潜力有较大差异，S101、S102、S103 井区从较差潜力到好的烃源岩均有分布；长岭牧场次凹南部（XS1 井区）也有中等潜力烃源岩发育，推测断陷东西部的长岭牧场、查干花两个主力次凹的深洼部位，营城组烃源岩具备中等的生烃潜力，局部存在较好的生烃潜力。

沙河子组烃源岩的评价由于样品点较为集中，评价有一定的局限性。丰度特征表明，沙河子组的生烃潜力变化较大，查干花次凹南部（SS1 井区）的沙河子组烃源岩，具备了中等—较好的生烃潜力；查干花次凹北部地区的沙河子组烃源岩生烃潜力差异分化，从差生烃潜力（YS3 井区等）—较好生烃潜力（YS2、YS7、YS202 井区等）均有分布，总体为中等—较好潜力的烃源岩；长岭牧场次凹南部（XS1 井区）也为差—中等烃源岩。根据沉积相、沉积环境的预测研究，沙河子组有机质形成环境为半咸水、还原环境为主，

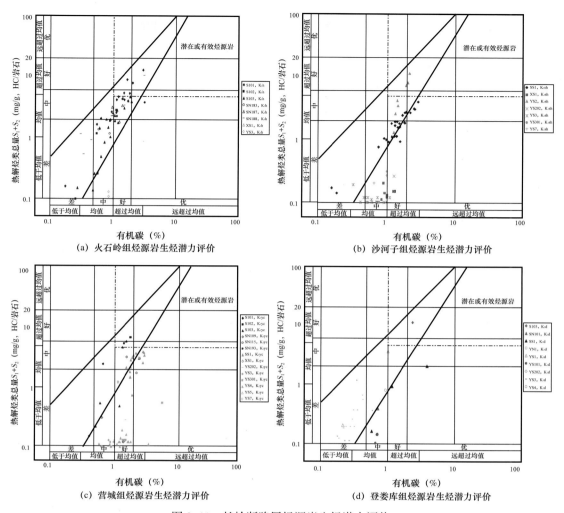

图 9-11　长岭断陷层烃源岩生烃潜力评价

Fig. 9-11　Assessment of potential hydrocarbon generation of
source rocks formed during rift subsidance in Changling Sag

但受陆源生物供给的影响，因而，研究预测在次凹的深洼部位，沙河子组烃源岩可能达到中等—较好，甚至好的生烃潜力。但由于该套烃源岩受陆源生物的影响，而烃源岩干酪根类型偏腐殖型，这与钻井揭示、野外露头的沙河子组中见到煤线是一致的。总体而言，作为断陷层气源岩，该套烃源岩具有中等—较好，深洼部位达到好的生烃潜力。这种分布情况与营城组烃源岩存在一定的相似之处，分析认为虽然早期断陷再次强烈扩张，湖盆可容纳空间进一步扩大，但湖盆主体沉积环境的变化差异不大，沙河子组沉积时期到营城组沉积时期沉积环境有一定的继承性。

长岭断陷层具有较好—好生烃潜力的烃源岩主要是沙河子组与营城组两个层系，火石岭组也具有较好的生烃潜力，但其分布较为局限，主要集中在南部地区，其在断陷各次凹中生烃潜力较为一般。依据前述各层系有机质类型、成熟程度及优质烃源岩发育环境的对比来看，较好—好生烃潜力的沙河子组—营城组烃源岩主要以气源岩为主，局部地区存在生油的能力，火石岭组主要以油源岩为主，在南部地区受成熟程度的影响，在深洼中局部存在生气的能力。

9.1.3 断陷层天然气成藏条件和地质模式

9.1.3.1 长岭断陷层烃源岩演化地质模型

长岭凹陷断陷层烃源岩主要发育在沙河子组，其次是营城组和火石岭组，品质受控于断陷期沉积相和环境，各次凹深洼部位的品质较好，有机碳含量相对高，类型相对较好，往断陷斜坡高部位受水体环境的影响和陆源有机质供给的影响而相对较差。

两期断陷作用形成了断陷层沉降演化的差异，其结构导致了深洼带内的烃源岩层系的埋深要大于斜坡带。营城组—登娄库组沉积时期表现为整体断陷，一方面使得长岭凹陷统一沉降，另一方面也加大了前期火石岭组、沙河子组烃源岩的埋深，使得深洼内的烃源岩进一步演化，斜坡带上部分烃源岩同样经历了进一步埋深。泉头组—嫩江组沉积时期的坳陷表现为整体披覆沉降，虽然没有改变早期断陷结构，但促使了断陷期烃源岩的整体埋深，尤其是深洼范围内烃源岩的进一步演化。

同时，火石岭组和营城组沉积时期强烈的火山作用，尤其是营城组沉积时期，意味着断陷时期具有较高的热场，并与埋深作用共同影响着烃源岩的演化。断陷晚期（登娄库组沉积时期）烃源岩已经经历了较高的演化阶段，形成了大量生烃；后期的坳陷是烃源岩进一步高演化的重要阶段，到嫩江组沉积末期盆地整体抬升，断陷层烃源岩演化才停止。

从平面上看，深洼范围内烃源岩由于埋深大，而先于斜坡带进入生烃门限，不仅在演化序列上要早于斜坡带，而且在演化程度上也高于斜坡带。从查干花次凹与东岭斜坡带火石岭组烃源岩的成熟度指标对比可以表明差异特征，各次凹烃源岩演化要先于且高于斜坡带，其原因是断陷期持续的高地温场与后期坳陷巨厚的埋深作用。从演化过程来看，烃源岩可能经历了断陷末期—坳陷期的进入生烃门限—部分生油—大量生气—演化停滞的演化过程。平面上，在母质类型和热演化的共同作用下，深洼内的烃源岩处于大量生气阶段，而南部和东部的斜坡带烃源岩处于部分生油—大量生气的演化阶段。

9.1.3.2 天然气成藏期次分析

长岭断陷层领域有油气发现和突破的构造带主要为位于长岭牧场次凹和查干花次凹之间的近 SN 走向的腰英台—达尔罕构造带、查干花次凹东斜坡北段及断陷东南部的东岭构造带，前两者为天然气藏，主要油气产层和显示层为营城组火山岩和沙河子组碎屑岩；后者为油气藏，主要油气产出为火石岭组—营城组及登娄库组—泉头组，"下油上气"的特征较为明显，依据已知的油气藏开展包裹体均一温度与成藏的关系分析，以期能明确断陷领域油气成藏期和匹配的主力烃源岩层系。

1）腰英台地区

腰英台地区 YS1 井区获得的包裹体主要由盐水包裹体和含溶解气的盐水包裹体，均为次生成因的含烃包裹体。对样品中的不同包裹体的均一温度测定，表明其温度范围变化较大，反映了这些包裹体是在不同时期形成的（图9-12）。共检测到四幕含烃包裹体，第一幕数据点仅1个，盐水均一温度为119℃，平均盐度5.11%（质量分数，下同）；第二幕数据点为30个，盐水均一温度范围122~135℃，平均温度130.1℃，平均盐度3.44%；第三幕数据点为14个，盐水均一温度范围136~140℃，平均温度138.5℃，平均盐度3.52%；第四幕数据点为2个，盐水均一温度范围157~162℃，平均温度159.5℃，平均盐度6.3%。

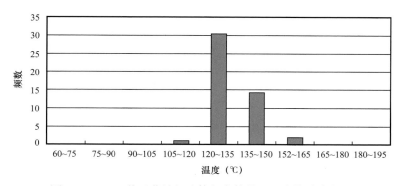

图9-12　YS1井区营城组流体包裹体均一温度统计直方图

Fig. 9-12　Histogram showing homogenization temperature of fluid inclusions developed in Yingcheng Formation in well YS1

将该井包裹体均一温度的幕次分析与邻井YS102埋藏史、热史的动态模拟结果相结合（图9-13），表明了存在4期油气充注。第一期充注为泉头组沉积末期（约100Ma），平均温度119℃，平均盐度5.11%，本期油气充注规模较小，形成含烃包裹体数量少，而此时营城组烃源岩R_o为0.65%~0.75%，下部沙河子组烃源岩R_o为0.8%~1.0%，处于大量生油的早期阶段。第二期为青山口组沉积末期（约89.3Ma），平均温度130.1℃，平均盐度3.44%，此时营城组烃源岩的R_o为0.75%~0.85%，开始进入大量生油阶段，沙河子烃源岩的R_o为1.0%~1.3%，进入生烃高峰，油气大量排出，推测由主干断裂运移至营城组火山岩中成藏，同时营城组烃源岩也存在部分排烃过程，两组油气充注形成大量的含烃包裹体。第三期充注为姚家组沉积末期（约86.5Ma），平均温度138.5℃，平均盐度3.52%，此时营城组烃源岩R_o为0.9%~1.1%，沙河子组烃源岩R_o为1.1%~1.4%，持续生烃，营城组火山岩储层再次得到油气充注。第四期充注为嫩江组沉积末期（约71.9Ma），平均温度159.5℃，平均盐度6.3%，此时营城组烃源岩R_o为1.3%~1.5%，沙河子组烃源岩R_o为1.5%~1.8%，持续供烃能力有所减弱。从包裹体均一温度和盐度数据统计结果来看，主要成藏期是在第二和第三期，因为其均一温度和盐度相差不大，平均盐度为3.5%左右，环境相对封闭，推测两期具有一定的继承性，大量气态烃和液态烃包裹体的形成反映了主力烃源岩大量生排烃并形成有效聚集的过程存在。分析认为青山口组—姚家组沉积时期是长岭腰英台地区的主要成藏时期，同时也反映了断陷层天然气晚期成藏的特点。

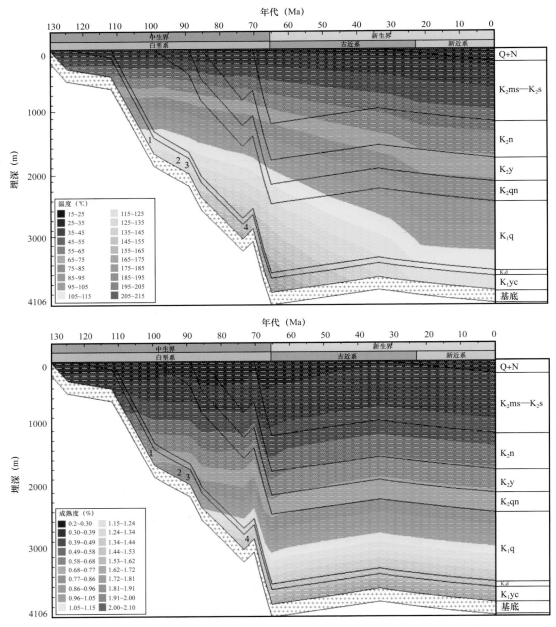

图 9-13　YS102 井营城组单井埋藏、温度、成熟度等演化史与营城组成藏期叠合图
（1、2、3、4 分别对应四期充注）

Fig. 9-13　Overlay diagram of hydrocarbon accumulation during Yingcheng period added by burial, thermal and maturity history of Yingcheng Formation, well YS 102

2）东岭地区

（1）营城组油气成藏期次。

东岭地区勘探程度相对较高，钻井较多，针对该区的营城组火山岩，获得的包裹体信息也较多。其包裹体具备与腰英台、查干花相似的赋存特点：一为多含烃包裹体；二为均一温度变化范围相对较窄，包裹体的大小多在 4μm×6μm 范围，个别包裹体大小可

达 6μm × 10μm 以上，盐度范围在 1.23%～2.07% 之间。包裹体均一温度分布见图 9-14。共检测到两幕含烃包裹体：第一幕均一温度为 118℃，盐度为 2.07%；第二幕均一温度范围为 126～130℃，平均温度为 127.3℃，平均盐度 1.4%。

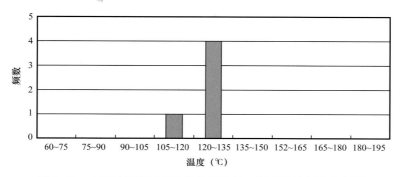

图 9-14　东岭地区营城组流体包裹体均一温度统计频数直方图

Fig. 9-14　Histogram showing frequency of homogenization temperature of fluid inclusion developed in Yingcheng Formation, Dongling area

相关钻井的埋藏史、热史模拟结果能反映出东岭地区营城组火山岩储层发生过两期油气充注（图 9-15）。第一期充注发生在青山口组三段沉积初期（约 92.6Ma），含烃包裹体主要为液烃包裹体，均一温度平均 118℃，平均盐度 2.07%，此时沙河子组烃源岩 R_o 为 0.8%～1.0%，营城组烃源岩 R_o 为 0.6%～0.8%，该地区主要为沙河子组烃源岩供烃，处于大量生油的早期阶段，可能形成少量液态烃充注。第二期充注发生在嫩江组沉积期间（约 78.4Ma），含烃包裹体主要为油包裹体，均一温度平均 127.3℃，平均盐度 1.4%，此时沙河子组烃源岩 R_o 为 1.0%～1.3%，营城组烃源岩 R_o 为 0.7%～1.0%，两套烃源岩均处于大量生油阶段，形成较大规模的油气充注，是该地区营城组火山岩储层成藏的主要时期。

（2）登娄库组油气成藏期次。

该地区登娄库组砂岩的包裹体存在二期主要充注，其包裹体类型主要为含烃包裹体（图 9-16），大小多在 10μm × 20μm 范围，盐度范围在 3%～4% 之间。第一幕均一温度范围 83～90℃，平均温度 87.8℃，平均盐度 1.82%；第二幕均一温度范围 91～113℃，平均温度 95.8℃，平均盐度 2.72%。

结合埋藏史、热史模拟结果（图 9-15），东岭地区登娄库组的第一期充注发生在青山口组三段沉积初期（约 92.6Ma），含烃包裹体主要为液态烃，均一温度平均 118℃，平均盐度 2.07%，此时沙河子组烃源岩 R_o 为 0.8%～1.0%，营城组烃源岩 R_o 为 0.6%～0.8%，油气顺层运移至上部登娄库组砂岩储层发生本期充注，形成了大量液态烃包裹体。第二期充注发生在嫩江组沉积期间（约 78.4Ma），含烃包裹体主要为液态烃，均一温度平均 127.3℃，平均盐度 1.4%，此时沙河子组烃源岩 R_o 为 1.0%～1.3%，营城组烃源岩 R_o 为 0.7%～1.0%，两套烃源岩均处于大量生油的高峰阶段，油气大量排出形成充注，并捕获了大量液态烃包裹体。

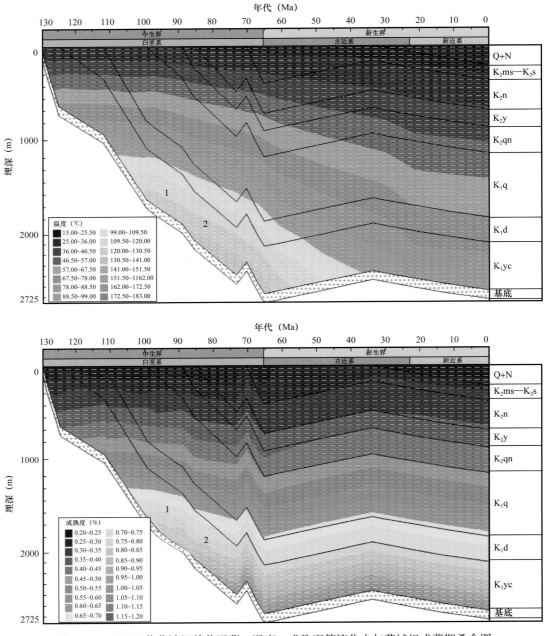

图 9-15 SN108 井营城组单井埋藏、温度、成熟度等演化史与营城组成藏期叠合图
（1、2 分别对应两期充注）

Fig. 9-15 Overlay diagram of hydrocarbon accumulation during Yingcheng period added by burial, thermal
and maturity history of Yingcheng Formation, well SN 108

　　从上述分析可知，营城组油气成藏期次与烃源岩演化阶段具有相关性，当烃源岩进入生油门限、生油高峰、生气高峰各时期可分别发生油气充注，当烃源岩进入高演化阶段时受构造抬升作用可发生油气二次运移，形成油气部分充注。从平面各井区分析结果来看，YS1 井区经历了四期油气充注，分别对应烃源岩的生油门限期、生油高峰期、生气高峰期和构造反转期。YS2 井区和达尔罕地区分别经历三期油气充注，对应生油高峰期、生气高

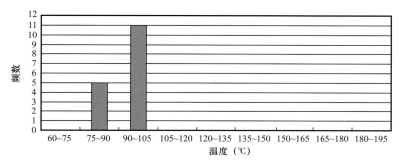

图 9-16 东岭地区登娄库组流体包裹体均一温度统计频数直方图

Fig. 9-16 Histogram showing frequency of homogenization temperature of fluid inclusion developed in Denglouku Formation, Dongling area

峰期和构造反转期，生油门限期未发现油气充注，主要由于前期烃源岩演化较快，烃源岩经历生烃门限期尚未发生排烃。东岭地区经历两期油气充注，对应生油门限、生油高峰期。从油气首次充注时间对比来看 YS2 井区油气充注最早（约 103.6Ma），而东岭地区油气充注时间较晚（约 92.6Ma），YS1 井区与达尔罕地区首次充注时间分别为约 100Ma 和 98.4Ma，主要因为不同地区烃源岩演化程度差异。油气的主要充注时期均对应着烃源岩大量生排烃时期，从各个构造区带上对比反映的时期来看，均反映了大量充注时期为青山口组到明水组沉积的坳陷发育时期，表明坳陷中晚期是长岭断陷层油气的主要成藏时期，因而"晚期成藏"是长岭断陷深层的主要特征之一。

9.2　松辽盆地长岭凹陷盆地模拟

9.2.1　断陷层成藏地质条件综合分析

勘探进展表明，不仅长岭凹陷中东部地区大量钻井揭示了断陷层较好的烃源岩，而且在腰英台、查干花次凹北部以及东岭构造等地区油气发现和油藏规模都表明长岭断陷层资源前景较好，具备形成大中型油气田的条件，油气成藏过程以及成藏条件主要表现在以下 6 个方面。

9.2.1.1　断陷层 3 套主力烃源岩提供了长岭断陷层的资源基础

前面评价中已经明确了沙河子组、营城组及火石岭组的暗色泥岩为断陷层的重要烃源岩，各层对比表明，沙河子组暗色泥岩是断陷层主要的气源岩。平面上，从有机质丰度、类型及烃源岩厚度等变化特征来看，各深洼部位的丰度、厚度较大是普遍特征，如沙河子组烃源岩厚度在长岭牧场次凹中最大超过 400m，营城组烃源岩也相应达到 200m；有机碳含量高值区推测也以深洼为中心往浅部位降低；烃源岩热成熟演化也表明，在断陷沉积晚期（营城组—登娄库组沉积时期）—坳陷沉积早期（泉头组—青山口组沉积时期），3 套烃源岩分别进入生烃门限，并逐渐演化成大量生油—生气阶段，现今的深洼部位已经进入了高—过成熟阶段，东岭构造带由于后期埋深不大，因而火石岭组、营城组烃源岩在晚白垩世时期仍处于主生油阶段。3 套烃源岩在营城组—青山口组沉积时期，表现了多个阶段生气的特征，火石岭组烃源岩在营城组沉积时期进入生烃门限，在登娄库组沉积晚期进入大量生气阶段，泉头组沉积末期到青山口组沉积时期进入高—过成熟阶段；沙河子组烃源岩在登娄库组沉积时期进入生烃门限，青山口组沉积早期进入大量生气阶段；营城组烃源岩在泉头组沉积时期进入生烃门限，在青山口组沉积末期进入大量生气阶段，表明了长岭凹陷不同时期均有烃源岩大量生气提供气源，形成了断陷层"多套源岩、多期生气"的演化过程。

9.2.1.2 断陷期形成的"多凹"并列结构特征是断陷层油气分布的主要控制因素

西侧长岭牧场次凹、东侧的查干花次凹，还有北部地区前神子次凹与其相间的所图低凸起、腰英台—达尔罕构造带及东岭构造带组成了长岭断陷层系的构造格局。半深湖—深湖相断陷湖盆沉积环境决定了3套烃源岩受控于次凹沉降中心的分布，晚期断陷和坳陷的叠加促使断陷层烃源岩成熟演化，并围绕各深洼形成生烃中心。在各次凹箕状特征形成的纵横向地层压力差作用下，油气往各次凹高部位聚集形成了长岭断陷层系油气运移聚集的态势。

目前勘探揭示，断陷层油气显示和突破主要分布在长岭牧场次凹北部的近 EW 走向的所图构造带、长岭牧场次凹与查干花次凹之间的近 SN 走向的腰英台—达尔罕—龙凤山构造带、长岭牧场次凹与查干花次凹南部结合带的东岭构造带 3 个主要断陷期凸起上，表明断陷层凸起是油气聚集的有利场所。凸起上发育多类型的圈闭，如基岩风化壳、披覆背斜、断块、断层遮挡、断层—岩性等圈闭，其两侧可发育地层超覆圈闭。长岭凹陷南部的"两凹一凸一斜坡"及西部断阶的构造格局形成了油气在腰英台—达尔罕及东岭构造带的长期聚集。

9.2.1.3 断陷层发育的二级断裂、断陷期不整合面及有效输导砂体均是油气有利的运移通道

与中国其他陆相断陷盆地一样，长岭凹陷油气运移的输导体系主要包括骨架砂体、不整合面、断层。此外，由于长岭地区断陷期火成岩体发育，容易在构造运动中形成裂缝、孔洞，也是油气运移的主要通道之一。

骨架砂体由于其孔隙半径和喉道半径比泥岩的大，油气在进入骨架砂体后，一般以水—烃两相的形式沿骨架砂体向低势区运移。长岭凹陷在泉头组、登娄库组及部分营城组中发育大量的扇三角洲、冲积扇、三角洲及河流相和滨浅湖相砂砾岩体，是油气运移的主要通道。

长岭地区在断陷盆地形成演化的过程中经历了多期构造运动，在地震剖面上可明显地识别出断陷层 3 个不整合面，即 T_5、T_4 和 T_3 等反射界面，为局部—区域性的不整合面，构成了油气运聚的重要通道。

由于断层的开启和封闭，使断层对油气聚散具有双重性。一般认为，油气垂向运移通道以断层为主，且渗透能力较大。因而断层对油气的富集与分布具有重要的控制作用，不同级别的断层控制着油气的运移成藏。长岭凹陷内长期活动的断裂主要是控凹断裂，这些断裂活动时间长，断距大，断裂延伸深，不仅沟通源储关系，同时也可能长期为油气运移提供通道；其次在长岭凹陷内断陷期活动且坳陷期基本停止的断裂，如果早期活动期能与次凹内烃源岩主力生烃期相匹配，就能成为有利的运移通道；晚期由活动转为封闭可以为油气聚集成藏提供侧向遮挡及封堵条件；坳陷期活动的断裂大多数是为油气藏改造，以及

调整提供油气运移的条件。

勘探成果与断层平面分布关系表明，获油气发现和显示的构造均与断层发育有关，表明了断层发育对断陷层系油气藏形成的控制作用。长岭断陷层系中的 NW、NNW 走向的控凹断层及近 SN、NE 走向的次级断层均是断陷油气的输导通道。

9.2.1.4 储层类型多样、分布广泛，火山岩和优质碎屑岩储层均获高产

长岭断陷层主要发育碎屑岩和火山岩两大类型的储层。其中碎屑岩储层主要层系和岩性组合为登娄库组及营城组—火石岭组的砂岩和砂砾岩，是断陷层重要的油气聚集场所。火山岩储层主要发育层系为营城组和火石岭组，其岩性类型为中—基性、酸性火山喷发岩，其中营城组酸性火山岩储层是长岭断陷层最重要的天然气储层之一。

根据前人对碎屑岩储层的岩矿分析，登娄库组及以下层位岩性一般为中砂岩、粗砂（砾）岩。储层物性表明，登娄库组砂岩孔隙度为 4.99%～16.12%，渗透率为 0.19～12.87mD，是断陷层中较好的碎屑岩储层，而营城组由于成岩作用较强，孔渗性差，物性测试表明，孔隙度为 5%～16%，渗透率为 0.08～0.25mD。

在长岭断陷层中获得突破的火山岩储层主要分布于营城组和火石岭组，其中以营城组火山岩较为重要。火山岩的平面分布主要受深大断裂的控制，平面上主要沿深大断裂呈带状分布，在长岭凹陷东部地区，火山岩连片分布，分布面积约 275km^2，火山岩体厚度大，如 DB11 井钻遇火山岩 600m 仍未穿，YS1 井揭示火山岩厚度 211m，SN101 井揭示 178m，SN109 井揭示 195m。从已获突破探井资料分析，流纹岩和凝灰岩是区内的优质火山岩储层。YS1 井 3567～3569.2m 含气段岩心特征来看，岩性为紫灰色凝灰岩，发育高角度纵裂缝，缝宽 1～2mm，开启度较好，基本未充填，具孔洞，直径最大 3mm，一般 1mm 以下，连通性较差，面孔率小于 5%。常规物性资料表明，凝灰岩孔隙度为 7.1%～9%，水平渗透率为 0.09～0.13mD。

火山岩一般具有强度大、硬度高、脆性大等特性，受构造活动，尤其是断裂作用的影响，可形成渗透性好的裂缝，这对火山岩储层储集性能的改造十分有利。同时，火山岩在喷发冷凝过程中一般情况下气孔非常发育，在暴露风化期受风化淋滤作用容易与裂缝共同形成缝洞储集空间，进一步改善储集条件。目前在 YS1 井火山岩储层中获高产天然气，表明断陷层火山岩储层具有巨大的勘探潜力，从研究来看，火山岩的储集性能要比深部致密碎屑岩的储层物性好，特别是与构造叠合形成的有利构造—岩性复合圈闭。因此，火山岩储层是长岭断陷层天然气的主力储层之一。

9.2.1.5 断陷期发育的局部盖层及坳陷期发育的区域性优质盖层提供了断陷层系油气良好的保存条件

盖层是油气成藏的重要地质要素之一。在长岭断陷层油气系统中大致存在两类盖层：一类是发育在断陷晚期及坳陷期的区域性盖层，如登娄库组三段、登娄库组四段和泉头组泥岩及以上层位泥岩；另一类是发育在断陷层系内部的直接覆盖于各类储层之上的局部性盖层。

坳陷层中的主要区域性盖层的厚度和分布范围对比来看，青山口组一段、泉头组一段和泉头组二段，以及登娄库组三段、登娄库组四段的泥岩厚度大，横向分布稳定，组成长

岭坳陷层 3 套重要的区域性盖层。一方面，这 3 套盖层的泥岩厚度大，一般可达到百米左右，且突破压力普遍在 12～15MPa，达到了强或者极强的封盖能力，对天然气成藏形成了较好的封盖作用；另一方面，3 套地层的泥岩分布广，能对断陷层的天然气起到区域封盖的作用。

局部盖层主要分布在断陷层系的内部，受断陷期盆地分割性强的影响，横向分布均局限在各个次凹中，厚度及封盖能力也因所在构造部位不同，以及受断裂作用影响程度大小而有差异。如营城组下部、沙河子组及火石岭组二段的泥岩是各次凹中较好的局部盖层，其突破压力为 5～15MPa。

9.2.1.6 自生自储、下生上储是断陷层系主要的生储盖组合

根据断陷层烃源岩、储层及盖层的发育配置关系，长岭凹陷纵向上主要发育下生上储和自生自储两类生储盖组合，形成浅部、中部、深部 3 个油气成藏组合体系。其中自生自储组合主要发育于火石岭组、沙河子组和营城组中，以营城组、沙河子组、局部火石岭组暗色泥岩为烃源岩，以营城组砂岩和火山岩、沙河子组砂岩、砂砾岩及火石岭组火山岩为储层，以营城组、沙河子组的暗色泥岩为局部盖层组成的生储盖组合，属于深部油气成藏组合体系。

下生上储组合主要发育于登娄库组和泉头组中，以下伏营城组、沙河子组暗色泥岩为主要烃源岩，登娄库组、泉头组砂岩、砂砾岩为储层，青山口组一段、泉头组泥岩为区域性盖层的生储盖组合。该组合可进一步划分为浅部、中部两个成藏组合体系。浅部成藏组合体系是以泉头组四段、泉头组三段、泉头组二段砂岩、砂砾岩为主要储层，以坳陷层早期沉积青山口组一段厚层泥岩为主要盖层的组合体系；中部成藏组合体系的主要储层为泉头组一段及登娄库组砂岩、砂砾岩，广泛发育的泉头组一段、泉头组二段泥岩作为区域性盖层，同时，局部发育的登娄库组二段泥岩也可作用较好的盖层，形成多套储盖组合。该组合发现在陡坡带或长期水下隆起带，发育倾向深洼部的陡倾鼻状构造，同沉积正断层改善了生储盖配置关系，有利油气纵向运移。登娄库组河流、三角洲相及滨浅湖相发育了良好的储层、盖层，并频繁互层构成若干次级储盖组合。例如伏龙泉、查干花构造早期受同生断裂控制，后期构造反转背斜圈闭定型，形成了具有较好构造背景、良好生储盖配置关系的成藏组合，预测这些成藏类型在长岭东部斜坡带及西部斜坡带发育，西部陡坡带还可能发育岩性尖灭、不整合等非构造圈闭的油气藏类型。

9.2.2 断陷沉降演化模型以及热流模型

长岭地区火石岭组—登娄库组沉积过程经历了两期断陷，两期断陷结构和沉降控制存在明显的差异。早期火石岭组—沙河子组沉积时期，NW 走向、NE 倾向的北正镇—苏公坨边界断裂控制着早期"SW 断、NE 超"的结构特征，由 NE 往 SW 地层厚度变大，NW 向边界断裂的下降盘最厚，西侧长岭牧场次凹主要形成在这个时期；东侧近 NNW 走向、NEE 倾向的达尔罕东断裂是断陷内次一级断裂，控制着东部查干花次凹的形成，形成了多个次凹并列的特点；沙河子组沉积末期，断陷扩张短暂停滞，长岭断陷层被抬升掀斜，东部及东北部地区抬升被强烈剥蚀，形成了构造高部位沙河子组的缺失；晚期营城组—登娄库组沉积时期，断陷再次强烈扩张，但此次断陷主要受西侧近 NNE 走向的苏公坨断裂的控制，形成了"西断、东超"为主要特征，地层厚度展布表明由东往

西厚度增加，营城组—登娄库组的沉积范围超过了早期断陷的地层展布范围。总结这些演化特征表明，一方面两期断陷的发育方向存在差异，NW走向的早期断陷被NNW—NNE走向的晚期断陷叠加改造，形成了西侧次凹沉降、沉积中心往北迁移的特点；另一方面晚期断陷较早期断陷发育的规模要大，晚期断陷营城组—登娄库组巨厚的地层覆盖加速了早期断陷烃源岩的热演化。

断陷末期（登娄库组沉积末期）总体特征表现为断陷整体的抬升剥蚀，但在古构造高部位并没有导致登娄库组的整体缺失，相对应地登娄库组还保持着该时期对古构造形成的凸凹格局填平补齐的厚度变化特征。早白垩世晚期及以后的泉头组—嫩江组的沉积特征表现出明显的区域沉降特点，坳陷层厚度展布不受断裂控制，与断陷期地层厚度展布形成差异，长岭凹陷的中部地区坳陷层发育厚度大，促进了早期断陷古构造的大幅沉降，如腰英台—达尔罕低凸起带，往西侧苏公坨构造带、东侧查干花次凹斜坡带及南部北正镇地区形成减薄超覆。坳陷沉降、沉积特征促使了断陷深洼地区烃源岩的进一步演化，在坳陷沉积早期，东部查干花次凹的烃源岩较长岭牧场次凹的烃源岩演化程度要低。

在拉伸—热涨机制下形成的断陷（火石岭组—登娄库组沉积中晚期），受热物质上涌、岩石圈减薄变热，上壳脆性张裂等作用，在上覆地壳发生不对称沉降的同时也促使了古热流的升高；阵发性断陷表现出早白垩世热场震荡上升的特征，营城组沉积时期热场表现出较高的特征，几乎遍布全盆的火山岩说明了这一点。坳陷期（登娄库组沉积中晚期—明水组沉积末期）的沉降是一种热均衡作用的反映，断陷期热上涌在周缘构造作用迁移变化后逐渐收缩下沉，形成挠曲—热缩机制下的坳陷盆地，整体沉降虽然使得断陷期沉积物进一步被埋深，接受更高的热场，但同时由于地幔热物质收缩迁移下沉，盆地内整体地温梯度下降，沉积物中有机质热降解的温度条件不足，缓慢增加的地温变化，促进部分热演化程度不高地区的烃源岩进一步演化。显然不同沉降机制的断陷期和坳陷期，古热流场的变化也形成差异，针对长岭凹陷两期断陷受上覆坳陷沉降、沉积叠加的特征，设定长岭凹陷中生代"断陷—断陷—坳陷"的盆地原型叠加演化特征，对断陷层采用单剪引张沉降形成半地堑的二维运动学模拟模型，而对坳陷层简化为垂直升降一维模拟模型。对断陷期给予相对较高的热流值，在80~100mW/m^{2}之间，而对坳陷期给予相对较低的热流值，大约63mW/m^{2}左右，建立"热涨—热缩"的热体制演化模型（图9-17）。

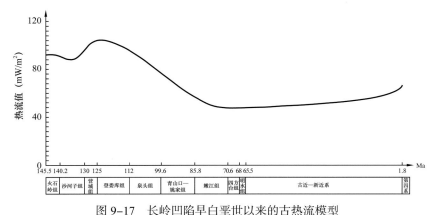

图9-17　长岭凹陷早白垩世以来的古热流模型

Fig. 9-17　Model of paleo-heat flow since Early Cretaceous，Changling Sag

9.2.3 断陷沉积充填量化模型

各层岩性组合是盆地数值模拟的实体，不同的岩性组合在埋藏史模拟中受到不同的沉降压实作用。长岭断陷层的岩性组合特征前面章节中已经细致描述过，陆相断陷—坳陷的湖盆沉积环境形成了长岭凹陷砂泥岩为主的岩性组合。断陷期，受边界断层快速拉张沉降的控制，湖盆周边物源供给快速堆积，尤其是在深大断裂附近，快速充填的陆源物质形成了结构成熟度、成分成熟度均较低的扇三角洲沉积体系与次凹深洼部位的半深湖—深湖相泥岩互层，粗碎屑的砂岩、砾岩与细碎屑的泥岩、粉砂质泥岩、粉砂岩互层形成断陷期的岩性组合的主体。在长岭凹陷中特殊的情况是大套火山岩的存在，探井揭示表明，早期断陷的火石岭组和晚期断陷的营城组均发育有巨厚的火山岩。其中基性和中酸性的火山岩均发育，在构造高部位，如腰英台构造带 YS1 井，营城组全部为基性玄武岩和中酸性流纹岩组成，构造相对较低的达尔罕构造带的营城组在火山岩中夹有薄层暗色泥岩，如 DB11 井营城组的中下部。断陷演化晚期，可容纳空间扩张停滞，在物源供给的影响下，断陷湖盆逐渐被填平补齐，碎屑岩岩性组合也从扇三角洲体系逐渐演化为三角洲沉积组合特征。

长岭断陷层沉积充填的纵向岩性组合，以湖泊沉积环境的砂泥岩为主体，同时火山岩发育较厚。无论是火山岩岩性，还是碎屑岩的粒序变化均有旋回性。在设定孔隙度—深度模型中，对火山岩不做压实校正，仅对碎屑岩的不同砂岩组合（依据砂岩百分含量）计算其压实演化，恢复凹陷各时期的埋藏演化史。以此为数据格架，计算各时期烃源岩的成熟、生烃演化史，依据生烃强度和岩性组合，模拟油气的排聚过程。实际建立的模拟数据根据地震波阻划分的 T_1 波、T_2 波、T_3 波、T_4 波、T_4^1 波、T_4^2 波和 T_5 波 7 个等时面，建立地层层序模型和岩性组合模型。层序的 T_3 波、T_4^1 波为断陷期内和期末的剥蚀面，表达出沙河子组沉积末期和登娄库组沉积末期的两个剥蚀过程，T_3–T_4 波、T_4^1–T_4^2 波两个层序间被看成是一个完全的沉积—剥蚀周期，通过对断陷期内和期末两期剥蚀量的计算，给定剥蚀演化模拟模型，计算长岭凹陷的埋藏史。地层沉积物的成岩作用较为复杂，目前还不能建立数学模型加以阐述，因此埋藏史模拟只考虑压实作用对岩石孔隙度随埋深变化的影响，通过综合资料建立断陷层的孔隙度—深度关系模型，利用回剥法恢复地层原始厚度，从而恢复断陷层系埋藏演化史。

9.3 松辽盆地长岭凹陷盆地动态演化模拟评价

完成地质模式建立和参数选取之后，通过 TSM 盆地模拟软件定量揭示长岭凹陷埋藏史、热史、生烃史、运聚史，可以为长岭断陷层油气资源及有利区带、目标优选建立评价基础。根据长岭凹陷勘探程度和进展，按照点、面结合的方式开展凹陷油气生烃、排烃、运聚等数值模拟。

长岭凹陷的勘探程度不均衡，南部东岭构造带勘探程度较高，长岭牧场、查干花两个次凹勘探程度相对较低。但从地球物理揭示来看，次凹的深洼部位地层发育齐全，尤其是沙河子组、营城组等主力烃源岩发育的层系。因而，为了充分揭示长岭断陷层烃源岩的生排烃演化过程，采用单井或虚拟井的动态演化与平面动态演化模拟相结合的方法，定量模拟断陷层烃源岩的埋藏史、热史、生烃史演化过程。虚拟井尽量取在邻近、靠近次凹的深洼部位，以单井数值模拟揭示动态演化过程，开展平面数值模拟。

9.3.1 烃源岩埋藏史、热史模拟分析

针对火石岭组在各个构造带的发育特点，选择了邻近次凹深洼部位斜坡带的虚拟井，通过单井来揭示斜坡带断陷层烃源岩的埋藏史、热史演化特征。西侧长岭牧场次凹是长岭断陷中发育规模最大的次凹，其周边控凹断裂附近均有探井揭示，但探井大多位于边界断裂上升盘或者位于断阶带上，地层揭示不全，次凹南部已实施的 XS1 井全面揭示了断陷层系，但该井所处位置为长岭牧场次凹往南的斜坡带上，利用该井开展模拟不能完整代表长岭凹陷次凹烃源岩的演化特征，尤其是针对火石岭组烃源岩。因而，选择了近长岭牧场次凹深洼部位的虚拟井，并利用 XS1 井揭示的断陷层岩性组合特征，以此虚拟井的模拟结果揭示西部次凹烃源岩的动态演化特征。

模拟结果表明（图 9-18），长岭牧场次凹断陷层埋藏史以持续沉降为主要特征，沙河子组沉积末期、登娄库组沉积末期的短暂抬升并不对烃源岩成熟史演化产生太大影响。断陷和坳陷各时期的埋深变化较为类似，表现在各层埋深曲线随地质年代变化的斜率大体相同，持续埋深一直延续到晚白垩世末—古近纪初，古近纪初再次经历了抬升剥蚀。这些特征基本上代表了长岭凹陷各次凹斜坡带断陷层系的埋藏史特征，即表现为持续沉降为主、短暂抬升剥蚀为辅、新生代以来沉降停滞等特点。

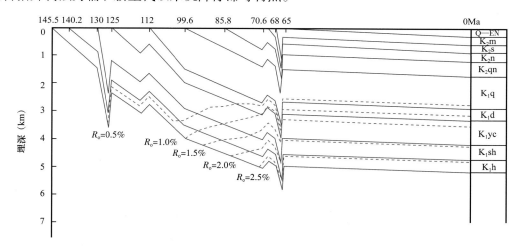

图 9-18　长岭牧场次凹南部深洼埋藏史、热史演化示意图

Fig. 9-18　Schematic diagram showing burial and thermal history
in the south deep of Changling Grazing Land

热史、成熟度史模拟反映出断陷层烃源岩演化存在早晚时序上的差异。断陷最早期的火石岭组层系烃源岩在 130—125Ma 期间就进入了生烃门限，该时期相当于营城组沉积时期，表明晚期断陷的发育促使了断陷层火石岭组烃源岩成熟。沙河子组沉积末期短暂的抬升剥蚀致使长岭凹陷埋深减少了近千米，该过程使得断陷层烃源岩的成熟演化一直停滞到泉头组沉积时期。模拟结果表明，沙河子组烃源岩在泉头组沉积时期（112.0—99.6Ma）才进入生烃门限，与此同时，下伏火石岭组也快速进入成熟阶段，泉头组沉积末期底界

R_o 达到了 1.0% 左右。营城组烃源岩在青山口组沉积早期（93—90Ma）开始进入生烃门限，此时下伏的火石岭组和沙河子组烃源岩进入快速演化阶段。晚白垩世中晚期，断陷各层烃源岩成熟度达到最大。晚白垩世以后，长岭凹陷没有进一步沉降，断陷层烃源岩成熟演化基本处于停滞状态。因而，长岭牧场次凹断陷烃源岩成熟演化的关键时期为泉头—嫩江组的坳陷发育时期，现今火石岭组烃源岩成熟度（R_o）为 2.5% 左右，处于高—过成熟阶段；沙河子组烃源岩成熟度（R_o）在 2.0% 左右，处于高成熟阶段；营城组烃源岩成熟度（R_o）在 1.5% 左右，处于成熟—高成熟阶段，次凹内断陷主力烃源岩均处于或经历了大量生烃阶段。

长岭凹陷东部的查干花次凹与西侧的长岭牧场次凹的发育有类似之处，差异表现在沙河子组沉积时期的沉降、沉积幅度及晚白垩世坳陷沉降、沉积幅度上。从次凹南部地区建立的虚拟井埋藏史演化特征明显可以看出（图 9-19），早期断陷的沉降速率要比晚期断陷沉降速率大，表现在地层埋深与时间关系的斜率上。沙河子组沉积厚度在查干花次凹内的局部厚度较大，表明早期断陷末期沙河子组未被剥蚀前的埋深超过了 4000m，经历短暂大幅度抬升剥蚀后，继续接受了晚期断陷（营城组—登娄库组）的沉积。晚白垩世中晚期的沉降、埋深变化特征与西侧长岭牧场次凹相似。查干花次凹斜坡带断陷层埋藏史特征表现出早期断陷幅度大，受末期短暂抬升影响大，后期持续埋深，新生代以来沉降停滞等特点。

查干花次凹斜坡带烃源岩热史模拟表明，在早期断陷快速沉降作用影响下，火石岭组、沙河子组烃源岩均在沙河子组沉积时期进入生烃门限并开始快速演化。沙河子组沉积末期，火石岭组进入成熟阶段，对比西侧长岭牧场次凹的南部斜坡带，该地区火石岭组烃源岩的成熟演化程度普遍较高，随后的抬升剥蚀导致了火石岭组—沙河子组烃源岩热演化停滞，一直持续到青山口组沉积中晚期，而此时营城组烃源岩开始进入生烃门限。嫩江组沉积时期下伏的火石岭组—沙河子组烃源岩快速演化，进入成熟—高成熟演化阶段，在嫩江组沉积早中期，沙河子组烃源岩的 R_o 达到了 1.5% 左右，嫩江组沉积末期，沙河子组烃源岩的成熟度（R_o）达到了 2.0% 左右，而火石岭组烃源岩在该时期 R_o 超过了 2.0%。在晚白垩世末期，火石岭组烃源岩的 R_o 超过了 2.5%，达到了过成熟阶段。

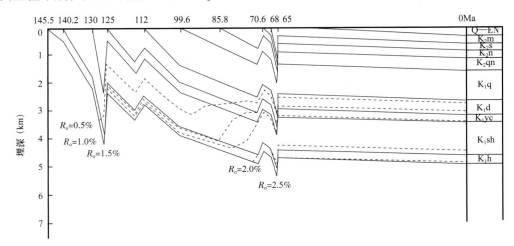

图 9-19　查干花次凹南部深洼埋藏史、热史演化示意图

Fig. 9-19　Schematic diagram showing burial and thermal history in the south deep of Chaganhua area

两个次凹斜坡带的烃源岩埋藏史、热史演化过程存在较大差异，归因于早期断陷沉降幅度和后期坳陷地层厚度的差异，沙河子组厚度在东部查干花次凹斜坡带较西部次凹的要大，使得早期断陷层烃源岩进入生烃门限的时间要早。查干花次凹沙河子组沉积末期的差异抬升导致了次凹被剥蚀的厚度、抬升的幅度均较大，这个特征可以从查干花次凹西侧的腰英台—达尔罕 NNW 走向的古构造带上缺失沙河子组得到佐证。沙河子组沉积末期，查干花次凹较大的抬升和剥蚀幅度带来了烃源岩成熟演化的后期埋藏、热补偿等需求相对要大，导致了该地区烃源岩的主要成熟演化阶段要晚于西部次凹的斜坡带。但总体上，两个次凹斜坡带断陷层烃源岩的现今成熟度差异不大，火石岭组烃源岩的 R_o 大体超过了 2.5%，处于过成熟阶段；沙河子组烃源岩的 R_o 在 2.0%～2.5% 之间，处于高—过成熟阶段，西部次凹斜坡带要较东部次凹斜坡带略高一些；营城组烃源岩的 R_o 在 1.5%～2.0% 之间，处于高成熟演化阶段，西部次凹斜坡带也同样要高于东部次凹斜坡带。

　　斜坡带探井多，地层资料齐全，数值模拟揭示的断陷层烃源岩埋藏史、热史的演化过程可以得到较好的验证。但断陷湖盆的结构和沉积展布特征，决定了发育较好的烃源岩一般情况下位于次凹的深洼部位，而深洼部位由于地层埋深大，探井总数比较少，对资料的获取相对困难。为了能更好地揭示深洼中烃源岩的演化，在长岭牧场次凹深洼部位，设定一口虚拟井来定量模拟断陷层烃源岩生烃演化过程（图 9-20）。从地震剖面上可以看出深洼处地层发育齐全，断陷层地层厚度较大，相应的早期断陷末期（沙河子组沉积末期）和晚期断陷末期（登娄库组沉积末期）抬升剥蚀程度相对要弱一些。断陷末期，火石岭组底界埋深超过了 4000m，到坳陷沉积末期，火石岭组底界埋深超过了 7000m，沉降和埋深幅度超过了斜坡带。对比次凹深洼带和斜坡带断陷层埋藏史模拟结果，深洼带受断陷期抬升剥蚀的影响较小，后期坳陷层叠加作用在深洼处影响大，泉头组—青山口组沉积期间深洼处埋深幅度大。

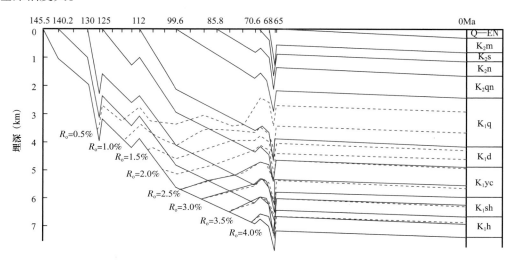

图 9-20　长岭牧场次凹深洼部位埋藏史、热史演化示意图
Fig. 9-20　Schematic diagram showing burial and thermal history
in the deep part of sub-sag, Changling Grazing Land

　　深洼处断陷层系烃源岩的成熟演化特征与斜坡带有区别。除火石岭组烃源岩进入生烃门限的时间基本相同外，沙河子组和营城组烃源岩进入生烃门限的时间均与斜坡带有

所差异。深洼处沙河子组烃源岩进入生烃门限时间大约在 120Ma 左右，要早于斜坡带的 100Ma，营城组烃源岩进入生烃门限时间大约在 108Ma 左右，也要早于斜坡带。火石岭组烃源岩成熟阶段大约在登娄库组沉积时期，沙河子组烃源岩成熟阶段大约在泉头组沉积时期，营城组烃源岩成熟阶段大约在青山口组沉积时期，均要早于斜坡带。从演化角度来看，晚白垩世末期各烃源岩层系的热成熟度演化程度均已经达到现今状态，这与斜坡带的特征相似。火石岭组、沙河子组烃源岩在晚白垩世末期—现今已经达到了过成熟，R_o 均超过了 3.0%，火石岭组 R_o 达到了 4.0% 左右，营城组 R_o 也达到了 3.0%，处于 2.5%～3.0% 的高—过成熟演化阶段。演化过程揭示表明，深洼处烃源岩的大量生烃阶段应该处于晚白垩世泉头组—青山口组沉积时期，这与斜坡带是存在一定差异的。

断陷层主力烃源岩层系成熟演化史，充分展示了各烃源岩层系在不同时期成熟度平面变化情况，这也是评价各烃源岩层系在不同构造单元供烃能力的基础。

平面上，火石岭组烃源岩在营城组沉积期间开始进入成熟演化阶段，烃源岩成熟度 R_o 值一般分布在 1.0%～1.5% 之间。其中查干花次凹烃源岩成熟度 R_o 达到 1%～1.5%，在次凹的南北两侧深洼处，烃源岩成熟度（R_o）最高达到 1.5%，进入生烃高峰；而东岭构造带东西两侧烃源岩成熟度 R_o 达到 1.0%，开始进入大量生烃阶段；长岭牧场次凹烃源岩 R_o 值普遍达到 1.0%，次凹主体部位达到 1.5%～2.0%，说明深洼处部分火石岭组烃源岩处于高成熟阶段，已进入大量生气阶段；前神子次凹烃源岩成熟度 R_o 达到 1%～1.5%，已进入大量生油阶段。登娄库组沉积期间，长岭凹陷为断坳转化阶段，但埋深的增加不足以补偿热场的衰减，因而火石岭组烃源岩成熟度增加不大，仅在次凹深洼部位成熟度略有增加。

在经历了泉头组—青山口组沉积之后，长岭凹陷断陷层持续沉降，火石岭组烃源岩成熟度演化得到了进一步增强，烃源岩处于高成熟—过成熟。长岭牧场次凹烃源岩演化成熟度 R_o 普遍超过 1.5% 以上，在次凹深洼部位 R_o 达到 2.5%～3.0%，已进入生气阶段；前神子次凹深洼部位烃源岩演化成熟度（R_o）达到 2%～2.5%，也以生气为主。

明水组沉积期间—现今，东岭构造带火石岭组烃源岩演化成熟度（R_o）达到 1.0%，全面进入生油阶段；查干花次凹演化成熟度 R_o 普遍达到 2%～2.5% 以上，属于高成熟—过成熟，正处于大量生气期；此时，长岭牧场次凹火石岭组烃源岩演化 R_o 普遍达到 3%～4%，进入生烃死亡阶段，在构造深部位烃源岩成熟度 R_o 达到 4.0% 以上；前神子次凹的深洼处火石岭烃源岩成熟度 R_o 也普遍达到 3%～4%，烃源岩演化状态与长岭牧场次凹基本一致（图 9-21）。

沙河子组烃源岩在营城组沉积期间进入生烃门限，但此时成熟的烃源岩分布范围较小，仅在东岭的西北部、查干花次凹南部和北部、长岭牧场次凹靠近北正镇断坡带等处，局部地区如长岭牧场次凹的深洼部位 R_o 值达到 1.0%～1.5%，但其后抬升剥蚀使得整个断陷内沙河子组烃源岩生烃演化停滞。登娄库组沉积期间，沙河子组烃源岩演化平面上 R_o 变化在 0.5%～1.0% 之间，次凹深洼部位烃源岩演化达到 1.5%，烃源岩基本处于成熟阶段。东岭构造带周缘和查干花次凹演化范围有所扩大，但演化程度没有发生太大变化，成熟度 R_o 为 0.5%，刚进入生烃门限；长岭牧场次凹中沙河子组烃源岩普遍进

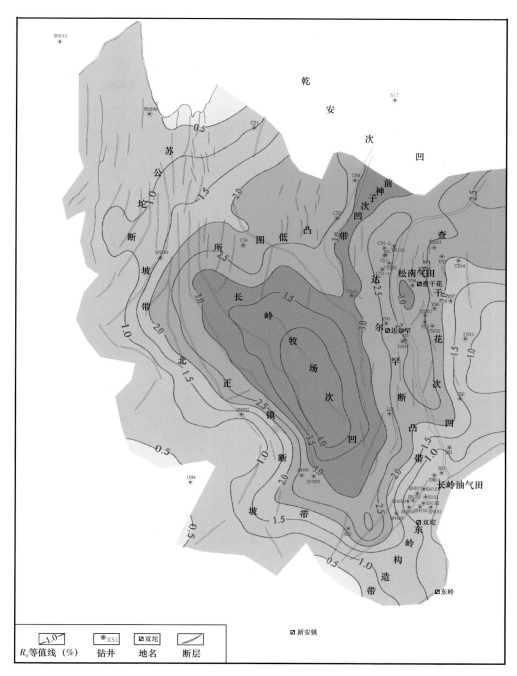

图 9-21　长岭凹陷火石岭组烃源岩现今成熟度（R_o）平面分布图

Fig. 9-21　Plan view of present thermal maturity of source
rocks of Huoshiling Formation, Changling Sag

入成熟阶段，深洼部位成熟度增加不明显，局部地区 R_o 达到 1.0%，处于成熟大量生烃
阶段；前神子次凹中的沙河子组烃源岩与之类似，主体部位烃源岩成熟度 R_o 达到 1%。
断陷末期该套烃源岩由于构造抬升剥蚀而处于成熟停滞状态。泉头组沉积期间，沙河子组烃源岩处于埋深和古温度场的补偿阶段，其成熟度变化不大，大体维持在登娄库组沉积末期的成熟状态。

青山口组沉积期间，沙河子组烃源岩热演化变化较大，平面上烃源岩 R_o 变化在 1.0%～2.0% 之间，属于成熟—高成熟。东岭构造带周缘的成熟度增强，R_o 达到了 1.5%，区带内其他烃源岩还没进入成熟门限，而查干花次凹在深洼部位的 R_o 达到 1.0%，处于成熟阶段；在长岭牧场次凹中，沙河子组烃源岩演化成熟度 R_o 普遍达到 1.0% 以上，深洼部位 R_o 达到 2%～2.5%，处于高成熟—过成熟；前神子次凹此时沙河子组烃源岩演化成熟度 R_o 普遍达到 1%～1.5%，在该次凹的深洼部位烃源岩 R_o 已经达到 2.0%，说明烃源岩此时处于过成熟阶段。

明水组沉积期间—现今，烃源岩热演化程度变化不大。此时东岭构造带的沙河子组烃源岩普遍进入生烃门限，烃源岩成熟度演化 R_o 都达到 0.5% 以上；在次凹主体部位成熟度演化 R_o 达到 1.0%，处于成熟阶段，查干花次凹 R_o 达到 1.5% 以上，深洼部位的 R_o 已经达到 2.5%，处于高成熟—过成熟阶段，进入大量生气阶段；长岭牧场次凹的沙河子组烃源岩 R_o 总体达到 2.0% 以上，深洼部位的 R_o 处于 3%～3.5%，为过成熟阶段；前神子次凹内的沙河子组烃源岩演化程度与长岭牧场次凹的基本相同，成熟度 R_o 可达到 3%～3.5%（图 9–22）。

营城组烃源岩进入生烃门限主要在登娄库组沉积期间，此时只有长岭牧场次凹的北部和前神子次凹深洼内部烃源岩进入生烃门限，分布范围局限。泉头组沉积期间，营城组烃源岩成熟度得到了进一步变大，在东岭构造带西北部的营城组烃源岩进入了生烃门限；长岭牧场次凹中的营城组烃源岩普遍进入生烃门限，在次凹深洼部位成熟度 R_o 可达 1.0% 左右；前神子次凹中的营城组烃源岩成熟度普遍进入生烃门限，深洼部位成熟度 R_o 达到 1.0%。

青山口组沉积期间，营城组烃源岩进入大量生烃期。平面上，营城组烃源岩的 R_o 值整体变化在 0.5%～1.5% 之间，部分地区达到大量生烃阶段，次凹的深洼部位 R_o 可达 2% 左右。东岭构造带西北部地区，营城组的 R_o 也达到了 1.0% 左右，大量生烃；查干花次凹营城组烃源岩成熟度 R_o 在 0.5%～1.0% 之间；长岭牧场次凹营城组烃源岩的 R_o 值普遍超过了 1.0%，深洼部位可达 1.5%～2.0%，处于高成熟演化阶段，部分地区可能进入了大量生气阶段；前神子次凹烃源岩的成熟特征基本与长岭牧场次凹相同，深洼部位成熟度达到 1.5%～2.0%。

明水组沉积时期—现今，营城组烃源岩演化程度（R_o）整体达到了 1.5%～2.5%，深洼部位演化 R_o 可达到 3.0%。东岭构造带的营城组烃源岩成熟度 R_o 也达到 0.5%～1.0%，分布主要沿构造的 NW—SE 走向，结合营城组的生烃能力分析表明该带处于大量生油阶段；查干花次凹营城组烃源岩成熟度 R_o 达到 1.5%～2%，烃源岩可能开始由生油转化为大量生气；长岭牧场次凹营城组烃源岩成熟度普遍较高，R_o 可达 2.0% 以上，深洼部位达到 2.5%～3.0%，基本上该次凹整体处于过成熟阶段，达到干气形成阶段；前神子次凹的深洼部位 R_o 达到 2.5%～3.0%，处于过成熟阶段，与查干花次凹相似（图 9–23）。

9.3.2　烃源岩生烃史模拟分析

依据建立的地质模型，在埋藏史、热史的模拟结果基础上，针对火石岭组、沙河子组、营城组 3 套主力烃源岩，模拟了营城组、登娄库组、泉头组、青山口组和明水组等 5 个沉积时期各烃源岩的生烃演化。并根据长岭凹陷构造区划将模拟区分为：查干花次凹北部、查干花次凹南部、腰英台、达尔罕—龙凤山、东岭、XS1 井南缘、北正镇、苏公坨、所图地区、前神子次凹、乾安次凹、红安等 12 个区进行生烃量统计计算分析，见于现今断陷层烃源岩均处于生气阶段，因而以下生烃量单位均以气当量单位来表述。

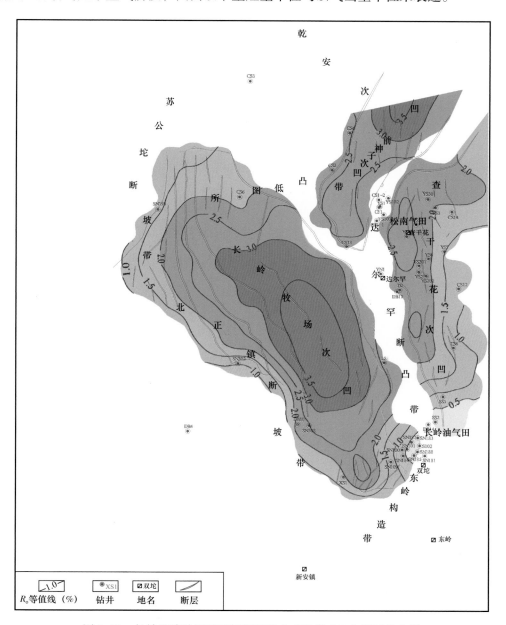

图 9-22 长岭凹陷沙河子组烃源岩现今成熟度（R_o）平面分布图

Fig. 9-22 Plan view of present thermal maturity of source rocks of Shahezi Formation，Changling Sag

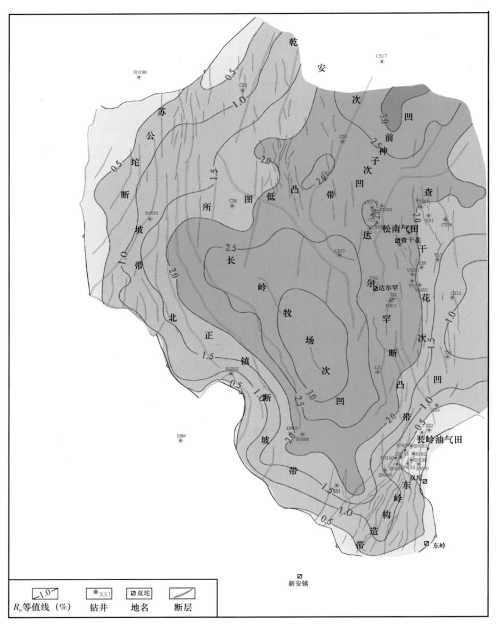

图 9-23　长岭凹陷营城组烃源岩现今成熟度（R_o）平面分布图

Fig. 9-23　Plan view of present thermal maturity of source
rocks of Yingcheng Formation，Changling Sag

9.3.2.1　不同层系烃源岩生烃史演化

火石岭组烃源岩大量生烃期主要在营城组沉积期间（图 9-24），随着烃源岩进一步演化，阶段生烃量相对变小，且转变为以生气为主。火石岭组烃源岩在营城组沉积期间的阶段生烃量为 $1.15×10^{12}m^3$；登娄库组沉积期间的阶段生烃量为 $0.48×10^{12}m^3$，到断陷期末累计生烃量为 $1.63×10^{12}m^3$；泉头组沉积期间，火石岭组烃源岩阶段生烃量为

$0.21 \times 10^{12} m^3$，累计生烃量达到 $1.84 \times 10^{12} m^3$；青山口组沉积期间，火石岭烃源岩阶段生烃量为 $0.33 \times 10^{12} m^3$，累计生烃量达到 $2.17 \times 10^{12} m^3$；到嫩江组—明水组沉积期间，火石岭组烃源岩阶段生烃为 $0.54 \times 10^{12} m^3$，累计生烃量达到 $2.71 \times 10^{12} m^3$。对比阶段生烃量和累计生烃量的变化，火石岭组烃源岩主要生烃阶段在营城组沉积时期，主要以生油为主，坳陷中后期可能转变为生气，但生气能力较弱。

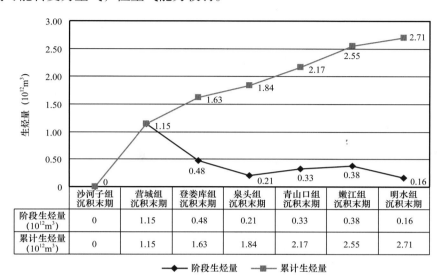

图 9-24　火石岭烃源岩各时期生烃演化图

Fig. 9-24　Diagram showing evolution of hydrocarbon generation

of source rocks of Huoshiling Formation in different periods

沙河子组烃源岩在营城组沉积期间开始少量生烃，主要生烃期在青山口组沉积期间（图 9-25），其次是嫩江组—明水组沉积期间，坳陷期内烃源岩主要以生气为主。营城组沉积末期沙河子组烃源岩阶段生烃量为 $0.48 \times 10^{12} m^3$；在登娄库组沉积期间，沙河子组烃源岩阶段生烃量为 $1.52 \times 10^{12} m^3$，累计生烃量为 $2.00 \times 10^{12} m^3$；泉头组沉积期间，阶段生烃量有所减少，累计生烃量为 $3.06 \times 10^{12} m^3$；青山口组沉积期间是烃源岩大量生烃期，阶段生烃量为 $2.98 \times 10^{12} m^3$，累计生烃量为 $6.04 \times 10^{12} m^3$；在嫩江组—明水组沉积期间，烃源岩阶段生烃量为 $2.51 \times 10^{12} m^3$，累计生烃量达到 $8.54 \times 10^{12} m^3$。生烃史演化过程明显不同于火石岭组烃源岩，大量生烃的两个时期分别为登娄库组沉积时期和青山口组—嫩江组沉积时期，其中青山口组—嫩江组沉积时期生烃量最大，另外，累计生烃量和阶段生烃量也远远大于火石岭组烃源岩。

营城组烃源岩主要生烃期在青山口组沉积期间（图 9-26）。泉头组沉积期间，营城组烃源岩开始进入生烃门限，阶段生烃量为 $0.52 \times 10^{12} m^3$，累计生烃量为 $0.58 \times 10^{12} m^3$；青山口组沉积期间，烃源岩阶段生烃量为 $2.39 \times 10^{12} m^3$，累计生烃量为 $2.98 \times 10^{12} m^3$；在嫩江组—明水组沉积期间，营城组烃源岩阶段生烃量为 $2.2 \times 10^{12} m^3$，累计生烃量达到 $5.18 \times 10^{12} m^3$。青山口组—嫩江组沉积时期为主要生烃阶段与沙河子组烃源岩的生烃史特征一致。另外，从累计生烃量对比来看，该套烃源岩的生烃能力比火石岭组大，但小于沙河子组。

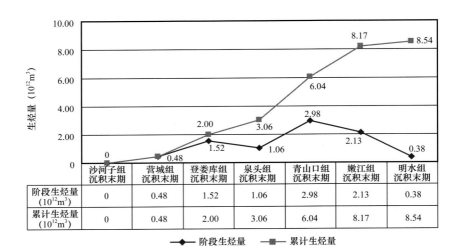

	沙河子组沉积末期	营城组沉积末期	登娄库组沉积末期	泉头组沉积末期	青山口组沉积末期	嫩江组沉积末期	明水组沉积末期
阶段生烃量 ($10^{12}m^3$)	0	0.48	1.52	1.06	2.98	2.13	0.38
累计生烃量 ($10^{12}m^3$)	0	0.48	2.00	3.06	6.04	8.17	8.54

图 9-25 沙河子组烃源岩不同时期生烃演化图

Fig. 9-25 Diagram showing evolution of hydrocarbon generation of source rocks of Shahezi Formation in different periods

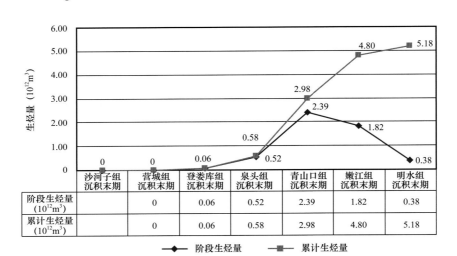

	沙河子组沉积末期	营城组沉积末期	登娄库组沉积末期	泉头组沉积末期	青山口组沉积末期	嫩江组沉积末期	明水组沉积末期
阶段生烃量 ($10^{12}m^3$)		0	0.06	0.52	2.39	1.82	0.38
累计生烃量 ($10^{12}m^3$)		0	0.06	0.58	2.98	4.80	5.18

图 9-26 营城组烃源岩不同时期生烃演化图

Fig. 9-26 Diagram showing evolution of hydrocarbon generation of source rocks of Yingcheng Formation in different periods

9.3.2.2 各次凹烃源岩生烃演化分析对比

1）查干花次凹

图 9-27 表明了查干花次凹各烃源岩层系不同演化阶段的生烃贡献。营城组沉积期间，火石岭组烃源岩生烃量相对较大，达到 $0.21 \times 10^{12}m^3$，沙河子组烃源岩生烃量为 $0.12 \times 10^{12}m^3$；登娄库组沉积期间，火石岭组和沙河子组烃源岩演化停滞；在泉头组沉积期间，火石岭组烃源岩生烃能力减弱，沙河子组的累计生烃达到 $0.13 \times 10^{12}m^3$，营城组烃源岩开始生烃；青山口组沉积期间，火石岭组烃源岩累计生烃量达到 $0.22 \times 10^{12}m^3$，沙河子组烃源岩累计生烃量达到 $0.38 \times 10^{12}m^3$，营城组烃源岩累计生烃量为 $0.26 \times 10^{12}m^3$；明水组沉积末期，火石岭组烃源岩累计生烃量达到 $0.34 \times 10^{12}m^3$，沙河子组烃源岩累计生烃

量达到 $0.90 \times 10^{12} \mathrm{m}^3$，营城组烃源岩累计生烃量达到 $0.69 \times 10^{12} \mathrm{m}^3$。查干花次凹断陷层各层烃源岩（火石岭组、沙河子组、营城组）现今累计总生烃量为 $2.29 \times 10^{12} \mathrm{m}^3$。

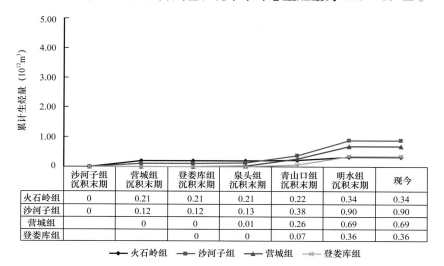

	沙河子组沉积末期	营城组沉积末期	登娄库组沉积末期	泉头组沉积末期	青山口组沉积末期	明水组沉积末期	现今
火石岭组	0	0.21	0.21	0.21	0.22	0.34	0.34
沙河子组	0	0.12	0.12	0.13	0.38	0.90	0.90
营城组		0	0	0.01	0.26	0.69	0.69
登娄库组			0	0	0.07	0.36	0.36

—◆— 火石岭组　—■— 沙河子组　—▲— 营城组　—✕— 登娄库组

图 9-27　查干花次凹断陷层烃源岩不同时期累计生烃演化对比图

Fig. 9-27　Diagram showing cumulative hydrocarbon generation of source rocks in different periods，Chaganhua Sub-sag

2）长岭牧场次凹

长岭牧场次凹断陷层烃源岩的生烃演化如图 9-28 所示。营城组沉积期间开始生烃，营城组沉积末期火石岭组烃源岩累计生烃量为 $0.89 \times 10^{12} \mathrm{m}^3$，沙河子组烃源岩为 $0.26 \times 10^{12} \mathrm{m}^3$，而营城组烃源岩开始生烃在登娄库组沉积期间。断陷发育阶段（火石岭组—登娄库组沉积时期），火石岭组烃源岩贡献较大，累计生烃量为 $1.36 \times 10^{12} \mathrm{m}^3$，而沙河子组累计生烃量为 $1.28 \times 10^{12} \mathrm{m}^3$，营城组生烃量为 $0.01 \times 10^{12} \mathrm{m}^3$。坳陷期，沙河子组和营城组烃源岩持续生烃，而火石岭组烃源岩生烃能力有所减小，到青山口组沉积末期，火石岭组烃源岩累计生烃量为 $1.86 \times 10^{12} \mathrm{m}^3$，沙河子组烃源岩累计生烃量为 $3.57 \times 10^{12} \mathrm{m}^3$，营城组烃源岩累计生烃量为 $2.06 \times 10^{12} \mathrm{m}^3$；到明水组沉积末期断陷各层烃源岩达到了累计最大值，火石岭组烃源岩累计生烃量达到 $2.16 \times 10^{12} \mathrm{m}^3$，沙河子组烃源岩累计生烃量达到 $4.36 \times 10^{12} \mathrm{m}^3$，营城组烃源岩累计生烃量为 $3.29 \times 10^{12} \mathrm{m}^3$，长岭牧场次凹断陷层烃源岩累计生烃总量为 $10.98 \times 10^{12} \mathrm{m}^3$。

3）前神子次凹

前神子次凹断陷层烃源岩不同时期生烃演化对比如图 9-29 所示，同样在营城组沉积期间开始生烃；登娄库组沉积期间沙河子组烃源岩为主要供烃层系，累计生烃量为 $0.59 \times 10^{12} \mathrm{m}^3$。青山口组沉积期间是断陷层烃源岩的主要生烃阶段之一，到该组沉积末期，火石岭组烃源岩累计生烃量为 $0.09 \times 10^{12} \mathrm{m}^3$，沙河子组烃源岩累计生烃量为 $3.23 \times 10^{12} \mathrm{m}^3$，营城组烃源岩累计生烃量为 $0.63 \times 10^{12} \mathrm{m}^3$；明水组沉积时期是前神子次凹另一个重要的生烃阶段。但总体而言，前神子次凹中沙河子组、营城组烃源岩为主力烃源岩，火石岭组烃源岩的贡献较小。该次凹断陷层烃源岩现今累计总生烃量为 $5.66 \times 10^{12} \mathrm{m}^3$。

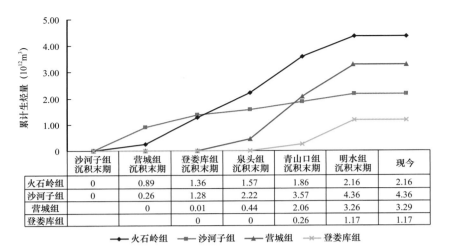

	沙河子组 沉积末期	营城组 沉积末期	登娄库组 沉积末期	泉头组 沉积末期	青山口组 沉积末期	明水组 沉积末期	现今
火石岭组	0	0.89	1.36	1.57	1.86	2.16	2.16
沙河子组	0	0.26	1.28	2.22	3.57	4.36	4.36
营城组		0	0.01	0.44	2.06	3.26	3.29
登娄库组			0	0	0.26	1.17	1.17

◆ 火石岭组 ■ 沙河子组 ▲ 营城组 ✕ 登娄库组

图 9-28 长岭牧场次凹断陷层烃源岩不同时期累计生烃演化对比图

Fig. 9-28 Diagram showing cumulative hydrocarbon generation of source rocks in different periods，Changling Grazing Land Sub-sag

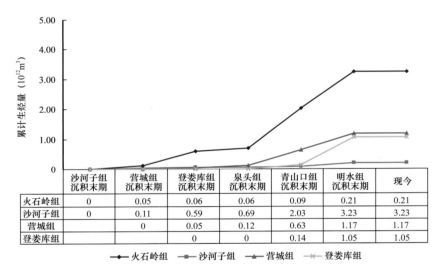

	沙河子组 沉积末期	营城组 沉积末期	登娄库组 沉积末期	泉头组 沉积末期	青山口组 沉积末期	明水组 沉积末期	现今
火石岭组	0	0.05	0.06	0.06	0.09	0.21	0.21
沙河子组	0	0.11	0.59	0.69	2.03	3.23	3.23
营城组		0	0.05	0.12	0.63	1.17	1.17
登娄库组			0	0	0.14	1.05	1.05

◆ 火石岭组 ■ 沙河子组 ▲ 营城组 ✕ 登娄库组

图 9-29 前神子次凹断陷层烃源岩不同时期累计生烃演化对比图

Fig. 9-29 Diagram showing cumulative hydrocarbon generation of source rocks in different periods，Qianshenzi Sub-sag

各次凹断陷层系生烃量之间的对比（图 9-30）能反映烃源岩之间以及各次凹之间的差异。从不同层系烃源岩而言，沙河子组烃源岩的生烃贡献量最大，累计生烃量达到了 $8.5 \times 10^{12} m^3$，其次是营城组烃源岩，累计生烃量达到了 $5.15 \times 10^{12} m^3$，火石岭组烃源岩累计生烃量为 $2.7 \times 10^{12} m^3$。从各次凹对比来看，断陷层累计生烃量较大的次凹为长岭牧场次凹和前神子次凹，长岭牧场次凹断陷层累计生烃量达到了 $10.98 \times 10^{12} m^3$，前神子次凹断陷层累计生烃量达到了 $5.66 \times 10^{12} m^3$，查干花次凹的范围比较大，但生烃强度较低。各次凹不同烃源岩层系的生烃贡献也存在一定的差异，在长岭牧场次凹中，除沙河子组烃源岩贡献较大外，火石岭组和营城组的生烃贡献相当，分别为 $2.16 \times 10^{12} m^3$、

$3.29 \times 10^{12} \mathrm{m}^3$。从生烃范围而言，火石岭组生烃贡献主要集中在南部、东南部的东岭构造带周缘，是东岭构造带油气的主要来源之一。查干花次凹中火石岭组烃源岩也存在一定的生烃贡献，累计为 $0.34 \times 10^{12} \mathrm{m}^3$，主要集中在南部次凹靠近东岭构造带地区。而前神子次凹中，主力烃源岩主要是沙河子组和营城组，累计生烃量分别为 $3.23 \times 10^{12} \mathrm{m}^3$、$1.17 \times 10^{12} \mathrm{m}^3$。

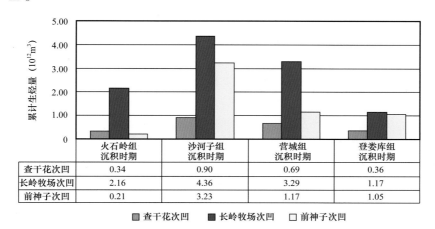

	火石岭组沉积时期	沙河子组沉积时期	营城组沉积时期	登娄库组沉积时期
查干花次凹	0.34	0.90	0.69	0.36
长岭牧场次凹	2.16	4.36	3.29	1.17
前神子次凹	0.21	3.23	1.17	1.05

■ 查干花次凹　■ 长岭牧场次凹　□ 前神子次凹

图 9-30　长岭凹陷断陷层烃源岩在不同次凹的生烃量对比图

Fig. 9-30　Correlation of hydrocarbon generation amount of
source rocks among different sub-sags, in intervals formed in faulting period in Changling Sag

9.3.2.3　不同层系烃源岩生烃强度演化分析

1）火石岭组烃源岩

火石岭组烃源岩生烃开始于营城组沉积时期，此时烃源岩刚进入生烃门限，生烃范围主要分布在查干花次凹、长岭牧场次凹及前神子次凹的深洼部位。南部东岭构造带西北部周缘的生烃强度达到（5～10）$\times 10^8 \mathrm{m}^3/\mathrm{km}^2$；长岭牧场次凹南部靠近北正镇断阶带烃源岩生烃强度达到（15～20）$\times 10^8 \mathrm{m}^3/\mathrm{km}^2$，该次凹北部深洼地区烃源岩生烃强度也达到了 $15 \times 10^8 \mathrm{m}^3/\mathrm{km}^2$；查干花次凹南部深洼比北部地区的生烃强度高，南部地区生烃强度基本分布在（20～30）$\times 10^8 \mathrm{m}^3/\mathrm{km}^2$。登娄库组沉积末期烃源岩生烃范围有所扩大，但也仅限于长岭牧场次凹地区，深洼部位的生烃强度有所增强，但整体上该时期火石岭组的生烃强度和生烃范围没有太大变化。青山口组沉积末期，火石岭组烃源岩的生烃能力逐步增强，主要表现在长岭牧场次凹的深洼部位生烃强度最大值已经超过了 $35 \times 10^8 \mathrm{m}^3/\mathrm{km}^2$，前神子次凹中生烃强度分布基本没有变化，东部查干花次凹生烃强度有所增加。

经历了晚白垩世坳陷沉降，各个次凹深洼部位生烃强度普遍超过了 $20 \times 10^8 \mathrm{m}^3/\mathrm{km}^2$，其中长岭牧场次凹的深洼部位生烃强度最高，普遍在（25～30）$\times 10^8 \mathrm{m}^3/\mathrm{km}^2$。生烃强度的演化也表明，火石岭组烃源岩的生烃能力在晚期断陷阶段较强，后期坳陷阶段虽然也促进了该套烃源岩的热演化，但相比晚期断陷的生烃贡献要小。仅在东岭构造带及其周缘地区，坳陷阶段的生烃能力相对增强，这也是该构造带油气来源的重要部分之一。

2）沙河子组烃源岩

沙河子组烃源岩的生烃开始于营城组沉积时期，但生烃范围相对较小，主要处于各次凹的深洼部位。长岭牧场次凹南部靠近断阶带部位烃源岩的生烃强度达到了（15～25）×$10^8m^3/km^2$；查干花次凹北部生烃强度最大可超过25×$10^8m^3/km^2$，而南部地区及长岭凹陷东北部前神子次凹的生烃强度最高在15×$10^8m^3/km^2$左右。

登娄库组沉积时期是沙河子组烃源岩的主要生烃时期之一。登娄库组沉积末期，长岭牧场次凹中生烃强度变化在（20～40）×$10^8m^3/km^2$之间，最高地区超过了60×$10^8m^3/km^2$，明显比营城组沉积末期增强了近一倍；前神子次凹的生烃强度整体上也超过了20×$10^8m^3/km^2$，最高值在40×$10^8m^3/km^2$左右。生烃强度平面分布与前期对比反映出沙河子组烃源岩在晚期断陷时期形成了一个主生烃期。

泉头组沉积时期，由于受到了断陷期末构造抬升剥蚀的影响，沙河子组烃源岩生烃演化短暂停滞，并在该时期经历了沉降和热补偿，因而该时期沙河子组烃源岩生烃强度变化不大。重要的生烃期发生在青山口组沉积时期，到青山口组沉积末期，沙河子组烃源岩生烃范围和生烃强度明显增加，其中长岭牧场次凹的生烃强度变化在（20～80）×$10^8m^3/km^2$之间，在长岭牧场次凹北部深洼处生烃强度超过了100×$10^8m^3/km^2$；查干花次凹生烃强度也有所增强，平面变化在（10～15）×$10^8m^3/km^2$之间，其中南部深洼带的生烃强度超过了20×$10^8m^3/km^2$；前神子次凹的生烃强度也明显增强，平面变化在（20～60）×$10^8m^3/km^2$之间，在深洼的主体部位达到了80×$10^8m^3/km^2$。

明水组沉积末期是长岭断陷结构定型期，也是断陷层烃源岩生烃演化最强时期，从该时期沙河子组生烃强度分布图来看（图9-31），沙河子组烃源岩生烃强度基本上均集中在长岭牧场次凹、前神子次凹及查干花次凹内，西侧的长岭牧场次凹、北部的前神子次凹的生烃强度要高于东侧的查干花次凹。生烃强度等值线平面变化在（20～100）×$10^8m^3/km^2$之间，其中在长岭牧场次凹的南部生烃强度达到100×$10^8m^3/km^2$，北部深洼带生烃强度超过了120×$10^8m^3/km^2$；前神子次凹生烃强度变化在（20～120）×$10^8m^3/km^2$之间，次凹的深洼部位生烃强度超过了140×$10^8m^3/km^2$；东侧查干花次凹生烃强度达到（20～40）×$10^8m^3/km^2$，查干花南部地区生烃强度达到了60×$10^8m^3/km^2$。

对比沙河子组和火石岭组烃源岩生烃强度的演化与坳陷末期的最终累计生烃强度的平面变化，反映出沙河子组烃源岩的生烃能力强于火石岭组，并且沙河子组烃源岩的生烃强度平面变化都围绕断陷层系的3个次凹展布，而火石岭组烃源岩的生烃强度较高地区在南部。针对南部东岭构造带及其周缘，可以看出，该构造带的油气来源中沙河子组烃源岩的贡献较少，火石岭组是其主要贡献层系之一。

3）营城组烃源岩

营城组烃源岩生烃演化开始于泉头组沉积时期，但此时的生烃范围较小、生烃强度也较低。主要分布在长岭牧场次凹的南部和前神子次凹，平面上生烃强度主要变化在（1～5）×$10^8m^3/km^2$之间，仅在长岭牧场次凹南部地区存在生烃强度较大区域，最高可达到30×$10^8m^3/km^2$；前神子次凹生烃强度为5×$10^8m^3/km^2$左右。

青山口组沉积时期是营城组烃源岩生烃的主要演化期，生烃强度明显增强、生烃范围明显扩大。平面上，该套烃源岩生烃强度大多变化在（10～20）×$10^8m^3/km^2$之间，在次凹的深洼部位表现出明显的高值，如长岭牧场次凹的深洼部位生烃强度可达到（50～60）

$\times 10^8 m^3/km^2$，查干花次凹南部和北部的生烃强度变化在（5～10）$\times 10^8 m^3/km^2$ 之间；前神子次凹生烃强度变化在（5～10）$\times 10^8 m^3/km^2$ 之间。

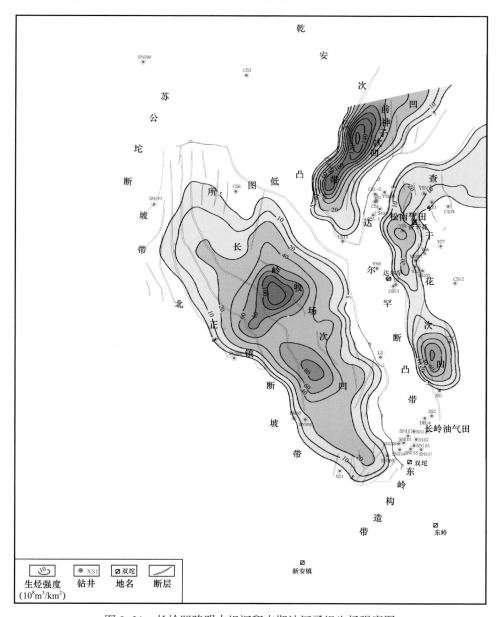

图 9–31　长岭凹陷明水组沉积末期沙河子组生烃强度图

Fig. 9–31　Diagram showing hydrocarbon generation intensity of Shahejie
Formation at the end of Mingshui Period，Changling Sag

　　明水组沉积末期，营城组烃源岩生烃演化达到了最高程度（图 9–32）。生烃强度高值区主要集中在长岭牧场次凹和查干花次凹，北部的前神子次凹的生烃强度要低于南部两个次凹，总体围绕 3 个次凹分布，与沙河子烃源岩的特征相似。在长岭牧场次凹中生烃强度相对较大，最大可达到 $70 \times 10^8 m^3/km^2$；查干花次凹北部的生烃强度稍高于南部，最大达

到 $30 \times 10^8 m^3/km^2$，而南部生烃强度达到 $20 \times 10^8 m^3/km^2$；前神子次凹营城组烃源岩生烃强度在（5～10）$\times 10^8 m^3/km^2$ 之间。

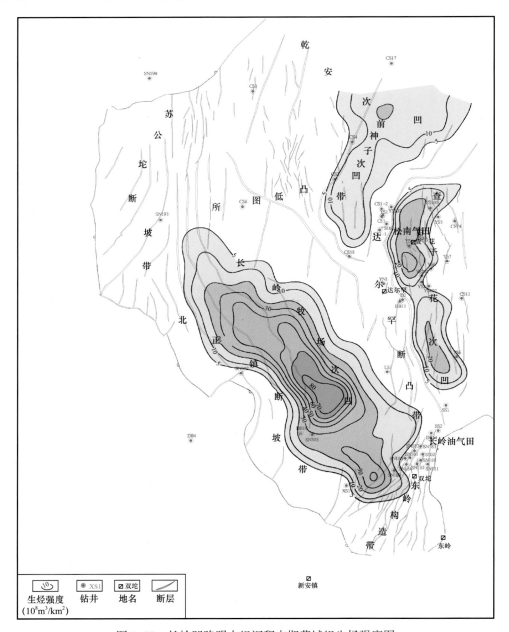

图 9-32　长岭凹陷明水组沉积末期营城组生烃强度图

Fig. 9-32　Diagram showing hydrocarbon generation intensity of Yingcheng
Formation at the end of Mingshui Period，Changling Sag

　　断陷层 3 个层系烃源岩的生烃演化、生烃强度的平面展布特征对比，表明了断陷层系 3 套主力烃源岩中沙河子组、营城组烃源岩要优于火石岭组，沙河子组是长岭断陷层系最好的烃源岩。同时，生烃能力较好的部位均集中在 3 个次凹中，围绕深洼展布。

9.3.3 天然气动态运聚模拟分析

9.3.3.1 油气运聚的原理和模拟过程

油气运移聚集是依据势能的变化而进行的，在势能发生变化的情况下，油气总是从高势区向低势区运移，并在低势区内聚集成藏。随着盆地结构的不断变化，断陷层势能也在不断发生变化，并且后期原型盆地叠加后对先前的盆地结构形成有效改造，也使得断陷层势能格局发生变化，势能的改变将促使早期油气藏的调整、变化和散失。油气运聚模拟主要揭示的是不同时期烃类从烃源岩生成并排出、运移到聚集的过程，给出油气运移路径、聚集场所。在油气源地球化学指标对比的地质认识基础上，通过对已知油气藏成藏过程的分析及与模拟结果的比对和验证，分析和预测其他构造带的油气运移聚集的可能性，提供勘探决策服务。

油气势能差主要来自地层的静岩、静水压力、密度差形成的浮力及毛细管力的相互作用，其中地层压力（静岩、静水）随着埋深的加大而增加。浮力是油气的密度低于地下水的密度而引起的，其决定于油、气、水之间的密度差，密度差越大，驱动力就越大。毛细管力则随着运载层或断层孔喉体积的减小、界面张力和湿润性的增加而增加，毛细管力的增大会抑制油气的运移。同时，由于上下地层孔隙度、渗透率条件的差异，也影响了油气分子在纵向运移的条件。油气是在这三者共同作用下沿着最优势的方向运移。在实际地质条件中，岩石物性的不均一性表现在孔隙度和渗透率的差异上，使得浮力和毛细管力的关系变得复杂。

总的说来，运移路径的模拟依赖于生烃位置和控制运移的古构造面及势能差等因素。油气首先在运载层内运移，侧向沿优势的孔渗运移，低势区终点即圈闭聚集。当运移路径遇到活动断层时，油气可以通过断层向上运移。综合考虑构造势差、断层模型、孔隙度和水动力等方面的因素，对生油点的油量给予一定的流动规则，建立油气运移模拟的模型。

利用上述运移路径模拟原理，针对长岭地区油气运移模拟进行了探索。此次运移模拟过程中考虑了静岩条件下的构造势场及地层物性对油气运移的影响，动态模拟了长岭地区不同次凹火石岭组、沙河子组、营城组烃源岩在不同期次构造运动中油气运移的方向，得出可能的聚集位置。

9.3.3.2 主要断陷层系运移指向特征

通过断陷层油气运聚指向模拟与现今已发现油气藏和油气显示部位的综合分析，长岭断陷层油气运移路径主要受控于断陷的结构特征，古构造凸凹相间形成的静水压力差是油气运移的主要动力来源；构造格局定型的坳陷期是断陷层油气成藏的关键时期。通过对各层系不同时期油气运移路径和主要聚集部位的分析对比，以及重点区带油气聚集情况的综合分析，为断陷层油气成藏分析提供佐证。

1）火石岭组

天然气运移趋势模拟表明，在营城组沉积末期，火石岭组生成烃类的运移路径比较散乱，运移距离短、就近聚集的变化趋势较为明显（图9-33）。运移路径显示不仅在营城组沉积末期相对高点的构造部位有路径指向和相对聚集点，同时在各次凹的内部相对高点

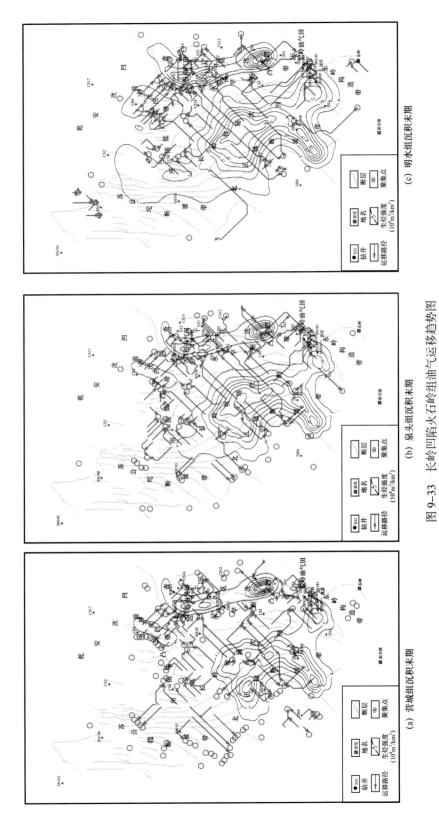

(a) 营城组沉积末期

(b) 泉头组沉积末期

(c) 明水组沉积末期

图 9-33　长岭凹陷火石岭组油气运移趋势图

Fig. 9-33　Diagram showing oil – gas migration trend of Huoshiling Formation, Changling Sag

及邻近深洼的局部地区也有相关聚集部位。分布图上表明，腰英台—达尔罕、查干花东斜坡、东岭构造带及北正镇 SN302、DB10 井区是主要的运移路径指向区，以及在长岭牧场次凹内部也分布有若干局部聚集区。其中腰英台—达尔罕构造带油气主要来自长岭牧场次凹，查干花东斜坡油气主要来自查干花次凹，东岭构造带的油气主要来自自身局部深洼和查干花南部次凹。登娄库组沉积末期，模拟表明的油气运移及聚集趋势与营城组沉积末期的相类似，但该时期是火石岭组大量生烃时期，因而针对火石岭组油气成藏分析需要重视该时期的运聚趋势，尤其是后期一直处于凸起格局的东岭构造带。

到泉头组沉积末期，坳陷层叠加后形成对定型后的断陷结构进一步调整及埋深压实变化，深层油气运移的动力条件逐步发生变化，火石岭组油气运移的趋势相对断陷期更加集中。东部查干花次凹周缘的变化不明显，围绕深洼的高部位是运移路径的主要指向区，东部斜坡的油气主要来源于北部次凹，而南部次凹更多的运移指向为东岭构造带，这表明东岭地区油气的来源可能有西南部的长岭牧场次凹南部的局部洼陷和查干花南部次凹的两个来源；长岭牧场次凹经历了进一步埋深后，其油气运移路径更加趋向于腰英台—达尔罕、北正镇等构造高部位。

明水组沉积末期，火石岭组三个生烃中心的分布依然控制着油气的运移路径。东部查干花次凹南北分别形成明显的聚集特征，北部次凹形成往东西两侧高点运移趋势，西侧主要聚集方向为腰英台构造带，东部为查干花东斜坡的北带，西侧运移距离短，东侧运移距离长；南部次凹运移路径主要方向为南侧东岭构造带，往东侧斜坡也有部分的运移聚集趋势，总体相对运移路径均较长。西部长岭牧场次凹，主要表现出 3 个运移趋势方向，一方面深洼的油气往西南北正镇构造高点集中，另一方面，沿着往东北、东南的斜坡运移至达尔罕—龙凤山构造、东岭构造带，这些运移路径均表现出较长距离的特征。往北部的所图构造带，根据运移路径分析，仅为长岭牧场次凹北部的部分油气形成运移指向，深洼的油气对该构造带不能形成有效供给。

2）沙河子组

沙河子组烃源岩在营城组沉积末期的油气运移路径比较散乱，表现短距离运移路径、就近聚集的特征；登娄库组沉积时期是沙河子组烃源岩的主要生烃期之一，由生烃中心出发的油气运移路径和在各构造区带上可能的聚集部位（点）比较散乱，围绕着各生烃中心周缘的构造高点及深洼内的局部高点处均有聚集点的分布，但不能形成有效聚集。此时，值得注意的是前神子次凹往东南和西北构造高点的运移聚集相对集中，东南部是腰英台构造带，是断陷层天然气藏的发育部位。泉头组沉积末期，油气运移路径与聚集部位相对集中，前神子次凹的油气主要运移方向为腰英台构造带，查干花次凹北部地区主要指向分为腰英台、达尔罕及东部斜坡北部地区 3 个方向。但此时北部地区的生烃能力较弱，而次凹南部地区主要运移指向为东岭构造带，说明东岭构造带的油气来源的多样性，西侧长岭牧场次凹生成的油气主要指向达尔罕、东岭及北正镇 3 个构造带，但其由深洼内部出发的运移距离较长，尤其是东南部的东岭构造带，表明长岭牧场次凹的沙河子组烃源岩对该构造带的油气贡献相对较小。

明水组沉积末期断陷层构造定型，沙河子组油气运移路径和主要聚集位置均较前期为集中（图 9-34）。西部长岭牧场次凹主要运移方向呈现出往东南、西南及东北三个主要方向。往西南运移聚集相对较短，主要聚集区域集中在北正镇的 SN302、DB11 井区的中段，往东北运移方向主要指向所图低凸起东部及达尔罕构造带区域，往东南主要指向东岭构造

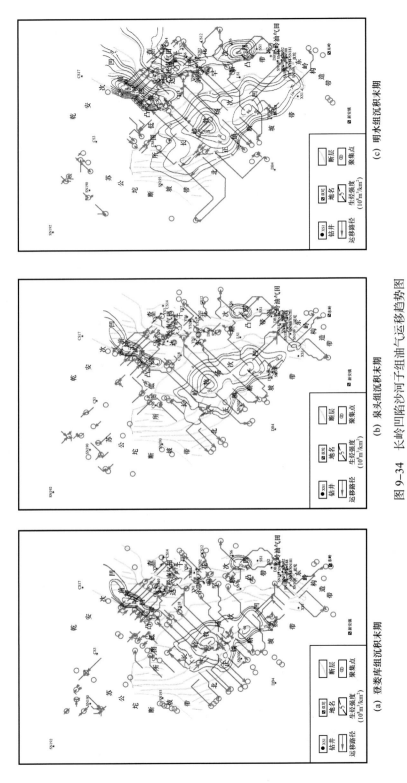

(a) 登娄库组沉积末期　　　　　　(b) 泉头组沉积末期　　　　　　(c) 明水组沉积末期

图 9-34　长岭凹陷沙河子组油气运移趋势图

Fig. 9-34　Diagram showing oil – gas migration trend of Shahejie Formation, Changling Sag

带，该方向油气运移距离较长。另外，在次凹的内部也表现出若干个洼中隆聚集区，但现今这些构造位置埋藏较深；北部前神子次凹虽然范围不大，但是沙河子组烃源岩主要的生烃中心之一，主要运移指向为北西和南东两个方向，其中往南东的主要指向区为已发现天然气藏的腰英台构造带；东部查干花次凹分南北两个生烃中心，北部生烃中心形成的油气运移趋势为往北西的腰英台构造带、南西的达尔罕构造带及往东的北部斜坡带，而南部生烃中心形成的油气主要运移指向是东岭构造带。对比各次凹的油气运移指向和主要聚集区，西部次凹表现出运移路径长、聚集区较为分散，东部次凹为运移路径短，聚集区较为集中，也是目前断陷层油气勘探取得成果较多的区域。

　　3）营城组

　　营城组烃源岩的生烃时期相对较晚，到泉头组沉积末期主要生烃中心位于西部的长岭牧场次凹。因而，泉头组沉积末期的油气运移指向比较散乱，西部长岭牧场次凹生烃中心的油气运移方向主要为北东的达尔罕和龙凤山构造带、南西的北正镇构造带及南东的东岭构造带，运移路径相对较长，而其他涉及东部、北部各次凹的运移路径相对散乱，平面变化规律不明显（图 9-35）。泉头组沉积以后的坳陷演化阶段，断陷结构进一步调整定型，并且到明水组沉积末期，西部长岭牧场次凹的生烃范围进一步扩大，且营城组油气运移指向和聚集区也相对集中。西部长岭牧场次凹的油气运移指向为西南部的苏公坨、北正镇构造带，往北东方向主要指向区为达尔罕和龙凤山构造带，但运移距离较长，往东南地区运移的油气主要是次凹南部烃源岩供给的烃类；东部查干花次凹南北两个生烃中心的油气运移路径和指向均具有围绕生烃中心周缘的聚集特征，北生烃中心周缘的腰英台、达尔罕及东斜坡带是主要的聚集场所，而南生烃中心周缘的双坨子、龙凤山构造带是主要的聚集场所。

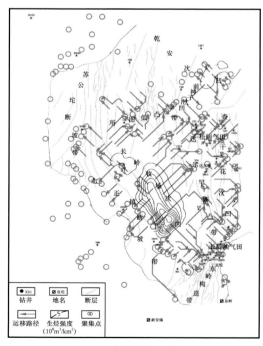 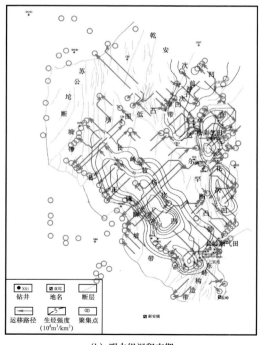

(a) 泉头组沉积末期　　　　　　　　　　(b) 明水组沉积末期

图 9-35　长岭凹陷营城组油气运移趋势图

Fig. 9-35　Diagram showing oil－gas migration trend of Yingcheng Formation，Changling Sag

9.3.3.3 主要构造带断陷层油气运移聚集特征分析

现今长岭断陷层表现出由西向东"两凹三凸"的构造格局,西侧北西—北北东向的北正镇、苏公坨断裂带控制着西侧长岭牧场次凹结构演化,东侧近南北走向的腰英台、达尔罕及东岭构造带分隔了查干花次凹和长岭牧场次凹。该构造带西侧为长岭牧场次凹的斜坡,东侧以查干花断裂为界与查干花深凹相邻,长岭断陷层总体上表现为西断东超的两个次凹并列的结构特征。

综上对断陷各层系油气运移路径和聚集区平面变化的分析,共性特征为演化早期运移路径、聚集区散乱,断陷末期到坳陷发育晚期运移路径和聚集区分布较为规律。从差异来看,不同层系的主要运移方向存在一定的差异。平面上,西部长岭牧场次凹表现出运移距离长、路径较散、聚集区较多等特点,与东部查干花次凹表现出的特征形成明显差异。不同时期和不同层系之间的运移路径和聚集区的差异导致不同构造带油气聚集程度的差异,通过对断陷层系重点构造带油气运聚特征的分析,可以提供断陷层油气成藏规律的证据,同时也可以通过明确断陷层各区带油气动态成藏的演化过程,进一步分析各区带油气资源前景。

1)腰英台—达尔罕构造带

该构造带紧邻查干花次凹和北部的前神子次凹,走向近南北,北段腰英台构造带夹于查干花北部次凹和前神子次凹之间,而南部达尔罕构造带处于长岭牧场次凹和查干花次凹之间,是断陷层天然气获得突破的主要构造带之一。

运聚模拟结果表明该构造带是不同层系油气运移的主要指向地区。尤其是腰英台构造带,从火石岭组—营城组,西北部前神子次凹和东部查干花北部次凹油气的运聚方向均指向该带。结合各次凹断陷层烃源岩的生烃强度和范围的差异,前神子次凹中沙河子组烃源岩的生烃贡献较大,查干花北部次凹中,火石岭组—营城组烃源岩均能形成较好的生烃贡献,运移模拟路径表明以近距离运移为主。该构造带营城组火山岩中发现工业气流也说明了在长岭断陷层系中,紧邻生烃中心的构造高带是油气成藏的重要区域之一,因而在长岭断陷中寻找长期邻近深洼的古凸起是进一步勘探的重要方向之一。

南部达尔罕构造带也是晚白垩世末期以来断陷层天然气运移主要指向区之一。运移路径指向表明该构造带主要来源于西侧长岭牧场次凹和东侧的查干花次凹,这个条件与腰英台构造带相似,但西侧来自长岭牧场次凹的天然气运移距离较长。由于天然气分子结构较小,其运移聚集是一个动态平衡的过程,聚集的过程同时也是散失的过程,因而长距离运移同时也导致了天然气大量散失,不利于天然气的聚集成藏。同时由于构造复杂,西侧长岭牧场次凹长距离供烃很可能受达尔罕西侧前排构造的影响和控制而受阻,同时构造带西侧的格局早晚变动较大,不能形成长期供烃的状态。多种因素表明,该构造带相对腰英台构造带要差一些,主要的供气次凹为查干花北部的生烃中心。

2)东岭构造带

该构造带处于查干花次凹南部、长岭牧场次凹南部两个交接带,同时也是近NNW走向的达尔罕构造带的南延部分,埋藏史模拟表明该构造带从沙河子组沉积以来一直处于构造高部位,火石岭组及营城组沉积时期接受沉积,而沙河子组缺失。该构造带的主体走向为近北NE向,呈现往NW方向下倾的鼻状构造。生烃史模拟表明,该构造带及周边的火石岭组和营城组烃源岩存在一定的生烃能力,油气源地球化学特征反映了该构造带的原油主要来源于该构造带火石岭组烃源岩，营城组烃源岩也有一定的贡献。从断陷层油气运移模拟结果分析，来自查干花次凹南部生烃中心的天然气主要聚集在该构造带北部的双坨子地区，来自西侧长岭牧场次凹南部的天然气多表现出长距离运移而聚集在构造带西侧的地区，处于该运移路径中的 XS1 井，钻探中未见较高级别的油气显示，这特征表明西侧长岭牧场次凹可能未对该构造提供大量气源。因而，结合该构造带断陷层的油气主要来源于自身火石岭组、营城组烃源岩，其次来源于北部查干花次凹南部生烃中心的气源。分析认为，长岭断陷东岭构造带较为特殊，一方面自身具备烃源岩条件，另一方面邻近次凹生烃中心具备有效供烃条件，因而能在该构造带发现油气藏，并形成一定规模的储量。因此，需要进一步确定长岭凹陷中东岭构造带的有利烃源岩发育范围，该构造带紧邻深洼或生烃中心是断陷层油气聚集的有利场所之一。

3）北正镇构造带

北正镇构造带处于长岭凹陷西南控凹断裂的上升盘，平面上呈北西走向，埋藏史演化表明该构造带长期处于高部位，北西走向的北正镇断层是在断陷期长期活动的断裂，断层下盘的 DB10、SN308 等探井揭示了该构造带上断陷层地层的缺失，营城组火山岩直接覆盖在前中生界基底之上，油气显示级别不高。

该构造带具有较好的优势是紧邻长岭牧场次凹，紧邻各烃源岩生烃中心，且长岭牧场次凹是长岭断陷层中生烃能力最大的次凹。通过天然气运移聚集模拟，北正镇构造带一直处于长岭牧场次凹天然气往西南运移聚集较有利的部位，尤其是该构造带的中段地区，火石岭组、营城组顶部的天然气运移聚集平面变化特征反映出该地区一直处于长期的天然气运移指向和主要聚集场所，且天然气运移路径相对较短，天然气可能沿着北正镇断裂运移至构造高处成藏。在该构造带附近实施的 B2 井的钻探获得了天然气突破。

4）查干花东斜坡带

该构造带是查干花次凹往东延伸的斜坡构造带，生烃史模拟揭示了查干花次凹存在南北两个生烃中心，运聚模拟指出两个生烃中心的天然气运移指向分别聚集在斜坡带的北部和南部地区，其中主要聚集区是查干花次凹东斜坡的北部地区。但断陷期与坳陷期的油气聚集有一定的差异，早期运移距离较短，晚期运移距离较长。据此分析，早期成藏的条件主要决定于保存条件的好坏，晚期成藏的条件取决于局部构造圈闭条件的好坏。综合认为，凹陷斜坡带的成藏主要由两个因素控制：一方面是主力供烃次凹的生烃能力的大小，即烃源是否满足天然气聚集的需求；另一方面，箕状断陷斜坡带的构造定型一般相对早一些，结构形成期与主力烃源岩成烃期的匹配关系对于斜坡带成藏是重要的因素之一。

9.4 松辽盆地长岭凹陷油气资源模拟评价与勘探有利方向

9.4.1 断陷层资源模拟评价

图 9-36 为对各区天然气资源量模拟计算统计对比图，资源量从大到小排序表明，北正镇区带资源量最大，达到 $1052.57 \times 10^8 m^3$，其次为前神子次凹，断陷层资源量为 $575.88 \times 10^8 m^3$，腰英台构造带断陷层资源量为 $480.92 \times 10^8 m^3$，再次分别为

东岭构造带资源量为343.5×10⁸m³、乾安次凹资源量为315.09×10⁸m³、达尔罕区带资源量为259.9×10⁸m³、苏公坨区带资源量为180.46×10⁸m³、查干花次凹北部资源量为165.61×10⁸m³、所图地区资源量为134.58×10⁸m³、查干花次凹南部资源量为128.1×10⁸m³、XS1井南缘资源量为133.38×10⁸m³、红安资源量为21.37×10⁸m³。

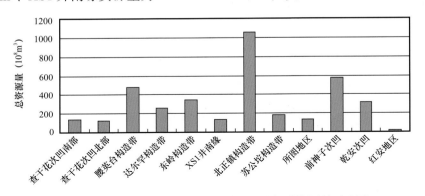

图9-36　长岭凹陷油气各分区断陷层天然气总资源量对比图

Fig. 9-36　Correlation of total hydrocarbon resource quantity among different divisions，
Changling Sag

长岭凹陷各分区断陷层资源丰度对比表明（图9-37），腰英台构造带资源丰度最大，达到1.81×10⁸m³/km²，其次为前神子次凹，断陷层资源丰度为1.3×10⁸m³/km²，按照从大到小排序北正镇构造带断陷层资源丰度为1.18×10⁸m³/km²、达尔罕构造带断陷层资源丰度为1.08×10⁸m³/km²、东岭构造带断陷层资源丰度为0.9×10⁸m³/km²、苏公坨构造带断陷层资源丰度为0.37×10⁸m³/km²、查干花次凹南部断陷层资源丰度为0.35×10⁸m³/km²、查干花次凹北部断陷层资源丰度为0.35×10⁸m³/km²、XS1井南缘断陷层资源丰度为0.348×10⁸m³/km²、乾安次凹断陷层资源丰度为0.286×10⁸m³/km²、所图地区断陷层资源丰度为0.173×10⁸m³/km²、红安断陷层资源丰度为0.023×10⁸m³/km²。

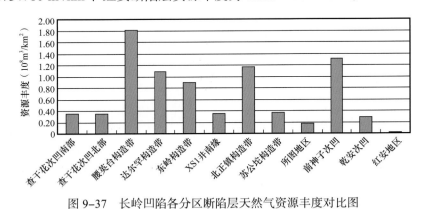

图9-37　长岭凹陷各分区断陷层天然气资源丰度对比图

Fig. 9-37　Correlation of hydrocarbon resource abundance among different divisions，
Changling Sag

比较同一层位在不同构造部位的资源丰度（图9-38至图9-40），火石岭组资源丰度较高的部位主要处于前七号构造带、达尔罕构造带、东岭构造带和长岭牧场次凹南部，资源丰度分别为0.24×10⁸m³/km²、0.20×10⁸m³/km²、0.15×10⁸m³/km²、0.15×10⁸m³/km²。

沙河子组资源丰度较高部位主要处于腰英台构造带、前神子次凹、达尔罕构造带及北正镇构造带，资源丰度分别为 $0.57 \times 10^8 \text{m}^3/\text{km}^2$、$0.41 \times 10^8 \text{m}^3/\text{km}^2$、$0.25 \times 10^8 \text{m}^3/\text{km}^2$、$0.19 \times 10^8 \text{m}^3/\text{km}^2$。营城组资源丰度较高部位主要处于腰英台构造带、北正镇构造带、东岭构造带、前神子次凹及达尔罕构造带，其资源丰度分别为 $0.73 \times 10^8 \text{m}^3/\text{km}^2$、$0.50 \times 10^8 \text{m}^3/\text{km}^2$、$0.43 \times 10^8 \text{m}^3/\text{km}^2$、$0.42 \times 10^8 \text{m}^3/\text{km}^2$、$0.424 \times 10^8 \text{m}^3/\text{km}^2$。登娄库组资源丰度较高部位主要处于腰英台构造带、前神子次凹、北正镇构造带及达尔罕构造带，其资源丰度分别为 $0.398 \times 10^8 \text{m}^3/\text{km}^2$、$0.401 \times 10^8 \text{m}^3/\text{km}^2$、$0.244 \times 10^8 \text{m}^3/\text{km}^2$、$0.203 \times 10^8 \text{m}^3/\text{km}^2$。

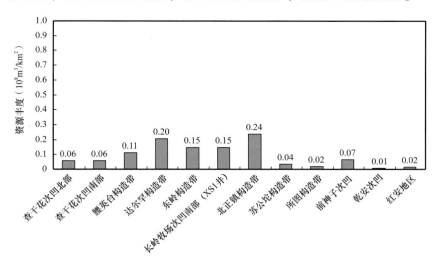

图 9-38　长岭凹陷火石岭组不同构造带天然气资源丰度对比图

Fig. 9-38　Correlation of hydrocarbon resource abundance of Huoshiling
Formation among different structural belts，Changling Sag

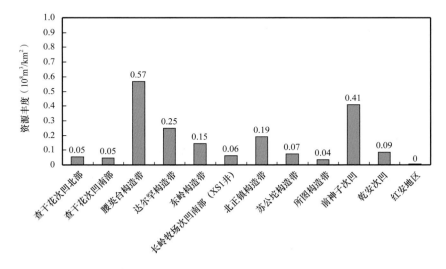

图 9-39　长岭凹陷沙河子组不同构造带天然气资源丰度对比图

Fig. 9-39　Correlation of hydrocarbon resource abundance of Shahezi
Formation among different structural belts，Changling Sag

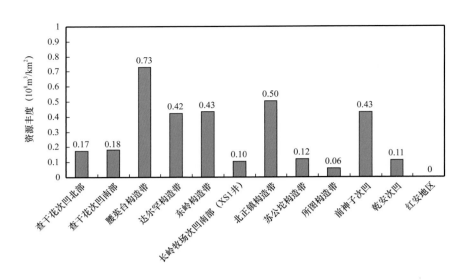

图 9-40　长岭凹陷营城组不同构造带天然气资源丰度对比图

Fig. 9-40　Correlation of hydrocarbon resource abundance of Yingcheng
Formation among different structural belts, Changling Sag

长岭断陷层的资源量为 $3791.35 \times 10^8 m^3$，主要集中在腰英台、前神子、达尔罕、东岭、前神子、北正镇、查干花斜坡等构造带（图 9-41、表 9-2），其中腰英台构造带的资源丰度最大，为 $1.81 \times 10^8 m^3/km^2$，其次前神子、北正镇、达尔罕及东岭构造带。

勘探实践表明，紧邻生烃中心并长期继承性发育的古凸起、储集条件较好的酸性火山岩及碎屑岩发育的地区是深层天然气聚集的有利部位，也是深层天然气勘探的有利地区。在模拟中，从勘探程度、烃源条件、资源前景、储集条件、封盖条件、成藏模式与组合等方面考虑将研究区评价划分为Ⅰ类、Ⅱ类有利区。

9.4.2　Ⅰ类有利区

Ⅰ类有利区为生、储、盖条件好，资源丰度、勘探程度相对高，成藏组合相对优越的地区。包括腰英台构造带、达尔罕构造带、东岭斜坡和北正镇构造带。

9.4.2.1　腰英台构造带

该构造带东边紧邻查干花次凹北部生烃中心、北邻前神子次凹，同时为长岭牧场次凹生烃中心油气运移长期指向区，烃源条件优越。

营城组火山岩厚度大，溢流相、爆发相酸性火山岩发育，储层物性好。具有大型古凸起背景，鼻状构造、断背斜构造发育，圈闭面积大、幅度高，分布主要受断裂活动控制，容易形成构造—火山岩复合圈闭。

区域盖层为厚层的泥质岩盖层，其中青山口组一段、泉头组一段、泉头组二段泥岩厚度大，横向分布稳定，致密火山岩也是很好的局部封盖层。

登娄库组沉积时期披盖式沉积的同时，两侧断层活动形成鼻状构造，且断层活动结束于登娄库组沉积末期，说明该构造定型于登娄库组沉积末期。从时间来看，该构造圈闭形成时间早于区内主要烃源岩生气高峰期，时间匹配条件较好，有利于登娄库组与营城组火山岩—砂岩—泥岩自储自盖组合的天然气成藏。

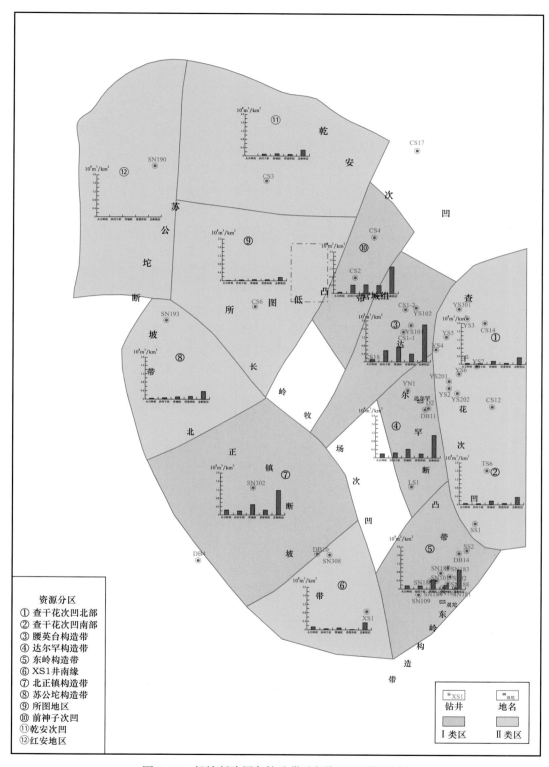

图 9-41　长岭断陷层各构造带油气资源预测评价图

Fig. 9-41　Prediction of hydrocarbon resource intervials forming during rift subsilance in different structural belts，Changling Sag

表 9-2　长岭断陷层不同地区各生烃层系资源量及资源丰度数据表

Table. 9-2　Resource amount and abundance of intervials formed during rift subsidance in different areas of Changling Sag

地区名称	面积（km²）	火石岭组		沙河子组		营城组		登娄库组		断陷层	
		资源量（10⁸m³）	资源丰度（10⁸m³/km²）	资源量（10⁸m³）	资源丰度（10⁸m³/km²）	资源量（10⁸m³）	资源丰度（10⁸m³/km²）	资源量（10⁸m³）	资源丰度（10⁸m³/km²）	资源量（10⁸m³）	资源丰度（10⁸m³/km²）
查干花次凹北部	472.98	27.05	0.06	25.94	0.05	81.66	0.17	30.95	0.07	165.60	0.35
查干花次凹南部	352.86	20.48	0.06	16.54	0.05	64.84	0.18	26.24	0.07	128.10	0.36
腰英台构造带	265.63	30.11	0.11	151.11	0.57	193.81	0.73	105.89	0.40	480.92	1.81
达尔罕构造带	240.19	49.20	0.20	59.87	0.25	101.94	0.42	48.88	0.20	259.89	1.08
东岭构造带	383.69	56.18	0.15	55.98	0.15	166.65	0.43	64.69	0.17	343.50	0.90
XS1井南缘	383.68	57.40	0.15	23.28	0.06	39.69	0.10	13.02	0.03	133.39	0.35
北正镇构造带	895.67	212.93	0.24	171.18	0.19	450.09	0.50	218.38	0.24	1052.58	1.18
苏公坨构造带	490.10	17.88	0.04	35.60	0.07	59.71	0.12	67.26	0.14	180.45	0.37
所图地区	778.40	14.70	0.02	28.35	0.04	45.32	0.06	46.21	0.06	134.58	0.17
前神子构造带	441.51	29.37	0.07	180.11	0.41	189.33	0.43	177.07	0.40	575.88	1.30
乾安次凹	1100.38	9.98	0.01	95.55	0.09	124.77	0.11	84.79	0.08	315.09	0.29
红安地区	909.23	15.71	0.02	2.01	0	0.46	0	3.17	0	21.35	0.02

油气运聚模拟表明，该构造带无论是断陷期，还是坳陷期都是油气运聚的长期指向区，模拟天然气资源量为 $480.9 \times 10^8 m^3$，资源丰度达到 $1.81 \times 10^8 m^3/km^2$。在该构造带已探明松南气田，表明具备形成大型天然气藏的条件，是探明规模储量、实现油气大发展的重要地区，具有极好的勘探潜力。

9.4.2.2　达尔罕构造带

该构造带与腰英台构造带具有较为相似的成藏条件，西侧、东侧均紧邻长岭牧场、查干花次凹，次凹内半深湖—深湖相暗色泥岩发育区是该构造带天然气来源的主要供烃区，具有双源供烃的有利条件，烃源条件好。

圈闭类型以构造—岩性的复合圈闭为主，主要发育营城组火山岩储层和登娄库组砂岩储层。火山岩在三维地震剖面上具有与腰英台断陷层构造火山岩反射相似特征，推测火山岩储集物性较好。登娄库组主要为砂岩、砂砾岩储层，岩性致密，推测可能发育裂缝，储集物性相对较差，储层非均质可能较强。

区域盖层为厚层的泥质岩盖层，其中青山口组一段、泉头组一段、泉头组二段泥岩厚度大，横向分布稳定，致密火山岩也是很好的局部封盖层。

从生储盖组合来看，营城组内部火山岩和砂岩、砂砾岩（以火山岩储层为主）与暗色泥岩（烃源岩、盖层）可构成自生自储的成藏组合，登娄库组砂岩与营城组暗色泥岩可构成下生上储成藏组合，与腰英台构造带较为类似。该构造带的圈闭形成时间要早于沙河子组、营城组烃源岩的生气高峰时期，具有较好的时空匹配关系，可有效捕获天然气成藏，可具备多套含油气层系、原生天然气藏与次生天然气藏共存的特点。

油气运聚模拟表明，该构造带同样为天然气运移的长期指向区，根据计算表明，该构造带的模拟天然气资源量为 $259.9 \times 10^8 \mathrm{m}^3$，资源丰度达到 $1.08 \times 10^8 \mathrm{m}^3/\mathrm{km}^2$。由于该构造带两侧查干花次凹及长岭牧场次凹均有南北向断裂控制，因而东西两侧的早晚期构造圈闭在不同时期分别捕获天然气，因而明确构造、构造—岩性圈闭的发育特征和规律是发现油气的重要前提。

9.4.2.3　东岭斜坡带

东岭斜坡带紧邻长岭牧场次凹南部、查干花次凹南部生烃中心，是油气运聚的主要指向区，具有多源供烃的优越条件，烃源条件优越。

该构造带断背斜圈闭发育，且长期位于继承性发育的大型基岩鼻状隆起背景之上，易形成大型地层超覆尖灭岩性圈闭。主要储层发育于火石岭组、营城组、登娄库组和泉头组，其中火石岭组主要为火山岩和火山碎屑岩，其他层位储层主要为中—细砂岩和含砾砂岩，但储层非均质性可能较强。此外，该地区由于基岩长期暴露地表，经风化淋滤作用，储集物性可能得到较大改善，也是该类构造的一套重要储层。

主要有青山口组、泉头组一段、泉头组二段暗色泥岩对断陷层油气藏形成有效的封盖；同时，登娄库组、营城组暗色泥岩也可作为直接盖层，对天然气形成较好的封盖。另外火石岭组火山岩呈层状分布，与泥岩、砂岩互层，也具有一定的封盖能力。

从生储盖组合特征来看，断陷层系可构成自生自储式生储盖组合，坳陷层系（储层、盖层）和断陷层系（烃源岩）可构成下生上储式生储盖组合，基岩储层（变质岩）和断陷层系（烃源岩）可构成上生下储式生储盖组合。圈闭的形成时间早于或接近生烃高峰时期，具有较好的时间匹配关系。

油气运聚模拟表明，该构造带同样为油气运移的长期指向区，模拟天然气资源量为 $343.5 \times 10^8 \mathrm{m}^3$，资源丰度达到 $0.89 \times 10^8 \mathrm{m}^3/\mathrm{km}^2$。该构造带不仅具备本地火石岭组、营城组烃源岩的供烃条件，而且查干花次凹南部及长岭牧场次凹南部的沙河子组、营城组烃源岩也长期提供油气条件。断陷层系（火山岩、碎屑岩）和坳陷层系均有油气发现，具有多种类型油气藏，油气并存，是扩展勘探领域的有利地区。

9.4.2.4　北正镇构造带

北正镇构造带处于长岭凹陷西南缘抬升构造的最前排，距长岭牧场次凹较近，是长岭牧场次凹油气运聚的主要指向区之一，烃源条件好。

该构造带大型断鼻构造发育。储层除沙河子组、营城组和登娄库组一段砂岩外，控凹断裂以东地区可能还有水下扇发育，控凹断裂以西地区的登娄库组主要为滨湖—浅湖相沉积，地层向西尖灭、超覆，可以形成中浅层的岩性圈闭或火山岩圈闭。

盖层是各组段互层中的泥岩段和区域性的泉头组一段、泉头组二段及青山口组暗色泥岩盖层。

油气运聚模拟表明，该构造带是长岭牧场次凹火石岭组—登娄库组多层系烃源岩供烃的有利部位，并且该构造带紧邻长岭牧场次凹，北正镇断裂作为长期活动的深大断裂，沟通了深部烃源岩和中浅部储层，北正镇断裂带的前排构造直接与深洼部位的烃源岩相邻，该构造—岩性圈闭"近水楼台先得月"，为油气较好的勘探区。另外，油气通过北正镇断裂运移到高部位构造圈闭中聚集，可形成多层次、范围广的聚集带。该带模拟天然气资源量为 $1052.5 \times 10^8 m^3$，资源丰度达到 $1.17 \times 10^8 m^3/km^2$，勘探程度低，构造位置优越，可能发育水下扇优质储层，是应值得重视的极具勘探潜力的有利地区。

9.4.3　Ⅱ类有利区

Ⅱ类有利区包括苏公坨构造带、查干花次凹东部斜坡带及所图地区。

9.4.3.1　查干花次凹东部斜坡带

该构造带长期处于东部查干花次凹的东斜坡区，查干花次凹内 YS3 井已经揭示了火石岭组—营城组三套烃源岩的存在，从烃源岩成熟演化及生烃量的分析，次凹内的烃源岩提供了东部斜坡带的油气来源。

该构造带长期处于次凹的斜坡部位，南北走向断裂形成了斜坡带断鼻、断块及构造—岩性等圈闭类型，这些圈闭类型在断陷期已有雏形，坳陷期的叠加也仅是形成不同程度的埋深和压实差异，因而该构造带的圈闭是次凹内油气较好的储集目标。

坳陷期沉积呈向北、北东增厚的趋势，因而，泉头组、青山口组及嫩江组的泥岩盖层从北往南披盖，查干花次凹北部地区具备了比长岭牧场次凹更好的区域性盖层条件。

油气运聚模拟表明，该构造带同样为油气运移的长期指向区。斜坡带的北部地区的模拟天然气资源量为 $165.6 \times 10^8 m^3$，资源丰度达到 $0.35 \times 10^8 m^3/km^2$；斜坡带的南部地区的模拟资源量为 $128.1 \times 10^8 m^3$，资源丰度达到 $0.36 \times 10^8 m^3/km^2$。对比断陷期和坳陷期油气运聚路径，油气运移指向均由次凹深洼部位往东运移聚集，坳陷期的油气运移路径要较断陷期的距离长，聚集部位要较断陷期的更高，结合目前勘探现状，构造更高的部位是有利勘探的目标区。

9.4.3.2　苏公坨构造带

该带勘探程度较低，其南部紧临长岭牧场次凹生烃中心，总体背景为断阶式斜坡。目前无钻井揭示断陷层系，但据区域地质资料、地震资料分析，储层除沙河子组、营城组和登娄库组一段中的互层段砂岩外，可能还有水下扇发育，且营城组火山岩发育。泉头组一段、泉头组二段及青山口组暗色泥岩为区域性盖层，各组段互层中的泥岩也具局部封盖能力。

油气运聚数值模拟表明，该地区的油气主要来自长岭牧场次凹的长距离运移。断陷期多在苏公坨断裂附近形成聚集，坳陷期油气聚集点比较分散，这些情况表明，该地区应该存在油气聚集的可能，但由于长距离运移，油气的散失对油气成藏不利，另外，由于坳陷期地层披盖调整了苏公坨断裂上下盘的构造圈闭的幅度、构造—岩性圈闭的幅度，对油气保存不利。根据油气运聚资源量计算，苏公坨地区油气资源量为 $180.4 \times 10^8 m^3$，资源丰度达到 $0.36 \times 10^8 m^3/km^2$。

综上所述，长岭凹陷中应加强对三种不同类型勘探目标的勘探评价力度。一种类型为构造—火山岩复合圈闭，强化断层封堵条件和火山岩储层分布规律、储集物性控制因素的研究，降低勘探风险。另一种类型为地层超覆圈闭和构造—地层圈闭、构造—岩性—地层圈闭，特别是在东岭斜坡、东部斜坡构造带中紧邻生烃中心的构造—地层超覆和构造—火山岩—地层超覆圈闭最为重要。长岭凹陷西部地区勘探程度低，风险大，是寻求资源接替的主要阵地，可考虑优先加强北正镇构造带的勘探，优选具有一定规模的相对落实圈闭（火山岩体）进行钻探。第三种类型是断陷层系中的碎屑岩储层领域，碎屑岩（砂岩、砂砾岩）与深层火山岩交互成层，其由于埋深和成岩作用的影响，储集条件较差，但对于天然气而言，其储层条件尚可。因而，加强营城组、登娄库组一段、登娄库组二段的砂岩、砂砾岩及沙河子组中砂岩的勘探，是天然气资源的又一个重要的接替领域。

9.5 小结

（1）长岭凹陷晚侏罗世以来经历了晚侏罗世—早白垩世火石岭组—沙河子组沉积时期、营城组—登娄库组沉积时期两期断陷和泉头组—明水组沉积时期坳陷原型盆地叠加演化。区域应力和深部作用的相互影响，断陷结构由北西走向往北北东走向转变，并逐渐统一形成了西断东超的结构，坳陷层整体披盖在断陷层之上。断陷期深部断裂作用强烈，发育多期强烈火山作用，热流值较高。晚白垩世末，凹陷整体抬升剥蚀，结束了坳陷演化。

（2）早白垩世断陷期主要发育沙河子组、火石岭组和营城组烃源岩。沙河子组烃源岩有机质丰度高、厚度大，为较好气源岩，火石岭组和营城组烃源岩为中等烃源岩。优质烃源岩发育和展布受控于次凹分布和沉积水体环境，长岭断陷层较好的烃源岩主要围绕查干花次凹、长岭牧场次凹及北部前神子次凹 3 个次凹分布，岩性横向变化不大；受物源和水介质条件影响，有机质类型以Ⅱ—Ⅲ型为主；在两期断陷热场和较厚的坳陷层叠加作用下，断陷层烃源岩成熟度整体表现为高—过成熟阶段，局部构造高部位如东岭地区烃源岩处于成熟—高成熟阶段。

（3）TSM 盆地模拟研究表明，断陷层烃源岩从营城组沉积末期开始，到青山口组沉积末期持续生烃，不同时期主力烃源岩不同。其中沙河子组烃源岩累计生气量最大，平面上长岭牧场次凹断陷层烃源岩累计生气量最大。长岭断陷层烃源岩累计生气量为 $19.04 \times 10^{12} m^3$。不同断陷层系烃源岩的成熟演化史存在先后差异，火石岭组烃源岩在沙河子组沉积末期进入生烃门限，营城组—登娄库组沉积时期为大量生烃阶段，泉头组沉积时期已经进入高—过成熟阶段；沙河子组烃源岩在营城组沉积末期进入生烃门限，泉头组—青山口组沉积时期进入高—过成熟阶段；营城组烃源岩成熟时期为泉头组沉积时期，在青山口组沉积末期进入高—过成熟阶段。生烃中心平面变化受断陷结构控制，主要围绕着各次凹展开，其中长岭牧场次凹累计生气量最大。火石岭组、沙河子组及营城组烃源岩累计生气量分别为 $2.71 \times 10^{12} m^3$、$8.54 \times 10^{12} m^3$、$5.18 \times 10^{12} m^3$。生气强度最高主要集中在长岭牧场次凹和前神子次凹中，其中沙河子组烃源岩生气强度最高可达到（120～140）$\times 10^8 m^3/km^2$。

（4）油气运聚模拟表明，长岭断陷层天然气运移路径主要受控于断陷结构，其次受控于深大断裂或者控凹断裂活动，天然气聚集受控构造圈闭和火山岩—碎屑岩储层物性条件，主要围绕着各次凹周缘的构造高部位聚集。深洼部位天然气由深部往构造高部位运移，断裂对天然气运移起到了关键作用。腰英台—达尔罕构造带、东岭构造带、北正镇构造带（前七号构造带）、查干花次凹东部斜坡带等7个构造带，为油气长期运移指向区。受结构演化特征影响，断陷期和坳陷期结构的差异表现为天然气关键时期运移路径的差异。断陷期长岭牧场次凹深部位存在的凹中隆是天然气运移的主要指向和较好的聚集部位，坳陷期查干花次凹东斜坡、腰英台—达尔罕构造带是天然气运移的主要指向和较好的聚集部位。油气的长期指向区和晚期聚集带是油气聚集的有利场所。

（5）长岭断陷层油气的成藏规律具有"多期生烃、多凹供烃、近灶聚集、晚期为主"的特点。断陷层烃源岩自沙河子组沉积末期开始生烃，生烃时期长，成烃高峰时期先后有序，多期生烃特征明显；生气强度高值区主要位于各次凹深处，长岭牧场次凹、查干花次凹及前神子次凹3个主力次凹为主要供烃部位，形成多凹供烃局面；烃源岩生气高峰期主要跨越了泉头组—青山口组沉积时期，坳陷层泥岩的广覆披盖形成了断陷储盖组合的有利盖层，因而断陷期形成的次凹间的构造高部位是天然气的有利聚集场所，形成近源聚集的特点；大量生气的泉头组—青山口组沉积时期同时也是断陷层圈闭定型和生储盖组合匹配较好的时期，因而，晚白垩世是长岭凹陷的主要成藏期。天然气长期指向的腰英台—达尔罕、北正镇构造带等构造油气藏和查干花次凹东斜坡构造—岩性油气藏，及东岭构造带周边岩性—构造油气藏是资源前景较好的有利勘探区带。

10 中国南海裂谷—边缘坳陷叠加组合模拟与资源评价

——以琼东南盆地为例

10.1 琼东南盆地地质演化模型

10.1.1 琼东南盆地的构造背景

琼东南盆地位于南海北部的海南岛与西沙群岛之间,面积 $4.12 \times 10^4 km^2$。盆地西北部海水深 0～200m,与盆地东南部相邻的西沙北部海槽一带海水深度超过 2000m。盆地西与莺歌海盆地毗邻,东以神狐暗沙隆起与珠三坳陷相接,南界永乐隆起。盆地基底主要由前新生代火成岩、浅变质岩和白云岩构成。

琼东南盆地位于欧亚板块、菲律宾板块和印度—澳大利亚板块等多个板块接合处,其形成演化必然受到这些板块相互作用的影响。同时,由于琼东南盆地处于南海海盆的西北部,其发展变化也受到南海海盆扩张演化的影响(图 10-1)。由于琼东南盆地之下东西部深部结构的差异,也造成盆内构造演化的不一致性。

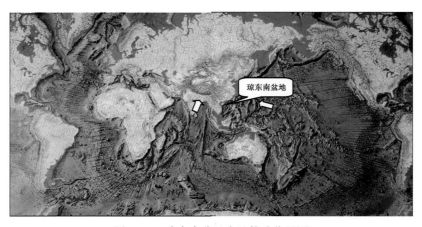

图 10-1 琼东南盆地大地构造位置图

Fig. 10-1 Location map showing tectonics in Qiongdongnan Basin

10.1.1.1 南海北部莫霍面与地壳结构

南海北部陆缘莫霍面等深线呈北东向展布,深度从内陆架的 30km 向东南变浅,至陆坡为 22km,到陆坡坡脚处约 14km,到中央海盆深度小于 12km(图 10-2)。通过双船地震、海底地震仪等地质—地球物理调查结果分析表明,琼东南盆地位于华南地块南缘的地幔隆起带上。从重力空间异常特征分析，莺歌海、琼东南盆地南部到西沙海槽，为一向南弯曲的负空间异常带。重力计算的莫霍面为一地幔隆起带。西沙—中沙海区莫霍面等深线呈北东向展布，西沙群岛海区地壳厚度大于26km，中沙群岛海区地壳厚度为24km左右。南海北部地壳性质主要为减薄的大陆壳，属过渡壳类型，陆坡区为地壳薄弱带，也是岩石圈地幔强烈活动带。新生代地壳张裂，岩石圈地幔底侵、上涌，在陆坡区形成坳陷带。琼东南盆地的地壳厚度在20～28km之间，东沙隆起地壳最厚，达32km，其余地区的地壳厚度在14～26km之间。

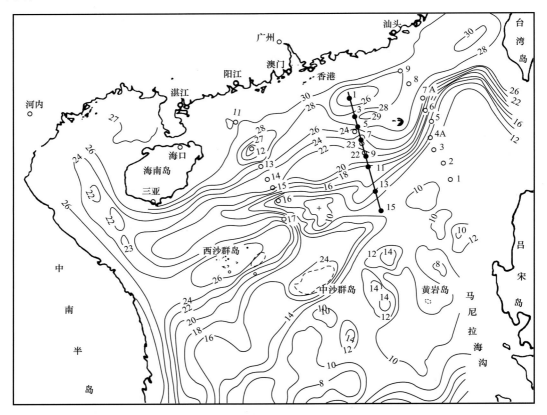

图 10-2　南海北部莫霍面深度图（据苏达权，1997）

Fig. 10-2　Diagram showing Moho depth in northern part of South China Sea（After Su Daquan，1997）

莫霍面深度单位为 km；空心圆圈为中—美合作双船地震 ESP 重点位置；

实心圆圈为中—日合作海底折射地震剖面测量仪器投放位置

　　南海北部陆缘地壳速度结构为4层结构（图10-3）。第1层为同期或后裂谷期沉积层，其速度值为1.6～5.1km/s；第2层为上地壳层，速度为4.7～6.3km/s，厚1～14km；第3层为下地壳层，速度为6.4～6.9km/s，厚6～27km；第4层为下地壳高速层，速度大于7km/s，一般为7.0～7.3km/s，厚3～12km。

10.1.1.2　南海北部盆地基底特征

　　根据重力、磁力资料，结合周边地质和已有钻井资料分析，南海北部新生代沉积基底主要由4个构造单元组成（图10-4）。

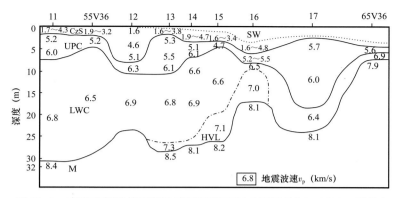

图 10-3　南海北部陆缘西部地壳结构断面图（据姚伯初，1998，修改）

Fig. 10-3　Cross section showing crustal structures in northern continental margin of South China Sea
（After Yao Bochu，1998，modify）

11—55V36—北部断阶带；12—珠三坳陷；13—神狐隆起；14—神狐隆起南陆坡；15—西沙海槽北缘；
16—西沙海槽中心；17—西北海盆西缘；65V36—西北海盆；SW—海水；CzS—中生代沉积层；
UPC—上地壳；LWC—下地壳；M—地幔；HVL—高速地壳层

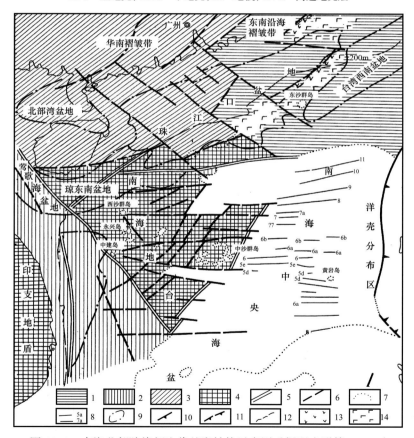

图 10-4　南海北部陆缘新生代基底结构示意图（据翟光明等，1992）

Fig. 10-4　Schematic diagram showing the Cenozoic basement structures in northern continental margin of South China Sea
（After Zhai Guangming，1992）

1—燕山褶皱基底；2—印支褶皱基底；3—加里东褶皱基底；4—前寒武系褶皱基底；5—岩石圈断裂；6—基底断裂；
7—基底年代界线；8—磁异常条带；9—新生代盆地边界；10—活动俯冲带；11—不活动俯冲带；12—等水深线；
13—中基性火山岩；14—超基性岩带

南海北部陆缘的基底基本是中国华南古大陆的延伸（李思田，1997）。海南岛南部边缘、西沙、中沙群岛，是古南海—昆嵩地台的残余碎块，其新生代沉积基底属前寒武系褶皱基底。珠江口盆地西北部及北部湾的企西隆起以南地区，有广泛的中生代花岗岩侵入体，是华南加里东褶皱系的延伸部分。珠江口盆地东北边缘是东南沿海褶皱系的延伸部分。受中生代强烈构造运动的改造，大片中生代火山岩系覆盖在海西褶皱带上。在莺歌海、琼东南和北部湾盆地的钻井中揭示到泥盆—石炭系石灰岩，是陆上铁山港、合浦一带石炭系的延伸部分，属后加里东盖层基底。据区域资料推断，莺歌海盆地的基底是印支褶皱带的延伸。据地震波反射速度推测，认为珠江口盆地东部、台西盆地、西沙西南海区等区域新生代沉积基底属燕山褶皱基底。

10.1.2　琼东南盆地结构特征

琼东南盆地经历3个原型演化阶段，形成了3个构造层。前人的研究成果一般将其划为上下两个构造层，即下部的断陷层和上部的坳陷层，之间的地震反射层 T_6^0 为断坳转换面。但是，从原型划分的角度来看，下部断陷层可以再细分为两阶段，即始新世的陆内断陷阶段和渐新世的裂谷阶段，在盆地结构上对应地形成断陷结构和裂谷结构（图10-5）。

图 10-5　琼东南盆地结构示意图

Fig. 10-5　Schematic diagram showing structures of Qiongdongnan Basin

琼东南盆地始新世形成的断陷结构和中国东部其他盆地一样，都表现为地堑或半地堑结构，在空间分布上不连续，沉积范围受控制断陷的北东东—北东向断层所限制。由于地震资料品质的限制，在地震剖面上仅局部可以识别出断陷层。根据在其他地区的勘探经验，断陷层主要发育湖相沉积，在沉降沉积中心形成富含有机质的优质烃源岩。

渐新世时期，南海运动将原来的地堑—半地堑进一步拉开，琼东南盆地进入裂谷发育阶段，裂谷期沉积了早渐新世崖城组富有机质的海岸平原沼泽相煤系泥岩和半封闭浅海相泥岩，是良好的烃源岩；上渐新统是一套海陆交互相砂泥岩沉积，代表了陆相沉积趋于结束和海相沉积的开始，陵水组主要为浅海相沉积。

新近纪以来，盆地进入坳陷发育阶段，此时构造相对稳定。沉积范围扩大，以海相为主，地层分布远较古近系广泛，由半分隔海沉积体系向开阔海沉积体系演化。下中新统主要为滨、浅海相砂砾岩、砂岩、灰色泥岩及石灰岩或白云岩沉积。琼东南盆地中央坳陷带深水区中中新统主要为半深海—深海相泥岩沉积，是琼东南盆地潜在的烃源岩。

10.1.3　琼东南盆地原型演化序列

通过调研前人成果，并结合实际的地震资料，分析认为南海北部盆地经历了多期伸展拉张，这种伸展拉张与周围板块相互作用和南海海盆的扩张活动有关。提出了对琼东南盆地演化的认识：琼东南盆地经历了始新世断陷、渐新世裂谷和中新世以来的陆缘坳陷3个原型演化阶段，这种演化控制了沉积和热演化过程，对盆地资源潜力有重要影响。

10.1.3.1 始新世断陷阶段

前人研究结果表明，新生代以来，特别是自始新世印度板块快速向北推进，新特提斯洋壳在印度板块的东北侧俯冲于华南—印支陆块之下，导致陆壳之下地幔物质向中国大陆东南蠕散。同时由于古太平洋板块以NNW向向欧亚板块俯冲，使地幔受阻并在南海北部上涌，形成下压上张的应力格局，在脆性的上地壳产生一系列断裂，从而产生NNE向断陷（图10-6），这种断陷的形成机制与中国东部其他地区陆内断陷盆地一样，可以进行很好地类比。

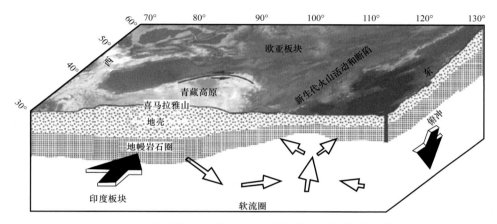

图10-6　始新世板块碰撞与中国东部陆内拉张关系示意图

Fig. 10-6　Schematic diagram showing relationship of intracontinental
tension with collision of Eocene plates in East China

10.1.3.2 渐新世裂谷阶段

前人研究表明，南海海盆的主扩张期为32—16Ma（夏戡原等，1997；姚伯初等，1991），南海海盆南北向的扩张提供了裂谷演化的背景（图10-7）。

近数十年来，中国科学家和美国、日本、德国进行合作，获得的地震声呐浮标、双船扩展排列地震资料、海底地震仪探测资料揭示了南海北部陆缘的地壳结构（图10-3）。这些地壳结构剖面都反映了南海北部大陆边缘自北向南逐渐减薄，随着南海海盆的扩张，琼东南盆地开始由早期的聚敛环境改变为离散环境，盆地也相应地进入裂谷发育阶段。

10.1.3.3 中新世以来的陆缘坳陷阶段

中新世以来，随着南海扩张作用影响的减弱和结束，琼东南盆地进入陆缘坳陷发育阶段，此时盆地由早先的构造沉降转为热沉降为主。5.3Ma以来，莺歌海盆地与西沙海槽发生新的拉张作用，琼东南盆地受此影响发生快速沉降。

根据盆地形成发育的构造环境和深部热体制，琼东南盆地新生代以来的构造演化可以分为3个阶段（表10-1）。

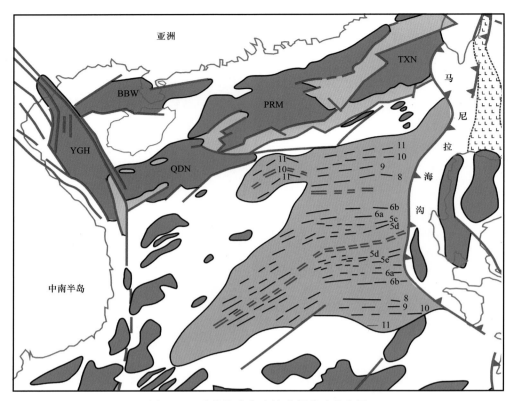

图 10-7　南海海盆与南海北部盆地分布图

YGH—莺歌海盆地；BBW—北部湾盆地；QDN—琼东南盆地；PRM—珠江口盆地；
TXN—台西南盆地；字母 5c、5d、5e、6a、6b 及数字 8～11 代表南海磁异常条带

Fig. 10-7　Distribution of basins in northern South China Sea and the South China Sea Basin

表 10-1　琼东南盆地原型演化划分（据袁玉松，2007，修改）

Table 10-1　Evolution of prototypes of Qiongdongnan Basin（After Yuan Yusong，2007，modify）

系	统	珠江口盆地		琼东南盆地		盆地演化阶段	绝对年龄（Ma）
		组	热演化史	组	热演化史		
Q		现今地表热流局部高值异常		乐东组	晚期加热	陆缘坳陷	2.6
N	N₂	万山组		莺歌海组			5.3
	N₁	粤海组		黄流组	热衰减		10.5
		韩江组	热衰减	梅山组			16
		珠江组		三亚组			23.3
E	E₃	珠海组	第二期加热	陵水组	第二期加热	裂谷	28
		恩平组		崖城组			32
	E₂	文昌组	第一期加热		第一期加热	陆内坳陷	56.5
	E₁	神狐组					65
AnR							

琼东南盆地的三期构造演化，为盆地提供了良好的生烃物质基础。深水区所处的高热流背景及 3 期构造沉降作用，伴随了 3 次高热流事件，利于烃源岩的成熟。盆地内发育的多储集体类型，多套储盖组合，为油气富集提供了广阔的空间。多期构造运动，形成多种圈闭类型，利于油气聚集成藏。

10.1.4 琼东南盆地地层与沉积特征

10.1.4.1 层序地层格架

该地区地震反射界面标定参考中国石化上海海洋油气分公司在中国石化研究区的地震层序划分方案，研究区之外区域参考广州海洋地质调查局的地震解释资料进行对比和追踪，延伸至全盆范围。由上至下，以海底、T_2 波、T_3 波、T_4 波、T_6 波、T_7 波、T_8 波、T_g 波为界，从构造演化的角度出发，将琼东南盆地新生代地层划分为 I、II、III 3 个超层序，超层序 I 又可进一步划分为 A、B、C、D 4 个层序，超层序 II 又可进一步划分为 E、F 两个层序，超层序 III 对应于层序 G（表 10-2）。

表 10-2　南海琼东南盆地层序地层划分简表
Table 10-2　Simplified chart of stratigraphic sequences in Qiongdongnan Basin of South China Sea

地层				年龄（Ma）	盆地演化阶段	层序划分 超层序	层序划分 层序	层序界面
新生界（N）	第四系	全新统			陆缘坳陷	I	A	
		更新统	乐东组	2.6			B	T_2
	新近系（N）	上新统（N_2）	莺歌海组	5.3				T_3
		中新统（N_1） 上（N_1^3）	黄流组	10.5			C	
		中新统（N_1） 中（N_1^2）	梅山组					T_4
		中新统（N_1） 下（N_1^1）	三亚组				D	
	古近系（E）	渐新统（E_3） 上（E_3^2）	陵水组	23.3	裂谷	II	E	T_6
		渐新统（E_3） 下（E_3^1）	崖城组	28			F	T_7
		始新统（E_2）		32	断陷	III	G	T_8
前新生界				56.5				T_g

1）超层序 I

超层序 I（海底—T_6）由层序 A、B、C 和 D 组成，总体为坳陷阶段的海陆过渡相、浅海—半深海沉积。

2）超层序Ⅱ（T$_6$—T$_8$）

超层序Ⅱ（T$_6$—T$_8$）由 E、F 两个层序组成。该超层序现今主要分布于盆地深凹部位，主要为裂谷阶段的海陆过渡相沉积。

3）超层序Ⅲ（T$_8$—T$_g$）

超层序Ⅲ（T$_8$—T$_g$）由层序 G 组成，仅分布于地堑或半地堑中。超层序Ⅲ地层为盆地断陷阶段陆相湖盆沉积。

10.1.4.2　岩石地层特征

琼东南盆地地层主要为新生界，钻井揭示的新生界有下渐新统崖城组、上渐新统陵水组、下中新统三亚组、中中新统梅山组和上中新统黄流组，上新统莺歌海组及第四系。地震资料揭示，盆地内少数箕状断陷底部，在下渐新统之下尚存在一套沉积，沉积范围较小，据珠江口和北部湾盆地钻井揭示，始新世断陷阶段发育一套陆相沉积。

1）第四系

第四系，盆地内钻井揭示厚度为 683.2～1802m，上部为浅灰色—灰色软泥及砂层、砂砾层互层、富含贝壳碎片；下部为厚层灰色软泥、砂质软泥夹灰色钙质砂层或粉砂层。

第四系与下伏上新统莺歌海组呈整合或假整合接触，界面上下地层变化不大。

2）上中新统黄流组—上新统莺歌海组

钻井揭示黄流组—莺歌海组沉积厚度为 173～1900m。盆地内乐东 30-1-1 井、崖 14-1-1 井、崖 13-1-1 井等多口钻井揭示，该套地层岩性主要由浅灰—黄灰色砂岩、钙质砂岩、生物灰岩、白垩质砂岩、钙质泥岩不等厚互层沉积组成。

黄流组与下伏梅山组呈平行不整合接触。

3）中中新统梅山组

钻井揭示梅山组沉积厚度为 173.5～315.5m，该套地层岩性为灰白色—浅灰色砂岩、砂砾岩、白垩质砂岩、灰色生物碎屑灰岩，含陆屑生物白云化灰岩等，夹灰色泥岩。盆地北部岩性较粗，为大套浅灰色砂岩、砂质灰岩、石灰岩。盆地西部变为砂质生物灰岩及白云化灰岩和灰质粉—细砂岩夹泥岩。盆地东北部一带为含砾砂岩，砂、砾岩夹石灰岩及灰质砂岩、泥岩。

梅山组与下伏三亚组整合接触。

4）下中新统三亚组

钻井揭示三亚组沉积厚度为 0～595m，下部为灰白色—灰色粗砂岩，含砾砂岩，与灰色泥岩呈不等厚互层，夹灰黑色煤层或煤线。由西往东岩性变细。上部为灰白色—浅灰色钙质粉砂岩、含陆屑生物白云化灰岩，往西北岩性变粗为灰白色含砾砂岩、砂、砾岩及浅灰色钙质粗—细砂岩、有孔虫灰岩。

三亚组与下伏陵水组呈平行不整合接触。

5）上渐新统陵水组

盆地内钻井揭示陵水组沉积厚度为 47～1697.5m，岩性为灰白色—浅灰色厚层砂岩、含砾砂岩与深灰色泥岩、页岩不等厚互层。下部砂岩发育，为厚层砂岩夹深灰色泥岩，砂岩中含炭屑，往东至莺 9 井底部变为浅紫褐色、棕红色生物灰岩及生物碎屑泥灰岩；上部为深灰色泥、页岩夹砂岩及含砾砂岩。

陵水组与下伏崖城组不整合接触。

6）下渐新统崖城组

钻井揭示崖城组沉积厚度为 0～966.5m，岩性以深灰色—灰黑色泥岩为主，与灰白色—浅灰色砂岩、砂砾岩互层，夹紫色、浅棕色、灰褐色薄层泥岩、薄煤层或煤线。崖 8-2-1 井揭示，底部为暗紫色、灰色砂砾岩为主，夹深灰色泥岩；下部为灰色粗粒—含砾长石砂岩与深灰色—灰黑色煤层；中部为深灰色泥岩；上部为深灰色泥岩夹灰白色含砾粗砂岩、砂砾岩，夹煤线或炭屑。

10.1.4.3　沉积演化特征

笔者在前人沉积相和沉积体系研究的基础之上（中国海油，2001；广州海洋地质调查局，2004；中国石化上海海洋油气分公司，2004），依据现有的地震剖面精细解释，运用地震相—沉积相分析方法分层序开展古近系始新统（T_g—T_8）、渐新统崖城组（T_8—T_7）和陵水组（T_7—T_6）、新近系中新统三亚组（T_6—T_5）、梅山组（T_5—T_4）和黄流组—上新统莺歌海组（T_4—T_2）沉积体系和沉积相分布特征研究。

1）始新统（T_g—T_8）沉积体系展布特征

始新世期间，琼东南盆地在晚白垩世拉张的基础上继续拉张，形成箕状断陷或地堑，盆地的周边隆起、凸起和低凸起仍然大面积出露，断陷分割性依然明显，形成"凹隆相间"的构造格局，始新统发育一套湖相沉积，物源主要来自海南隆起区、北部隆起带、永乐隆起区和东部神狐隆起，沉积相组合为（扇）三角洲—滨湖—浅湖—半深湖相（图 10-8）。半深湖和浅湖相主要发育在中央坳陷带内，范围占据了盆地沉积区的 70% 以上，在南部各凹陷的较深部位也有小范围分布。滨湖相主要分布在北部坳陷带和松东、松南、宝岛、长昌凹陷的边缘浅部位。（扇）三角洲沉积体系发育于盆缘隆起或盆内凸起区的边缘，又或各凹陷半地堑断层下降盘，主要分布于北部坳陷的崖北、松西和松东凹陷，南部坳陷带的华光礁凹陷、玉琢礁凹陷和北礁凹陷，北部物源来自海南隆起区，南部物源来自永乐隆起区。受盆内中部凸起剥蚀区物源供应影响，在乐东凹陷东部和北礁凹陷北部也发育小规模（扇）三角洲。

2）下渐新统崖城组（T_8—T_7）沉积体系展布特征

崖城组沉积初期（早渐新世），琼东南盆地持续拉张，盆地范围扩大，伴随着全球海平面上升，迅速的海侵使始新统沉积时期的湖泊演变成陆表海。崖城组沉积期整体为一个海平面逐渐上升的过程，盆地发育从陆相到海相的各种沉积相类型，沉积相组合为河流平原—滨海—浅海—（扇）三角洲—潟湖等（图 10-9）。河流平原是该时期较为发育的沉积亚相类型之一，地层中常含有煤层或碳质条带，在盆地北部坳陷带崖北凹陷、松东凹陷、宝岛凹陷、南部玉琢礁凹陷和北礁坳陷或盆内凸起缓坡区均有大面分布。滨海相发育于盆地边缘及古隆起周围，海岸平原相向盆地内部过渡的区域，主要分布在北部隆起区、北礁低凸起上的低洼部位。由于沉积时的地势平缓，本层序的滨海相多以潮汐作用为主，与一般波浪作用为主的砂质滨海不同，此类滨海含较多的沼泽、潟湖和潮坪沉积，多形成含煤层系。浅海相基本继承性发育于始新统中深湖相的位置，但分布范围有所扩大，主要分布在乐东凹陷、陵水凹陷、松南凹陷、宝岛凹陷及长昌凹陷。（扇）三角洲相主要分布于盆地北部边缘和盆内南部凸起周缘，其物源主要来自海南隆起区和永乐隆起区。琼东南盆地崖城组沉积时期的煤系地层是盆地主要的烃源岩。

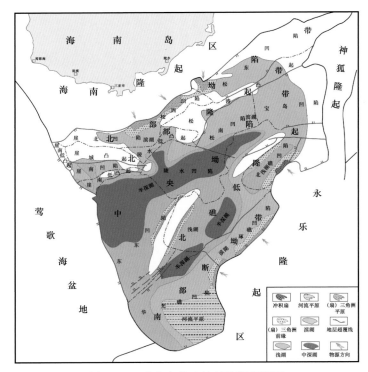

图 10-8　琼东南盆地始新统沉积相图

Fig. 10-8　Diagram showing Eocene sedimentary facies in Qiongdongnan Basin

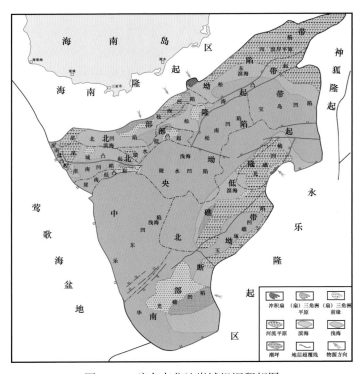

图 10-9　琼东南盆地崖城组沉积相图

Fig. 10-9　Sedimentary facies of Yacheng Formation in Qiongdongnan Basin

3）上渐新统陵水组（T_7—T_6）沉积体系展布特征

晚渐新世琼东南盆地又开始新一幕的拉张作用，使地形高差再次增大，沉积物供应量增多，各凹陷中心的沉积速率加大，沉积厚度增大，而凹陷边缘则沉积较少，地层厚度呈明显楔状。陵水组沉积时期海平面总体上经历了由升到降的过程。陵水组三段层序发育时期，海平面持续上升，海侵加强，沉积范围扩大，以浅海及滨海相沉积为主，海岸平原相发育非常局限。浅海相地层主要发育在北部坳陷和中央坳陷的各凹陷中。滨海相主要发育在崖城凸起、东南盆缘各凹陷边缘高部位。扇三角洲发育于盆地北部边缘和盆内凸起周缘。北礁低隆起边缘低凹部位发育大规模的扇三角洲，物源来自北礁低隆起区高部位。北礁低隆起有一段地势平缓地段为水下浅水台地相，并可能有生物礁或生物灰岩发育（图 10-10）。陵水组二段层序发育时期，琼东南盆地基本沉积格局与陵水组三段类似，但相对海平面上升，沉积范围进一步扩大，盆缘和盆内的古隆起区略有变小，物源供应能力减弱，扇三角洲沉积减少。浅海相分布广，各凹陷中部都有相当厚度的浅海相沉积。陵水组一段层序发育时期，相对海平面下降，从而产生了前积至退积的沉积特征，T_6 界面具有明显的削蚀现象。浅海相的分布位置与陵水组二段类似，滨海相和（扇）三角洲发育范围增大。

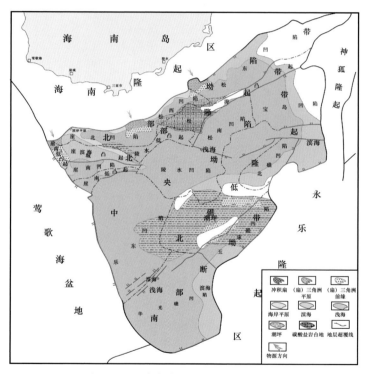

图 10-10　琼东南盆地陵水组沉积相图

Fig. 10-10　Sedimentary facies of Lingshui Formation in Qiongdongnan Basin

4）下中新统三亚组（T_6—T_5）沉积体系展布特征

三亚组发育期，盆地整体南倾开始进入了坳陷沉积阶段，在大规模海侵背景下，盆地北部开始形成陆架—陆坡雏形，转折线大致沿原松涛古岛南缘和西缘分布，并向西南方向推进。以陆架滨浅海沉积体系为主，中央坳陷主要发育浅海—半深海沉积，盆地沉积相组合为半深海—浅海—滨海—扇三角洲—海岸平原相（图 10-11）。三亚组沉积早期，水深相对较浅，盆地西部形成类似陆表海的沉积环境，东南部发育一套潮汐作用为主的滨海沉积。三亚组沉积晚期，海侵进一步扩大，水体加深，整体继承了三亚组沉积发育早期的沉积格局，但中央坳陷带浅海相范围比三亚组沉积早期有所扩大，半深海相不断增大，主要沿带状分布于陵水凹陷、松南凹陷、宝岛凹陷以及长昌凹陷。伴随海侵南部隆起区剥蚀区范围进一步缩小，南部物源局部供给能力进一步削弱，发育大片滨海潮坪相沉积。

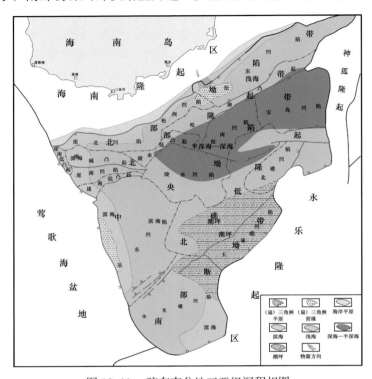

图 10-11　琼东南盆地三亚组沉积相图

Fig. 10-11　Sedimentary facies of Sanya Formation in Qiongdongnan Basin

5）中中新统梅山组（T_5—T_4）沉积体系展布特征

梅山组发育时期盆地沉积范围较三亚组有所扩大，主要发育扇三角洲相、滨海相、浅海相、半深海相、碳酸盐岩台地相。北部坳陷带主要发育滨—浅海相、（扇）三角洲相和碳酸盐岩台地相沉积。盆地西部和东北部水体偏浅，以滨海相为主；崖南凹陷、陵水凹陷、宝岛凹陷及其以南地区为浅海相沉积。梅山组发育的后期为海侵和高位期（图 10-12），水深迅速加大，沉积范围扩大，盆地东南部斜坡距离物源较远，构造高部位成为适宜生物礁发育的清水环境，开始发育大范围的碳酸盐岩台地，在北礁低隆起和玉琢礁凹陷形成了一定范围的生物礁群。

6）上中新统黄流组—上新统莺歌海组（T_4—T_2）沉积体系展布特征

晚中新世为新的海侵初始阶段，海侵波及陆架区的东南部，西部仍大面积出露地表，西南部发育海底扇群。在中央坳陷及以南区域为半深海环境，盆地东南部为浅海环境并在构造高部位继承性发育大面积的碳酸盐岩台地（图 10-13）。晚中新世末，海侵波及全区，盆地西部仍发育大型海底扇外，并且发育海底水道浊积岩。上新世早期海侵达到高峰，盆地西部陆坡形成，在陆坡附近发育斜坡砂岩和坡脚浊积岩。上新世晚期，海侵达到最高峰后开始海退，伴有构造活动和火山喷发，并且开始发育三角洲和海岸平原沉积。

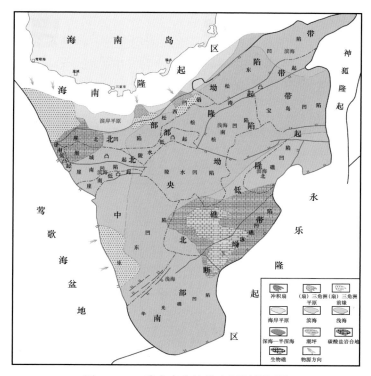

图 10-12　琼东南盆地梅山组沉积相图

Fig. 10-12　Sedimentary facies of Meishan Formation in Qiongdongnan Basin

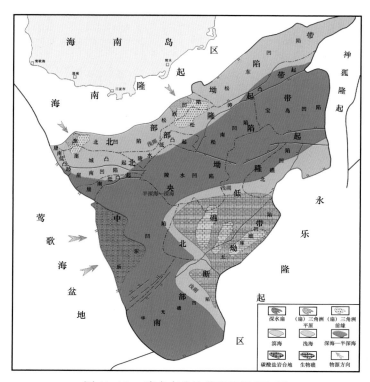

图 10-13　琼东南盆地黄流组沉积相图

Fig. 10-13　Sedimentary facies of Huangliu Formation in Qiongdongnan Basin

10.1.4.4　生储盖组合特征

琼东南盆地古近纪由于断裂活动强烈，张性断层发育，盆地被分割成多个凸起和凹陷，凹陷一般都具有较好的生储条件。从盆地各个钻井中纵向砂岩、泥岩分布和产油气水等情况分析（表10-3至表10-6），结合烃源岩层系分布特征，盆地内由下而上可能存在四套生储盖组合。

表 10-3　琼东南盆地暗色泥岩、页岩厚度统计表（据翟光明，1992）

Table 10-3　Statistics of thickness of black mudstone and shale in Qiongdongnan Basin

（After Zhai Guangming，1992）

地层	井 号	泥岩、页岩总厚度（m）	占该组厚度的比例（%）	地层	井 号	泥岩、页岩总厚度（m）	占该组厚度的比例（%）
莺歌海组	崖 14-1-1	532.0	59.7	三亚组	崖 8-1-1	114.0	22.8
	崖 8-1-1	422.0	52.4		崖 14-1-1	172.0	52.1
	崖 8-2-1	520.7	84.9		崖 8-2-1	221.8	49.9
	崖 13-1-1	1358.5	86.5		莺 9	325.0	76.5
	崖 13-1-2	1348.5	87.6	陵水组	崖 14-1-1	84.0	27.5
	乐东 30-1-1	1462.0	67.8		崖 8-1-1	218.8	28.7
	莺 9	306.5	94.3		崖 8-2-1	307.5	37.7
梅山组	崖 14-1-1	50.0	24.9		崖 13-1-1	24.5	20.1
	崖 8-1-1	115.3	36.8		崖 13-1-2	57.0	27.2
	崖 8-2-1	29.5	13.3		崖 19-1-1	212.5	53.3
	崖 13-1-1	93.0	34.3		莺 9	210.5	38.2
	崖 13-1-2	187.5	50.6	崖城组	崖 8-1-1	35.0	14.6
	崖 19-1-1	254.0	58.7		崖 8-2-1	534.0	58.7
	莺 9	158.0	40.5		崖 13-1-1	5.5	12.0
					崖 13-1-2	73.0	30.1
					崖 19-1-1	190.5	45.5

表 10-4　莺歌海、琼东南盆地各组地层砂岩发育情况一览表（据翟光明等，1992）

Table 10-4　Sandstone development in stratigraphic sequences in Yinggehai and Qiongdongnan Basins

（After Zhai Guangming et al，1992）

地层年代	组	钻井数	每口井砂岩厚度（m）	砂岩厚度占地层厚度百分比（%）
N_1^3–N_2	黄流组—莺歌海组	12	166.5（平均）	17.18（平均）
N_1^2	梅山组	11	32.0～425.0 167.8（平均）	12.0～94.2 55.0（平均）
N_1^1	三亚组	7	68.50～213.75 144.2（平均）	20.3～86.5 49.1（平均）

続表

地层年代	组	钻井数	每口井砂岩厚度（m）	砂岩厚度占地层厚度百分比（%）
E_3^2	陵水组	7	96.5～395.7 269.5（平均）	46.9～81.8 59.0（平均）
E_3^1	崖城组	5	36.5～373.5 190.8（平均）	41.0～79.3 51.5（平均）

表 10-5　琼东南盆地储层特征统计表（据中国海油资料）

Table 10-5　Characteristics of reservoirs in Qiongdongnan Basin（After CNOOC）

地层	累计厚度	单层最大厚度（m）	岩性	物性		钻遇井
				孔隙度（%）	渗透率（mD）	
黄流组	153.5	16.5	细砂岩	15.0	490.0	YC35-1-1
	95.3	13.0	粉砂岩	12.0	—	YC21-1-3
	81.5	16.5	细砂岩	16.0	450.0	YC13-1-4
梅山组	36.0	11.0	中砂岩	15.0	150.0～490.0	YC35-1-1
三亚组	180.0	38.0	细—中砂岩	13.0	—	YC21-1-2
	251.0	19.0	含砾砂岩及粉砂岩	9.7	4.8	YC21-1-1
	43.0	43.0	红藻灰岩	0.5～3.1	—	YC21-1-1
	55.0	55.0	泥—粉晶红藻灰岩和云岩	5.1	—	YC21-1-2
	32.0	16.0	粉—细砂岩	10.0	—	YC13-1-4
陵水组	110.5	12.5	细砂岩	20.0	—	YC13-1-1
	223.0	14.5	中砂岩	16.3	—	YC13-1-2
	184.57	11.0	粗砂岩	8.0	—	YC19-1-1
	210.5	42.0	不等粒砂岩	15.0～25.0	300.0	YC14-1-1
	21.5（未完）	8.5	含藻中—粗砂岩	—	—	YC21-1-2
	304.5	6.0	白垩砂岩	11.5	—	YING9
崖城组	292.0	115.0	含砾砂岩	8.2	—	YC8-2-1

表 10-6　琼东南盆地单井砂、泥岩百分比统计表（据中国海油资料）

Table 10-6　Percentage of sandstones and mudstones in single well in Qiongdongnan Basin（After CNOOC）

井名	参数	黄流组—莺歌海组	梅山组		三亚组		陵水组		
			一段	二段	一段	二段	一段	二段	三段
YC8-2-1	厚度（m）	579.0	167.0	89.5	215.0	229	84.5	402.0	3295.0
	砂岩（%）	14.6	38.6	87.7	42.6	50.7	53.3	48.4	79.2
	泥岩（%）	85.4	29.1	12.3	57.4	48.2	46.7	51.6	20.6

井名	参数	黄流组—莺歌海组	梅山组		三亚组		陵水组		
			一段	二段	一段	二段	一段	二段	三段
YC14-1-1	厚度（m）	891.5	104.5	96.5	167.0	163	35.0	85.0	86.0
	砂岩（%）	37.4	46.9	57.5	50.0	45.4	100.0	70.5	64.5
	泥岩（%）	62.5	15.8	39.9	50.0	53.9	0	29.5	21.0
YC19-1-1	厚度（m）	2674.0	382.0		188.0			101.0	250.0
	砂岩（%）	13.5	40.0		35.0			49.5	5.8
	泥岩（%）	86.5	60.0		65.0			50.5	94.5
YING9	厚度（m）	755.0	297.0		553.0		130.0	188.0	233.0
	砂岩（%）	6.4	55.0		11.7		48.4	45.7	69.0
	泥岩（%）	93.6	45.0		88.3		51.6	54.3	31.0

1）崖城组生储盖组合

崖城组中上部灰色泥岩夹薄煤层为烃源岩，其中所夹的砂岩为储层（砂岩占40%），属中等物性，平均孔隙度12.5%，平均渗透率1.25mD。其上部的泥岩为盖层，属于自生自储的组合，仅分布在断陷中。

2）崖城组—陵水组生储盖组合

崖城组上部灰色泥岩夹薄煤层和陵水组中上部灰色泥岩为烃源岩，陵水组三段砂岩为储层，其中砂岩占59%，平均孔隙度14.67%，平均渗透率198.03mD。陵水组二段的泥岩为盖层。属于下生上储的组合，分布在凹陷中及覆盖在凸起上，已获得油气发现，为盆地主要勘探层。

3）三亚组—梅山组生储盖组合

崖城组—陵水组泥岩夹薄煤层和三亚组下部泥岩所夹煤层为烃源岩，三亚组一段砂岩及梅山组砂岩和生物（礁）灰岩为储层，砂岩占50%以上，平均孔隙度32%，平均渗透率2445.8mD，物性很好，是良好的储层，而梅山组的泥岩为盖层。属于下生上储的组合，已获得油气发现，为盆地主要勘探层。

4）梅山组—黄流组生储盖组合

崖城组—陵水组泥岩夹薄煤层和黄流组泥岩为烃源岩，而梅山组上部砂岩为储层，黄流组泥岩作为盖层，属于下生上储的组合。

10.2 琼东南盆地盆地模拟流程与参数

10.2.1 模拟系统及流程

琼东南研究区模拟遵循TSM盆地模拟研究方法（参见本书第二篇），通过盆地模拟系统整合，从盆地原型分析出发，再现其地质作用过程和油气响应特征。

基于琼东南盆地勘探程度低，针对琼东南盆地前述所涉及的地质模型，结合琼东南盆地的沉降、沉积等演化特点，建立了琼东南盆地深水区模拟系统，不考虑剥蚀作用，包括埋藏史、热史、生烃史等演化过程，进而估算油气资源量，分析有利区带，指导勘探。

10.2.1.1 埋藏史模拟流程

地震剖面等资料所取得的信息是现今的地质情况。为了实现盆地埋藏演化的模拟，需要从现在已知的数据出发，回推其发展历程。根据现实的资料情况设计琼东南盆地埋藏史模拟流程。

根据孔深关系曲线及现今的地层厚度及其埋深，逐步计算恢复其在各时段的埋深及厚度。模拟过程中剥蚀量的恢复是一个较为困难的问题，模拟计算中基于琼东南盆地的勘探程度低、R_o与深度关系没有明显突变点的条件下，不考虑剥蚀作用。

10.2.1.2 热—生烃史模拟流程

在恢复了埋藏史的基础上，根据大地热流值随时间变化以及地层本身的热物理参数计算古地温场的演化，再根据温度场积分计算时间与温度并求取 TTI，从而进一步得到成熟度 R_o。

由实验测试得到的各层段 R_o—烃产率关系，再加上有机碳含量、暗色泥岩的体积等参数，就可用以计算得到生烃量。

热—生烃演化计算的关键问题在于与实测资料的拟合。模拟计算得到的地温值应当与有关测试数据进行拟合，测试数据来自井中测温数据。计算的 R_o 也与实测的 R_o 值相拟合。计算获得的地温、R_o 值应当与实测的地温、R_o 值有较高的拟合度。

10.2.2 模拟范围和参数选取

10.2.2.1 模拟范围

模拟设定的范围包括北礁低隆起及其相邻的乐东凹陷、陵水凹陷、松南凹陷、华光礁凹陷、玉琢礁凹陷和北礁凹陷的全部或部分（图 10-14）。

10.2.2.2 模拟参数的选取

由于研究区勘探程度较低，模拟所采用的参数部分是收集到的本地区的前人勘探研究资料，部分是根据地质类比借鉴其他地区而来的。

1）埋藏史模拟参数

（1）深度数据及分层。

琼东南盆地深水区模拟所用的深度数据是根据前人的资料综合编制并数字化得到的，根据资料情况和地质分析结果在纵向划分 6 个模拟单元，自上而下模拟分层界面依次为海底、T_2、T_4、T_6、T_7、T_8、T_g 波等界面。

（2）年龄数据。

模拟所采用的地质年龄参考了前人研究成果和国际地层表综合确定，具体年龄见表10-2。

（3）岩性数据。

通过对邻区钻井资料的统计，依据沉积相对全区岩性分布进行了充填分配（图 10-8

至图 10-13、表 10-7），然后按层组对各模拟单元作了砂泥岩百分含量的分配。

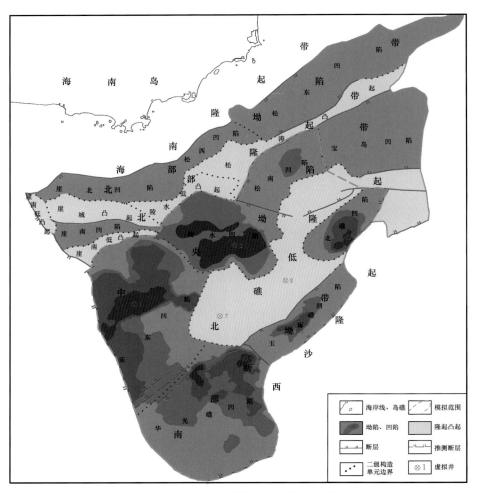

图 10-14　琼东南模拟研究区范围示意图

Fig. 10-14　Schematic diagram showing the scope of simulation in Qiongdongnan Basin

粗虚线所圈范围为模拟的有效数据范围

表 10-7　不同沉积相砂泥岩平均百分含量

Table 10-7　Average percentage of mud and sand in different depositional facies

沉积相	泥岩（%）	砂岩（%）
滨湖	55	45
浅湖	75	25
半深湖—深湖	90	10
滨海	55	45
浅海	75	25

沉积相	泥岩（%）	砂岩（%）
半深海—深海	90	10
冲积扇	35	65
三角洲前缘	55	45
河流平原	55	45
潮坪	70	30
碳酸盐岩台地	65	35

（4）孔隙度—深度关系与成岩作用。

此次模拟采用的泥岩和砂岩孔隙度与深度的关系（图 10-15），二者关系分别为：

泥岩孔隙度（%）：$\phi = 50.7e^{-0.0089Z}$

砂岩孔隙度（%）：$\phi = 40.03e^{-0.0004Z}$

2）热史模拟参数

（1）岩石导热率。

导热率又称"导热系数"，是表征物质导热能力的物理量，是最基本的岩石热物性参数。一般用符号 K 表示，可用如下公式计算：

$$K = Q/(dT/dz)$$

式中　K——导热率，W/（m·K）；

　　　Q——热流值，mW/m^2；

　　　dT/dz——地温梯度，℃/km。

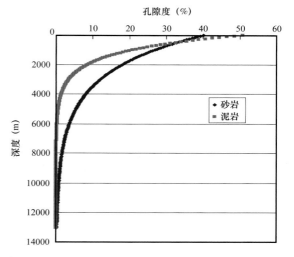

图 10-15　模拟采用的砂岩、泥岩孔隙度随深度变化关系示意图（据陈艺中，1993）

Fig. 10-15　Schematic diagram showing changes of porosity of sandstone and mudstone as burial depth was changed, which was used for simulation（After Chen Yizhong, 1993）

南海地区海底表层沉积物的导热率变化范围为 0.88～1.06W/（m·K），平均 0.98W/（m·K）。

由于在琼东南盆地的钻井地层分层和地震解释成果中，N$_2$ 与 Q 的界限往往没有划分，且它们的岩心样品非常有限，因此，N$_2$-Q 的平均导热率很难精确获得。考虑第四纪海底沉积物固结性差，导热率较低，但随着深度增加，未固结成岩的沉积物（粉砂质黏土）在埋深 50m 左右时的导热率可达 1.6～1.8 W/（m·K）（据中国科学院地热组实测数据），综合海底沉积物、未固结成岩沉积物和 N$_2$ 泥岩的实测导热率，将 N$_2$-Q 的平均导热率取值为 2.0W/（m·K）。

琼东南盆地不同岩性的岩石导热率都具有较大的变化范围：泥岩的导热率在 1192～5091m 深度范围内变化为 1.4～3.72 W/（m·K）之间，平均 2.36W/（m·K）；

砂岩的导热率在1135～5093m深度范围内变化为1.44～3.9 W/（m·K）之间，平均 2.32 W/（m·K）；石灰岩的导热率在783～3109m深度范围内变化为0.73～3.4 W/（m·K）之间，平均2.17 W/（m·K）；基底岩石（岩浆岩和变质岩）的导热率在1702～4604m深度范围内变化为1.69～4.27 W/（m·K）之间，平均2.84 W/（m·K）。

参考袁玉松在《南海北部陆缘深水区构造—热演化与烃源岩成熟度史研究》（2007）中的资料，本次计算中所取的地层导热率值见表10-8：

表 10-8　计算中所取的地层导热率值

Table 10-8　Formation thermal conductivity for calculation

地层	导热率［W/（m·K）］	地层	导热率［W/（m·K）］
始新统	1.7	黄流组—莺歌海组	1.2
崖城组	1.7	乐东组	0.98
陵水组	1.6	海水层	0.564381
三亚组—梅山组	1.3	—	—

（2）岩石比热容及密度。

比热容表示单位重量物质温度变化时吸收或放出的热量。它也是岩石基本的热物性参数，主要与岩性、密度、含水量等有关。这两个参数主要应用在热流方程中，此次应用的比热容及密度参数见表10-9：

表 10-9　密度、比热容参数（据 Yukler，1976；韩玉芨，1986）

Table 10-9　Parameters of density and specific heat capacity（After Yukler，1976；Han Yuji，1986）

项目	密度（g/cm³）	比热容［J/（g·℃）］
砂岩	2.650	0.824
泥岩	2.680	0.933
水	1.004	4.217

（3）古地表温度。

参照前人取值选定古地表温度为15℃。

（4）大地热流值。

大地热流简称热流，数值上等于岩层热导率和垂向地温梯度的乘积。大地热流是一个综合性参数，它比其他地热参数更能确切地反映一个地区的地热特征。

袁玉松在《南海北部陆缘深水区构造—热演化与烃源岩成熟度史研究》（2007）中对大地热流值数据做了统计。其中浅水区大地热流数据共124个，最大值为98.3mW/m²，最小值39.6mW/m²，平均值为66mW/m²；深水区热流值数据共110个，最大值为121mW/m²，最小值为24.2mW/m²，平均值为77.5mW/m²。深水区比浅水区大地热流明显高一些。模拟采用的大地热流值见表10-10：

表 10-10 模拟计算中采用的大地热流值

Table 10-10　Earth heat flow value used for calculation and simulation

时间	始新世	崖城组沉积时期	陵水组沉积时期	三亚组—梅山组沉积时期	黄流组—莺歌海组沉积时期	乐东组沉积时期	全新世
古热流值（mW/m²）	55.7	57.4	60.0	61.8	61.3	61.9	62.0

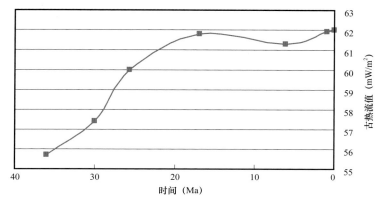

图 10-16　模拟计算中采用的大地热流值随时间变化示意图

Fig. 10-16　Schematic diagram showing earth heat flow
value was changed with time during simulation

3）生烃史模拟参数

（1）烃源岩参数。

研究区勘探程度较低，烃源岩参数只能根据相邻地区对比确定。笔者参考了中国海油近年来的研究成果，按照不同地层、不同沉积相带参照确定了有机质类型和有机碳含量（表 10-11）。模拟中的烃源岩厚度占比采用了中国石化上海海洋油气分公司在《南海琼东南盆地油气勘查区带评价及勘探目标占比优选》报告中的资料（表 10-12），据此可以计算各地层烃源岩厚度。

（2）产烃率曲线。

烃源岩的油、气产率主要通过低成熟烃源岩样品的热模拟实验取得。由于研究区没有钻井，无法获得直接的热模拟资料，研究采用的产烃率曲线通过分析前人的研究成果，按照年代、沉积环境、有机质类型相同或相近的原则把邻区烃源岩产烃率曲线应用到研究中。资料主要来源于中国海洋石油集团有限公司的《中国近海盆地石油地质报告》（1994）、《中海石油常规油气资源评价》（2005）、《天然气资源评价》（李剑等，2004）。综合归纳不同有机质类型泥岩产烃率曲线如图 10-17 至图 10-20 所示。

表 10–11　模拟确定的研究区烃源岩地球化学参数

Table 10–11　Geochemical parameters of source rocks for simulation in the study area

构造单元	地层年代	生烃层位		沉积相	C（%）（实测值）	有机质类型	R_o（%）	资料来源
中央坳陷—南部断坳带	新近系	三亚组+梅山组+黄流组		半深海—深海	0.70	II₁	<0.5	中国海油海洋石油勘探开发研究中心.中国近海盆地石油地质报告.1994
				滨浅海	0.93	II₁	0.5~0.8	
				滨海、沼泽、潮坪	2.00	III		
				三角洲前缘	0.45	III		
	古近系	陵水组	海相	浅海、滨浅海	0.93	II₁	1.2~2.0	
				潮坪	2.00	III		
		崖城组		浅海	0.93	II₁	2.0	
				滨浅海	0.46	III		
				沼泽	2.00	III		
				三角洲前缘	0.45	III		
		始新统	湖相	半—深湖	1.07~2.88（2.24/4）	I—II₁	>3.0	中国海洋石油总公司.中海石油常规油气资源评价.2005 李剑，等.天然气资源评价.北京：石油工业出版社，2004
				浅湖	2.08	I—II₁		
				滨浅湖	1.29	II₂		
				滨湖	0.96	II₂		

注：2.24/4 为平均值 / 样品数。

表 10–12　模拟采用的各地层烃源岩厚度占比

Table 10–12　Thickness ratio of source rocks in different sequences which was used in simulation

地层	黄流组	梅山组	三亚组	陵水组	崖城组	始新统
烃源岩厚度占比	0.10	0.15	0.20	0.30	0.50	

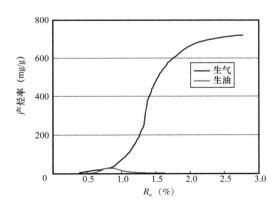

图 10–17　II 型干酪根产烃率曲线

Fig. 10–17　Curve of hydrocarbon yield of type II kerogen

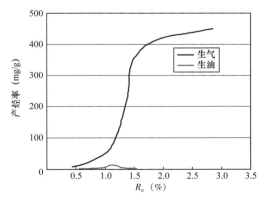

图 10–18　III 型干酪根产烃率曲线

Fig. 10–18　Curve of hydrocarbon yield of type III kerogen

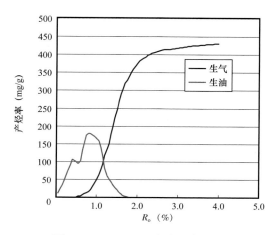

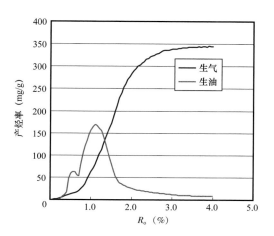

图 10–19 Ⅱ₁ 型泥岩产烃率曲线
Fig. 10–19 Curve of hydrocarbon yield of type Ⅱ₁ mudstone

图 10–20 Ⅱ₂ 型泥岩产烃率曲线
Fig. 10–20 Curve of hydrocarbon yield of type Ⅱ₂ mudstone

10.3 琼东南盆地动态演化模拟

10.3.1 埋藏史

10.3.1.1 埋藏史模拟结果分析

如前所述，琼东南盆地经历了始新世断陷至渐新世的裂谷，以及渐新世以来的晚期坳陷的发育过程，多期构造活动使盆地沉降史出现明显变化。基于研究区 R_o 与深度关系没有明显的突变点，剥蚀作用弱，在模拟过程中忽略了盆地的剥蚀作用。通过对其进行埋藏史模拟揭示了琼东南盆地任一时刻各地层界面的埋藏过程，结合盆地的具体情况，对琼东南盆地的构造沉降演化特征按层位进行了分析。

1）始新统埋藏史

琼东南盆地始新世处于断陷阶段，基底断层发育，两套断层系统走向分别为 NE 向和 NW 向。其中 NE 向断层为主控断层，控制了盆地的沉降沉积，在始新统底界埋深图上表现为正向单元和负向单元呈北东向延伸，在北西—南东方向相间分布。

研究区包括中央坳陷带和南部断坳带的多个凹陷和低隆起等次级构造单元，由于构造部位的不同，始新统的沉降在空间和时间上具有差异性。始新统开始沉降时，盆地沉降中心在中央坳陷带，最早、最大的沉降部位在陵水凹陷。32Ma 时，陵水凹陷东南部埋深最大约为 2200m；北礁凸起始新统埋深较浅，或无发育；北礁凹陷始新统发育较少，最大深度为 1200m 左右；乐东凹陷始新统大致呈中间埋深大、周围埋深浅的特征；华光礁凹陷最深为 1500m 左右，其南端已出研究区范围；玉琢礁几乎无始新统发育。至 28Ma 时，陵水凹陷沉降速率最大，一度达到 100m/Ma。从 28Ma 至 23Ma，裂谷发育时期，沉降中心向南迁移，南部断坳带的沉积速率增大，玉琢礁凹陷开始出现沉降，北礁凹陷始新统分布面积增大、埋深加大，盆地沉降中心同时向西方向转移至乐东凹陷。但最大埋深部位仍保持在中央坳陷带。23Ma 以后，进入坳陷沉降阶段，整个研究区均发生较大幅度沉降，在陵水凹陷现今埋深最大达到12000m。从总体上来看，始新统底界北部埋深大、南部埋深浅，西部埋深大、东部埋深浅。

纵向上，始新统底界的埋深也表现出盆地沉降的幕式性特征，即始新统在各时段的沉降速率不同。这种变化体现了盆地构造沉降机制的变化，即在不同的原型演化阶段，沉降速率不同。同时结合沉降速率在空间上的变化，反映出原型叠加关系的复杂性，也即盆地原型除在时间上发生不同类型间的转变外，在空间上发育部位也发生迁移。

2）崖城组埋藏史

崖城组沉积早期（32—28Ma）的沉降继承了始新统的特征，在中央坳陷带沉积厚度较大，一般在1000m以上，陵水凹陷甚至达3600m以上。而在南部断坳带沉积厚度较薄，华光礁与北礁凹陷一般不超过1500m，北礁低隆起上仅在局部位置有崖城组沉积（图10-21）。

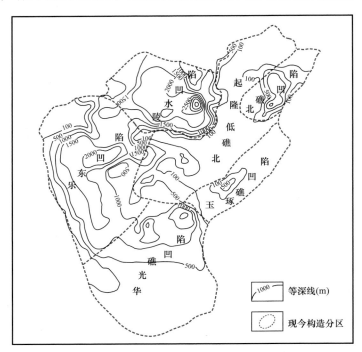

图10-21 琼东南模拟研究区崖城组底界28Ma时埋深图

Fig. 10-21 Map showing burial depth of bottom of Yacheng Formation at the 28Ma in the study area of Qiongdongnan Basin

从28—23.3Ma时，沉降部位和幅度发生变化，在南部断坳带沉降作用表现明显。北礁、玉琢礁等凹陷埋深迅速增加，沉积范围扩大到整个凹陷，其埋深最大可达3500m以上。乐东凹陷和华光礁凹陷为主要沉降区，埋深幅度变化大（图10-22）。

23.3Ma以后，地层沉降速率下降，各凹陷地层埋深缓慢增加，地层以北东向展布。自10.5Ma到2.6Ma，沉降速率有所加大，乐东凹陷埋深最大处达到8500多米。现今，沉降幅度继续加大，崖城组的埋深在乐东凹陷达到11000m，陵水凹陷的埋深也超过10000m（图10-23至图10-25）。

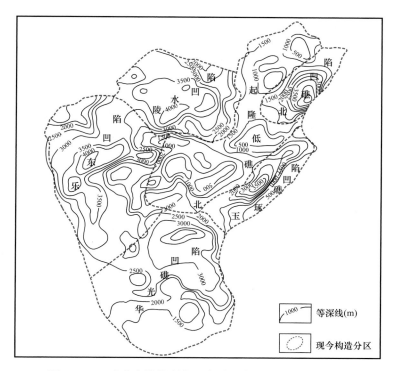

图 10-22 琼东南模拟研究区崖城组底界 23Ma 时埋深图
Fig. 10-22 Map showing burial depth of bottom of Yacheng Formation at the 23Ma in the study area of Qiongdongnan Basin

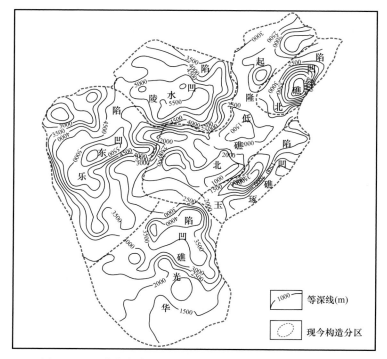

图 10-23 琼东南模拟研究区崖城组底界 10.5Ma 时埋深图
Fig. 10-23 Map showing burial depth of bottom of Yacheng Formation at the 10.5Ma in the study area of Qiongdongnan Basin

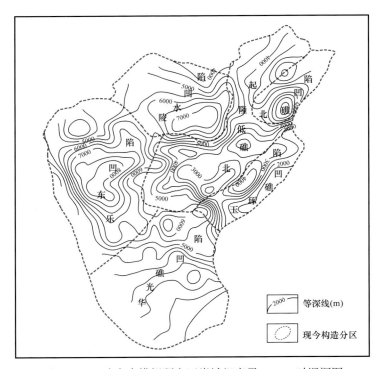

图 10-24　琼东南模拟研究区崖城组底界 2.6Ma 时埋深图

Fig. 10-24　Map showing burial depth of bottom of Yacheng Formation at the 2.6Ma in the study area of Qiongdongnan Basin

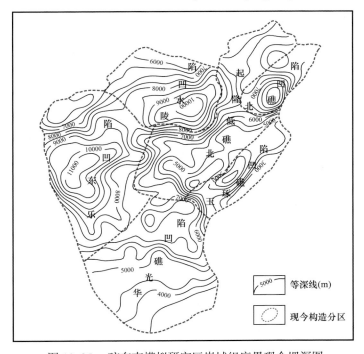

图 10-25　琼东南模拟研究区崖城组底界现今埋深图

Fig. 10-25　Map showing burial depth of bottom of Yacheng Formation at the present in the study area of Qiongdongnan Basin

3）陵水组埋藏史

陵水组属于渐新世晚期，沉积速率减慢，沉积物由原来的湖相沉积为主转变为开始出现碳酸盐岩沉积，在沉积厚度上南部断坳带总体上要大于中央坳陷带。

在23.3Ma时，北礁凹陷陵水组埋藏最深，达到3400m以上，乐东、玉琢礁、华光礁等凹陷则普遍发育该组地层，中央隆起带则局部发育该组地层，且埋深较浅。其后至10.5Ma期间，随着上覆地层的增加，陵水组普遍发生缓慢沉降，但以陵水凹陷沉降幅度较大，最深处超过4500m。至2.6Ma期间，沉降速率加大，沉降中心向西南方向移动至乐东凹陷西北部，陵水凹陷沉降速率变缓，埋深无明显变化。华光礁凹陷埋深亦迅速加大，最深可达5500m。中央隆起带埋深也逐渐增加。至现今，陵水组沉降速率更大，以乐东凹陷为中心发生沉降。同时在各凹陷之间速率并不一致，例如华光礁凹陷沉降速率北高南低、陵水凹陷北低南高等。

4）三亚组—梅山组埋藏史

三亚组—梅山组沉积时期，盆地整体沉降，进入了坳陷沉积阶段，由于发生大规模的海侵，开始形成陆坡、陆架的雏形。

10.5Ma时，三亚组—梅山组地层底界埋深都在2500m以内，整体起伏不大，其地层展布平缓，中央坳陷带埋深相对较大。到2.6Ma，沉降中心往西南方向偏移，到乐东凹陷中部，最深处埋深达到4500m以上。除华光礁、玉琢礁等凹陷沉降速率较高外，其他二级构造单元沉降速率比较缓慢。2.6Ma之后至今，沉降速率开始加大，盆地最深处埋深达到7000m。

5）黄流组—莺歌海组埋藏史

黄流组沉积时期，为新海侵的初始阶段，到莺歌海组沉积时期，海侵已达高峰。2.6Ma时，盆地中乐东凹陷埋深最大，达3800m。盆地范围内该地层埋深呈现西深东浅趋势。盆地内断层发育较少，多呈北东方向展布。至今，盆地埋深加大，最深为6000m，整套地层以中央坳陷带为主体呈北东方向展布。

6）乐东组埋藏史

乐东组在盆地内埋藏最深的部位在中央坳陷带，达到3800m，往NW和SE方向都逐渐变浅，然而在乐东凹陷埋深达3000m以上。地层展布与陆架一致，呈NNE向。

10.3.1.2 埋藏史特征

为了总体认识研究区埋藏史演化规律，对比分析不同构造单元的埋藏史演化特征，在研究区内选择了8个点作为虚拟井，位置参见图10-14，以此为代表进行分析。

从各地层的沉积速率来看（图10-26），研究区各构造单元的沉积速率有如下特征：

（1）凹陷和隆起上地层发育状况不同，凹陷中发育古近系、新近系和第四系，而隆起上缺失古近系。但无论凹陷还是隆起，第四系的沉积速率都是巨大的。

（2）从时间的演化上来看，凹陷中的沉积速率，除第四纪外，渐新世裂谷期沉积速率最大，这可能与裂谷发育期的拉张造成沉积物可容纳空间快速增大及物源的供给充分有关。

（3）在空间上，中央坳陷带和南部断坳带的凹陷在裂谷期特别是陵水组沉积时期沉积速率也有差异，南部断坳带各凹陷大于中央坳陷带各凹陷的沉积速率。可能反映了早期断陷作用在中央坳陷带较为发育，而裂谷作用发育的主体部位在南部断坳带。

从所模拟的各地层底界埋藏深度曲线变化来看（图10-27），埋藏史曲线特征同样反映出以上 3 个特点。

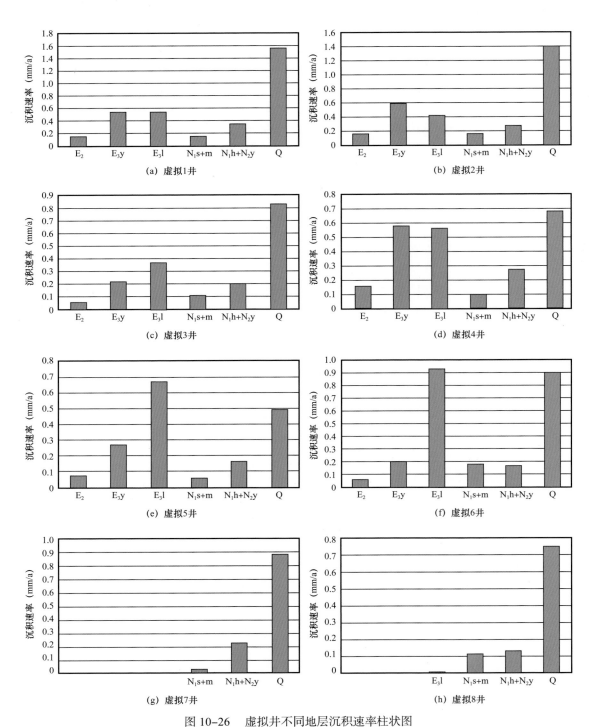

图 10-26　虚拟井不同地层沉积速率柱状图

Fig. 10-26　Column of depositional rate of different sequences in virtual well

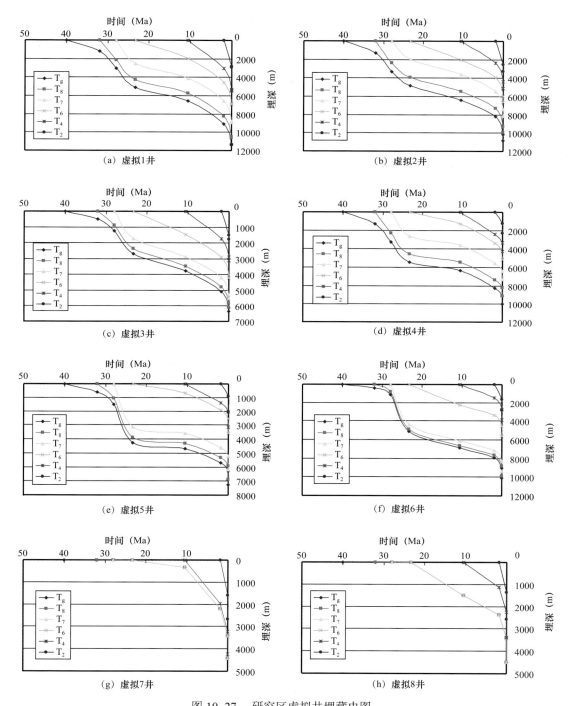

图 10-27　研究区虚拟井埋藏史图

Fig. 10-27　Burial history of virtual wells in study area

表 10-13　烃源岩成熟度与生烃阶段划分表

Table 10-13　Maturity of source rocks and classification of hydrocarbon generation stages

成熟度	低成熟	成熟早期	成熟晚期	高成熟	过成熟
生烃阶段	生油早期	生油高峰	生油晚期	湿气阶段	干气阶段
R_o（%）	0.5～0.8	0.8～1.0	1.0～1.2	1.2～2.0	>2.0

（4）凹陷和隆起上埋藏史有明显不同，凹陷中的沉降沉积速率表现为缓慢（始新世）—快速（渐新世）—缓慢（中新世）—快速（上新世以来）的变化规律，而隆起上仅有晚中新世以来的快速沉降沉积阶段。

（5）凹陷中除第四纪外，渐新世裂谷期沉降沉积速率最大。

（6）南部断坳带各凹陷在裂谷期特别是陵水组沉积时期沉降沉积速率远大于中央坳陷带各凹陷。

10.3.2　热史

烃源岩热演化史，是指烃源岩在不同地质时期的成熟度状况，它主要由地层温度史决定。地层温度史又取决于地层埋藏史和盆地热流史。

烃源岩处于不同的热演化阶段对应于不同的油气生成阶段，地层连续增温时，烃源岩热演化程度不断增高，烃源岩的成熟度状态与油气生成阶段和油气的类型密切相关。

按照现行行业标准，将烃源岩成熟度、生烃阶段和对应的镜质组反射率按表 10-13 划分为 5 个阶段。

10.3.2.1　R_o 实测值特征

古温标数据是检验热史正演模拟结果的重要依据。镜质组反射率（R_o）不仅是烃源岩成熟度指标，同时也包含着大量的热史信息。图 10-28 为琼东南盆地 283 个镜质组反射率（R_o）数据（引自袁玉松，2007）。

在 1000～5000m 的深度范围内，琼东南盆地 R_o 主体范围变化为 0.4%～1.4%，5000m 左右的个别数据高达 2.1% 以上（如 Ya26-1-1 井）。

由图 10-28 可以看出，琼东南盆地 R_o 剖面连续性好，无明显错断和跳跃现象，表明各样品达到最高古地温的时间一致，各构造层之间或不整合面之上不存在显著厚度的地层剥蚀。

由于埋藏深度不同，或可能由于有机质现今热演化程度主要由现今地层温度控制，琼东南盆地的实测 R_o 与地层年代之间相关性很低，老地层中的有机质热演化程度不一定高，新地层中的有机质热演化程度也不一定低，只要现今埋藏达到相应深度，各年代地层中的有机质都有可能达到成熟生油或生气阶段（图 10-29）。

琼东南盆地主要烃源岩崖城组的 R_o 实测数据来自 3900～5500m 深度范围内，R_o 实测值在 0.97%～2.19% 之间，处于生油到干气的不同热演化阶段。另一套主要烃源岩陵水组的 R_o 实测值在 0.4%～1.2% 之间，处于生油阶段，生油窗在 2500～3000m 之间。

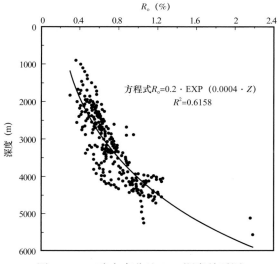
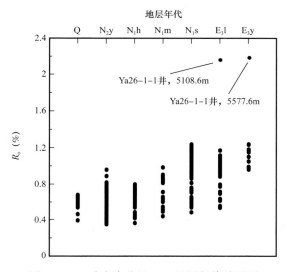

图 10-28　琼东南盆地 R_o —深度关系图
Fig. 10-28　Diagram showing relationship of R_o vs depth in Qiongdongnan Basin

图 10-29　琼东南盆地 R_o —地层年代关系图
Fig. 10-29　Diagram showing relationship of R_o vs stratigraphic time in Qiongdongnan Basin

总之，琼东南盆地实测 R_o 具如下特征：

（1）1000～5000m 深度范围内，R_o 介于 0.4%～1.6% 之间，个别大于 2.0%。5000m 深度范围内，各烃源岩现今处于生油或生气高峰。

（2）钻井 R_o 剖面无明显错断和跳跃现象；R_o 值的高低与样品埋深正相关，与样品年代弱正相关。

10.3.2.2　烃源岩热演化史

基于地层温度史正演计算获得的 R_o 模拟值是否可信，必须经过实测值检验。只要在相同深度内，模拟值与实测值一致，就能说明模拟结果可靠。另一方面，由于 R_o 为可靠的古温标，可以检验热史模拟结果的可靠性，如果 R_o 模拟值与实测值一致，则说明热史恢复结果可接受。

图 10-30 中，粉色点为琼东南盆地实测 R_o 随深度的变化，蓝色点为各钻井模拟的崖城组烃源岩现今 R_o 随深度的变化，二者具有基本一致的变化趋势，说明模拟值与实测值吻合较好。

在盆地热史模拟基础上，模拟了始新统、崖城组、陵水组、三亚组—梅山组、黄流组—莺歌海组等地层有机质成熟度史。不同地层、不同时期的成熟度特征描述如下。

1）始新统

32Ma 时（E_2 末），琼东南盆地始新统在大部分地区尚未成熟，R_o<0.5%。

从 32Ma 开始，琼东南盆地经历了一个热流升高的加热过程，因此烃源岩有机质热成熟度迅速增高。到 28Ma 时（E_3^1 末），在琼东南盆地的乐东凹陷、陵水凹陷、华光礁凹陷，始新统烃源岩已经开始成熟生油，R_o 大于 0.5%。

从 28Ma 至 23.3Ma 也是一个热流升高的快速加热过程，烃源岩有机质进一步快速增熟生烃。到 23.3Ma 时（E_3^2 末），琼东南盆地的陵水凹陷、北礁凹陷的深凹部位始新统烃源岩热演化程度已经很高（R_o>2%），达到过成熟干气阶段。由凹陷中心向外，有机质热演化程度逐渐降低，但基本上都达到成熟生油阶段，R_o 为 0.8%～1.2%。

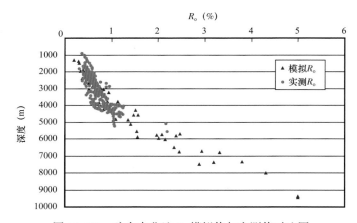

图 10-30　琼东南盆地 R_o 模拟值与实测值对比图

Fig. 10-30　Correlation of the calculated R_o value with the measured value in Qiongdongnan Basin

从 23.3Ma 至 10.5Ma，琼东南盆地处于热衰减的冷却过程。到 10.5Ma 时（N_1^2 末），琼东南盆地烃源岩增熟缓慢，其增熟作用主要由埋深增温引起（图 10-31）。

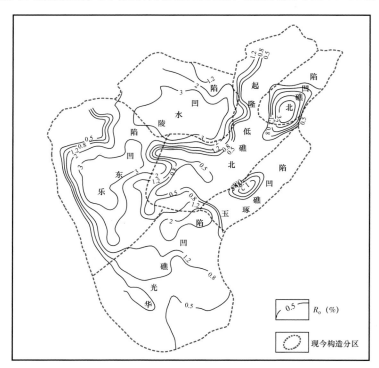

图 10-31　琼东南模拟研究区始新统 10.5Ma 时 R_o 分布图

Fig. 10-31　Contour map of R_o value of Eocene rocks at the 10.5Ma in the study area of Qiongdongnan Basin

琼东南盆地烃源岩晚期存在快速增熟的过程，因为 5.3Ma 以来琼东南盆地加速沉降，基底热流急剧升高，二者共同作用下导致烃源岩现今热演化程度非常高。到 2.6Ma 时（N_2 末），盆地又处于热衰减的冷却过程中。

现今，在琼东南盆地各生烃凹陷（乐东、陵水、北礁、华光礁、玉琢礁等凹陷）内，始新统烃源岩热演化程度非常高，R_o 普遍大于 3%，即使在凹陷边缘，R_o 也普遍大于 1%。

2）崖城组

23.3Ma 时（E_3^2 末），琼东南盆地崖城组烃源岩在乐东、陵水、北礁、玉琢礁、华光礁等凹陷中心部位已经开始成熟生油（R_o＞0.8%），局部进入生油高峰阶段（R_o 为 0.8%～1%），其余地区热演化程度很低，尚未成熟（R_o＜0.5%）。

10.5Ma 时（N_1^2 末），琼东南盆地处于热衰减冷却阶段，地层温度和烃源岩热演化程度的升高完全取决于埋深增温作用，而此阶段盆地的沉降、沉积速率不大，故烃源岩成熟较慢（图 10-32）。

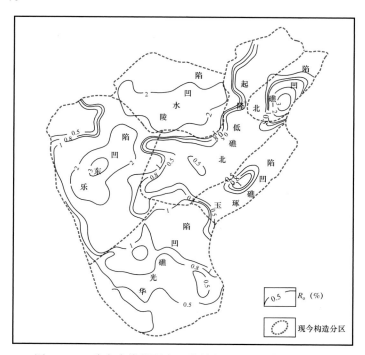

图 10-32　琼东南模拟研究区崖城组 10.5Ma 时 R_o 分布图

Fig. 10-32　Contour map of R_o value of Yacheng Formation at the
10.5Ma in the study area of Qiongdongnan Basin

2.6 Ma 时（N_2 末），盆地又处于热衰减的冷却过程中。但由于 5.3Ma 以来热流升高，导致乐东、陵水、北礁、玉琢礁、华光礁等凹陷的大部分地区崖城组热演化程度升高（R_o＞2%），达到过成熟干气阶段。

现今，在琼东南盆地中南部凹陷大范围内崖城组烃源岩热演化程度已经很高，R_o 大于 4%，由凹陷中心向边缘热演化程度逐渐降低。

3）陵水组

23.3Ma 时（E_3^2 末），即陵水组沉积末期，烃源岩尚未成熟。

10.5Ma 时（N_1^2 末），在琼东南盆地乐东、陵水、北礁等凹陷主体部位处于生气高峰，R_o 大于 1.2%，凹陷边缘部位则处于生油阶段，R_o 为 0.6%～1.2%。

2.6Ma 时（N_2 末），盆地处于热衰减的冷却过程中。但由于 5.3Ma 以来热流升高，导致乐东、陵水、北礁、华光礁等凹陷的大部分地区陵水组热演化程度升高（R_o＞2%），达到过成熟干气阶段（图 10-33）。

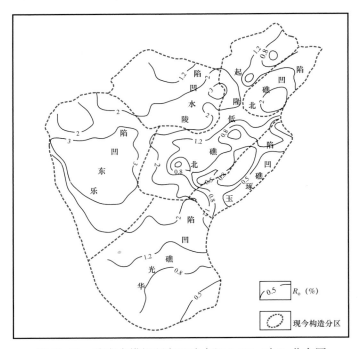

图 10-33　琼东南模拟研究区陵水组 2.6Ma 时 R_o 分布图

Fig. 10-33　Contour map of R_o value of Lingshui Formation at the
2.6Ma in the study area of Qiongdongnan Basin

现今，在琼东南盆地较大范围内陵水组烃源岩热演化程度已经很高，R_o 大于 3.0%，过成熟干气阶段，由凹陷中心向边缘，陵水组烃源岩热演化程度逐渐降低，并由过成熟干气阶段逐渐过渡到生油阶段，R_o 变化在 2.0%～0.5% 之间。

4）三亚组—梅山组

10.5Ma 时（N_1^2 末），梅山组沉积末期，三亚组—梅山组烃源岩有机质尚未成熟。

2.6 Ma 时（N_2 末），乐东凹陷主体部位三亚组—梅山组烃源岩热演化程度升高（$R_o >$ 2%），过成熟干气阶段，凹陷边缘则处于生油高峰期。北礁、玉琢礁、华光礁等凹陷的大部分地区三亚组—梅山组烃源岩热演化程度较低。

现今，乐东凹陷大范围内三亚组—梅山组烃源岩 R_o 大于 2%，处于过成熟干气阶段；而玉琢礁、华光礁等凹陷三亚组—梅山组烃源岩热演化程度相对较低，局部处于生油阶段，R_o 变化在 1.2%～0.5% 之间。

5）黄流组—莺歌海组

2.6 Ma 时（N_2 末），莺歌海组沉积末期，乐东凹陷主体部位黄流组—莺歌海组烃源岩热演化程度略高，R_o 约为 0.5%，向凹陷边缘部位则逐渐降低。北礁、玉琢礁、华光礁等凹陷的黄流组—莺歌海组烃源岩未成熟。

现今，随构造沉降，埋深逐渐增加，乐东凹陷大范围内黄流组—莺歌海组烃源岩 R_o 位于 0.8%～0.5% 之间，处于低成熟生油早期；而玉琢礁凹陷黄流组—莺歌海组烃源岩热演化程度相对较低，局部处于生油早期，华光礁凹陷黄流组—莺歌海组烃源岩未成熟，R_o 小于 0.5%。

综上所述，琼东南盆地始新统烃源岩在渐新世早期开始成熟，崖城组烃源岩演化在渐新世末期进入成熟阶段；各烃源岩层系在上新世以来（5.3Ma以来）存在快速增熟生烃过程；在中新世末，琼东南盆地主要生烃凹陷的中心部位始新统和崖城组烃源岩因热演化程度过高（$R_o > 2.5\%$），生烃过程基本结束；各凹陷边缘烃源岩现今正处于快速生烃过程之中。

10.3.3 生烃史

10.3.3.1 生烃量计算结果

生烃模拟的范围主要是琼东南盆地中央坳陷带和南部断坳带的部分，模拟范围内生烃量计算结果分析如下：

（1）模拟区内6个主要生烃凹陷生油气总量为4087.09×10^8t，其中生气4063.12×10^8t，占总生烃量的99.4%，天然气占绝对优势，因此琼东南盆地应该以天然气勘探为主；

（2）纵向上看，各凹陷从上新统莺歌海组至始新统气油比越来越大；

（3）从各凹陷生烃量统计结果看（图10-34），乐东凹陷生烃量最大，陵水凹陷次之，华光礁凹陷排第三，松南、北礁、玉琢礁等凹陷生烃量相对较小；

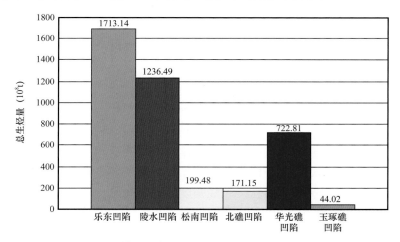

图 10-34　模拟研究区内主要生烃凹陷生烃量分布图
Fig. 10-34　Distribution of hydrocarbon amount in the main hydrocarbon generation depressions of the simulation area

（4）从生烃层位看（图10-35），下渐新统崖城组和上渐新统陵水组是琼东南盆地的主力烃源岩，占总生烃量的68%。其次是始新统和中新统三亚组—梅山组，分别占总生烃量的20.7%和10.4%。上中新统黄流组也具有一定的生烃能力，但生烃量较小。

10.3.3.2 生烃强度

生烃强度为单位面积烃源岩在特定热演化阶段或地质时期内生烃量，如果不考虑构造运动导致早期生烃的散失，生烃强度越大，生烃潜力越好。以各凹陷不同地层现今累计生烃量与凹陷面积的比值计算平均生烃强度，计算结果见表10-14。

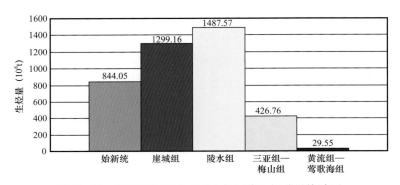

图 10-35 模拟研究区内主要生烃层位生烃总量统计图

Fig. 10-35 Total hydrocarbon yield of all source rock horizons of simulation area

表 10-14 琼东南盆地 6 个凹陷生烃强度计算结果表

Table 10-14 Calculated cumulative hydrocarbon generation intensity in 6 sags of Qiongdongna Basin

（单位：10^6t 油当量 /km^2）

地层	乐东凹陷	陵水凹陷	松南凹陷	北礁凹陷	华光礁凹陷	玉琢礁凹陷
黄流组—莺歌海组	0.21	0.13	0.06	0.05	0.05	0
三亚组—梅山组	2.97	2.40	1.36	0.72	0.43	0.06
陵水组	7.24	6.36	5.39	6.55	4.26	1.56
崖城组	6.59	11.77	1.07	2.08	2.28	0.12
始新统	4.13	7.47	0.63	0.35	1.95	0.12
总计	21.14	28.13	8.51	9.75	8.97	1.86

从 6 个凹陷的生烃强度来看，陵水凹陷的生烃强度最大，其次为乐东凹陷和北礁凹陷，松南凹陷、华光礁凹陷和玉琢礁凹陷生烃强度相对较小。

应用 TSM 盆地模拟软件中的生烃史模拟模块计算并绘制了各烃源岩层在不同地质时期的生烃强度分布图，研究琼东南盆地生烃强度的变化情况。由于琼东南盆地生气占绝对优势（99.4% 以上），生油量非常小，因此依据始新统、崖城组、陵水组主力烃源岩层现今生气强度图开展盆地不同地层生烃潜力展布分析。

1）始新统烃源岩生气强度

乐东凹陷、陵水凹陷和华光礁凹陷始新统烃源岩现今生气强度基本上都大于 100×10^4t/km^2，大部分在 $400 \sim 1000 \times 10^4$t/km^2，最高达到 1400×10^4t/km^2；北礁凹陷和玉琢礁凹陷中部部分地区始新统烃源岩现今生气强度达到 100×10^4t/km^2。从全盆看，始新统烃源岩生烃范围较大，生烃中心主要分布在陵水凹陷和乐东凹陷中部及华光礁凹陷北部地区（图 10-36）。

2）崖城组烃源岩生气强度

崖城组烃源岩生烃范围较始新统有所扩大，主要表现在北礁凹陷中—南部地区大面积生气，并且现今生气强度大于 100×10^4t/km^2，最高达到 800×10^4t/km^2，乐东凹陷、陵水凹陷和华光礁凹陷仍为主力生烃凹陷，生气强度绝大部分大于 200×10^4t/km^2，最高达到 $1200 \sim 1400 \times 10^4$t/km^2。生烃中心主要分布在乐东凹陷北部、陵水凹陷和华光礁凹陷北部地区，并且北礁凹陷也发育一个生烃中心（图 10-37）。

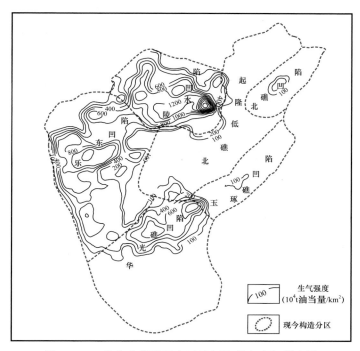

图 10-36 琼东南模拟研究区始新统现今生气强度图

Fig. 10-36　Map showing hydrocarbon generation intensity of
Eocene rocks at the present in the study area of Qiongdongnan Basin

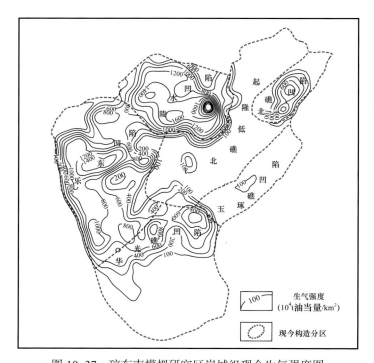

图 10-37　琼东南模拟研究区崖城组现今生气强度图

Fig. 10-37　Map showing hydrocarbon generation intensity of Yacheng
Formation at the present in the study area of Qiongdongnan Basin

3）陵水组烃源岩生气强度

陵水组沉积时期，大规模海侵，沉积范围扩大，陵水组烃源岩基本上全盆发育，因此生烃面积也进一步扩大至全盆范围。盆地大部分地区现今生气强度在（400～1000）× 10^4t/km²，最高达到 1200×10^4t/km²。生烃潜力最好的依然是乐东、陵水和华光礁等凹陷。生烃中心主要分布在乐东凹陷北部、陵水凹陷西南部、华光礁凹陷北部和北礁凹陷南部等地区（图10-38）。

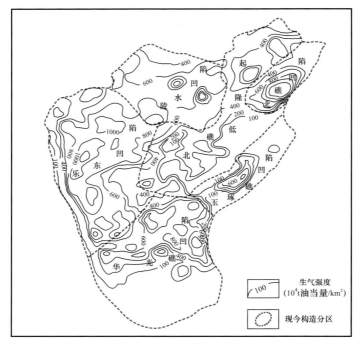

图10-38　琼东南模拟研究区陵水组现今生气强度图

Fig. 10-38　Map showing hydrocarbon generation intensity of Lingshui Formation at the present in the study area of Qiongdongnan Basin

综上所述，始新统、渐新统崖城组和陵水组烃源岩是琼东南盆地的主要烃源岩层系，乐东凹陷生烃潜力最好，其次为华光礁凹陷和陵水凹陷，这3个凹陷是琼东南盆地的主力生烃凹陷。

10.4　琼东南盆地资源评价

通过已掌握的资料，应用成因法盆地模拟技术，类比法所获得的模拟参数，对最终所获得的模拟成果做综合评价和预测。

（1）盆地模拟结果的油气生成量或生烃量和油气资源量，因油、气量级悬殊，现统称为天然气生成量或天然气资源量。因为初始模拟带有开拓或探索性、认识程度和地体定位的随机性以及人们习以为常的高预测性，导致众多模拟参数应用时的不确定性，每一个重要参数都会给模拟结果带来很大的影响。因而模拟的可信度随勘探和研究程度的提高而提高。一个盆地勘探初始都要经过多次反复预测和论证才能获得满意结果。琼东南盆地整体勘探程度较低，尤其是深水区处于勘探早期阶段，模拟初步计算了生烃量，估算了资源量，指出了有利区。

（2）根据原型控源和沉积演化的特征，结合琼东南盆地北部坳陷勘探证实的烃源岩层系和盆地中南部地震资料的类比综合分析，推测盆地内普遍发育古近系始新统—渐新统三组烃源层组（始新统、崖城组、陵水组），并且是盆地主要生烃层组（其中又以崖城组、陵水组为主，始新统次之）；其次为新近系中新统三亚组—梅山组烃源岩；黄流组—上新统莺歌海组由于成熟度和有机质丰度偏低，生烃能力差。以上五组烃源岩中除始新统为陆相湖泊优质油型烃源岩及部分崖城组为海陆过渡相沼泽或潮坪含煤沉积生气型烃源岩外，其他均为滨—浅海、半深海—深海沉积烃源岩。

（3）生烃模拟仅限于盆地中南部有代表性的生烃凹陷（如乐东、陵水、松南、华光礁、玉琢礁和北礁等6个凹陷），主要目的地是为了预测琼东南深水区天然气资源规模，模拟结果表明，从层系上看，以古近系三组烃源层组最有利的烃源岩层生烃规模最大，生烃总量占89%。从分布上看，乐东、陵水和华光礁三个生烃凹陷生烃总量占90%；相应的资源总量占91.8%。表明这三个生烃凹陷生烃量巨大，在全盆生烃凹陷中占有着非常重要的主导地位。

综合模拟成果并引用中国海油北部坳陷带研究成果来看，琼东南盆地总资源量约 $60 \times 10^8 t$，而中央坳陷带总资源量约 $40 \times 10^8 t$，其中的乐东凹陷、陵水凹陷、华光礁凹陷为资源富集型凹陷。

（4）有利勘探区预测：对盆地内主要生烃层组和主要生烃凹陷及其天然气资源规模的模拟和估算结果分析表明，中央坳陷带是盆地油气资源最富集的坳陷区，其南北两侧缓坡带及隆起区则是最有利的勘探区带。从现有资料分析，盆地西部要好于中东部。

①北部最有利勘探区带。

该带以崖 13-1、陵水 17-2 等大中型气田为先导，以乐东凹陷北部和陵水凹陷资源富集区为依托，以中央峡谷水道、局部构造、断层、不整合面、低凸起或隆起等有利成藏要素为重点，由乐东凹陷向东延伸到陵水凹陷和松南凹陷，加强地震、油气地质综合研究、攻克技术难关，有望再现深水大中型气田接替区。

②南部及最有利勘探区带。

该带以乐东凹陷南部、陵水南部、华光礁凹陷及北礁低隆起为重点，如早期发育的断层、不整合面、局部构造、生物礁、分支水道等古近系及中新统有利的多套生储盖组合、运聚保条件具备，成藏配置条件适宜，应是一个较为理想的天然气富集带和最有利的勘探区。

10.5 小结

通过上述综合分析，取得了以下主要认识：

（1）区域演化：琼东南盆地原型演化受控于中国大陆板块边缘以及与印度、菲律宾等多个板块的相互运动以及南海海盆的扩张演化的影响。古新世—始新世，受西部印度板块向欧亚板块俯冲的影响，在地幔物质向中国大陆东南蠕散作用下，与中国东部其他陆内断陷盆地一样，南海北部盆地发生断陷作用；渐新世，南海海盆南北向的扩张提供了裂谷演化的背景。中新世以来，随着南海扩张作用影响的减弱和结束，南海北部盆地由构造沉降转为热沉降为主。

（2）盆地原型与沉积演化：琼东南盆地新生代经历了始新世断陷、渐新世裂谷和中新世以来的陆缘坳陷三个原型演化阶段，这种演化控制了沉积和热演化过程，对深水区资源潜力有重要影响。首先是为盆地提供了良好的生烃物质基础，深水区所处的高热流背景以及三期构造沉降作用，伴随了三次高热流事件，有利于烃源岩的成熟。多期构造运动，形成多种圈闭类型，利于油气聚集成藏。对应于三个构造演化阶段，沉积充填也表现出三个不同的演化特征。始新统属断陷盆地发育阶段的冲积沉积，主要以冲积扇、扇三角洲、滨—浅湖、湖相沉积为主。渐新世盆地进入裂谷发育阶段，盆地周边隆起及盆地内部的主要凸起仍然出露水面构成物源区，该期扇三角洲广泛发育，还发育有滨海碳酸盐岩台地。随着海平面逐渐上升，浅海相沉积出现并逐渐扩大。中新世以来琼东南盆地整体南倾，进入坳陷沉积阶段，盆地内发育了半深海—浅海—滨海—扇三角洲—海岸平原的沉积体系。

（3）模拟结果及有利区：模拟结果表明，从层系上看，以古近系三组烃源层组最有利的烃源岩层生烃规模最大，生烃总量占89%，表明古近系对油气资源量贡献最大。从分布上看，乐东、陵水和华光礁三个生烃凹陷生烃总量占90%；相应的资源总量占91.8%，勘探潜力巨大；动态模拟表明，中央坳陷带是盆地油气资源最富集的坳陷区，其南北两侧缓坡带及隆起区则是最有利的勘探区带。

11 中国中西部边缘坳陷—前渊叠加组合模拟与资源评价

——以四川盆地川西坳陷为例

11.1 四川盆地川西坳陷晚中生代以来地质演化模型

川西坳陷是四川盆地西侧的一个大型坳陷，西以龙门山前大断裂为界，东以龙泉山断裂为界，面积约 $5 \times 10^4 km^2$。晚三叠世以来，随着中国大陆的主体拼合和龙门山的崛起，该地区在前期被动大陆边缘的基础上演化进入前渊盆地发展阶段，经历了由海相、海陆过渡相至陆相沉积环境的转变，总体表现为西深东浅的格局，堆积了厚逾5km的碎屑岩。结构主要由南部成都凹陷、北部梓潼凹陷和中部孝泉—丰谷凸起组成。模拟研究主要区域为坳陷的中段地区，模拟层位是针对中生界上三叠统须家河组碎屑岩成藏系统。

11.1.1 川西坳陷晚中生代以来的盆地原型

川西地区在印支期之前为被动大陆边缘坳陷盆地（陆缘坳陷），之后经历了西侧龙门山由西向东推覆和北部大巴山由北向南推覆作用而转变为大型前渊盆地，导致晚三叠世以来，须家河组不同沉积时期的沉降中心不断变化。推覆作用形成的前渊盆地叠加在陆缘坳陷盆地之上，形成浅海相碳酸盐岩沉积往潟湖—三角洲—沼泽—河流相砂泥岩沉积环境的转变，发育了晚三叠世潮坪—沼泽环境下的须家河组煤系烃源岩组合，包含了煤岩和暗色泥岩两种主要烃源岩类型，马鞍塘组—小塘子组（须家河组一段）、须家河组三段和须家河组五段为川西坳陷中生界主力烃源岩发育层段。经历了沉降、沉积的演化，不同时期烃源岩厚度中心分布不同；同时，也因后期沉降中心往东—东南方向的迁移而改造了前期边缘坳陷的结构样式。因而，印支期以来，川西地区是由龙门山推覆作用形成的前渊盆地原型叠加在前期陆缘坳陷盆地原型之上（图11-1），而形成的西深东浅的盆地结构。

11.1.2 川西晚三叠世以来构造和沉积环境演化

晚三叠世早期，四川盆地西部为一个开阔浅海，沉积了一套滨浅海生物滩相和生物丘相生物灰岩。其厚度展布在川西地区自西向东迅速减薄，并由浅海鲕滩相转变为东部地区的浅海陆棚相，为一套以暗色泥页岩为主，夹粉砂岩、泥灰岩、鲕粒灰岩和生物碎屑灰岩的浅海陆棚相地层，其中的海相暗色泥页岩及灰岩为较好的烃源岩。到须家河组三段沉积末期的安县运动之前，四川盆地往西均延续了东高西低的古地理格局，海水由西往东的频繁进退是影响马鞍塘组—须家河组三段（须下盆）沉积时期整体沉积特征和展布的主要因素。

受海侵海退的影响，小塘子组沉积时期为典型的海陆交互相沉积，沉积环境在滨岸沼泽与三角洲平原沼泽之间交互变化。下部岩性组合为碳质泥岩、黏土岩夹薄层粉砂岩和不

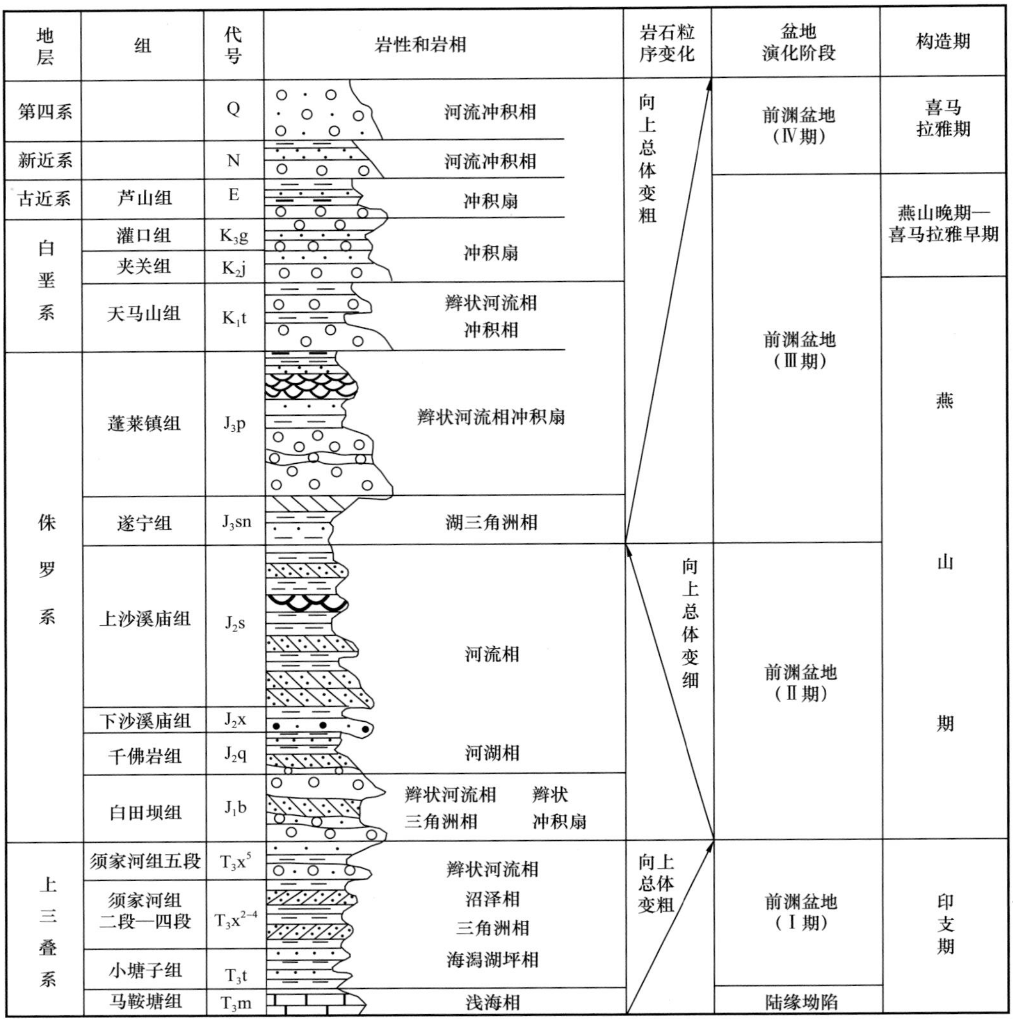

地层	组	代号	岩性和岩相	岩石粒序变化	盆地演化阶段	构造期
第四系		Q	河流冲积相	向上总体变粗	前渊盆地（IV期）	喜马拉雅期
新近系		N	河流冲积相			
古近系	芦山组	E	冲积扇			燕山晚期—喜马拉雅早期
白垩系	灌口组	K₂g	冲积扇			
	夹关组	K₂j				
	天马山组	K₁t	辫状河流相 冲积相		前渊盆地（III期）	燕
侏罗系	蓬莱镇组	J₃p	辫状河流相冲积扇			山
	遂宁组	J₃sn	湖三角洲相	向上总体变细		
	上沙溪庙组	J₂s	河流相		前渊盆地（II期）	期
	下沙溪庙组	J₂x				
	千佛岩组	J₂q	河湖相			
	白田坝组	J₁b	辫状河流相 辫状三角洲相 辫状冲积扇			
上三叠系	须家河组五段	T₃x⁵	辫状河流相	向上总体变粗	前渊盆地（I期）	印支期
	须家河组二段—四段	T₃x²⁻⁴	沼泽相 三角洲相			
	小塘子组	T₃t	海湾湖坪相			
	马鞍塘组	T₃m	浅海相		陆缘坳陷	

图 11-1 川西坳陷晚中生代以来的盆地原型演化示意图

Fig. 11-1 A sketch map of the basin prototype evolution since the late Mesozoic in Western Sichuan Depression

规则煤线，夹有海相石英砂岩薄层；中部以泥质粉砂岩为主，夹有泥岩和煤线；上部以薄层粉砂岩和粉砂质泥岩为主。其中，发育的煤层、碳质泥岩及暗色泥页岩是很好的烃源岩。在东高西低的古地理格局影响下，该时期的主要物源来自东部的川中古隆起及北部的秦岭造山带，由西往东逐次发育滨岸相沉积—海相三角洲前缘—海相三角洲平原（图 11-2）。与马鞍塘组相比，小塘子组沉积速率明显加大，沉积中心位于江油、绵阳、邛崃以西地区，最大厚度达 600～800m。

须家河组二段沉积时期，在盆地西部已经形成龙门山逆冲推覆带的雏形，部分岛链的形成使得川西地区转变为海湾环境，但主要物源仍来源于东部的川中古隆起，西部的龙门山逆冲推覆带和北部的秦岭造山带为次要物源区，须二段沉积时期普遍发育的是三角洲沉积相，巨厚的砂体自西向东减薄。沉积中心有两个，一个位于大邑—都江堰以西地区，其地层厚度最大可达 600m 以上；另一个位于安县地区，其地层厚度可达 700m 以上。主要岩性组合以砂岩夹薄层泥岩为主，砂岩累计厚度大，最高占比可达 85% 以上，在靠近龙门山推覆带局部地区可能受到西部阿坝海域的影响，发育受海水影响的近海湖泊沉积环境，其中湖相薄层泥质岩可以作为较好烃源岩。

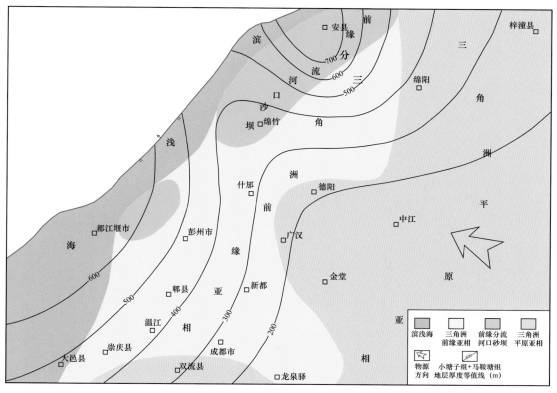

图 11-2　川西坳陷中段小塘子组（T₃t）沉积相图
Fig. 11-2　Depositional facies of Xiaotangzi Formation（T₃t）in middle part of western Sichuan Depression

　　须家河组三段沉积时期，龙门山进一步逆冲推覆，西缘岛屿的分隔作用进一步明显，局部与外海有所沟通，川西地区已经基本结束了海相沉积，进入了以陆相沉积环境为主的演化时期，仅受海侵影响而发育少量半咸水的生物。此时，川西主要发育湖相三角洲平原亚相、湖相三角洲前缘亚相及滨浅湖相，物源主要来自西部龙门山逆冲推覆体，而东部的川中古隆起和北边的秦岭造山带提供了次要物源。主要形成了一套深灰色碳质泥页岩夹砂岩和煤的地层，地层具有厚度大，东薄西厚的展布特点，沉积中心位于安县隆丰场地区，地层最厚可达 1000m 以上。沉积相带由西向东逐次由三角洲平原亚相变化到滨浅湖相沉积，在川西坳陷形成了大面积的沼泽环境（图 11-3），为成煤提供了优越条件，形成了以煤系地层为特色的烃源岩系。

　　川西马鞍塘组—须家河组三段发育多种有利烃源岩发育的沉积环境，主要为滨浅湖、湖沼、河沼、河口坝间及滨海沼泽、海湾、坡折带斜坡等。依据钻井的岩性纵向变化特征及统计，结合各沉积微相泥岩和煤岩的地球化学特征，在沉积相和亚相平面展布及地层厚度平面展布等基础工作上，合理预测各段烃源岩的横向展布是川西坳陷资源评价的基础。从须下盆各段综合来看，浅海陆棚—滨浅湖—湖沼相发育的暗色泥岩和煤岩是川西地区须下盆的主要烃源岩。

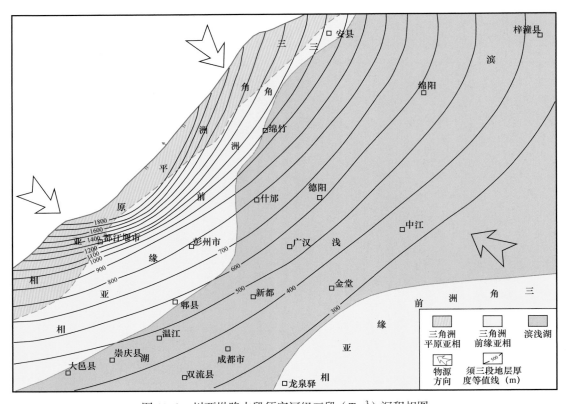

图 11-3　川西坳陷中段须家河组三段（T₃x³）沉积相图

图 11-3　川西坳陷中段须家河组三段（T_3x^3）沉积相图

Fig. 11-3　Depositional facies of third member of Xujiahe Formation（T_3x^3）in middle part of western Sichuan Depression

　　根据钻井揭示，在川西中段地区，马鞍塘组下部为一套生物滩相和生物丘相石灰岩，中上部是一套以泥质岩为主夹少量砂岩和石灰岩岩性组合；而小塘子组主要以深灰色页岩为主，其次为砂岩和粉砂岩，局部夹砂质灰岩和薄煤层。从岩性统计来看，马鞍塘组—小塘子组暗色泥岩厚度 50～350m，在安县和都江堰地区最厚，可达 350m，并往东南方向逐渐减薄，东部及东南部逐渐减薄到小于 100m。须家河组二段三角洲各亚相的砂岩较为发育，其中暗色泥岩厚度 50～185m，在安县和都江堰地区最厚，新场、马井、中江等地厚度稍薄，温江金堂一带厚度最薄。须家河组三段沉积时期川西大部分地区为湖沼沉积，其沉积岩性组合主要为深灰色碳质泥页岩夹砂岩、煤岩，其中泥岩厚度较大，平面变化在 125～700m，在都江堰及其北部一带最厚，达 500～700m，往东逐渐减薄，在玉泉、德阳、郫县一线厚度约 400m，至金堂附近降为 150m（图 11-4）。另外，值得重视的是，在滨浅湖和湖沼相发育的须下盆岩性组合中，煤岩是与暗色泥岩、碳质泥岩伴生的重要的岩性类型，且煤岩在生烃演化中的供气能力占有较重要的地位，因而在川西须下盆地层中，根据单井岩性统计和沉积相带平面展布，分析预测了马鞍塘组—须家河组三段的煤岩厚度的横向变化（图 11-5），其累计厚度较大的地区主要集中在丰谷、罗江、金马场等地，形成南北两个累计厚度中心，最大累计厚度可超过 30m，往坳陷的东部、北部和东南缘逐渐减薄，至洛带附近降到 5m 以下。

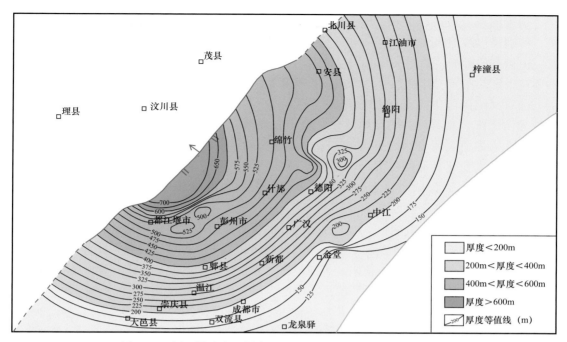

图 11-4　川西坳陷中段须家河组三段泥质烃源岩厚度等值线图

Fig. 11-4　Contour map of thickness of argillaceous source rocks of third member of Xujiahe Formation in middle part of western Sichuan Depression

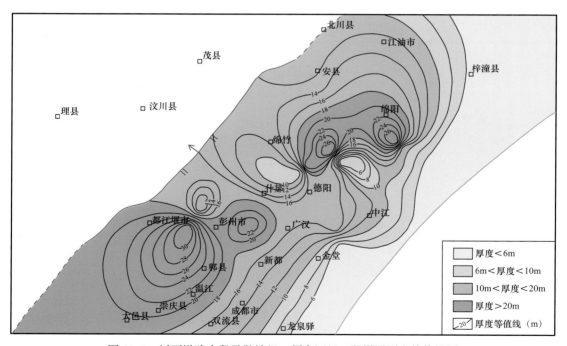

图 11-5　川西坳陷中段马鞍塘组—须家河组三段煤层厚度等值线图

Fig. 11-5　Contour map of thickness of coal beds of Ma'antang Formation–third member of Xujiahe Formation in middle part of western Sichuan Depression

须家河组三段沉积期末的安县运动，不仅波及了龙门山，还影响到了四川盆地的沉积，特别是川西地区北部，地壳的剧烈抬升使须家河组三段及其以上地层遭受剥蚀。由于龙门山抬升的影响，物源区与沉积盆地之间的地形反差较大，导致南部地区与北部地区岩性存在一定的差异（郭正吾等，1996；罗啸泉等，2004）。

须家河组四段主要发育扇三角洲、滨浅湖—半深湖和湖底扇相沉积，岩性变化特点表现为南部细、北部粗。北部地区往盆地中心逐渐变为含砾砂岩或砂岩，夹薄煤层；西南部岩性为黑色页岩、碳质页岩与灰—深灰色粉砂岩、砂岩不等厚互层，普遍夹薄煤层及煤线，厚度变化具有南厚北薄、西厚东薄的特征。该时期的滨浅湖—半深湖沉积体系中发育的黑色页岩、碳质页岩夹薄煤层及煤线为典型的湖相烃源岩，具有较好的生烃条件。

须家河组五段基本上继承了须家河组四段沉积时期的构造演化特征及沉积特点，总体沉积环境仍以扇三角洲、滨浅湖—半深湖和湖底扇相为主。有利于烃源岩发育的滨浅湖相主要分布在中部成都—什邡—德阳—中江地区。岩性组合上，北部与南部地区的滨浅湖环境沉积下稳定的黑色页岩与沼泽环境沉积的薄煤层为较好烃源岩。

依据钻井的岩性特征统计，在川西中南部须家河组四段暗色泥岩厚度从125m变化到大于300m，在灌口镇及其北部一带最厚，往东逐渐减薄，至中江附近降到小于125m。须家河组五段在什邡和彭州一带暗色泥岩厚度达350m，往西北和东南方向逐渐减薄，汉旺、都江堰以西缺失，成都、中江一带厚250～300m（图11-6）。

须家河组四段—五段煤层在丰谷、新场、灌口、大邑等地厚度大于20m，总的趋势是往西南方向逐渐变厚，至大邑地区厚度达30m以上（图11-7）。

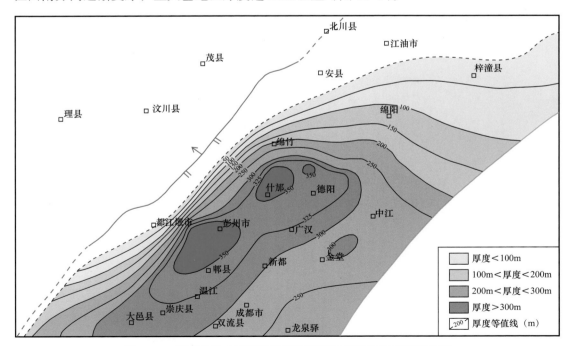

图 11-6　川西坳陷中段须家河组五段泥质烃源岩厚度等值线图

Fig. 11-6　Contour map of thickness of argillaceous source rocks of 5th member of Xujiahe Formation in middle part of western Sichuan Depression

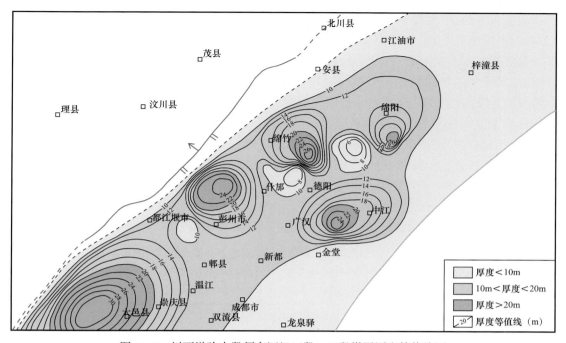

图 11-7　川西坳陷中段须家河组四段—五段煤层厚度等值线图

Fig. 11-7　Contour map of thickness of coal beds of 4th and 5th members of Xujiahe Formation
in middle part of western Sichuan Depression

11.1.3　须家河组烃源岩有机质丰度、类型、成熟度

11.1.3.1　有机质丰度

川西须家河组烃源岩评价的基础是上三叠统须家河组中涉及 26 口钻井 700 余件暗色泥岩样品开展的烃源岩地球化学测试分析及统计。从样品有机碳含量的分级统计情况来看（表 11-1），须家河组各段样品的有机碳含量达到中等—好烃源岩标准的数量均占绝大多数。

表 11-1　川西地区陆相烃源岩有机碳含量分级统计表

Table 11-1　Fractional statistics of content of organic carbon of continental source rocks
in western Sichuan Depression

层位	各级别烃源岩所占总样品比例（%）				评级
	非烃源岩	差烃源岩	中等烃源	好烃源岩	
	TOC＜0.4	0.4≤TOC＜0.6	0.6≤TOC＜1.0	TOC≥1.0	
T_3x^5	0	0.85	7.63	91.53	好
T_3x^4	0.78	0.78	8.59	89.84	好
T_3x^3	0	1.83	11.01	87.16	好
T_3x^2	0	1.32	14.47	84.21	好
$T_3m–T_3t$	6.25	12.50	35.42	45.83	好

从统计平均角度而言，须家河组一段暗色泥岩有机碳含量值变化范围为0.48%～5.76%，平均值为1.2%；须家河组二段暗色泥岩有机碳含量值变化范围为0.5%～14.16%，平均值2.49%；须家河组三段暗色泥岩有机碳含量值变化范围为0.5%～6.51%，平均值1.94%；须家河组四段暗色泥岩有机碳含量值变化范围为0.47%～19.24%，平均值2.59%；须家河组五段暗色泥岩有机碳含量值变化范围为0.44%～21.41%，平均值3.37%（表11-2）。从有机质丰度级别和暗色泥岩有机碳含量最大值、最小值及平均值来看，须家河组各段陆相暗色泥岩中均存在有机质丰度较好—好的烃源岩，但须家河组二段、须家河组四段、须家河组五段的暗色泥岩有机质丰度横向变化较大，即值的变化较大。由于须家河组为潮坪湖沼相环境，暗色泥岩岩性组合含有较多的碳质泥岩，因而有机碳含量呈现较高值的暗色泥岩多为碳质泥岩，该岩性的烃源岩对油气生成的贡献普遍认为效率较低。因而必须进一步细化分析各段暗色泥岩的占比，以此能更明确认识须家河组各段烃源岩发育的情况。

表 11-2　川西地区陆相烃源岩达标样品有机碳含量统计表
Table 11-2　Statistics of content of organic carbon from effective samples of continental source rocks in western Sichuan Depression

层位	达标样品（TOC≥0.4）			达标样品数量
	最小值	最大值	平均值	
T_3x^5	0.44	21.41	3.37	118
T_3x^4	0.47	19.24	2.59	127
T_3x^3	0.50	6.51	1.94	109
T_3x^2	0.50	14.16	2.49	76
$T_3m–T_3t$	0.48	5.76	1.20	45

1）马鞍塘组—小塘子组（须家河组一段）有机质丰度

从样品测试结果的分级统计情况来看（图11-8），暗色泥岩的有机碳含量值分布主要集中在0.4%～2.8%之间，小于0.4%的暗色泥岩样品也占据了少量部分。各分级样品占比表明，有机碳含量主要集中在0.8%～1.2%和1.2%～1.6%两个区间，二者的样品数占比可以达到60%左右；其次是处于0.4%～0.8%之间，超过2.4%的高值样品数量占比相对较少，小于20%。分析表明暗色泥岩的品质总体表现出良好的特征，有机碳含量值主要在0.8%～1.6%之间变化。

2）须家河组二段有机质丰度

从样品测试结果的分级统计情况来看（图11-9），暗色泥岩的有机碳含量值分布在0.4%～20%之间，其中主要集中分布在0.8%～2.4%之间，较马鞍塘组—小塘子组暗色泥岩的有机碳含量值要高。各分级样品数占比表明，须家河组二段暗色泥岩有机碳含量值分布范围较散，有机碳含量值大于5%的样品数占比超过15%，有机碳含量在2%～5%之间的样品数占比约为25%，有机碳含量在0.8%～2%之间的样品数占比约为55%，相对而言，有机碳含量较低（＜0.8%）的样品占比较少，不足5%。分析说明了暗色泥岩的品质总体表现出良好的特征，主要烃源岩的丰度应该在0.8%～2.4%之间，有机碳含量平均值2.49%反映了一定量的高值样品，表明部分细层暗色泥岩有较高的有机碳含量。

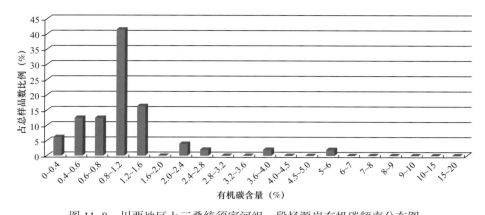

图 11-8 川西地区上三叠统须家河组一段烃源岩有机碳频率分布图

Fig. 11-8 Frequency distribution of organic carbon content of source rocks in first member of Xujiahe Formation of Upper Triassic，western Sichuan

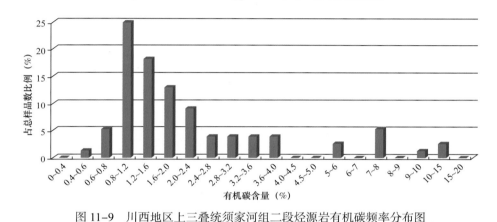

图 11-9 川西地区上三叠统须家河组二段烃源岩有机碳频率分布图

Fig. 11-9 Frequency distribution of organic carbon content of source rocks in second member of Xujiahe Formation of Upper Triassic，western Sichuan

3）须家河组三段有机质丰度

从样品测试结果的分级统计情况来看（图 11-10），暗色泥岩的有机碳含量值分布在 0.4%～20% 之间，其变化范围与须家河组二段比较一致，主要集中区间有两段，一段为 0.8%～2%，另一段为 2.8%～7% 之间。其中前一段集中度较高，样品数占比达到了 60%，后一段集中度相对较低些，样品数占比约 25%，与须家河组一段、须家河组二段对比来看，须家河组三段暗色泥岩的有机质丰度要略好些。1.94% 的统计平均值仅代表了 0.8%～2% 段的样品有机质丰度特征，须家河组三段的有机碳含量 2.8%～7% 高值段烃源岩的同样存在，总体上认为该层系烃源岩品质为较好—好。

4）须家河组四段有机质丰度

从样品测试结果的分级统计情况来看（图 11-11），暗色泥岩样品的有机碳含量分布范围相对比较集中，主要在 0.8%～2.8% 之间，样品数占比近 80%。最优势分布区间为 1.6%～2%，占总样品数的 21%，表明 1.6%～2% 变化范围是须家河组四段暗色泥岩有机碳含量的主要特征；而相对高值的（2.8%～8%）暗色泥岩分布仅 13% 左右，这个较须家河组三段形成明显的对比，样品有机碳含量平均值 2.59% 基本上能反映该段有机质丰度特征。因而，从有机质丰度来说，该段烃源岩的品质总体较好。

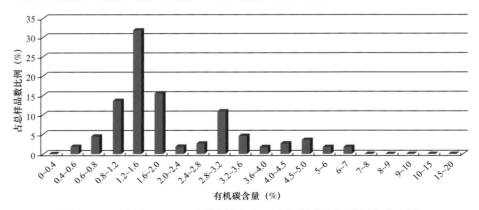

图 11-10　川西地区上三叠统须家河组三段烃源岩有机碳频率分布图
Fig. 11-10　Frequency distribution of organic carbon content of source rocks in third member of Xujiahe Formation of Upper Triassic，western Sichuan

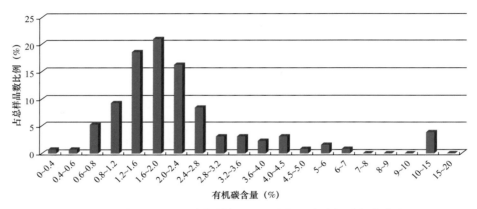

图 11-11　川西地区上三叠统须家河组四段烃源岩有机碳频率分布图
Fig. 11-11　Frequency distribution of organic carbon content of source rocks in fourth member of Xujiahe Formation of Upper Triassic，western Sichuan

5）须家河组五段有机质丰度

从样品测试结果的分级统计情况来看（图 11-12），暗色泥岩的有机碳含量分布较散，在 0.8%～3.2% 的值域范围内，各分级中的暗色泥岩样品占比为 10%～15%，表明了该套地层纵向各层系暗色泥岩品质差异较大。样品占比数稍逊的主要是 3.2%～6%、9%～15% 及小于 0.8% 的有机碳含量区间，大多数在 5% 占比相对含量。从样品测试值分布来看，有机碳含量变化范围大，相对集中度要比须家河组一段—四段烃源岩样品的低，分析认为该套地层沉积时期相变比较快，导致暗色泥岩空间展布不稳定。同时由于须家河组沉积末期是由台内坳陷向陆相湖盆环境的转变过程，受陆源碎屑生物的影响逐渐增大，碳质泥岩厚度可能增大，也影响了烃源岩有机质丰度的评价。该套地层的烃源岩总体可以认为达到了较好的级别。

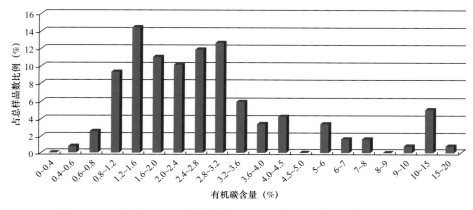

图 11-12　川西地区上三叠统须家河组五段烃源岩有机碳频率分布图

Fig. 11-12　Frequency distribution of organic carbon content of source rocks in fifth member of Xujiahe Formation of Upper Triassic, western Sichuan

11.1.3.2　有机质类型

有机质类型对烃源岩排烃产物和产烃率都是最重要的因素之一。较好的有机质类型有利于石油的生成，即为 I 型腐泥型干酪根，而较差类型的有机质则以生气为主，即为 III 型腐殖型干酪根。介于二者之间的是过渡型，分为 II₁ 型和 II₂ 型两种，分别偏腐泥型和偏腐殖型。由于处于海陆过渡的潮坪和湖沼为主的沉积环境，受陆源生物的主要影响，因而川西须家河组暗色泥岩有机质类型均认为是以生气为主，偏向于腐殖型或为腐殖型。

1）干酪根碳同位素分析

干酪根碳同位素分析结果显示，须家河组有机质干酪根 $\delta^{13}C$ 值在 $-23‰\sim-26‰$ 之间变化，依据此参数常规判别有机质类型的标准，须家河组各段暗色泥岩均表现出腐泥—腐殖型（II₂ 型）和腐殖型（III 型）烃源岩的特征。

从图 11-13 中可以看出，川西须家河组烃源岩的干酪根类型总体上以腐殖型及偏腐殖型为主，但各段对比来看，须下盆多以 III 型为主，少量的 II₂ 型，这特征与其早期大陆边缘相多发育滨浅湖和沼泽亚相的沉积环境密不可分。同时，由于其物源来源在该段地质演化时期，多由川中隆起的陆源物质所提供，因而其烃源岩的有机质来源也多受高等植物的影响而呈干酪根类型偏腐殖型。

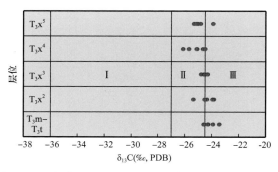

图 11-13　须家河组干酪根碳同位素分布与有机质类型

Fig. 11-13　Diagram showing distribution of carbon isotope of kerogen and types of organic matters in Xujiahe Formation

2）显微组分分析

典型钻井，如川高 561、马深 1、大邑 1、龙深 1、德阳 1、洛深 1、回龙 1、绵阳 1 等井的 202 件烃源岩样品显微组分分析表明，本区上三叠统泥质烃源岩显微组分以镜质组为主，其平均含量为 75.65%；惰质组次之，其平均含量为 21.51%；壳质组含量很低，其平均含量为 2.29%；腐泥组少见。须家河组二段、须家河组三段、须家河组四段、须家河组五段有机显微组分构成变化不大。马鞍塘组—小塘子组见有少量的次生组分，其平均含量为 3.45%，根据显微组分含量计算得到的类型指数 Ti 均小于零，显示有机质类型为腐殖型（Ⅲ型）。龙深 1 井马鞍塘组石灰岩有机质中，腐泥组分含量为 2%~3.5%，未见壳质组，镜质组含量为 1%~10.5%，惰质组含量为 0~12.5%。类型指数 Ti 为 23.75~50.50，显示其有机质类型为腐泥—腐殖型（Ⅱ₁ 型）和腐殖—腐泥型（Ⅱ₂ 型）（表 11–3）。各井不同段反映出须家河组暗色泥岩有机质类型纵向序列的演化特征，由海相环境转变为陆相环境，在陆源物质供给逐渐增多的情况下，有机质类型逐渐向腐殖型转变，形成以气源岩发育为主要特征的烃源岩。

表 11–3 须家河组烃源岩显微组分分析统计表

Table 11–3 Statistics of maceral of source rocks from Xujiahe Formation

井位	层位	岩性	腐泥组（%）	壳质组（%）	镜质组（%）	惰质组（%）	次生组分	类型指数 Ti	样品数	有机质类型
川高561	T_3x^5	泥岩		1.5~3	58.5~95	5~41.5		−85.38~−76.25	13	Ⅲ
		煤			95	5		−76.25	1	Ⅲ
	T_3x^4	泥岩		1.5	66.5~97.5	2.5~33.5		−83.38~−75.63	8	Ⅲ
		煤		2.5	72~75	22.5~28		−82~−77.5	2	Ⅲ
	T_3x^3	泥岩		3~10.5	63~94.5	5.5~37		−84.25~−65.63	18	Ⅲ
		煤		2.5	51~91.5	8.5~49		−87.25~−77.13	3	Ⅲ
	T_3x^2	泥岩	0.5	1.5~6	51.5~80	18.5~48.5		−87.13~−72.63	7	Ⅲ
	T_3t	泥岩			57.5~86.5	13.5~42.5		−85.63~−78.38	3	Ⅲ
马深1	T_3x^5	泥岩		1~10.5	26.5~89	8~71.5		−90.38~−66.75	17	Ⅲ
		煤		2.5~5	19.5~69	26~80.5		−95.13~−75.25	4	Ⅲ
	T_3x^4	泥岩			53.5~91	9~46.5		−86.63~−77.25	14	Ⅲ
		煤		10.5	78.5	7		−73.63	1	Ⅲ
	T_3x^3	泥岩		1~5.5	36.5~92.5	7.5~63.5		−90.88~−71.75	22	Ⅲ
		煤		1~1.5	68.5~88.5	10.5~30.5		−81.38~−76.38	3	Ⅲ
	T_3x^2	泥岩		1~1.5	49.5~92	8~50.5		−87.63~−75.25	8	Ⅲ
大邑1	T_3x^5	泥岩	1.5	1~4.5	70.5~85.5	8.5~28.5		−80.88~−68.88	3	Ⅲ
		煤		4	60	36		−79	1	Ⅲ
	T_3x^4	泥岩		1~2	76.5~92	7~21.5		−77.88~−75.5	3	Ⅲ
		煤			72	28		−82	1	Ⅲ
	T_3x^3	泥岩		0~1.5	75.5~85.5	14.5~23.5		−80.88~−77.25	3	Ⅲ
		煤		0~2.5	72~91	6.5~28		−82~−73.5	1	Ⅲ

井位	层位	岩性	腐泥组（%）	壳质组（%）	镜质组（%）	惰质组（%）	次生组分	类型指数 Ti	样品数	有机质类型
大邑1	T_3x^2	泥岩		0.5	87.5	12		−77.38	1	Ⅲ
		煤			82.5	17.5		−79.38	1	Ⅲ
绵阳1	T_3x^5	泥岩		5.7~10.5	78.2~84.9	7.80~16.59		−72.0~−64.60	3	Ⅲ
	T_3x^4	泥岩		10.1~11.2	68.8~74.1	15.83~20.00		−66.4~−66.60	2	Ⅲ
德阳1	T_3x^5	泥岩		5.8~9.6	41.0~79.1	13.1~53.2		−81.1~−67.8	3	Ⅲ
	T_3x^4	泥岩		8.5~10.8	59.6~69.6	19.6~31.9		−72.3~−66.5	2	Ⅲ
	T_3x^3	泥岩		7.3~12.2	51.1~70.2	22.5~36.7		−71.5~−68.9	2	Ⅲ
	T_3x^2	泥岩		10.4~14.4	77.0~79.7	8.6~9.9		−64.5~−59.1	2	Ⅲ
洛深1	T_3x^5	泥岩		8.9~13.6	65.3~79.3	11.7~21.1		−66.8~−61.8	3	Ⅲ
	T_3x^4	泥岩		5.8~8.9	71.0~77.1	17.1~20.1		−72.0~−68.9	3	Ⅲ
	T_3x^3	泥岩		7.2	68.6	24.2		−72	1	Ⅲ
	T_3x^2	泥岩		10.4~22.1	61.1~68.3	16.8~21.3		−67.3~−51.5	2	Ⅲ
	T_3m+t	泥岩		19.5~30.3	57.8~63.6	6.1~22.7		−56.3~−38.6	2	Ⅲ
回龙1	T_3x^5	泥岩		5.0~14.8	57.1~75.1	19.9~28.0		−73.8~−63.5	3	Ⅲ
	T_3x^4	泥岩		8.7~10.4	61.7~79.9	11.4~28.0		−69.0~−67.0	2	Ⅲ
	T_3x^3	泥岩		8.2~14.9	70.3~83.1	8.7~14.9		−67.0~−60.1	2	Ⅲ
	T_3x^2	泥岩		8.6~11.0	64.8~84.9	6.5~24.2		−67.4~−65.8	2	Ⅲ
	T_3m+t	泥岩		10.1~12.1	59.4~83.7	4.2~30.4		−69.9~−60.9	4	Ⅲ
龙深1	T_3t	泥岩			68.5~87.5	11.5~26.5	1~12.5	−81.63~−64.13	10	Ⅲ
	T_3m	泥岩	1.5~15		47.5~85	11.5~52.5	5~14.5	−88.13~−51.63	11	Ⅲ
		石灰岩	2~3.5	1~10.5	0~12.5		78~95.5	23.75~50.50	4	Ⅱ$_1$—Ⅱ$_2$

　　据黄第藩（1995）研究，随着演化程度的增高，在总的趋势上壳质组的含量明显减少。黄县样品模拟实验表明，壳质组含量从原样品（R_o=0.39%）的15.2%降至R_o=1.79%时的0。扎赉诺尔样品模拟实验表明，壳质组含量从原样品（R_o=0.36%）的9.8%降至0（R_o=1.66%）。两样品中，惰质组和镜质组的相对百分含量则有所增加。这表明演化过程中，壳质组是成烃的主要母质。壳质组含量的下降以至消失，一方面是因为其本身因生烃而损失，壳质组各显微组分个体逐渐缩小，反映了烃类释放过程的存在；另一方面则与其在演化过程中因生烃而使光学性质趋向于惰质组和镜质组，从而不再能被鉴定为壳质组有关。

　　根据干酪根碳同位素和显微组分分析结果，并考虑到有机质演化作用对干酪根碳同位素和显微组分分析的影响，结合上三叠统沉积相资料分析，认为本区须家河组二段、须家河组三段、须家河组四段、须家河组五段烃源岩有机质类型主要为腐殖型（Ⅲ型），马鞍塘组—小塘子组泥质烃源岩有机质类型主要为腐殖—腐泥型（Ⅱ₂型），石灰岩有机质类型为腐泥型—腐殖型（Ⅱ₁型）和腐殖—腐泥型（Ⅱ₂型）。

虽然，须家河组有机质类型主要为Ⅲ型，但从龙门山前煤矿采集的 R_o 为 0.6%～0.7% 的低演化程度样品中，可见到含有一些富氢组分，如角质体、藻类体、木栓质体、树脂体、孢子体及裂隙沥青等（图 11-14 和图 11-15），表明本区Ⅲ型有机质具备较好的生烃能力。

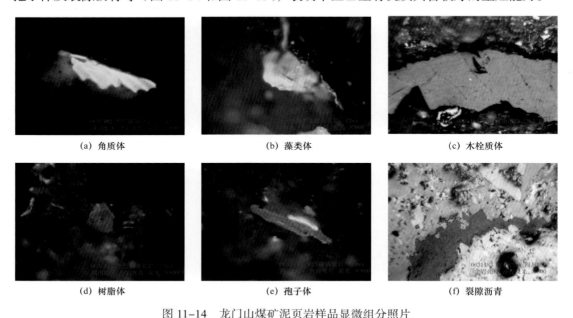

(a) 角质体　　(b) 藻类体　　(c) 木栓质体

(d) 树脂体　　(e) 孢子体　　(f) 裂隙沥青

图 11-14　龙门山煤矿泥页岩样品显微组分照片

Fig. 11-14　Photography of macerals from shale samples, Longmenshan Coalmine

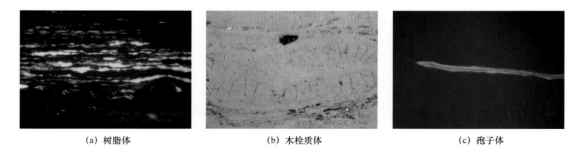

(a) 树脂体　　(b) 木栓质体　　(c) 孢子体

图 11-15　龙门山煤矿煤样显微组分照片

Fig. 11-15　Photography of macerals from coal samples, Longmenshan Coalmine

11.1.3.3　有机质成熟度

川西地区须家河组暗色泥岩有机质的成熟度处于成熟到过成熟演化阶段。纵向上的特征反映了有机质从成熟到过成熟的演化过程（表 11-4），川高 561 井、川江 566 井及龙深 1 井马鞍塘组—小塘子组的 R_o 均超过了 2.0%，有机质达到了过成熟演化阶段；研究所涉及钻井中的须家河组二段暗色泥岩有机质的 R_o 也均大于 2%，表明了须家河组二段及以下地层有机质已达到过成熟；须家河组三段烃源岩在大邑 1 井、马深 1 井和川高 561 井区 R_o 平均值大于 2%，也已达到过成熟演化阶段，在川江 566 井和川泉 171 井区，R_o 为 1.83%～1.97%，处于高成熟演化阶段。从这些典型钻井测试分析的结果分析，川西须下盆烃源岩的R_o值多数超过了2%，一般也接近2%左右，基本上烃源岩的成熟演化均处于过成熟阶段，局部处于高成熟—过成熟阶段，接近过成熟演化特征，表明了大量生气阶段已经过去，其供气能力在地质历史时期已经充分体现。从平面上须下盆烃源岩成熟度横向变化来看，盆地西部靠近龙门山推覆带前缘，烃源岩成熟度较高，基本上均处于过成熟阶段，局部深洼范围内更高。因而，现今须下盆烃源岩的成熟度一方面受地质时间的控制，形成了较须家河组四段—五段烃源岩更高的演化程度，另一方面受构造埋深横向差异的影响，靠近西部深洼的烃源岩成熟度要高，形成东西向变化的差异。

表 11–4 泥岩镜质组反射率（R_o）统计表

Table 11–4 Statistics of vitrinite reflectance（R_o）of mudstones

井名	层位	R_o（%）			
		最小值	最大值	平均值	样品数
马深 1	T_3x^5	1.21	1.59	1.39	12
	T_3x^4	1.68	2.00	1.85	8
	T_3x^3	2.11	2.91	2.42	14
	T_3x^2	2.63	3.11	2.96	6
川高 561	T_3x^5	1.42	1.68	1.60	8
	T_3x^4	1.68	1.82	1.74	9
	T_3x^3	1.86	2.35	2.05	10
	T_3x^2	2.36	2.50	2.43	7
	T_3t	2.37	2.51	2.49	3
大邑 1	T_3x^5	1.02	1.10	1.06	2
	T_3x^4	1.61		1.61	1
	T_3x^3	1.80	2.35	2.08	4
	T_3x^2	2.21	2.52	2.37	2
川江 566	T_3x^5	1.30	1.41	1.36	2
	T_3x^4	1.66		1.66	1
	T_3x^3	1.74	1.92	1.83	2
	T_3x^2	2.05	2.14	2.10	2
	T_3t	2.06	2.37	2.22	2
川泉 171	T_3x^5	1.16		1.16	1
川泉 171	T_3x^4	1.54	1.68	1.61	3
	T_3x^3	1.83	1.97	1.90	2
龙深 1	T_3t	2.91	3.49	3.31	4
	T_3m	3.48	3.78	3.61	4

从前节的各典型钻井测试分析表明，须上盆烃源岩的成熟度基本处于高成熟阶段，可能局部地区已经进入过成熟阶段，其R_o值一般小于2.0%。暗色泥岩样品测试结果表明，须家河组四段烃源岩R_o值变化在1.5%～2%之间，处于高成熟演化阶段，其中马深

1 井的 R_o 值为 1.85%，大邑 1 井的 R_o 值在 1.61% 左右；须家河组五段烃源岩 R_o 值变化在 1.02%～1.68 之间，处于成熟—高成熟演化阶段，其中大邑 1 井的 R_o 值为 1.06%，川高 561 井的 R_o 较大，可以达到 1.6% 左右，马深 1 井的 R_o 值在 1.39% 左右。这些值表明川西的须上盆烃源岩基本上处于高成熟阶段，部分处于成熟阶段，根据腐殖型干酪根类型的烃源岩成气演化过程，须上盆烃源岩现今处于大量生气阶段或者大量生气阶段的后期，这与须家河组三段以下烃源岩的成烃演化阶段形成较为明显的差异。综合对比表明，川西地区须下盆的烃源岩已经过了生气高峰阶段，而须上盆烃源岩供气能力现今基本处于高峰阶段或较高峰阶段。从横向变化来看，须家河组四段和须家河组五段烃源岩成熟程度的横向变化与须家河组三段以下基本相似，都受龙门山推覆作用的影响，在西部深洼带的成熟度相对较高。另外，从纵向上须家河组不同段烃源岩现今最大成熟演化特征的变化来看，各段分别在地质历史时期经历了大量生气过程，表明了在川西地区上三叠统烃源岩持续的生气能力。这种不同时期均有烃源岩大量生气的特点，揭示了川西中生界碎屑岩领域天然气较好资源前景，也是中西部碎屑岩领域能形成大中型天然气气田的重要因素之一。

11.2 四川盆地川西坳陷上三叠统盆地模拟

11.2.1 晚三叠世以来热场演化特征

通过大量的岩石样品的导热率测试（表 11-5），四川盆地各层段岩石导热率平均值基本分布在 1.4～3.326W/（m·K）之间，盆地总平均值在 2.44W/（m·K）左右。上三叠统及其上覆地层的导热率变化不大，分布在 2.177～2.918W/（m·K）之间。

表 11-5 四川地区各时代地层实测导热率的平均值（据韩永辉，1993，修改）

Table 11-5 Mean values of heat conductivity measured from different times of strata in Sichuan (From Han Yonghui, 1993, modify)

地层年代	测试的主要岩性	平均导热率 [W/（m·K）]	测试块数
K	岩屑砂岩	2.408	3
J_2	碎屑岩	2.177	15
J_1	碎屑岩	2.350	12
T_3	碎屑岩	2.918	23
T_2	碎屑岩	2.625	5
T_1	碳酸盐岩	2.415	14
P	碳酸盐岩	3.326	6
S	碳酸盐岩	1.890	1
€	碳酸盐岩	3.093	3
Z	花岗岩	2.230	3
$P_2\beta$	玄武岩	1.401	1
盆地总平均		2.439	86

导热率的分布也存在平面上的差异，川西坳陷深洼地区岩石导热率主要分布在1.71～4.53W/（m·K）之间，平均值2.81W/（m·K），在各构造带中其岩石导热率相对最高。

大地热流值能直接地表征热场特征，通过资料的收集及计算，分析了四川盆地现今热流值的分布特征（表11-6）。其中，川西坳陷深洼地区具有相对较高的现今热流值，这主要是由于该区岩石导热率较高造成的。其最大值达到了97.67mW/m²，相较于其他测试热流值明显偏高，平均值计算中未列入。

表 11-6　四川盆地各构造区带热流值（mW/m²）统计表

Table 11-6　Statistics of heat flow value in different tectonic region in Sichuan Basin（mW/m²）

地区	川西坳陷深洼带	川北坳陷深洼带	川东高陡构造带	川南低陡构造带	川西南平缓构造带	川中隆起带
最大值	97.67	57.00	73.80	68.80	64.20	71.30
最小值	34.30	42.00	54.00	43.00	54.50	48.00
平均值（样品数）	54.13（41）	48.33（18）	61.98（4）	55.90（2）	59.35（2）	58.99（7）

由于古热场不能直接测量得到，因此在明确盆地岩石热导率特征、古地温梯度及现今热流的情况下，可以对盆地关键时期古热流进行恢复，计算的步骤如下：

（1）各层热导率计算：

$$K（t,\ z）=（k_{\mathrm{f}}）^{\phi}（k_{\mathrm{s}}）^{1-\phi}$$

k_{f}=1.384TCU 或者 0.564W/（m·℃）

k_{s}=（5.1～6.3）TCU 或者（2.135～2.638）W/（m·℃）

（2）各地史时期，上三叠统到地表的热导率计算：

$$K=\frac{\sum d_i}{\sum \dfrac{d_i}{K_i}}=\frac{D}{\sum \dfrac{d_i}{K_i}}=\frac{D}{\displaystyle\int_0^D \frac{\mathrm{d}z}{K（z）}}$$

式中　d_i——所代表的岩石地层 i 的厚度；

　　　K_i——岩石地层 i 的导热率；

　　　D——计算区间的厚度。

（3）古地温梯度计算：根据 R_{o} 计算获取。

（4）古热流值计算：

$$Q=K\frac{\mathrm{d}T}{\mathrm{d}z}$$

式中　K——岩石导热率；

　　　$\dfrac{\mathrm{d}T}{\mathrm{d}z}$——地温梯度，℃/km；

　　　Q——热流值，mW/m²。

根据上述方法，恢复了四川盆地从中三叠世早期到早白垩世末期 5 个关键时期的古热流值情况（图 11-16），四川盆地各时期热流值在平面上具有明显分带的特征，总体表现为热流值由西南、南向东北方向逐渐降低。各区热流值变化特征如下：川西南地区在各时期始终处于热流最高值区，从中三叠世早期到早白垩世末期，除须家河组沉积末期—J_2 沉积末期有短暂的上升趋势外，热流值整体表现为逐渐降低的特征，但晚侏罗世末期以后热流值基本稳定，说明该区岩石圈厚度晚侏罗世之前整体表现为逐渐增厚的趋势，之后岩石圈保持稳定；川西中段热流值与川西南地区热流值的变化基本类似，仅在背景值上相对于川西南偏低 12mW/m² 左右；川北地区热流值相对最低，各时期热流值基本在 50mW/m² 以下；川中—川南过渡带的热流值变化特征与其他地区刚好相反，从中三叠世末期到早白垩世末期，基本表现为一个逐渐增大的过程，显示川中地区岩石圈厚度一直表现为一个逐渐减薄的过程。

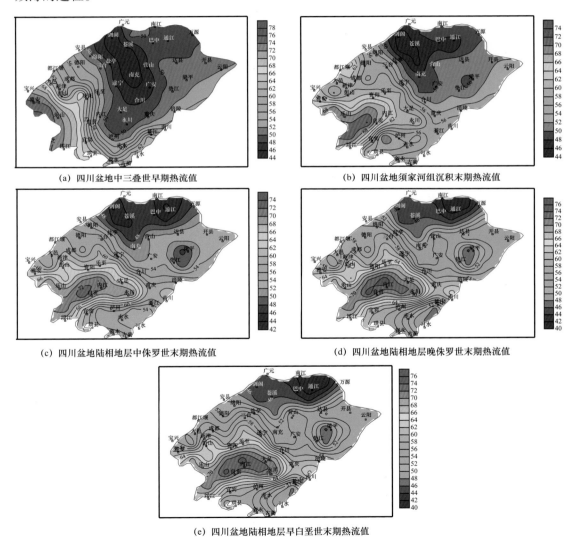

(a) 四川盆地中三叠世早期热流值　　　　　　(b) 四川盆地须家河组沉积末期热流值

(c) 四川盆地陆相地层中侏罗世末期热流值　　　(d) 四川盆地陆相地层晚侏罗世末期热流值

(e) 四川盆地陆相地层早白垩世末期热流值

图 11-16　四川盆地关键时期热流分布（单位：mW/m²）

Fig. 11-16　Distribution of heat flow at key period in Sichuan Basin

11.2.2 须家河组烃源岩热成熟度史演化模型

烃源岩的热成熟度可以通过实测 R_o 值建立 R_o—深度关系。根据 200 多件样品实测 R_o 值与对应的井深建立了川高 561、川合 100、德阳 1、马深 1、洛深 1、绵阳 1、川江 566、回龙 1 等 8 口钻井的 R_o—深度的关系曲线（图 11-17 至图 11-19），在此基础上，对川西探区上三叠统须家河组烃源岩有机质的热演化史开展了动态模拟。

通过模拟计算，对川西探区新场构造带、成都凹陷、梓潼凹陷和洛带地区中三叠统雷口坡组、上三叠统须家河组和下侏罗统自流井组烃源岩有机质热演化史进行如下分析。

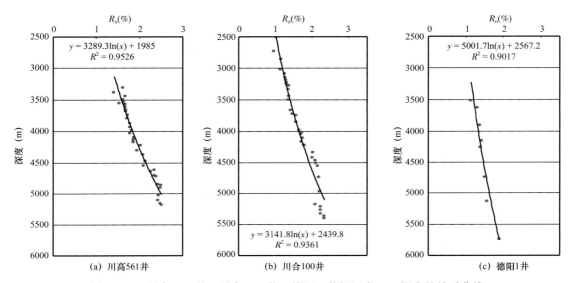

图 11-17　川高 561 井、川合 100 井、德阳 1 井烃源岩 R_o—深度的关系曲线

Fig. 11-17　Relation curve of R_o of source rocks versus depth from wells CG-561, CH-100 and DY-1

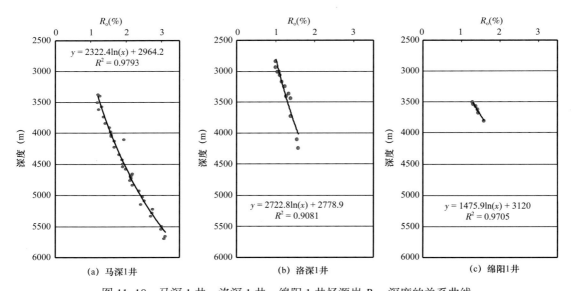

图 11-18　马深 1 井、洛深 1 井、绵阳 1 井烃源岩 R_o—深度的关系曲线

Fig. 11-18　Relation curve of R_o of source rocks versus depth from wells MS-1, LS-1 and MY-1

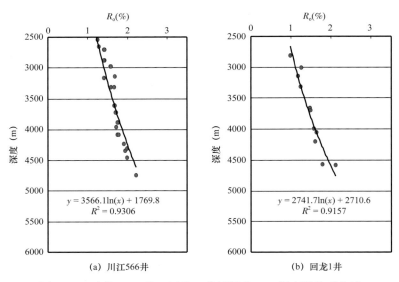

图 11-19　川江 566 井、回龙 1 井烃源岩 R_o—深度的关系曲线

Fig. 11-19　Relation curve of R_o of source rocks versus depth from wells CJ-566 and HL-1

　　新场构造带（图 11-20）马鞍塘组—小塘子组烃源岩于晚三叠世中期进入生烃门限，中侏罗世进入高成熟演化阶段，白垩纪早期达到过成熟演化阶段。须家河组三段烃源岩于早侏罗世早期进入生烃门限，白垩纪早期进入高成熟演化阶段。须家河组五段烃源岩于中侏罗世中期进入生烃门限，白垩纪晚期进入高成熟演化阶段。

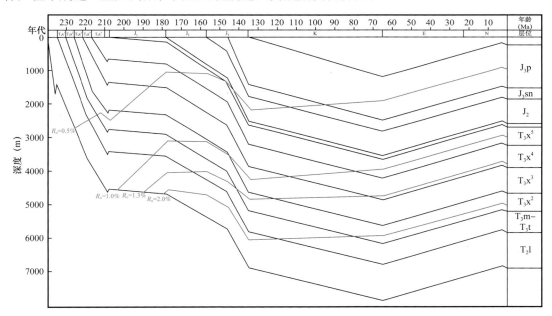

图 11-20　新场构造带川科 1 井烃源岩演化史图

Fig. 11-20　Evolutional history of organic matters of source rocks for well Chuanke-1 in Xinchang Structural Belt

　　成都凹陷（图 11-21）马鞍塘组—小塘子组烃源岩于晚三叠世中期进入生烃门限，早侏罗世晚期进入高成熟演化阶段，晚侏罗世早期达到过成熟演化阶段。须家河组三段烃源岩于晚三叠世晚期进入生烃门限，晚侏罗世中期进入高成熟演化阶段，白垩纪早期达到过

成熟演化阶段。须家河组五段烃源岩于早侏罗世晚期进入生烃门限，白垩纪中期进入高成熟演化阶段。自流井组烃源岩于中侏罗世末进入生烃门限，白垩纪晚期进入生烃高峰。

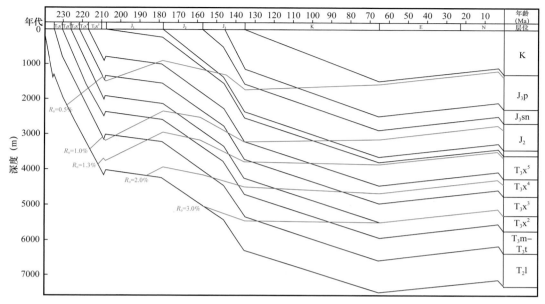

图 11-21　成都凹陷郫县地区烃源岩演化史图

Fig. 11-21　Evolutional history of source rocks in Pixian area，Chengdu Depression

梓潼凹陷（图11-22）马鞍塘组—小塘子组烃源岩于晚三叠世中期进入生烃门限，中侏罗世中期进入高成熟演化阶段，白垩纪早期达到过成熟演化阶段。须家河组三段烃源岩于早侏罗世早期进入生烃门限，晚侏罗世晚期进入高成熟演化阶段，白垩纪晚期达到过成熟演化阶段。须家河组五段烃源岩于中侏罗世进入生烃门限，白垩纪进入高成熟演化阶段。

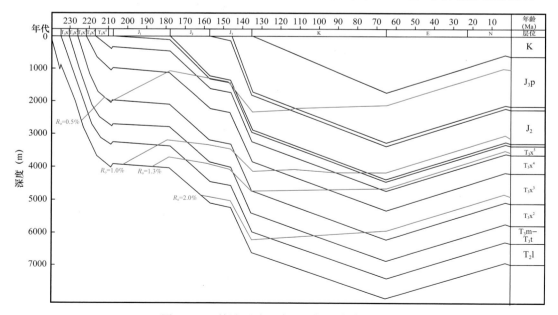

图 11-22　梓潼凹陷玉泉地区烃源岩演化史图

Fig. 11-22　Evolutional history of source rocks in Yuquan area，Tongzi Depression

洛带地区（图 11-23）马鞍塘组—小塘子组烃源岩于晚三叠世晚期进入生烃门限，中侏罗世进入高成熟演化阶段，晚侏罗世晚期达到过成熟演化阶段。须家河组三段烃源岩于早侏罗世中期进入生烃门限，白垩纪早期进入高成熟演化阶段。须家河组五段烃源岩于早侏罗世晚期进入生烃门限，白垩纪晚期进入高成熟演化阶段。自流井组烃源岩于中侏罗世进入生烃门限，白垩纪进入生烃高峰。

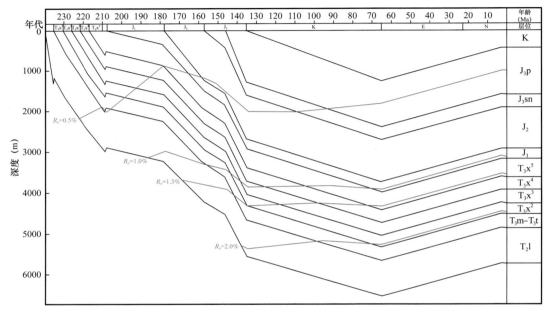

图 11-23　洛带地区龙 561 井烃源岩演化史图

Fig. 11-23　Evolutional history of source rocks for well Long 561 in Luodai area

11.3　四川盆地川西坳陷晚三叠世以来动态演化模拟评价

11.3.1　川西坳陷须家河组烃源岩埋藏史演化特征

埋藏史模拟表明，中侏罗世以前，受龙门山推覆作用，导致须家河组下部烃源岩地层沉降和埋深中心往东部迁移，晚侏罗世以后，由北而南的大巴山推覆作用与西侧推覆作用叠加，形成须家河组下部烃源岩沉降和埋深中心的南北分异（图 11-24），而须家河组上部（须家河组五段）埋藏演化在晚侏罗世之后与下部层系趋于一致，以下以须家河组三段为例，展示须家河组埋藏史演化及对烃源岩成熟演化的影响和控制。

埋藏史演化的差异必然导致烃源岩成熟演化的差异，经过 R_o 实测数据（图 11-25）校验后的烃源岩成熟演化史（图 11-26）表明，须家河组三段烃源岩大体在中侏罗世期间进入成熟门限，且在中—晚侏罗世期间处于低熟阶段（R_o 为 0.5%~0.7%），早侏罗世早期为成熟演化阶段（R_o 为 0.8%~1.1%），白垩纪中—晚期进入高—过成熟阶段（$R_o > 1.3\%$）。而须家河组五段烃源岩成熟演化史整体滞后于须家河组三段，成熟史模拟表明其进入门限的时间在侏罗纪末期，而白垩纪期间为成熟演化阶段（R_o 为 0.8%~1.1%），之后的喜马拉雅期由于坳陷整体抬升，烃源岩成熟演化被终止，现今烃源岩的成熟度基本保持着晚白垩世末期的状态。

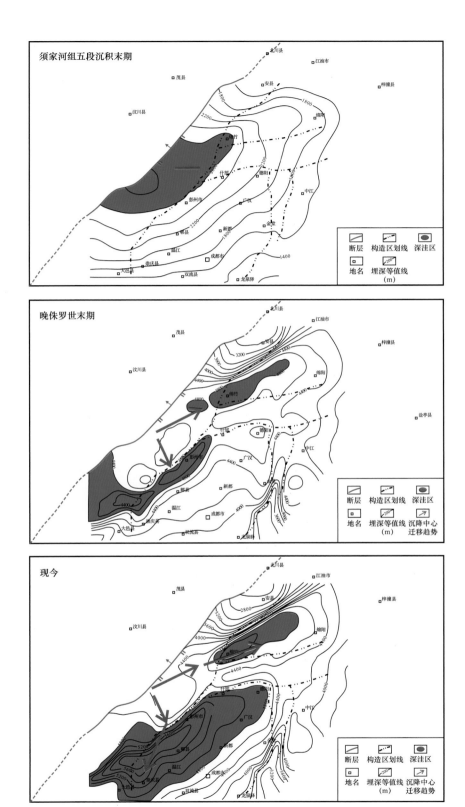

图 11-24　须家河组三段埋藏演化图

Fig. 11-24　Burial history of third member of Xujiahe Formation

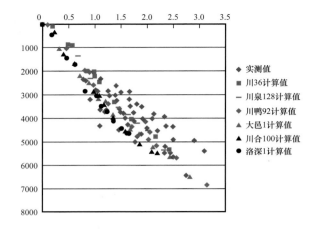

图 11-25 烃源岩模拟成熟度（R_o）与实测拟合情况

Fig. 11-25 Diagram showing match of simulated maturity（R_o）with measured one from source rocks

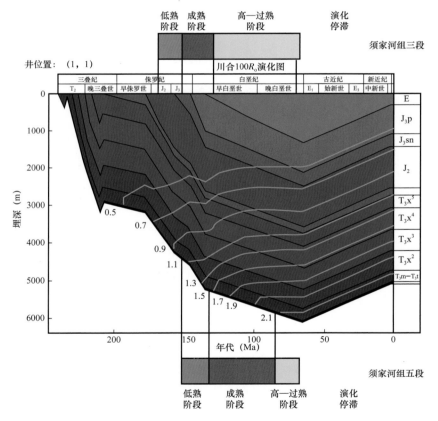

图 11-26 川合 100 井须家河组三段、须家河组五段烃源岩成熟演化模拟结果

Fig. 11-26 Diagram showing simulation results of thermal maturity of source rocks from third and fifth members of Xujiahe Formation in well CH-100

　　各期烃源岩成熟度平面变化与埋深演化趋于相同，如须家河组三段烃源岩，虽然其烃源岩原始厚度发育均围绕西侧龙门山推覆带而形成的潮坪相带展布，但在侏罗纪早期成熟区域主要分布在龙门山前。到晚侏罗世—白垩纪期间，烃源岩成熟—高成熟区域往东部迁

移，并到白垩纪末期形成南北部两个高成熟演化中心（图 11-27），烃源岩成熟演化与地层埋藏史演化在时空上高度一致的特征，反映出盆地结构和埋深演化对油气生成的控制。因而，为了明确油气资源前景和分布格局，首先要弄清后期叠加改造对烃源岩生烃演化的影响。

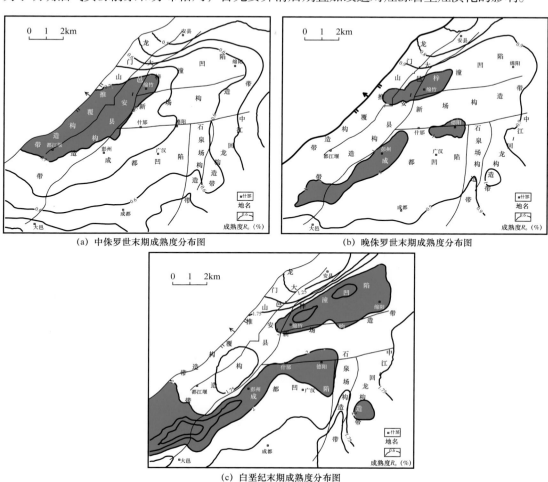

(a) 中侏罗世末期成熟度分布图　　　(b) 晚侏罗世末期成熟度分布图

(c) 白垩纪末期成熟度分布图

图 11-27　川西坳陷须家河组三段烃源岩成熟演化史模拟结果

Fig. 11-27　Diagram showing simulation results of thermal maturity of source rocks from third member of Xujiahe Formation in western Sichuan Depression

由此可见，通过对不同时期区域构造背景分析，辨别不同时期原型特征，建立合理的地质模型，以模型驱动来模拟和检验地质历史演化的合理性，才能提升盆地演化和油气演化的认识。以此开展的油气响应模拟才能在合理的认识下得出合理的资源评价和有利区带预测的结果。

11.3.2　川西坳陷须家河组生烃演化特征

从模拟揭示的生烃演化来看，各套烃源岩表现出两个主要的变化特点：一是随时间不同，生烃强度大小变化；二是随时间不同，生烃中心平面上的迁移变化。这些变化特征的分析，可以建立其主力烃源岩、有效烃源岩的演化与现今油气藏的相关关系，从而为油气成藏分析提供依据。

11.3.2.1 须家河组沉积末期烃源岩演化

该时期马鞍塘—小塘子组（T_3m–T_3t）烃源岩进入成熟阶段。马鞍塘组烃源岩在须家河组五段沉积期间生烃强度分布范围在$0\sim28\times10^8m^3/km^2$，存在两个生烃中心，其中一个位于西南部都江堰市附近，最大生烃强度为$28\times10^8m^3/km^2$，向东南部逐渐减小；另一个位于东北部安县附近，最大生烃强度为$12\times10^8m^3/km^2$；梓潼凹陷东部、孝泉—丰谷构造带的东南部及知新场—龙宝梁的东部地区为生烃强度最小区域（图11–28）。

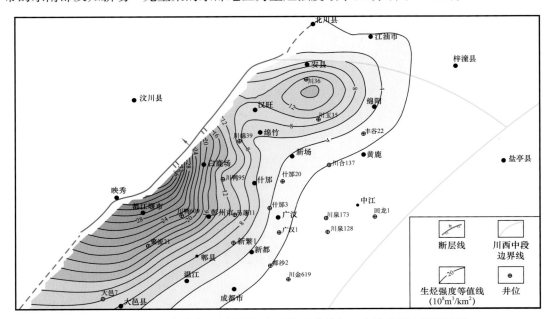

图 11–28　川西坳陷中段须家河沉积末期马鞍塘组—小塘子组生烃强度图
Fig. 11–28　Diagram showing hydrocarbon generation intensity of Ma'antang—Xiaotangzi Formations at the end of Xujiahe period in middle part of western Sichuan Depression

11.3.2.2 早—中侏罗世烃源岩演化

马鞍塘组—小塘子组 T_3m–T_3t 烃源岩在早—中侏罗世生烃强度分布范围为（$0.6\sim60$）$\times10^8m^3/km^2$，存在两个生烃中心。其中生烃强度较大的位于西南部都江堰市附近，最大生烃强度为$60\times10^8m^3/km^2$，向四周逐渐减小；另一个位于东北部安县附近，最大生烃强度为$20\times10^8m^3/km^2$；孝泉—丰谷构造带的东南部为生烃强度最小区域（图11–29）。

须家河组二段烃源岩早—中侏罗世期间生烃强度分布范围为（$0\sim7$）$\times10^8m^3/km^2$，存在两个生烃中心。西南部生烃中心位于大邑北部，最大生烃强度为$7\times10^8m^3/km^2$，向周围逐渐减小；东北部生烃中心在什邡附近，最大生烃强度也为$7\times10^8m^3/km^2$；梓潼凹陷东部及知新场—龙宝梁的东南部为生烃强度较小区域。

须家河组三段暗色泥岩烃源岩早—中侏罗世期间生烃强度分布范围为（$0\sim7.1$）$\times10^8m^3/km^2$，大邑北部生烃中心最大生烃强度为$4.5\times10^8m^3/km^2$，向周围逐渐减小；彭州附近生烃中心最大生烃强度为$7.1\times10^8m^3/km^2$；梓潼凹陷东部及知新场—龙宝梁的东南部为生烃强度较小区域。

须家河组三段煤岩烃源岩早—中侏罗世生烃强度分布范围为（$0\sim6.5$）$\times10^8m^3/km^2$，研究区存在两个生烃中心，一个位于西南部大邑附近，另一个位于东北部新场附近。大邑北部生烃中心最大生烃强度为 $6.5 \times 10^8 m^3/km^2$，向周围逐渐减小；新场附近生烃中心最大生烃强度为 $5.5 \times 10^8 m^3/km^2$；安县北部、梓潼凹陷东部及知新场—龙宝梁的东南部为生烃强度较小区域（图 11–30）。

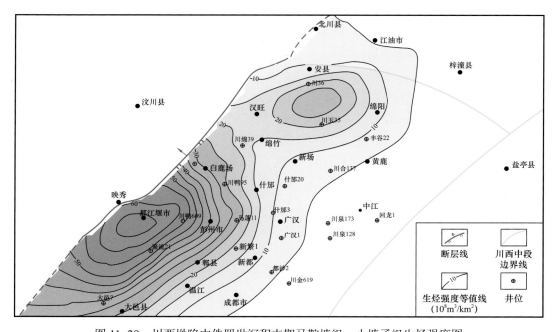

图 11–29　川西坳陷中侏罗世沉积末期马鞍塘组—小塘子组生烃强度图

Fig. 11–29　Diagram showing hydrocarbon generation intensity of Ma'antang—Xiaotangzi Formations at the end of Middle Jurassic in western Sichuan Depression

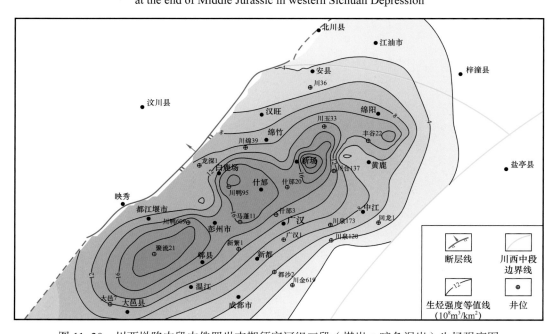

图 11–30　川西坳陷中段中侏罗世末期须家河组三段（煤岩＋暗色泥岩）生烃强度图

Fig. 11–30　Diagram showing hydrocarbon generation intensity of third member of Xujiahe Formation（coal＋black mudstone）at the end of Middle Jurassic in middle part of western Sichuan Depression

中侏罗世末，须家河组四段烃源岩的生烃强度分布范围为（1～5）×$10^8 m^3/km^2$，生烃强度最大地区位于大邑周围，早—中侏罗世的阶段生烃强度分布范围为（0.1～0.7）×$10^8 m^3/km^2$，生烃范围分布于大邑县西部。从总生烃强度及阶段内生烃强度看，须家河组四段烃源岩在早—中侏罗世的生烃中心位于大邑地区，生烃中心呈北东方向展布，但生烃范围较为局限。

从生烃演化过程来看，中侏罗世末期，马鞍塘组—须家河组三段烃源岩均处于成熟—高成熟阶段，尤其是马鞍塘组烃源岩，南北两个生烃中心明显，须家河组二段—三段烃源岩处于早期生烃阶段，生烃量相对马鞍塘组烃源岩要小得多。须家河组四段刚进入生烃门限，除大邑地区存在一个较小强度的生烃中心外，其余地区生烃能力较弱，须家河组五段基本上不具备生烃能力。

11.3.2.3 晚侏罗世烃源岩演化

马鞍塘组沉积时期到晚侏罗世早期生烃强度分布范围较小，最大值为 7.5×$10^8 m^3/km^2$；存在两个生烃中心，一个位于西南部都江堰市附近，向四周逐渐减小；另一个位于东北部安县的南部，最大生烃强度为 5×$10^8 m^3/km^2$；孝泉—丰谷构造带及知新场—龙宝梁构造带生烃强度较小，向彭州往东也逐渐减小。晚侏罗世晚期生烃中心主要位于西南部大邑北部，最大生烃强度为 70×$10^8 m^3/km^2$。

图 11-31 表明主力烃源岩生烃范围由北往南迁移的变化，以及受烃源岩丰度和成熟演化的影响，不同时期的主要生烃中心形成明显的变化。

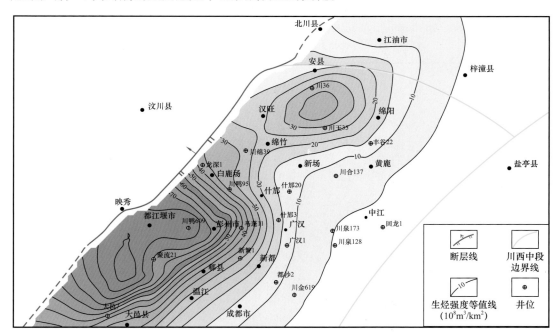

图 11-31　川西坳陷中段晚侏罗世末期马鞍塘组—小塘子组生烃强度图

Fig. 11-31　Diagram showing hydrocarbon generation intensity of Ma'antang—Xiaotangzi Formations at the end of Late Jurassic in middle part of western Sichuan Depression

须家河组二段烃源岩晚侏罗世早期生烃强度分布范围为（0～2.6）×$10^8 m^3/km^2$，同样也存在两个生烃中心。西南部位于都江堰市附近的生烃强度较高，最大为 $2.6 \times 10^8 \mathrm{m}^3/\mathrm{km}^2$；东北部什邡附近是个次生烃中心，最大生烃强度为 $1.5 \times 10^8 \mathrm{m}^3/\mathrm{km}^2$。晚侏罗世晚期生烃中心位于大邑北部最大为 $11.8 \times 10^8 \mathrm{m}^3/\mathrm{km}^2$。

马鞍塘组—须家河组二段烃源岩生烃演化表明，晚侏罗世晚期，烃源岩生烃演化再次进入一个次要的演化阶段，但要较早—中侏罗世期间生烃能力弱。分析认为，上三叠统下部烃源岩晚侏罗世晚期经历了规模不大的热成熟演化。从平面变化来说，早期均为南北两个生烃强度中心，后期往南迁移，形成了两个主要生烃时期生烃中心的变化。

须家河组三段暗色泥岩烃源岩晚侏罗世早期生烃强度较弱，无论是暗色泥岩还是煤岩，生烃强度均要小于 $3 \times 10^8 \mathrm{m}^3/\mathrm{km}^2$，说明该套烃源岩在晚侏罗世早期生烃贡献较小；晚侏罗世晚期，该套烃源岩受热成熟演化的控制，进入了大量生烃阶段，其中暗色泥岩烃源岩生烃强度分布范围为（0~25）$\times 10^8 \mathrm{m}^3/\mathrm{km}^2$，煤岩晚侏罗世晚期生烃强度范围为（0~16）$\times 10^8 \mathrm{m}^3/\mathrm{km}^2$。平面上分布也存在两个生烃中心，一个位于西南部大邑北部，另一个位于中部彭州附近（图 11-32）。

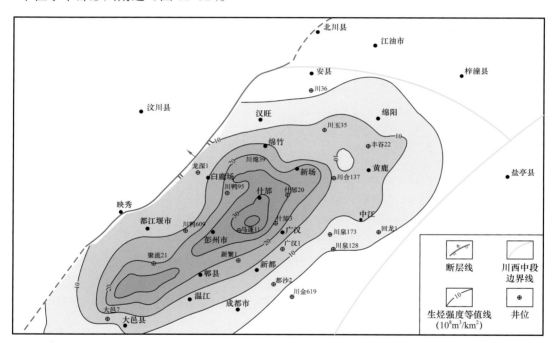

图 11-32　川西坳陷中段晚侏罗世末期须家河组三段生烃强度图

Fig. 11-32　Diagram showing hydrocarbon generation intensity of third member of Xujiahe Formation at the end of Late Jurassic in middle part of western Sichuan Depression

分析表明，晚侏罗世期间，主力烃源岩以须家河组三段为主，此阶段须三段烃源岩的生烃能力要强于马鞍塘组—须家河组二段；从平面生烃中心变化来看，晚侏罗世晚期，须家河组三段依然保持了南北两个生烃中心，而马鞍塘组—须家河组二段烃源岩仅局限于南部地区。而须家河组四段以上的暗色泥岩在侏罗纪末期，还基本上处于生烃门限或者是低成熟度阶段，不具备大量生烃的能力，如须家河组四段暗色泥岩最大的生烃强度才有 $14 \times 10^8 \mathrm{m}^3/\mathrm{km}^2$。

11.3.2.4 白垩纪—古近纪烃源岩演化

从马鞍塘组—小塘子组（T_3m-T_3t）烃源岩在白垩纪—古近纪期间生烃强度平面变化来看，白垩纪—古近纪该套烃源岩又进入一个大量生烃阶段，最大生烃强度大于 $100 \times 10^8 m^3/km^2$，平面上存在西南部都江堰市附近、东北部绵竹附近两个生烃中心（图11-33），其中西南部的生烃中心强度较大。在同样热演化的条件下，须家河组二段烃源岩该时期生烃强度最大为 $24.8 \times 10^8 m^3/km^2$，较下部马鞍塘组烃源岩要小，生烃中心主要位于大邑的西北部。

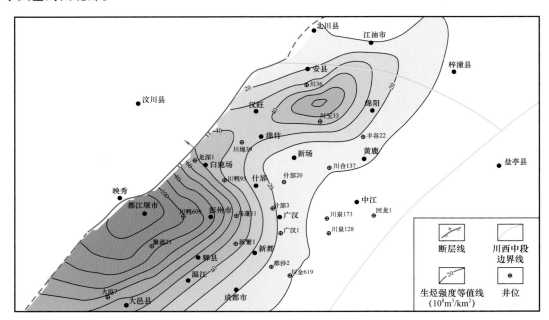

图 11-33　川西坳陷中段白垩纪末期马鞍塘组—小塘子组生烃强度图
Fig. 11-33　Diagram showing hydrocarbon generation intensity of Ma'antang – Xiaotangzi Formations at the end of Cretaceous in middle part of western Sichuan Depression

须家河组三段暗色泥岩和煤岩两种岩性类型烃源岩也是该时期主要烃源岩，暗色泥岩生烃强度最大为 $48 \times 10^8 m^3/km^2$，煤岩生烃强度最大为 $22 \times 10^8 m^3/km^2$。平面上两个生烃中心基本继承了晚侏罗世时期的展布特征，西南部生烃中心位于大邑北部，东北部生烃中心位于彭州附近（图11-34）。

白垩纪末，须家河组四段烃源岩已经处于成熟—高成熟的演化阶段，烃源岩也处于大量生烃阶段。该套烃源岩白垩纪期间的生烃强度变化范围为（2～16）$\times 10^8 m^3/km^2$，相比前两个阶段，生烃强度明显增大，生烃中心位于大邑及其西北部，向北延伸至彭州地区。从前期早—中侏罗世来看，须家河组四段烃源岩的生烃中心位于大邑及其西北部，并呈北东方向展布，而白垩纪期间烃源岩生烃范围最大，并较之前两个阶段向西、向北方向扩展。

须家河组五段烃源岩白垩纪期间处于成熟演化阶段（R_o 总体小于 1.3%），该阶段生烃强度变化为（2～12）$\times 10^8 m^3/km^2$，较侏罗纪明显增大，生烃中心位于大邑—崇庆西北部地区及彭州东部，延伸至广汉地区。总的说来，须家河组五段烃源岩白垩纪期间的生烃中心分布范围较之前明显增大，强度也明显变大，因而白垩纪也是须家河组五段泥岩烃源岩最主要的生烃期。须家河组四段—五段煤岩的生烃强度平面展布特征与暗色泥岩的相似，说明了烃源岩成熟演化是控制烃源岩生烃能力的主要因素，煤岩白垩纪的生烃强度主要为（2～10）×10^8m³/km²。

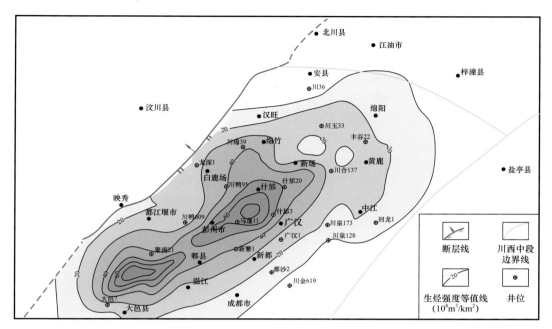

图 11-34　川西坳陷中段白垩纪末期须家河组三段生烃强度图

Fig. 11-34　Diagram showing hydrocarbon generation intensity of third member of Xujiahe Formation at the end of Cretaceous in middle part of western Sichuan Depression

11.3.2.5　生烃中心迁移变化特征

马鞍塘组—小塘子组（T_3m-T_3t）烃源岩从早期到晚期，基本都存在两个生烃中心，分别位于西南部都江堰市附近与东北部绵竹附近，平面变化的范围不大。须家河组二段烃源岩在早期存在西南部与东北部两个生烃中心，晚期北部的生烃中心减弱。须家河组三段无论暗色泥岩还是煤岩，均在晚侏罗世开始大量生烃，并且生烃强度超过了马鞍塘组—须家河组二段烃源岩，南北两个生烃中心展布明显，后期随着时间的演化，南北生烃中心有往中部迁移变化的趋势。对比南北地区来看，南部生烃中心一直较高。须家河组四段—五段烃源岩均表现为晚期生烃的特点，即晚侏罗世晚期—白垩纪期间为主要生烃时期，生烃中心早期主要位于大邑—德阳一线地区，生烃范围较大，晚期生烃强度最大地区在大邑—崇庆西北地区，表现出向北东方向迁移的特征。

不同层系烃源岩累计生烃强度中心的差异及同一层系烃源岩在不同时期生烃中心的迁移变化，主要受两个地质条件的控制和约束。一方面是在盆地不同演化阶段，沉降中心、沉积环境的变化导致了有利于烃源岩发育的环境发生变化，从而使得不同层系烃源岩的品质（丰度、类型等）、厚度在平面上发生变化，如前面细述的马鞍塘组—须家河组五段烃源岩的厚度展布、有机碳含量的平面分布等。累计厚度和有机碳含量平面变化是不同区带生烃强度差异的重要因素。另一方面是构造演化对烃源岩埋深和热成熟度的影响，西侧龙门山向东推覆和北侧大巴山向南的推覆作用，导致川西坳陷区域的上三叠统各层烃源岩在不同时期的埋深不同（即埋藏史演化差异），热成熟度演化史也随之有差异，从而形成了不同时期生烃强度的平面变化。TSM 盆地模拟系统就是对这些地质作用进行综合模拟，以定量方式展示烃源岩的生烃演化过程，从而服务于凹陷的资源潜力评价和有利区带预测。

为了展示川西坳陷主要烃源岩（马鞍塘组、须家河组三段、须家河组五段）的生烃演化差异，同时对比演化的各自特点，选择了由西南部成都凹陷到北部梓潼凹陷的近 NE 走向剖面，展示三套烃源岩晚三叠世以来的生烃强度变化（图 11-35）。剖面上特征表明：（1）凹陷内上三叠统各套烃源岩较高的生烃强度区域主要集中在南部成都凹陷中，须家河组三段、须家河组五段由于烃源岩发育向北、北东的延伸，而形成中部孝新合构造带也具有较高的生烃强度；（2）层位对比上，马鞍塘组—小塘子组烃源岩的生烃强度要高于须家河组三段、须家河组五段，因而生烃贡献主力层位为马鞍塘组—小塘子组和须家河组三段；（3）川西坳陷各层烃源岩生烃强度的变化总体上呈由西而东的趋势，推测认为龙门山由西向东推覆形成的前渊盆地的叠加作用是控制烃源岩生烃强度平面变化的重要地质作用；（4）各套主力烃源岩在不同时期具有不同的生烃中心，如马鞍塘组在晚侏罗世之前，生烃中心位于龙门山推覆带前缘部位，而在晚侏罗世中—晚期，生烃中心往北东、东方向迁移，晚侏罗世以后（白垩纪—古近纪）生烃中心再次往南、南东方向变化；（5）随着陆缘坳陷—前渊盆地的叠加，加深了地层埋深的演化，各层烃源岩的生烃范围逐渐扩大。

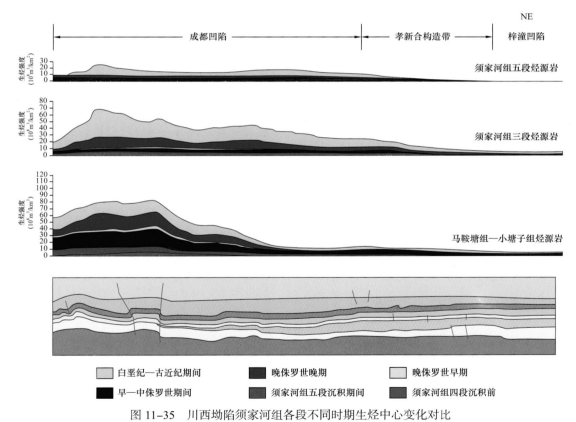

图 11-35　川西坳陷须家河组各段不同时期生烃中心变化对比

Fig. 11-35　Diagram showing changes of hydrocarbon generation centers of different sequences of Xujiahe Formation in different periods in western Sichuan Depression

综上对比分析，烃源岩厚度、丰度等品质的差异和构造热体制演化的差异，是导致不同层位生烃中心分布和同一层位不同时期生烃中心分布差异的主要原因。因而，强调开展盆地模拟之前的地质作用分析，是数值模拟中地质建模、数学建模的关键，对盆地原型演化的地质分析能在"原型控源、叠加控藏"的理论基础上合理得到烃源岩的品质分布和演化模型，以此而得到的模拟结果能合理展示烃源岩的生烃能力和不同区带的生烃贡献，为资源评价和区带优选提供依据。

11.3.3　川西坳陷天然气运移特征与源储配置关系

为了研究重点层系在关键成藏期的成藏过程，模拟计算了重点层系主要成藏期的运移路径，说明了其运移指向趋势。计算依据了各地层的古埋深，但是由于四川地区的特殊性，油气运移还与其他诸多因素有关，因此，研究只是初步的，需要在下一步工作中进一步探索。另外必须注意，运移趋势的分析只有与烃源灶区相配合，才能合理开展成藏分析。

将各层系阶段生烃中心与主要聚集区域结合分析，通过油气运移模拟来揭示两者之间的关联，来明确油气成藏的动态演化特点。

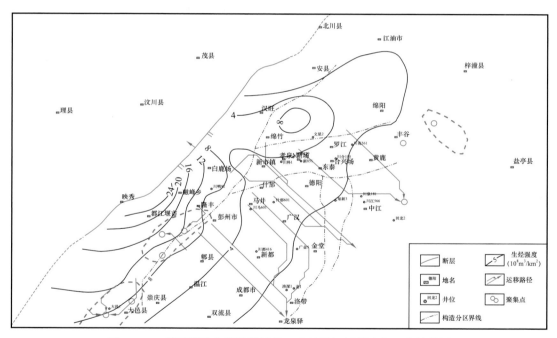

图 11-36　川西坳陷中段马鞍塘组—小塘子组顶部油气运移趋势图

Fig. 11-36　Diagram showing hydrocarbon migration trend on top of Ma'antang Formation–Xiaotangzi Formation in middle part of western Sichuan Depression

马鞍塘组—小塘子组油气运移聚集的主要变化特征，反映出在构造演化不同时期油气运移的差异（图 11-36），也反映出川西地区构造演化对油气运移聚集的控制和影响。须家河组沉积末期，在西低东高的构造格局下，马鞍塘组的油气运移趋势总体由北西向南东方向，一方面往东南斜坡方向形成长距离运移，这些运移方向和聚集部位可能受到了后期构造变动而变化，另一方面围绕西侧主要生烃中心就近聚集在都江堰市附近和大邑附近地区，这些地区主要以自生自储为主。中侏罗世末期，马鞍塘组—小塘子组的油气主要是围绕着西南和北东两个生烃中心聚集，两个生烃中心之间的都江堰市以东地区和龙泉驿—金堂地区是油气主要的聚集场所，油气从生烃中心往周边运移的指向不明显，表明该时期也主要以自生自储为主；侏罗纪末期，围绕西侧两个生烃中心的主要聚集区为德阳—什邡地区和大邑附近地区，这些地区紧靠生烃中心，并且从油气演化的角度来看，这两个地区是油气的长期运移指向区；另外，东部及东南部的斜坡带构造逐步定型，西侧生烃中心及内斜坡带的油气主要聚集区也基本成型，如东南部的龙泉驿—金堂地区、丰谷地区及德阳—中江附近；现今的运移趋势基本上继承了晚侏罗世末期的特征，东部及东南部的丰谷、龙泉驿—金堂地区为油气主要聚集区。

作为主要烃源岩之一的须家河组三段，中侏罗世之前油气尚未生成，中侏罗世末期之后烃源岩开始进入生烃门限，晚侏罗世期间处于生烃高峰期，两个生烃中心分布在都江堰市及大邑地区。从油气运聚趋势来看（图11-37），侏罗纪末期以后都江堰地区生烃中心的油气主要形成了东南部龙泉驿—金堂地区、北部德阳—什邡地区聚集区，南部大邑生烃中心的油气主要就近聚集在大邑周边地区；现今的油气运移聚集情况与侏罗纪末期的相似，表明侏罗纪末期形成的构造格局、圈闭特征是油气运移聚集控制的主要因素。同时，可以看出，须家河组下部的油气聚集具有两个主要的趋势特征，围绕生烃中心周边的大邑、德阳—什邡、东部斜坡带上龙泉驿—金堂、丰谷地区是油气运移的长期指向区，同时也是重要的勘探区域。

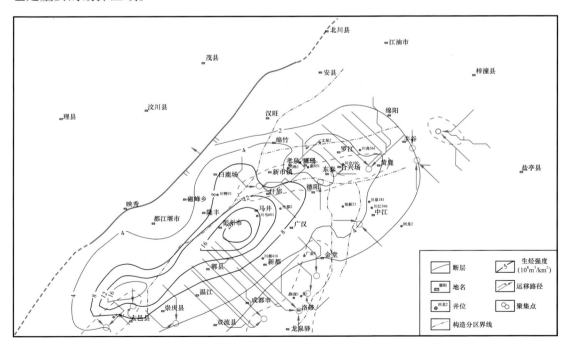

图 11-37　川西凹陷中段须家河组三段顶部运移趋势图

Fig. 11-37　Diagram showing hydrocarbon migration trend on top of third member of Xujiahe Formation in middle part of western Sichuan Depression

不同时期变化表明，须家河组五段的生烃中心逐步往东部迁移，这与川西的向东沉积、沉降中心迁移的地质条件基本一致，两个主要的生烃中心与须家河组沉积早期烃源岩生烃中心相似，但天然气的运移聚集趋势与须家河组三段以下地层有些异同。相同之处为南部大邑生烃中心的天然气主要以围绕生烃中心周边聚集为主，东南斜坡带的天然气聚集以北部生烃中心的天然气为主，龙泉驿—金堂地区依然是天然气运移的主要指向和聚集区；不同之处在于由于北部生烃中心的强度较小，德阳—什邡地区没有形成明显的天然气指向和聚集中心，而是往什邡西部—隆丰等地区分散分布，东部及东北部的合兴场—丰谷、中江等地区有局部聚集区，但天然气的来源与南北两个生烃中心相关性不强。从侏罗纪末期和现今的油气运聚趋势模拟图上看，早晚期的天然气指向和主要聚集区变化不大，并且，须家河组五段烃源岩的主要生烃阶段为白垩纪—现今，因而，现今的油气运移趋势能够反映须五段的油气运移动态变化，南部生烃中心控制着周边的天然气聚集，主要聚集区在大邑地区附近，北部生烃中心主要控制着东部金堂—龙泉驿及西部、北部的隆丰等地区天然气聚集场所的分布。

　　总的说来，根据须家河组各层的油气运移聚集模拟结果的初步分析来看，生烃中心的变化、构造格局的变化是控制平面油气运移指向和油气聚集部位的重要因素。模拟结果来看，生烃中心主要有南北两个，不同时期存在平面迁移变化，且两个生烃中心在不同层系、不同时期强度也有差异，这对评价与生烃中心相关的主要指向和聚集区的优劣起到重要作用；另外，与生烃中心相关性较好的油气指向区和优势聚集区随着不同时期构造格局的变化而变化，寻找长期指向区和聚集区及多层系的指向区是油气勘探评价的重点。

11.4　四川盆地川西坳陷上三叠统须家河组油气资源模拟评价与勘探有利方向

　　为了分析川西凹陷须家河组源内成藏体系的资源前景，以川西坳陷中段上三叠统马鞍塘组—小塘子组、须家河组二段、须家河组三段、须家河组四段、须家河组五段共 5 个烃源岩层段暗色泥岩及马鞍塘组—小塘子组—须家河组三段、须家河组四段—五段煤的生气量为出发点，进行了地质资源量的计算。

　　在盆地模拟计算的生气量基础上，根据排聚系数分别计算了川西坳陷中段 6 个构造单元的油气资源量。计算结果，川西坳陷中段上三叠统总生气量为 $1678125 \times 10^8 m^3$，天然气总资源量为 $21928.69 \times 10^8 m^3$。中国石化川西探区上三叠统总生气量为 $1191026 \times 10^8 m^3$，天然气总资源量为 $16191.98 \times 10^8 m^3$。

　　根据油气二次运移机理，烃源岩的排烃产物在流体势的作用下，将从高势区向低势区运移，并在低势区的圈闭中富集成藏。盆地内地层的流体势受沉积、压实等作用的影响，在构造隆起区的流体势总是比邻近凹陷区的流体势相对较低。因此，构造隆起区的油气资源除了来自隆起区本身烃源层外，附近凹陷区的烃源层还要提供一部分。对于凹陷区而言，由于流体势相对较高，凹陷区烃源岩提供的油气资源一般大部分聚集到就近的构造隆起带。

　　因此在计算构造区带资源量时，结合具体地质条件对凹陷区的油气资源进行合理分配。根据川西地区凹陷的轴线展布特征、油气二次运移的流体势分布特征和储层、圈闭、油气运移通道及成藏历史等综合分析，按照生—供烃单元法计算资源量的原理，确定了天然气资源分配比例（表 11-7）。

表 11-7　川西地区中段天然气资源分配比例

Table 11-7　Distribution of gas resource in middle part of western Sichuan Depression

单元名称	烃源岩	外供	邻近隆起区分配比例
梓潼凹陷	T₃	70%	孝泉—丰谷构造带 60%，安县—鸭子河—大邑断褶带 10%
成都凹陷	T₃	65%	孝泉—丰谷构造带 35%，安县—鸭子河—大邑断褶带 10%，知新场—龙宝梁断褶带 10%，川西坳陷南部隆起带 10%
安县—鸭子河—大邑断褶带	T₃	15%	孝泉—丰谷构造带 15%

安县—鸭子河—大邑地区在早期一直处于流体高势区，曾经持续向东部的流体低势区排烃，在其隆升以后，才停止向东部供烃，并开始接受成都凹陷和梓潼凹陷的供烃。这个过程十分复杂，综合分析认为，其外供与接收的烃类数量趋于平衡后，梓潼凹陷和成都凹陷分别继续向其供应了约 10% 的烃。孝泉—丰谷地区基本上一直处于流体低势区，也曾经接受过安县—鸭子河—大邑地区早期供给的烃，分析认为，安县—鸭子河—大邑地区的资源向孝泉—丰谷地区的外供比例约为 15%。

梓潼凹陷的资源向孝泉—丰谷构造带的外供比例约为 60%。成都凹陷的资源向孝泉—丰谷构造带外供比例约为 35%，向知新场—龙宝梁断褶带外供比例约为 10%，此外还有10% 供给川西坳陷南部隆起带。

表 11-8 是川西坳陷中段范围内各构造带资源量计算结果，孝泉—丰谷构造带资源量最高，为 $7834.16 \times 10^8 m^3$，安县—鸭子河—大邑断褶带资源量次之，为 $7091.00 \times 10^8 m^3$，成都凹陷资源量为 $2835.11 \times 10^8 m^3$，知新场—龙宝梁断褶带资源量为 $2127.83 \times 10^8 m^3$，龙门山前缘推覆带资源量为 $1265.16 \times 10^8 m^3$，梓潼凹陷资源量为 $775.43 \times 10^8 m^3$。川西坳陷中段总资源量为 $21928.69 \times 10^8 m^3$。

表 11-8　川西坳陷中段各构造带资源量计算结果表

Table 11-8　Calculated results of hydrocarbon resource in different structural belts in middle part of western Sichuan Depression

单元名称	面积（km^2）	生气量（$10^8 m^3$）	单元内自生资源量（$10^8 m^3$）	分配后单元内资源量（$10^8 m^3$）
梓潼凹陷	1957.87	177044.01	2584.77	775.43
孝泉—丰谷构造带	2614.86	161592.90	2385.39	7834.16
成都凹陷	4626.54	578138.43	8100.32	2835.11
龙门山前缘推覆带	1937.16	210960.06	1265.16	1265.16
安县—鸭子河—大邑断褶带	2662.55	441367.02	7085.29	7091.00
知新场—龙宝梁断褶带	2790.83	109022.39	1317.80	2127.83
合　计	16589.81	1678124.81	22738.73	21928.69

表 11-9 是中国石化川西探区范围内各构造带资源量计算结果，孝泉—丰谷构造带为 $6428.92 \times 10^8 m^3$，安县—鸭子河—大邑断褶带为 $4753.42 \times 10^8 m^3$，成都凹陷为 $2438.68 \times 10^8 m^3$，知新场—龙宝梁断褶带为 $1628.04 \times 10^8 m^3$，梓潼凹陷为 $637.31 \times 10^8 m^3$，龙门山前缘推覆带为 $305.61 \times 10^8 m^3$。川西探区总资源量为 $16191.98 \times 10^8 m^3$。

表 11-9　中国石化川西探区各构造带资源量计算结果表

Table 11-9　Calculated results of hydrocarbon resource in different structural belts of SINOPEC western Sichuan Prospect Area

单元名称	面积（km²）	生气量（$10^8 m^3$）	单元内自生资源量（$10^8 m^3$）	分配后单元内资源量（$10^8 m^3$）
梓潼凹陷	1391.65	144716	2124.38	637.31
孝泉—丰谷构造带	1601.25	138741	2037.22	6428.92
成都凹陷	3760.01	497805	6967.66	2438.68
龙门山前缘推覆带	522.78	50646	305.61	305.61
安县—鸭子河—大邑断褶带	1801.31	280933	4522.61	4753.42
知新场—龙宝梁断褶带	1493.19	78185	931.27	1628.04
合计	10570.19	1191026	16888.75	16191.98

川西坳陷中段上三叠统资源量中，马鞍塘组—小塘子组烃源岩的贡献最大，其生气量为 $597336 \times 10^8 m^3$，占总生气量的 35.6%，所能提供的资源量为 $10730 \times 10^8 m^3$，占总资源量的 48.9%。

在川西探区上三叠统资源量中，马鞍塘组—小塘子组烃源岩的贡献也是最大的，其生气量为 $383685 \times 10^8 m^3$，占总生气量的 32.2%，所能提供的资源量为 $7458 \times 10^8 m^3$，占总资源量的 46.06%。

11.5　小结

通过对不同层系及不同岩性类型烃源岩的综合评价，以油气源对比分析为依据，利用 TSM 盆地模拟系统开展不同层系不同岩性烃源岩热史、生烃史的模拟研究，并结合油气运移聚集模拟研究，分析烃源岩贡献和关键时期烃源灶分布，从而评价各区带的资源前景。

（1）川西坳陷晚三叠世烃源岩形成环境和基本特征

在克拉通坳陷、台内坳陷及前渊盆地等成盆环境下，总体是发育在海陆过渡相的潮坪三角洲、陆相半深湖—深湖湖盆及滨浅湖—湖沼相三种沉积环境中，形成了煤岩和暗色泥岩交互的煤系岩性组合及湖相暗色泥岩岩性组合，沉积水介质条件为半咸水—淡水的缺氧环境；其中，潮坪三角洲、湖沼相的煤系地层主要为气源岩。

川西地区碎屑岩层系的烃源岩主要发育在上三叠统，主要为煤系烃源岩。从平面分布来看，位于川西坳陷中段的烃源岩厚度大，分布广；丰度相对较好，部分为中等烃源岩；有机质类型以Ⅲ型为主，部分为Ⅱ型；大部分烃源岩已达到高成熟—过成熟演化阶段。主要发育层系为上三叠统须家河组一段、须家河组三段及须家河组五段，其次是须家河组二段和须家河组四段。

（2）建立在地质模型基础上的 TSM 盆地模拟，揭示了川西坳陷须家河组碎屑岩烃源岩的成熟、成烃演化的特征。四川盆地上三叠统烃源岩在白垩纪中、晚期之前均表现为持续埋深、生烃过程，直到晚白垩世之后，发生盆地萎缩和抬升剥蚀过程，烃源岩的热成熟和生烃演化过程停滞，达到最大演化程度。由于盆地不同层系生烃演化的差异，上三叠统烃源岩表现出多期生烃，其中晚期生烃为关键时刻；对于不同构造区域的同层系烃源岩其热演化程度及生烃贡献也存在一定的差异。烃源岩的演化及不同层系和同层系不同区域的烃源岩演化的异同，其重要控制和影响因素在于各层系烃源岩的平面分布及后期构造叠加改造过程的差异。

（3）通过 TSM 盆地模拟，生烃史揭示了四川盆地须家河组烃源岩在晚白垩世之前，不同段生烃演化的平面变迁过程；运聚史揭示了川西坳陷关键时刻"烃源灶"与油气成藏的相关关系。

由于西部龙门山往东的推覆及大巴山往南的推覆使得盆地内须家河组各段烃源岩的各期生烃中心具有往东、往南迁移变化的特征。与不同段烃源岩品质特征相结合，须家河组一段和须家河组三段烃源岩是盆地内生烃贡献最大的层系，其关键时刻的生烃中心主要位于成都凹陷的南部和东部地区。天然气运聚模拟表明，控制因素为不同时期的势能和储集性能的平面变化，前渊发育演化过程的埋深变化、生烃中心变化与储集砂岩的平面展布、物性变化共同制约了各时期的天然气运移路径。结果表明，晚白垩世天然气的模拟聚集特征与现今天然气藏的平面分布呈较好的匹配，表明了晚期成藏是川西坳陷须家河组的主要特征。

（4）油气源对比分析与烃源岩生烃史模拟、生烃量模拟计算表明，不同层系、不同岩性生烃贡献不同，主力烃源岩层系和岩性存在差异。

川西坳陷须家河组主要存在成都凹陷和梓潼凹陷两个生烃中心，以南部成都凹陷生烃中心为主。模拟计算表明，须家河组主力气源岩为暗色泥岩，煤岩次之，累计生烃量约为 $167 \times 10^{12} m^3$，其中须上盆烃源岩累计生烃量约为 $138 \times 10^{12} m^3$，占比 83% 左右。川西坳陷须家河组天然气总资源量为 $2.2 \times 10^{12} m^3$。运聚模拟表明，沉降埋深差异形成的势能是主要控制因素，各层段储层储集条件是控制天然气聚集的重要因素。天然气运移聚集规律总体表现为往东部斜坡、中部次凹之间的低凸起及东南斜坡方向运聚。其中，成都凹陷与梓潼凹陷之间的孝泉—新场—丰谷构造带资源量最高，为 $7800 \times 10^8 m^3$，南部安县—鸭子河—大邑断褶带资源量次之，为 $7000 \times 10^8 m^3$。

12　中国南方古近纪走滑盆地模拟与资源评价

——以百色盆地为例 ❶

12.1　百色盆地地质特征与演化模型

百色盆地位于广西壮族自治区西部,百色市、田阳县和田东县境内。盆地呈北西向狭长条带状展布,东西长 109km,宽 7～14km,古近系—新近系覆盖范围约 803km²(图 12-1)。盆地四周为中低山,内部为丘陵、河谷和阶地。

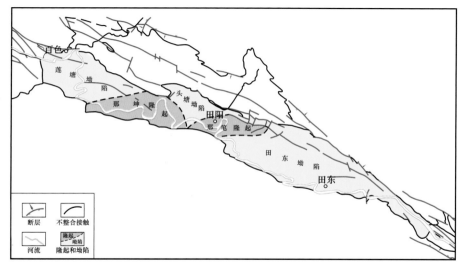

图 12-1　百色盆地地质简图

Fig. 12-1　Simplified geological map of Baise Basin

从中国东部白垩纪—新近纪板块运动方式(图 12-2)可以看出,百色盆地处于中国板块西南部,西邻印度板块,并明显受太平洋板块、菲律宾海板块和安哥拉板块(亚洲板块的核心)的联合作用或影响。因此,百色盆地的形成机制和构造演化与几大板块的相互作用密切相关(朱夏,1979;李载沃,2001)。

百色盆地所在的广西地区大体上以罗城—南宁一线为界,以西为滨特提斯构造域,以东为滨太平洋构造域。滨特提斯构造域的大地构造线以 NW 向占优势(李崇国,1980;李载沃,1983),亚平行于特提斯洋岸,是晚古生代以来由土耳其—中伊朗—冈底斯中间板块、印度板块与欧亚板块相互作用所形成的。其中主要的断裂构造带有南丹—都安断裂带、右江断裂带和那坡断裂带,均属红河断裂系,盆地的形成与右江断裂带密切相关。滨太平洋

❶　含油气盆地动态分析,中国石油化工股份有限公司科研项目(编号 P01025),中国石化石油勘探开发研究院无锡石油地质研究所,2003

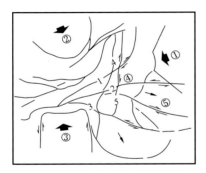

图 12-2 中国东部白垩纪—新近纪板块
运动方式示意图（据朱夏，1979）

Fig. 12-2 Schematic map showing plate
movement style in the Cretaceous to
the Neogene in eastern China
（After zhuxia，1976）

① 太平洋板块；② 安哥拉（亚洲板块的核心）；
③ 印度板块；④ 中国板块；⑤ 菲律宾海板块；
1—阴山—内蒙地轴断裂带；2—祁连—准阳
断裂带；3—金沙江—红河断裂带；
4—太行—武陵断裂带；5—郯庐断裂带

构造的大地构造线以 NE 向占优势，亚平行于北西太平洋岸，反映了它们是由太平洋板块与欧亚板块相互作用形成的，其主要的断裂构造有博白—岑溪断裂带、灵山断裂带和凭祥—南宁断裂带。

在这种大地构造背景下，上述断裂构造产生了一系列不同方向、不同性质的走滑作用，百色盆地位于隆林—思林—铁山港构造系的右江断裂带上。这一断裂带处于滨特提斯构造域，因此，百色盆地在这些走滑作用下形成和演化，其形成与滨特提斯构造域的构造演化密切相关。

12.1.1　盆地地层特征及层序

12.1.1.1　地层年代

由于地层年代的确定是进行盆地分析和油气评价的基础，因此，有必要对百色盆地的地层年代做简要讨论（表 12-1）。

笔者认为百色盆地六吜组红色岩系是属于百色拉分盆地形成前的产物，其年代按照中国科学院古脊椎动物与古人类研究所的研究，认为属前始新世。笔者根据构造演化分析也得出与他们一致的意见，即至少为古近系古新统。但还需要指出，按拉分盆地的演化模式，盆地的 NWW、NW 向边缘断层处应有粗碎屑（半）深湖相扇体和扇三角洲存在，这些粗碎屑岩不管是被抬升到地表的或仍深埋地下的，均不能与成盆前的红色岩系混为一谈，应从沉积相等方面加以区别。

根据板块构造理论，依据对红河走滑断裂带的同位素年龄测定，确定了红河断裂带以北地区在 45Ma（始新世）前开始左行走滑（廖宗廷，2005）。右江断裂带的左行走滑运动形成了百色盆地，因此真正作为拉分盆地产物的那读组（包括洞均组）其年代下限不应早于盆地的形成时期，这样就可确定那读组（包括洞均组）的年代下限为中始新世。同样，依据红河走滑断裂带的同位素测定资料，表明由 20Ma（早中新世）左右阿尔金断裂打开时所产生效应的影响，使红河断裂停止左行走滑，并转为右行走滑，右江断裂带也随之做出响应，从而使百色盆地的拉分作用被夭折。考虑到建都岭组仍保留了代表盆地填满的泛平原相和游荡性河流沉积，盆地内部的后期剥蚀大到足以影响其年代划分。因此，作为百色盆地最后阶段的产物——建都岭组的年代不会超过拉分盆地的结束期，即不会晚于早中新世，应该是早渐新世的产物。

基于上述讨论，就可从宏观上将百色盆地拉分期所属的沉积年代限定在始新世—中新世（45—22Ma）。然后，可根据一系列地层的划分依据，再将那读组—建都岭组置于相应的对应时间段，赋予一定的地质意义。该推论得到了古生物证据的支持，如据孢粉组合特征（胡炎坤，1988）分析认为，地层下限应当是始新世，其年代不会比中新世更新。考虑到长蛇岭组与上、下地层均为不整合接触，为后拉分期产物，不早于 20Ma，即不会早于中新世，又根据右江断裂在全新世有过强烈活动的资料，可将长蛇岭组置于上新统—更新统，可能大部分层段属于上新统。

对古生物群最全面、最深入的研究，是《广西百色盆地东部地区第三系储层地震地层学研究》（滇黔桂石油勘探局石油勘探开发科学研究院，1990）。研究分析认为：百色盆地洞均组沉积年代为始新世中期；那读组地层年代为中—晚始新世，主要为晚始新世；伏平组—建都岭组可能主要为早渐新世。1989 年中国有色金属工业总公司矿产地质研究院和云南省地质科学研究所对百色盆地古近系首次进行同位素测年。认为百岗组样品的锆石年龄为（51±1）Ma。

成都理工大学 2000 年对百色盆地古近系洞均组、那读组和百岗组的 16 个样品进行了 ESR 年龄测定（表 12-1）。

表 12-1　百色盆地各种测年方法结果比较及地层年代方案

Table 12-1　Contrast of results by different time measuring methods in Baise Basin and the geological time used

地层		古生物地层年代	裂变径迹		同位素		ESR		综合确定	
			地层年代	Ma	地层年代	Ma	地层年代	Ma	地层年代	Ma
建都岭组		渐新世	早渐新世	32.0					渐新世	
伏平组					早—中始新世	51.0	渐新世			38.0
百岗组	一段	晚始新世	中—晚始新世					28.1	晚始新世	
	二段							33.0—28.1		40.0
	三段			42.5			中—晚始新世	42.3—35.4		
那读组	一段	中始新世	早—中始新世					47.8—38.0		42.0
	二段								中始新世	44.0
	三段						古新世—中始新世	63.1—48.3		46.0 / 50.0
洞均组										54.0
六吅组		古新世	古新世	55.0					古新世	

采集于六吅组下部和百岗组三段的砂岩样品含有磷灰石，开展了裂变径迹分析，结果表明，六吅组下部地层的沉积时间为 55Ma，即古新世晚期；百岗组三段中部接受沉积的时间为 42.5Ma，即中始新世末期；建都岭组结束沉积时为 32.0Ma，即早渐新世晚期。

从上述各种测年方法的结果比较（表 12-1）可见，各种方法对百色盆地地层年代的确定有所差异，但用脊椎动物群确定的地层年代与用裂变径迹推测的地层年代比较接近，也与区域构造演化相匹配。

依据脊椎动物化石和裂变径迹两种方法的分析结果，可以确定伏平组和建都岭组的地层年代为渐新世，可能主要为早渐新世；对百岗组地层年代，脊椎动物群分析和裂变径迹的热史模拟测定结果相近。锆石同位素测年值明显偏大（51.0Ma），ESR 测年又明显偏小（28.1Ma），因百岗组与伏平组是整合关系，综合确定百岗组为晚始新世，主要为晚始新世晚期；那读组的地层年代，脊椎动物群分析和 ESR 测年都定为中—晚始新世，裂变径迹所定地层年代略早，为早—中始新世。综合区域构造匹配分析，确定那读组一段和二段为晚始新世，那读组三段为中始新世晚期；洞均组独特的脊椎动物化石群为典型的中始新世动物群，确定洞均组地层年代为中始新世早期，六吅组地层年代为古新世。

12.1.1.2 层序地层划分

百色盆地的地层层序自下而上为：

基底：主要是中生界中三叠统，包括板纳组和兰木组。

盖层：包括新生界古近系、新近系和第四系。古近系包括古新统六吅组、始新统洞均组、那读组、百岗组，渐新统伏平组、建都岭组。新近系主要是上新统长蛇岭组。各组地层的概述见表12-2。

12.1.1.3 地层特征

百色盆地是发育在以中三叠统海相沉积地层为基底的古近纪—新近纪盆地，古近纪是百色盆地的主要发育时期，自古新世至渐新世的沉积构成了盆地发育的主体，各地层组、段岩性及厚度见表12-2，以下仅对各地层特征作简要说明。

1）基底

百色盆地的基底为三叠系中统，是一套海相沉积地层。岩性为砂泥岩夹石灰岩（唐锡海，1989）。从目前的钻井资料结合地层地质调查成果，自下而上可划分为两个组，即板纳组（T_2b）和兰木组（T_2l）。野外地质观察表明，基底三叠系已遭到较强烈的褶皱变形，断裂构造发育，与上覆古近系六吅组呈明显的角度不整合接触。

2）古新统

百色盆地古新统主要见六吅组（E_1l）。六吅组分布仅限于盆地田东坳陷北部陡坡带仑圩—子寅—六吅—坡烧—思林一带，其北缘出露地表。其平面上呈北西向狭长的条带状展布；纵向剖面形态为一楔形，钻井揭示，其最大厚度为仑20井820m（未穿），一般为400~600m，根据地震资料推测其最大视厚度约1100m，换算成真厚度为800~900m。

六吅组地层岩性主要为紫红色泥岩、含砾泥岩，底部为砾岩。六吅组从岩性组合上表现为一套完整的正旋回沉积，以百58井和百61井为代表。六吅组与中三叠统呈明显角度不整合接触。

3）始新统

百色盆地的始新统有洞均组（E_2d）、那读组（E_2n）和百岗组（E_2b）。各组地层的主要特征分别为：

（1）洞均组（E_2d）：洞均组分布于整个西部莲塘坳陷、东部田东坳陷中部和东南部，是盆地早期沉积充填的产物。其平面分布上呈现一种盆、山相间的沉积格局，以岩性、岩相及厚度变化大为特点。

洞均组地层以角度不整合直接覆盖在中三叠统之上，因分布位置与六吅组不吻合，未见洞均组与六吅组的接触关系，与上覆那读组为平行不整合。

（2）那读组（E_2n）：那读组沉积时期是百色盆地沉降最强烈的时期，也是盆地的主要沉积建造期和主要生、储、盖地层发育期。沉积上的总体特点表现为快速沉降、快速堆积。主要物源位于盆地西部，大量的碎屑物随右江古河道入湖，形成冲积扇、泛滥平原、三角洲沉积建造。由于受沉积环境及物源等因素影响，盆地东部、西部两坳陷沉积差异大。

表 12-2　百色盆地古近系—新近系地层简表

Table 12-2　Simplified chart of Neogene and Paleogene sequences in Baise Basin

地层年代（Ma）	地层					厚度（m）	岩性
	系	统	组	段	代号		
2.0	第四系				Q	>20	土黄、红色砂砾层和砂质黏土层
5.1	新近系	上新统	长蛇岭组		N₂ch	0~50	土黄色泥岩与砂岩互层，底部砾岩
24.0	古近系	渐新统	建都岭组		E_3j	0~1200	上部黄绿色、灰绿色含钙质、铁质泥岩夹细砂岩，下部深灰色、灰绿色泥岩夹浅灰色中—厚层状粉砂岩，底部为厚层块状细砂岩
38.0			伏平组		E_3f	0~550	上部、中部灰绿色、杂色泥岩夹薄层灰绿色粉砂岩，下部灰色、灰绿色泥岩、粉砂岩夹多层煤
		始新统	百岗组	一段	E_2b^1	0~1070	灰绿色泥岩夹薄层泥质粉砂岩、粉砂质泥岩和煤层，下部见1~3m厚绿色蒙皂石泥岩（标志层）
				二段	E_2b^2		灰绿色泥岩、粉砂质泥岩、泥质粉砂岩、粉砂岩互层、煤层发育，底部中厚层状粉砂岩
40.0				三段	E_2b^3		上部褐灰色泥岩，中下部灰白色粉砂岩夹绿色泥岩及煤层
			那读组	一段 1	E_2n^{1-1}	50~2100	上部灰褐色泥岩，下部褐灰色钙质泥岩夹泥岩；局部相变为粉砂岩
				一段 2	E_2n^{1-2}		褐灰色钙质泥岩与灰褐色泥岩不等厚互层，顶部局部相变为粉砂岩
42.0				二段	E_2n^2		东部坳陷：灰褐色泥岩夹薄层褐灰色钙质泥岩 西部坳陷：上部灰色粉砂岩、褐灰色泥岩、粉砂质泥岩互层，中、下部灰色粉砂岩、泥岩、泥质粉砂岩与煤层互层
44.0				三段	E_2n^3		灰褐色泥岩夹钙质泥岩，下部灰白色砂岩、钙质粉砂岩夹煤层、泥岩，局部见浅灰色石灰岩、泥灰岩，底部砾岩
46.0 / 50.0			洞均组		E_2d	0~300	紫红色、浅黄色、杂色、灰绿色泥岩、含砾泥岩，底部紫红色、棕红色砾岩，局部地层见灰白色石灰岩、砾状石灰岩
54.0 / 65.0		古新统	六吜组		E_1l	0~1000	上部紫红色泥岩，中部紫红色含砾泥岩，下部紫红色、灰白色粉砂岩，底部紫红色砾岩
	中三叠统板纳组/兰木组						浅灰色、褐灰色泥岩、粉砂质泥岩、夹薄层浅灰色粉砂岩，局部地区见灰白色块状灰岩夹深灰色泥岩

（3）百岗组（E_2b）：百岗组在盆地田东坳陷广泛分布，现今残留范围比那读组略小，但在田东坳陷北部陡坡带的部分区域，百岗组直接覆盖在六吜组和基底老地层之上，分布范围较那读组略大。同时也比上覆地层伏平组分布范围大，直接被第四系覆盖。在西部坳陷，大部分被剥蚀，仅在中央断凹带有保留。

百岗组地层岩性主要为灰绿色泥岩、粉砂质泥岩、泥质粉砂岩和粉砂岩互层，交错层理发育，发育波纹状构造，是河湖相沉积的典型特征。由于多见古风化壳，说明地层曾暴露于地表。

4）渐新统

百色盆地渐新统包括伏平组（E_3f）和建都岭组（E_3j）两个组，其特征如下：

（1）伏平组（E_3f）：伏平组分布范围比百岗组略小，主要在东部田东坳陷大部分地区及头塘坳陷、那笔隆起中部，但在田东坳陷的南部斜坡带、头塘坳陷和那笔隆起仅残存下部或底部地层，西部莲塘坳陷中央断凹带可能残存极少量该组地层。

伏平组地层岩性以灰绿色、杂色泥岩、粉砂质泥岩为主，夹灰色、灰白色、灰绿色粉砂岩，泥质粉砂岩、细砂岩，底部煤层较发育，局部砂泥岩互层、或夹煤层。与下伏百岗组和上覆建都岭组均为连续沉积的整合接触关系。

（2）建都岭组（E_3j）：建都岭组分布范围仅局限于东部田东坳陷中部、北部和头塘坳陷中央断凹带。其顶部都遭受不同程度的剥蚀，上覆地层为第四系砂、砾层及黏土层。建都岭组钻井最大厚度为964m（百5井）。据计算，百45井被剥蚀320m，果2井被剥蚀950m。

建都岭组分为上下两段。下段主要为深灰色、灰绿色含钙、铁质泥岩夹薄层灰绿色粉砂质泥岩，底部为浅灰色、浅灰黄色粉砂岩、细砂岩与灰绿色泥岩互层，局部地区夹多层薄煤层（百9井）；上段黄绿色、灰绿色含钙质、铁质泥岩夹少量细砂岩，底部为中层状细砂岩。

5）上新统

主要有长蛇岭组（N_2ch）。长蛇岭组在全盆地零星分布，主要分布于东部田东坳陷新州煤矿北长蛇岭地区、上法西南部、那笔地区、头塘坳陷头塘—百东河水库一带及那坤隆起中南部那坡—百峰—百谷一带，厚度10～30m，最厚达50m。该组与古近系呈角度不整合接触，以田阳河湾地区东部雷公油田公路旁一地面露头及百东河剖面为代表，岩性为土黄色泥岩与砂岩互层，底部为土黄色砂岩砾岩。

12.1.2 盆地形成机制及构造演化

12.1.2.1 盆地形成机制

对于百色盆地的形成机制，前人有多种解释。相当多的研究者将盆地归入与右江断裂带走滑有关的一类盆地。同济大学陈焕疆等（1991）从走滑拉分盆地的理论出发，对该盆地成因做了较为深入的讨论，认为百色盆地的形成是右江断裂带左行走滑活动的直接产物，其内部构造格局和主要构造单元的形成及分布均与右江走滑断裂密切相关，盆地构造演化也明显受右江断裂带构造演化所控制。

拉分盆地（pull-apart basin）是走滑断裂系中的特殊沉降构造，可认为它是走滑断层中拉伸形成的断陷构造（Royden，1980；Aydin，1982；McClay，1995），是一种张扭性盆地，平面呈菱形或近于菱形，因此曾被称为菱形断陷。迄今为止，对走滑盆地成因和发育过程主要有以下几种不同的解释（Emmons，1969；Mann，1983；Christie，1985；朱志澄，1990；Dooley，1997）。分别为：一是一组斜列走滑断层持续滑动的结果；二是剪切滑动方向与断层本身弯曲不一致而引起的结果；三是走滑过程中运动方向改变或引起走滑系的区域地块运动方向变化的结果；四是断裂系展布区先存构造，尤其是先存断层影响的结果。

分析百色盆地的特征，其发育过程可能包括了以上所有的成因机制，是个十分复杂的拉分盆地。

众所周知，如果平缓的大陆地表被一条长而垂直的走滑断层所切割，则不会发生明显的上隆和沉陷，仅仅表现为相邻地质体的相对滑移，但如果相邻地质体沿一条轻度弯曲的单个走滑断裂发生位移，则会出现两种基本几何形态。一种是当地质体相对滑移时，其弯曲部分是地质体之间的放松或张开，即松弛型弯曲（releasing bend，也称释压或开弯曲）；另一种是当地质体相对滑移时，其弯曲部分是地质体间紧闭或受挤，即受阻型弯曲（restraining bend，也称增加压制弯曲）。显然，前一种情况将出现拉张盆地，后一种情况将出现挤压隆起。此外，雁行状走滑断裂的重叠和错列部分也可发育拉分盆地或推隆构造（push-up swell）。其条件是左行左阶和右行右阶方式产生拉分盆地，左行右阶和右行左阶方式产生推隆构造（Golke，1994；Basile，1999）。由于走滑过程中运动方向由右行转变为左行会出现短暂的拉张效应。

在右江断裂带发生左行走滑运动时，首先沿其松弛型弯曲部分，特别是分枝断裂表现为张扭性质的部位发生拉分，如仑圩—幢舍一带。因为松弛型弯曲不仅能使断块发生离散，并且还增强了拉张型走滑的发育。同时，在左行走滑应力作用下，沿与NW向断裂大致平行的方向产生拉分作用力，在左行左阶排列断裂的重叠错列处形成拉分盆地；而在左行右阶排列的NW向断裂处由于左行压扭应力作用，在断裂的重叠错列处形成推隆构造。据此，可以来分析百色盆地的先存断裂格局及在左行走滑时所起的作用（图12-3）。构成左行左阶排列的NW向断裂是高祥断裂与那坡断裂、三今断裂与那陀断裂、那陀断裂与那怀断裂；构成左行右阶排列的NW向断裂是三今断裂与那坡断裂、那陀断裂与五村断裂。因此，在左行走滑作用下，在高祥断裂与那坡断裂的重叠错列处形成田东拉分盆地；在三今断裂与那陀断裂的重叠错列处形成头塘拉分盆地；而在那陀断裂与那怀断裂的重叠错列处则形成莲塘拉分盆地。与此同时，在三今断裂与那坡断裂的重叠错列处形成那笔隆起；在那陀断裂与五村断裂的重叠错列处形成那葛隆起。随着断裂走滑运动的持续进行，那笔隆起和那葛隆起也受拉分影响而下沉接受沉积，东、中、西3个部分合成一个整体沉降单元，至此，百色拉分盆地已形成雏形。但那笔隆起和那葛隆起作为一个挤压构造单元，其沉积厚度和沉积相与其他拉分沉降构造有明显的区别，它们始终处于覆水相对较浅的沉积环境。反之，作为沉降构造单元的田东坳陷、莲塘坳陷和头塘坳陷则处于水体相对较深的环境。

需要指出的是，规模相对较大的田东坳陷和莲塘坳陷出现在百色—田林一带绝不是偶然的，是有其深刻的地质历史背景的。右江断裂带在百色以西分为两组，东北一组是主干断裂，经隆林—田林—百色—思林直至平果—隆安；西南一组自西林县古隆起经田林县延伸至百色那怀。百色—思林一带正是右江断裂带自西向东由两组断裂带归并为一条断裂带的部位，归并形式表现为一组斜列走滑断层，如那怀、那坡、那陀等断裂等。田东坳陷和莲塘坳陷就是在这组斜列的先存断裂控制下发育形成的，随后在发育过程中各坳陷又相互连接组成复合的百色盆地，由于缺乏一组斜列断裂，因此，主要形成在断裂的松弛型弯曲部位上，所以其规模也较小。

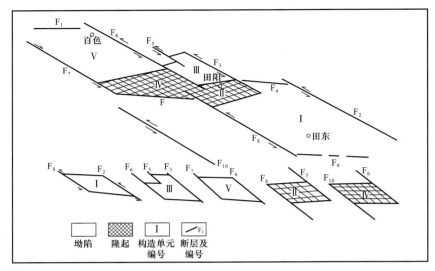

图 12-3　百色盆地的形成机制示意图

Fig. 12-3　Schematic diagram showing formation mechanism of Baise Basin

Ⅰ—田东坳陷；Ⅱ—那笔隆起；Ⅲ—头塘坳陷；Ⅳ—那葛隆起；Ⅴ—莲塘坳陷

F_1—东蚕断裂；F_2—高祥断裂；F_3—三今断裂；F_4—仑圩断裂；F_5—平泗断裂；F_6—那陀断裂；F_7—那怀断裂；F_8—那坡断裂；F_9—那初断裂；F_{10}—五村断裂；F—百峰线性带

12.1.2.2　构造演化史特征

根据百色盆地的沉积建造和后期构造改造特征，再结合区域构造演化（尤其是红河断裂带及右江断裂带），古近纪—新近纪百色盆地属于走滑拉分盆地原型，其演化历史可划分出 3 个主要时期，即前拉分期、拉分期和后拉分期。

1）前拉分期（前洞均组）

其典型标志是形成六吜组红色粗碎屑岩。其沉积特征代表所在地区的地壳构造活动相对平稳，气候炎热、干燥，它们是右江断裂左行走滑运动前的产物。

从区域大地构造分析可知，百色盆地所在广西及邻区在印支运动后，由于受新特提斯洋关闭的影响，本区呈区域上升隆起态势，一般缺乏大面积沉积，而是处于长期风化、剥蚀（溶蚀）的构造背景。由于当时印度板块尚未与欧亚板块强烈碰撞，因此，右江断裂还未发生左行走滑运动。仅可能沿当时的古右江流域，在一些地貌低凹地带堆积了一套山麓相、山间湖盆相的红色碎屑岩，其厚度变化大，分布也不连片。在红色粗碎屑岩中夹石膏薄层或细脉，反映了当时干旱气候的特点，与上覆那读组以半深湖相为主的沉积环境截然不同。如果没有充足的时间，粗粒沉积将很少，基于此认识，结合百色盆地六吜组红色岩组发现的化石中见蜥蜴，地层年代可能为古新统，因此，完全有理由将六吜组红色岩系置于那读组之下，并认为代表了拉分盆地形成前的沉积，是燕山晚期和喜马拉雅早期的产物，地层年代为早—中古新世。它与那读组和洞均组以假整合接触关系为主的事实也反映出当时本区构造运动相对平静的状况。

2）拉分期（那读组—建都岭组沉积时期）

根据百色盆地拉分期的构造活动强度、盆地基底伸展下沉反应和沉积相等特征，可将盆地的拉分期分成两个不同的阶段：即早期的断陷阶段和晚期的坳陷阶段。但其含义与前人所谓的断陷和坳陷有所区别。具体描述如下：

断陷期（那读组沉积时期）：其标志是拉分初始阶段的大幅度断陷，广泛发育型式生长正断层，特征的沉积相是（半）深湖相。

前已述及百色盆地是在右江左行断裂带走滑过程中开始形成的，当刚出现拉分时，盆地往往呈断陷性质，出现这种情况的可能机制是在断层走滑过程中，在断层弯曲或雁列部位易于产生拉张（或挤压变形），从而诱导出向下的运动分量所造成。关于早期断陷阶段，Pitman 和 Andrews（1985）也曾对小拉分盆地的沉降史和热史做过有意义的探讨。指出对宽十余千米到几十千米的、由岩石圈块体伸展作用（拉分作用实际上就是一种伸展作用）形成的小拉分盆地来说，早期的伸展与冷却同时存在是非常重要的。正因为如此，在拉分开始和伸展作用发生时，首先就是短暂的裂陷作用期，盆地快速下沉。Pitman 和 Andrews（1985）认为块体被伸展的最大值为其原始宽度的 1.6 倍，盆地以均衡下沉为主，一般仅随载荷而下降，但盆地不断联合变大。所以，在地壳拉分发生时，仅在断陷处出现半深湖相、斜坡相和推隆构造上水体较浅。可能在这些部位有洞均组灰岩沉积，随着快速断陷，全盆地大多处于半深—深湖相环境，洞均组灰岩的相环境不复存在，也被后来的"那读组"沉积超覆。应当分布在早期地形较高的部位上，洞均组时限为始新世，沉积不厚等特征与断陷阶段短促是一致的。

Pitman 和 Andrews（1985）研究了快速断陷与沉积相的关系后，得出了断陷期盆地必然是饥饿型的结论。那读组的沉积相事实上支持了该模式的推断，也是将红色碎屑岩系（六吜组）放在拉分期开始前的主要证据之一。

由于早期的拉分、伸展和快速断陷，在与拉分方向大致垂直的方向上必然容易发育型式生长正断层。因此，生长指数大的生长断层是 NWW 或 EW 走向的，这是由应力场主应力轴方位所决定的。盆地的实际情况也正说明了这一点。由于盆地是在老的复式向斜基础上发育起来的，所以拉分时产生的生长断层也有一部分是复活的老断层（其走向不定，但总与拉分方向保持高角度，不过，这些断层的规模往往不大）。由于老断层的存在，拉分时往往利用了这些断裂构造，这就是盆地内同生断层有多种组合形式的原因。这些阶梯状生长断层控制了沉积时次级凹凸的分布和沉积特征，如在田东坳陷中就以盆地中部的生长断裂为界，表现为两坳一隆的沉积格局，这种隆起是与沉积同生的，是当时南伍生长断层上盘顺型式凹面下滑时基底岩块旋转时造成的。一般来说，早期盆地的拉分伸展作用主要体现在生长断层的发育上，如塘浮一带六吜组生长断层，水平断距 3km，垂直断距 2.5km，显示了巨大的伸展量。

坳陷期（百岗组—建都岭组沉积时期）：其标志是盆地由早拉分期的快速沉降转为在沉积载荷下缓慢下降。长期充填使拉分盆地不断变浅，特征沉积相是浅湖相和沼泽相，特别是出现火山碎屑夹层，大规模型式生长断层活动基本结束，右江走滑断裂继续左行运动。

据 Pitman 和 Andrews（1985）所提出的模式，在水载荷的状况下，过了早期快速断陷阶段后，盆地基底的下沉变得非常缓慢，只由地壳冷却引起。而当有沉积载荷时，盆地基底的下沉速度仍远远比不上大规模伸展时的速度，盆地表现为充填占主导。

百岗组沉积时期广泛发育了代表水体较浅的浅湖、滨湖相沉积，并有含煤沼泽及河流冲积沉积存在，北部边界断层附近则发育一套砾岩与泥岩相间的洪积相沉积，伏平组—建都岭组沉积时期盆地更趋萎缩，盆地发育洪积相，盆内发育泛滥平原相，大面积发育游荡性河流沉积，并广泛发育火山碎屑岩。从百岗组的浅湖、滨湖相至伏平组以含火山碎屑岩夹层的泥质岩为主的河湖相，逐渐演变到建都岭组以含火山角砾岩的砂岩为主的河流相，表明拉分盆地将要填满，右江断裂的左行走滑运动速度有所减慢。

需要指出的是，在上隆部位，有部分剥蚀现象，如在仑圩北侧百岗组底部黄绿色砾岩中，发现其砾石成分中含有红色岩组的紫红色砾岩，系剥蚀再堆积的产物。野外工作也表明在田东大塘—子桑一带百岗组超覆于那读组和红色岩组等不同层位上。子寅一带百岗组与下伏地层有超覆不整合关系（李载沃，1991）。所谓百岗组与那读组之间的不整合或假整合关系，实际上是在盆地基底拉分、伸展过程中，基底断块发生旋转，使上覆那读组、六吜组产状发生某些程度的变化所致，或者在走滑断裂带，由于分枝断裂间的岩块产生运动或旋转所致。

本阶段的构造活动主要表现在边界断层的走滑运动上，生长断层基本停止活动。Royden（1980）指出，如果盆地中断裂的上延速度大于沉积物的覆盖速度，断裂就得以发展；反之，断裂的发育就将受到限制。显然，由于沉降速度放慢，沉积速率相对加快，因此，在这种情况下，生长断层大多数停止活动，仅有极少数主生长断层还有少量活动。

3）后拉分期（建都岭组沉积末期—第四纪）

本阶段也称为"褶皱抬升期"❶，以强烈的挤压、构造逆转（反转）和大规模剥蚀为主要特征。

由于喜马拉雅运动，盆地在中新世和上新世遭受更强烈的挤压变形，红河断裂带不断顺时针旋转，方位逐渐转到现在的位置上，加上阿尔金断裂在中新世开始左行走滑，红河断裂带则在20Ma左右时转为右行走滑，但走滑规模较前期要小得多。受此影响，本区的构造应力场也相应发生重大的变化，大规模左行走滑拉分活动处于停止状态，转为强烈挤压环境，盆地构造发生反转，这是百色盆地在建都岭组沉积期后停止发育拉分的主因。右江断裂带自中新世以来遭受来自东西向的强烈挤压，造成地壳强烈上升隆起，地层遭受剥蚀。

由于受挤压应力场的控制，盆地进入后期改造变形期，在某些地段盆地边界受到改造，造成南北盆缘强烈隆升、剥蚀。如幢曼断层，其北盘强烈上升，那读组残留厚度仅数十米甚至剥蚀殆尽，直接出露基岩（三叠系石灰岩），而南盘地表出露伏平组，井下1620m始见那读组顶部地层，由此可见新构造运动的强烈程度。

在这种背景下，盆地普遍受挤压抬升和剥失，前人认为盆地至少被剥蚀千余米，导致下伏那读组赋存在浅层的一些油藏也因此被破坏，或成为稠油油藏，如那满油田。一些早期正断层也在该时期发生局部构造逆转，成为逆断层。

在后期的强烈改造过程中，沉积了一套与下伏地层不整合的砾岩和砂泥岩互层的长蛇

---

❶ 李载沃，百色盆地东部地区构造发展史有关层位的划分对比问题，滇黔桂石油地质勘探开发研究院石油地质讨论会论文集，1989。

岭组，代表了拉分期结束后的构造环境。广西地震局（1990）对右江断裂带中的破碎带物质做了扫描电镜观察及用热释光法和铀系法测试，其中的方解石脉年龄在 0.23～0.35Ma 之间，表明右江断裂带更新世有过一次强烈活动。正是这次强烈的构造运动，造成前后地层呈明显的角度不整合接触。

百色盆地的构造演化模式如图 12-4 所示。

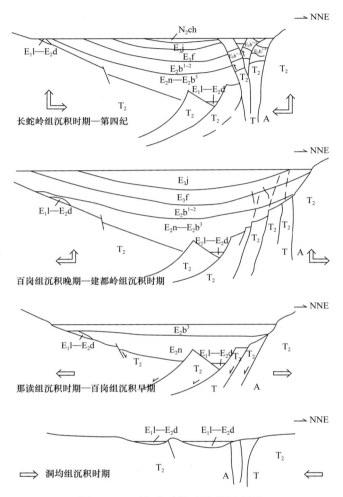

图 12-4　百色盆地构造演化示意图

Fig. 12-4　Schematic diagram showing structural evolution of Baise Basin

T_2n—中三叠统兰木组；E_1l—六吲组；E_2d—洞均组；E_2n—那读组；E_2b—百岗组；

E_3f—伏平组；E_3j—建都岭组；N_2ch—长蛇岭组

12.1.3　盆地烃源岩组成及特征

12.1.3.1　有机质物质组成

百色盆地烃源岩主要是断陷期沉积的那读组三段、那读组二段和那读组一段泥岩，以及坳陷早期沉积的百岗组下部泥岩（阙慧娟，1986；沈源，1987；黄绍甫等，1987；方少仙，1998；方向，1988；蔡勋育，1999）。

那读组泥岩主要形成于盆地断陷发育期。由于盆地基底快速沉降，可容纳空间不断增大，沉积速率小于可容纳空间增加的速率，盆地处于欠补偿状态。东部田东坳陷岩性以褐灰色、灰褐色泥岩为主，呈厚层状分布，局部夹砂岩和粉砂岩，属深湖—半深湖—浅湖相沉积；西部莲塘坳陷以砂岩、泥岩互层为主，以三角洲—泛滥平原相为主，那读组三段中上部及那读组一段为浅湖、半深湖相沉积。

那读组各层段烃源岩在盆地内广泛展布。那读组三段沉积中心位于西部莲塘坳陷，钻井揭示最大厚度351m；那读组二段和那读组一段沉积中心位于东部田东坳陷，钻井揭示最大厚度分别为600.5m和517m。

百岗组下部泥岩主要形成于盆地坳陷早期，沉积了以砂泥岩和煤互层为主的一套地层，仅在早期坳陷中部发育半深湖、浅湖相，沉积了以暗色泥岩为主的地层，沉积中心位于东部田东坳陷，钻井揭示最大厚度为124.5m。

烃源岩有机质组成特征。

1）不溶有机质

（1）干酪根显微组分分布特征。纵向上，东部田东坳陷那读组各显微组分总体表现为分异度小（图12-5），腐泥组和壳质组相对含量高，镜质组相对含量低，以II₁型和I型干酪根为主。各层段略有差异，那读组三段至那读组一段，腐泥组和壳质组相对百分含量逐渐减少，而镜质组相对含量逐渐增加，反映了低等水生生物和陆生高等植物含量的相对变化趋势，即从下到上，水体逐渐变浅，陆源物质逐渐富集。西部莲塘坳陷那读组三段腐泥组含量较东部田东坳陷低，壳质组含量高，镜质组含量相对较低，以II₁型干酪根为主。

（2）干酪根热解参数。那读组烃源岩热解分析结果表明（图12-6），东部田东坳陷氢指数（HI）的分布范围是80～741mg/g，总烃（HC）分布范围1.01～14.71μg/g；西部莲塘坳陷氢指数（HI）的分布范围是80～310mg/g，总烃（HC）分布范围0.04～6.51μg/g，主体为II₁—II₂型。

（3）干酪根碳同位素特征：那读组烃源岩干酪根碳同位素主要分布在−31‰～−23‰之间，多数介于−30‰～−26‰。据类型划分标准，有机质以II₁型为主，局部为III型，与前述各指标划分结果一致。

2）可溶有机质组成特征

烃源岩的有机溶剂组分是其有机质组成特征的标志，通常以其氯仿抽提物，即氯仿沥青的族组分来表示，它表征烃源岩中潜在的或残留的烃类，其族组分受生物来源构成、沉积环境、成熟度等因素的影响。

百色盆地那读组烃源岩族组分具有二高二低的特征，即高饱和烃（21.76%～35.10%）和非烃（21.76%～48.34%），而芳香烃（9.18%～22.74%）和沥青质（5.32%～16.92%）较低，与原油族组成特征相似。饱／芳比一般大于2，说明了那读组烃源岩有机质类型较好，腐泥型母质对烃类的贡献要大于腐殖型母质，其中以田东坳陷那读组二段、那读组一段的最高，分别达5.33和4.84，反映了其主力生烃坳陷的特征。较高的非／沥比（2.72～6.07）可能反映杂原子化合物聚合程度相对较低。

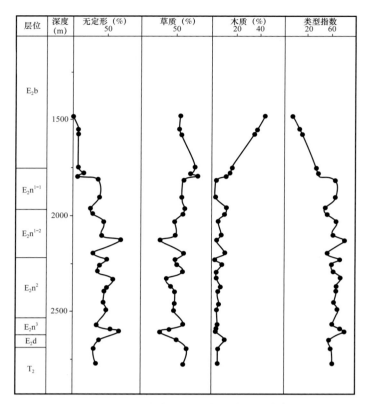

图 12-5　百 20 井烃源岩显微组分纵向分布图

Fig. 12-5　Vertical distribution of macerals of source rocks in well B-20

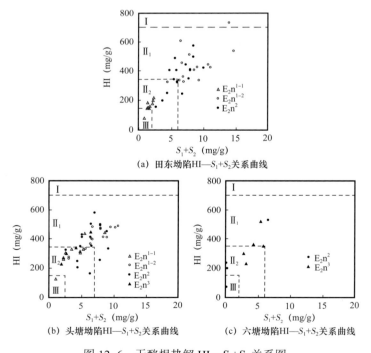

图 12-6　干酪根热解 HI—S_1+S_2 关系图

Fig. 12-6　HI—S_1+S_2 plot of kerogenpyrolysis

12.1.3.2 烃源岩有机质类型

根据烃源岩评价规范，有机质类型划分标准见表12-3。

表 12-3 有机质类型划分参数表

Table 12-3 Parameters for classification of types of organic matters

项目		Ⅰ型	Ⅱ型		Ⅲ型
			Ⅱ₁型	Ⅱ₂型	
		（腐泥型）	（腐殖—腐泥型）	（腐泥—腐殖型）	（腐殖型）
干酪根镜检	壳质组（%）	>70~90	70~50	<50~10	<10
	镜质组（%）	<10	10~20	>20~70	>70~90
	类型指数 Ti	>80	80~40	<40~0	<0
元素分析	H/C	>1.5	1.5~1.2	<1.2~0.8	<0.8
	O/C	<0.1	0.1~0.2	>0.2~0.3	>0.3
岩石热解参数	HI（mg/g）	>700	700~350	<350~150	<150
	S_1+S_2（mg/g）	>20	20~6	<6~2	<2

基于前人的研究成果（黄绍甫，1987；阙慧娟，1989）可以得知，那读组烃源岩：东部田东坳陷以Ⅱ₁型为主；西部莲塘坳陷那三段以Ⅱ₁型为主，江泽至冻邦以南为Ⅲ型，那读组二段主要为Ⅱ₁型，其次为Ⅲ型和Ⅱ₂型。

百岗组三段分析样品较少，多为Ⅱ₂型和Ⅲ型（阙慧娟，1986；蔡勋育等，2001）。

12.1.3.3 有机质丰度

中国陆相烃源岩有机质丰度评价标准见表12-4。

表 12-4 陆相烃源岩有机质丰度评价指标

Table 12-4 Evaluation criterion of organic abundance in continental source rocks

指标	非生油岩	生油岩类型			
		差	中等	好	最好
TOC（%）	<0.4	0.4~0.6	>0.6~1.0	>1.0~2.0	>2.0
氯仿沥青"A"（%）	<0.015	0.015~0.05	>0.05~0.1	>0.1~0.2	>0.2
HC（μg/g）	<100	100~200	>200~500	>500~1000	>1000
S_1+S_2（mg/g）	—	<2	2~6	>6~20	>20

对百色盆地不同坳陷烃源岩的400多个岩样进行有机质丰度统计。其特征如下：

（1）那读组烃源岩有机碳含量丰富，总体上属好烃源岩类。

（2）不同坳陷，氯仿沥青"A"丰度在纵向上的分布特征各异。田东坳陷从那读组一段到那读组三段均以好烃源岩为主，其中那读组二段分异度相对较大，较好烃源岩频数相对较高；头塘坳陷那读组一段和那读组二段以较好烃源岩频数分布最高，那读组三段较好烃源岩和较差烃源岩相当；莲塘坳陷那读组一段以较好烃源岩为主，那读组二段较差烃源岩频数分布最高，那读组三段好烃源岩频数分布最高。

（3）根据产油潜量频率分布分析，田东坳陷那读组一段和那读组二段均以好烃源岩频数分布最高，其次是较好烃源岩；那读组三段只有两个样品，分别为较差烃源岩和非烃源岩。

头塘坳陷那读组一段和那读组二段频数分布最高的是好烃源岩，其次是较好烃源岩；那读组三段3个样品，分别为好、较好和较差烃源岩。莲塘坳陷那读组一段未做分析；那读组二段以较差烃源岩频数分布最大；那读组三段则以较好烃源岩频数分布最高。

总体来看，那读组烃源岩中有机质丰度较高，以好烃源岩为主，是盆地的主要烃源岩。

12.1.3.4 有机质成熟度

研究统计了部分钻井那读组和百岗组的镜质组反射率 R_o（%）数据（表 12-5），反映了成熟度随深度变化的情况。统计了百色盆地主要烃源岩那读组的分析数据，镜质组反射率小于 0.5% 的占 28.7%，0.5%～0.7% 的占 62.8%，大于 0.7% 的占 8.5%，最大值为0.85%。

表 12-5　百岗组和那读组不同深度镜质组反射率 R_o（%）

Table 12-5　Vitrinite reflectance（R_o）of Baigang Formation and Nadu Formation in different depth

坤 1 井			法 1 井			百 20 井			百 49-3 井		
层位	井深（m）	R_o（%）	层位	井深（m）	R_o（%）	层位	井深（m）	R_o（%）	层位	井深（m）	R_o（%）
E_2n	1644～840	0.40	E_3b	839～840	0.53	E_3b	1052～1053	0.52	E_3b	700～701	0.53
E_2n	1693	0.57	E_3b	849～850	0.57	E_3b	1126～1127	0.55	E_2n	1060～1062	0.59
E_2n	1781～1785	>0.57	E_2n	1253	0.54	E_2n	1505～1506	0.57			
E_2n	1851～1859	>0.57	E_2n	1255	0.53	E_2n	1073～1676	0.66			
						E_2n	1713～1714	0.68			

通过分析，可看出下列明显特征：

（1）百色盆地的有机质热演化主要处于低熟状态，少数为未成熟，说明盆地的热演化程度总体不高。

（2）总体来说埋深越深热演化程度越高，但东部田东坳陷热演化随深度增加的程度比西部莲塘坳陷更高。

（3）不同坳陷的有机质热演化差异显著。东部田东坳陷：镜质组反射率与深度关系曲线表明，烃源岩现今埋深小于1500m，镜质组反射率小于0.5%，处于未熟阶段；埋深为1500～2120m，镜质组反射率为0.5%～0.7%，属低熟阶段；埋深大于2120m，镜质组反射率大于0.7%，属成熟阶段。西部莲塘坳陷：由于坳陷深部缺乏井资料，所检测岩样分布于斜坡带。且镜质组反射率均小于0.75%。但从几个出油点的原油样品分析，均为成熟油，推测坳陷深部烃源岩已进入成熟门限。

12.2 百色盆地地质作用模拟参数与动态演化

百色盆地数值模拟的流程按照埋藏史、热史、生烃史、运聚史等"四史"进行（图 12-7）。在埋藏史模拟中，除按照现有地层埋深用回剥法和压实恢复计算各历史时期的地层埋藏状态外，根据地质分析做了平面走滑运动的校正，以期更好地逼近实际；热史模拟采用 Stallman 热传导模型，再加上沉积充填，建立地质作用模拟流程；油气响应模拟采用 TTI—R_o 法计算成熟度，并与测试数据拟合，再根据产烃率曲线计算生油量动态演化；利用临界饱和度法计算排油，再计算各时期的石油运移路径，分析石油运移聚集。

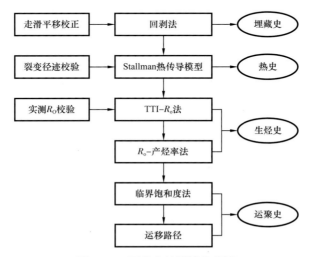

图 12-7 百色盆地模拟流程图

Fig. 12-7 Flowchart of basin simulation in Baise Basin

12.2.1 沉降埋藏作用演化

12.2.1.1 埋藏史模拟参数

百色盆地的地层自下而上分别是：六吜组（E_1l）、洞均组（E_2d）、那读组三段（E_2n^3）、那读组二段（E_2n^2）、那读组一段（E_2n^1）、百岗组三段（E_2b^3）、百岗组二段（E_2b^2）、百岗组一段（E_2b^1）、伏平组（E_3f）、建都岭组（E_3j）、新近系长蛇岭组（N_2ch）和第四系（Q）。其中有两期重要的剥蚀期：第一期发生于那读组一段沉积期末，剥蚀作用较弱，时间持续约 0.2Ma；第二期发生于建都岭组沉积期末，剥蚀作用强烈，时间持续约 18.9Ma（表 12-6）。

百色盆地的数字构造—地层格架模拟采用以构造图为基础、叠加地层等厚度图的方法。其中构造图包括基底构造图（T_g 波）、那读组二段底界构造图（$T_{E_2n^2}$ 波）、百岗组底界构造图（T_{E_3} 波）、伏平组底界构造图（T_{E_4} 波）；地层等厚度图包括六吜组、洞均组、那读组三段、那读组二段、那读组一段、百岗组、伏平组、建都岭组—长蛇岭组等 8 幅，外加古近系剥蚀厚度图 1 幅；沉积相图包括那读组一段、那读组二段、那读组三段和百岗组 4 幅。沉积相图通常与地层等厚度图叠置，并投影叠加到其同层底界构造图上。由于资料的来源是多方面的，因而在相关图件处理过程中，严格按照同比例、同位置叠加处理，最大限度地保证了油气成藏模拟对三维数字构造—地层格架的精度要求。

表 12-6 地质年代数据表

Table 12-6 Data of geological time

地层		年代（Ma）	地震波阻
第四系+长蛇岭组	$Q+N_2ch$	5.1	
古近系剥蚀		24.0	
建都岭组	E_3j	30.0	
伏平组	E_3f	38.0	T_{E_3}
百岗组一段	E_2b^1	39.0	
百岗组二段	E_2b^2	39.5	
百岗组三段	E_2b^3	40.0	T_{E_2}
那读组一段	E_2n^1	40.2 41.0	
那读组二段	E_2n^2	42.0	$T_{E_2n^2}$
那读组三段	E_2n^3	44.0	
洞均组	E_2d	50.0	
六呷组	E_1l	65.0	T_g

通过对构造平面图、厚度图及叠加沉积相平面图进行数据采集、数据整理、数据编码，然后利用各种数学插值方法，生成三维数字构造—地层格架。建立百色盆地数字构造—地层格架，包含了 11 套地层及各级别断裂。对于剥蚀层段的厚度，采取在油气三维动态模拟过程中适时添加到相应层位上，使得模拟实现了百色盆地演化历史。

12.2.1.2 沉降埋藏动态演化

在对构造平面图、厚度图和沉积相平面图进行数据采集、整理之后，便可输入模拟系统中，再利用合适的数学方法（线性插值、多项式插值、样条插值、克里金插值和相似变形插值等）进行插值，便可借助 TSM 盆地模拟系统生成三维数字构造—地层格架。模拟结果可以实现可视化显示，能够展示构造、地层和沉积相的空间分布，还可以通过矢量剪切，为地质人员提供直观的可视化盆地分析和油气系统分析工具，同时也可为构造演化模拟和生排运聚模拟提供物质空间。

1）构造—地层格架模拟结果

针对百色盆地的构造、地层发育特点，重点解决基于构造图叠加厚度图、利用沉积相边界对三维构造曲面切割分区等两大关键建模问题。在该数字构造—地层格架中包含了全部地层单元：六呷组（E_1l）+洞均组（E_2d）+那读组三段（E_2n^3）、那读组二段（E_2n^2）+那读组一段（E_2n^1）、百岗组（E_2b）、伏平组（E_3f）+建都岭组（E_3j）、长蛇岭组+第四系（$Q+N_2ch$）。还包含了盆地级、坳陷级和区带级断裂，能够较为真实地反映出百色盆地构造—地层发育特征，因此能够直接用于油气成藏动态模拟。

2）沉降埋藏动态模拟结果

如前所述，百色盆地的构造—地层格架动态模拟的关键，是解决走滑剪切变形的体平衡问题。实践结果表明，采用走滑分量与伸展分量矢量叠加和仿塑性形变的处理方式，可以一并实现裂陷盆地、拉分盆地和既非典型裂陷又非典型拉分盆地的体平衡模拟。所获得的模拟结果，可以按一定的时间步长进行动态显示，图12-8通过其中一条剖面显示了关键地质时期的埋藏演化过程。该模拟成果可以直接作为地热场、油气生成、排出和运聚动态模拟的空间与边界条件，并与之进行动态耦合。如果输入的构造、地层的内容越准确，模拟结果将越接近实际情况。

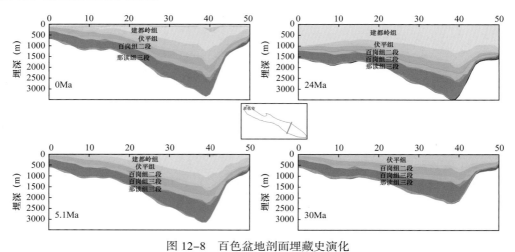

图 12-8　百色盆地剖面埋藏史演化
Fig. 12-8　Burial history evolution of a profile in Baise Basin

12.2.2　热演化

12.2.2.1　百色盆地热演化特征

沉积盆地地热场控制着烃源岩的热演化，而又受控于深部地幔和盆地的构造—沉积演化。因此，不同的盆地就会有不同的地热场特征和热演化状况，需要根据实际情况进行地质建模。

1）大地热流特征

大地热流是地球内部热作用过程最直接的显示，其中蕴涵着丰富的地质、地球物理和地球动力学信息。一般地说，断陷盆地在断陷期的地温梯度最高，主要受构造—热事件影响，地热流向上传导；到裂后坳陷期，地温梯度会开始下降，但由于有巨厚地层覆盖，下部的烃源岩有机质开始进入成烃阶段；当盆地进入了充填期后的抬升阶段，地温梯度将会进一步下降，有机质的演化逐渐变缓。曾治平等（2002）据此推测，百色盆地的热史演化模式为 4.5℃/100m（张裂—断陷期）→ 4.2℃/100m（裂后坳陷期）→ 3.7℃/100m（萎缩抬升期）。

2）裂变径迹分析

由于磷灰石的部分退火温度区间（60～120℃）接近生油门限，因此，磷灰石的裂变径迹技术既是定量分析含油气盆地古地温度演化史的一种重要手段，也是定量恢复造山带后期（浅部）隆升剥蚀历史的主要手段。

通过磷灰石裂变径迹分析，可得到百色盆地热演化的下列信息。

（1）分析结果表明，两个样品所经历的最大古地温分别为86℃和67℃，达到最大古地温的时间均在30Ma左右（表12-7）。

表12-7　磷灰石裂变径迹数据所反映的热史信息

Table 12-7　Thermal history resulted from data of fission track of apatite

样品号	辐照号	最老的径迹年龄（Ma）	现今温度（℃）	最大埋藏温度（℃）	最大埋深时间（Ma）	EasyRo（%）
N-6	239-12	Dpar = 1.88μm：96.6 ±	40	54～104 Best：86	30	0.49
N6-5	239-13	Dpar = 1.84μm：135 ±	20	52～87 Best：67	30	0.41

（2）田东坳陷百49-26井百岗组三段含油砂岩的磷灰石的热模拟结果（图12-9）表明达到埋藏最深点时地层温度最大（86℃）。从30Ma开始，经历缓慢抬升，地层温度逐渐降低。

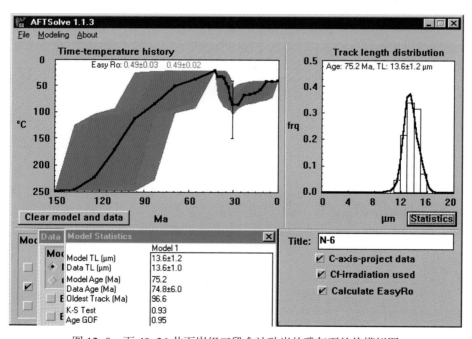

图12-9　百49-26井百岗组三段含油砂岩的磷灰石的热模拟图

Fig. 12-9　Thermal simulation of apatite in third member of Baigang Formation oil-bearing sandstones in well B-49-26

（3）田东坳陷六吜剖面六吜组下部红色砂岩的磷灰石热模拟结果显示，磷灰石于55Ma开始接受沉积，大约至30Ma沉降至最低点，然后缓慢抬升直至地表。

3）流体包裹体分析

收集百色盆地田东坳陷上法潜山油藏4口井（层位为三叠系兰木组）和林蓬油田1口

井（层位为那读组）的包裹体分析测试结果（表 12-8）。含油气包裹体分布于方解石脉中，包裹体大小为 5～10μm，个别达 20μm，包裹体气液比 5%～10%。

表 12-8　上法潜山油田和林蓬油田储层包裹体测试结果

Table 12-8　Test results of inclusions of reservoirs in Shangfa Buried Hill oilfield and Linpeng oilfield

井号	样品深度（m）	层位	岩性	主矿物	包裹体类型	大小（μm）	气液比（%）	均一温度（℃）
法 1 井	1290～1300.98	T_2l	石灰岩	方解石	原生	6～10	5～10	86～99
法 1 井	1308～1315	T_2l	石灰岩	方解石	原生	5～10	5～10	75～95
法 1 井	1315～1321	T_2l	石灰岩	方解石	原生	5～20	5～20	83～105
法 1 井	1331～1334	T_2l	石灰岩	方解石	原生	5～10	5～10	78～94
法 3 井	1630.69～1336.82	T_2l	石灰岩	方解石	原生	5～8	5～10	68～95
法 3 井	1556.19～1660	T_2l	石灰岩	方解石	原生	5～10	5～10	75～104
法 3 井	1660～591665	T_2l	石灰岩	方解石	原生	5～6	5～10	85～111
法 3 井	1798～1801.17	T_2l	石灰岩	方解石	原生	3～6	5～10	82～115
法 8 井	1624.87～1633.73	T_2l	石灰岩	方解石	原生	5～8	5～10	73～106
法 8 井	1631.79～163.77	T_2l	石灰岩	方解石	原生	5～8	5～10	71～111
法 18 井	1989.30～1998.80	T_2l	石灰岩	方解石	原生	5～10	5～10	80～111
林 14-2 井	127～137	E_2n	砂岩	胶结物	原生	3～5	5	79～121
林 14-2 井	137～144	E_2n	砂岩	胶结物	原生	3～5	5	86～107

通过对上述数据的分析认为：

（1）包裹体均一温度为 75～120℃，包裹体类型均为成岩中的原生包裹体。与通过镜质组反射率估算的热演化温度是一致的。说明通过镜质组反射率所得出的残留盆地烃源岩热演化计算结果是正确的。

（2）利用油气包裹体均一化温度与埋藏史及等温线确定油气运移聚集时间，上法油藏成藏时间为 7～34Ma，即在伏平组沉积时期成藏。

（3）从林蓬油田两个样品的包裹体均一化温度推测，油层埋深曾达到 2000m 左右深度，而现今的埋深不到 200m，这与前人预测该区地层剥蚀量达 1800m 是一致的。

因此，说明百色盆地在油气成藏后曾经过一个大幅抬升的改造过程，这对油气有效保存是不利的。

12.2.2.2　热史模拟参数

热史模拟所需要选取的参数主要包括盆地基底古热流值、古莫霍面埋深、古莫霍面温度值和沉积物的古导热率。由于这些参数都伴随着盆地构造、沉积演化而处于不停的变化之中，其获取方法必须与盆地的构造、沉积演化相适应。

百色盆地的岩石导热率采用陆明德等（1991）提出的方法计算。其中沉积岩孔隙流体导热率，取 1.348×10^3（μcal/cm·℃·s）；沉积岩骨架导热率，取 5.7×10^3（μcal/cm·℃·s）。并根据不同深度孔隙度的变化，求取盆地不同深度岩石的导热率。

据滇黔桂油田分公司勘探开发科学研究院（2000）研究资料，百色东部地区地温梯度为 3.7℃/100m，西部地温梯度为 4.2℃/100m。他们根据百色盆地区域大地构造条件并与其他古近系—新近系盆地类比得出百色盆地的古大地热流值数据，由古至今数值逐步降低，其范围介于 65.69～71.96mW/m² 之间。

12.2.2.3　百色盆地热场动态演化

热史模拟结果表明，随着盆地构造演化和充填演化的进展，基底降升更迭、烃源岩埋深起伏，地壳结构、基底热流和介质导热率不断变化，百色盆地热场和有机质成熟度的时空特征也处于不停的变化之中。下面以那读组三段的地温场及其中烃源岩有机质成熟度为例，对百色盆地的热场演化史做扼要阐述。

晚始新世早期的百岗组三段沉积时期（40—39.5Ma），在基底沉降总量最大处（那读组和百岗组三段累计沉积厚度最大处）的西部莲塘坳陷中部，地温梯度为 4.0℃/100m，那读组三段的温度达到 50～60℃，最高处接近 70℃（图 12-10）。这时在盆地中部的头塘坳陷，地温梯度为 4.4℃/100m，那读组三段的温度也达到了 40～50℃，而在盆地东部的田东坳陷中心，地温梯度只有 3.0℃/100m，那读组三段的温度也仅有 40℃左右。

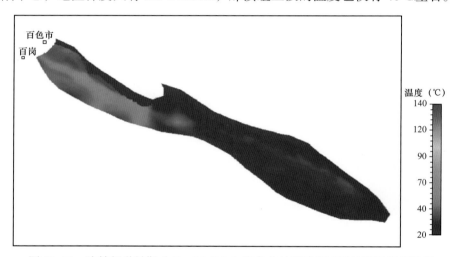

图 12-10　晚始新世早期（40—39.5Ma）百色盆地那读组三段地温场模拟结果
Fig. 12-10　Simulation of geotemperature field during early Late Eocene epoch（40—39.5Ma）for third member of Nadu Formation in Baise Basin

到了伏平组沉积时期（38—30Ma），百色盆地进入了坳陷阶段，基底处于均衡沉降状况。但由于已有沉积厚度的差异，造成基底重力均衡调整幅度和压实收缩幅度的差异，中部头塘坳陷的可容纳空间增大最快，东部的田东坳陷其次，而西部的莲塘坳陷再次。这时，中部头塘坳陷的地温梯度降至 3.6℃/100m，但那读组三段温度局部已经超过了 100℃，最高接近 110℃；东部田东坳陷的地温梯度则升至 3.5℃/100m，那读组三段最高温度随之升至 90～100℃（图 12-11），而西部莲塘坳陷的地温梯度降低到 3.0℃/100m，那读组三段温度缓慢升至 90℃。

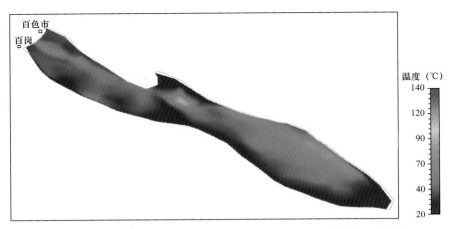

图 12-11　渐新世早期（38—30Ma）百色盆地那读组三段地温场模拟结果

Fig. 12-11　Simulation of geotemperature field during early Late Oligocene epoch（38—30 Ma）
for third member of Nadu Formation in Baise Basin

　　渐新世末期建都岭组在大部分地区都遭受到严重剥蚀。在一些地方，建都岭组已经完全缺失，甚至百岗组和那读组都遭受到剥蚀，只是在田东坳陷中部，剥蚀量才有所减少。这种情况严重地影响了盆地热场演化的进程，使那读组三段岩层古地温迅速下降。从模拟的结果（图 12-12）看，至建都岭组沉积期末，盆地西部的地温梯度虽回升至3.3℃/100m，但那读组三段温度普遍降低到 40℃以下，仅莲塘坳陷中心部位接近 95℃；中部头塘坳陷的地温梯度也略有上升，为 3.5℃/100m，但那读组三段岩层古地温已经大部分降低到 40℃以下，最高仅接近 90℃；在东部田东坳陷中，多数地方的地温梯度回升至 3.7℃/100m，由于地层剥蚀量相对较小，那读组三段古地温仍保持在 70～110℃之间，坳陷中部的最高温度可达 120℃。

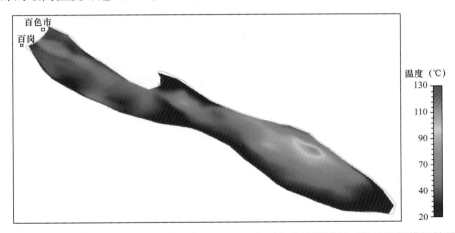

图 12-12　渐新世末期至上新世初（24—5.1Ma）百色盆地那读组三段地温场模拟结果

Fig. 12-12　Simulation of geotemperature field during the end of Oligoceneto the start of Pliocene
epoch（24—5.1Ma）for third member of Nadu Formation in Baise Basin

　　百色盆地的隆升剥蚀一直持续到上新世初，随后再次转入均衡坳陷和填平补齐阶段（5.1Ma—现今）。由于基底沉降幅度小，沉积物盖层的厚度增加少，盆地热场处于相对稳定状态，并且随着时间的推移而处于持续缓慢降温的过程中。从空间分布（图 12-13）

看，在盆地西部、中部和东部，现今地温梯度和那读组三段地层温度基本上维持上新世早期的状况，但高温范围进一步缩小。特别是在东部田东坳陷中，地温梯度降为3.5℃/100m，那读组三段的地温仍维持在70～110℃之间，坳陷中部的最高温度仍可达120℃。

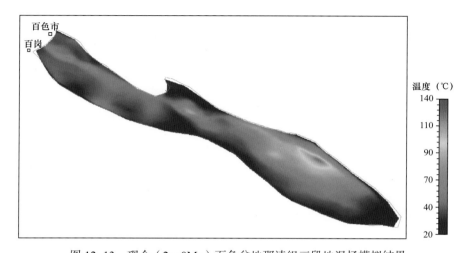

图 12-13　现今（2—0Ma）百色盆地那读组三段地温场模拟结果

Fig. 12-13　Simulation of present geotemperature field（2—0 Ma）for third member of Nadu Formation in Baise Basin

热史模拟表明：百色盆地的西部莲塘坳陷和中部头塘坳陷的那三段烃源岩，在百岗组一段沉积时期（39—38Ma）同时进入低熟阶段，69℃埋深分别为1970m和1680m；田东坳陷的那读组三段烃源岩，在伏平组沉积时期（38—30Ma）才进入低熟阶段，69℃埋深也为1970m。到了建都岭组沉积时期（30—24Ma），盆地西部的那读组三段仅仅接近成熟阶段，而盆地东部田东坳陷和中部头塘坳陷的那三段烃源岩都已经进入成熟阶段，104℃等温线的古埋深在3150～3250m。当百色盆地进入了构造反转阶段（建都岭组沉积末期，24—5.1Ma）后，由于盖层的大规模隆起剥蚀，西部莲塘坳陷和中部头塘坳陷的那三段烃源岩古地温迅速下降，导致前者始终未能进入成熟阶段，后者也停止了成熟演化，唯有东部田东坳陷仍能继续进行成熟演化，且这时的104℃等温线的古埋深在2970m左右。

12.3　百色盆地油气响应模拟参数与动态演化

12.3.1　生烃演化

12.3.1.1　生烃模式与模拟参数

1）烃源岩生烃模式

热模拟结果表明，那读组烃源岩具有如下生烃特征（图 12-14）。

（1）模拟温度小于200℃时，R_o小于0.47%，含量极低的原始可溶有机质中的原生烃

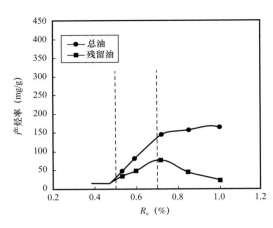

图 12-14　那读组泥岩生排油曲线图

Fig. 12-14　Curve of oil generation and expulsion of Nadu Formation mudstones

类对成烃做了主要贡献，总烃的产率没有明显的变化，属未成熟阶段。

（2）模拟温度在 200～275 ℃ 时，R_o 为 0.47%～0.72%，原始可溶有机质进一步降解生烃，干酪根进入早期降解生烃阶段，开始大量降解生烃，液态烃的产率逐渐升高，并在 275 ℃（R_o 为 0.73%）左右达到第一高峰期。

（3）模拟温度在 275～325 ℃ 时，R_o 为 0.72%～1.00%，干酪根的大量降解，液态烃的产率逐渐降低，且在 300 ℃ 左右出现一稳定区，之后又缓慢升高，并在 325 ℃ 时达到液态烃的产率第二高峰期。

2）生烃模拟参数

所输入的参数包括构造—地层格架模拟结果、热史模拟结果、暗色泥岩厚度和各种有机地球化学参数、流体性质、流体压力及构造应力场模拟结果等。其中，构造—地层格架和热史模拟结果直接来源于相应的模拟子系统；暗色泥岩厚度使用相应等厚度图的矢量化数据；有机碳含量和干酪根类型百分比，用实测结果（表 12-9）；产烃率通过对实际样品的测试拟合得到。

表 12-9　百色盆地生烃模拟参数表

Table 12-9　Parameters for simulation of hydrocarbon generation in Baise Basin

地层	有机碳含量（%）	干酪根类型百分比（%）			
		I	II₁	II₂	III
第四系（Q）	0	0	0	0	0
长蛇岭组（N_2ch）	0	0	0	0	0
建都岭组（E_3j）	0	0	0	0	0
伏平组（E_3f）	0	0	0	0	0
百岗组（E_2b）	0.865	0	15.58	49.44	34.98
百岗组一段（E_2b^1）	1.27	0	15.58	49.44	34.98
百岗组二段（E_2b^2）	1.22	0	15.58	49.44	34.98
百岗组三段（E_2b^3）	1.37	0	15.58	49.44	34.98
那读组一段（E_2n^1）	1.49	13.45	53.69	19.56	13.29
那读组二段（E_2n^2）	1.07	13.45	53.69	19.56	13.29
那读组三段（E_2n^3）	1.34	13.45	53.69	19.56	13.29

暗色泥岩厚度依据相应地层等厚度数据和地震解释的含砂率来计算（表 12-10），并且用探井的资料进行校正。对于非烃源岩地层，其烃源岩厚度均以"0"值赋给。

表 12-10　百色盆地各套地层的砂泥百分比数据表

Table 12-10　Data of ratio of sand vs mud for various sequences in Baise Basin

地层	年代（Ma）	砂地比（%）	泥地比（%）
第四系	2.0	45.15	54.85
长蛇岭组	5.1	45.15	54.85
建都岭组	30.0	13.00	87.00
伏平组	38.0	17.50	82.50
百岗组一段	39.0	17.00	83.00
百岗组二段	39.5	26.00	74.00
百岗组三段	40.0	27.67	72.33
那读组一段	41.0	14.60	85.60
那读组二段	42.0	26.20	73.80
那读组三段	44.0	16.60	83.40
洞均组	50.0	15.00	85.00
六吜组	65.0	30.00	70.00

12.3.1.2　生烃动态演化特征

模拟结果表明百色盆地的那读组、百岗组都有一定的生烃能力。建都岭组沉积时期（30—24Ma）为生烃高峰期，累计生油量为 $10.533 \times 10^8 t$（表 12-11）。主要生烃段为那读组三段、那读组二段和百岗组三段，其中，那读组三段总生油量为 $3.947 \times 10^8 t$，那读组二段总生油量为 $3.086 \times 10^8 t$，百岗组三段总生油量为 $2.167 \times 10^8 t$。

表 12-11　百色盆地生油量统计表

Table 12-11　Statistics of oil generation in Baise Basin

地层生油量	百岗组一段	百岗组二段	百岗组三段	那读组一段	那读组二段	那读组三段	合计
生油量（$10^8 t$）	0.110	0.711	2.167	0.512	3.086	3.947	10.533

12.3.2　排油演化

12.3.2.1　排油模式与参数

物理模拟所得到结果分析得到的排油模式（参见图 12-14）的具体内容包括：

（1）模拟温度小于 200℃时，R_o 小于 0.47%，刚进入生油门限没有排出的油。

（2）模拟温度在 200～275℃时，R_o 为 0.47%～0.72%，虽然可溶有机质及干酪根开始大量降解生烃，开始进入大量生油阶段。此时排烃效率相对较低，液态烃中仍以残留油为主，并在 275℃（R_o 为 0.73%）时达到残留油率最高峰。

（3）模拟温度在 275～325℃时，R_o 为 0.72%～1.00%，为大量生排油阶段，排出油率迅速升高，并在325℃左右达到最高峰。

一般认为，石油排驱方式主要是压实排驱和异常高压微裂缝排驱。在烃源岩的埋藏过程中，随着孔隙度的不断减小和生烃作用的增强，烃源岩的含油饱和度将会达到一个临界值。当含油饱和度大于临界值时，石油就可以从烃源岩中排驱出来。多个盆地排烃史模拟研究表明，我国烃源岩排烃的临界饱和度为5%（邹华耀，1996）。根据张厚福（1993）对大港地区泥岩孔隙度与埋深关系的研究成果，推测百色盆地那读组的烃源岩在埋深超过2700m后，将发生油气的压实排驱。对百色盆地的模拟结果表明，烃源岩达到排油门限的成熟度大致相当于 R_o 值达到 0.7%，说明其在渐新世中晚期达到了排油门限。

在盆地东部的田东坳陷和中部的头塘坳陷，那读组烃源岩的埋深已超过3000m，进入了异常高压带；在盆地西部的莲塘坳陷，那读组烃源岩的埋深也接近或超过3000m，进入了异常高压带。前人的研究结果表明，在坳陷中部的那读组烃源岩的异常高压较为明显。因此，推测已经出现了异常高压体制下的微裂缝排烃作用。

烃源岩的排油效率除了受到临界含油饱和度、排油方式和排油动力的制约外，还受到有效排油厚度和断裂发育程度等的制约。一般地说，在压实排油机制下，只有与储层相接触的一定距离内的烃源岩中的石油才能排放出来。这个距离就称为有效排油厚度。

通过对烃源岩内所含砂岩上下层有机碳、氯仿沥青"A"等的研究，发现在靠近输导层附近的一定范围内，烃源岩有机碳、氯仿沥青"A"数值明显下降。百色盆地的沉积相主要是河湖相，各类岩相带变化较大，烃源岩内通常夹有大量的薄层砂体，单层暗色泥岩厚度通常在1m以下，地层的孔隙度和渗透率均较好，比较有利于油气的排出（初次运移）。

烃源岩区的断裂越发育，排烃效率越高，即当烃源岩有机质进入生油门限时，如果断裂相当发育，所生成的石油将被快速驱替出来。根据这一断裂排烃模式，百色盆地的那读组烃源岩在百岗组沉积期末就可以开始发生排烃作用。

综上所述，百色盆地烃源岩排油效率受断裂活动的控制，排油起始时间和强度则受有机质成熟度的制约。实验模拟的结果表明，盆地坳陷区的烃源岩于百岗组沉积期末进入初始排油阶段，至建都岭组沉积时期达到排油高峰。

12.3.2.2 排烃动态演化特征

模拟结果表明，百色盆地那读组和百岗组各套烃源岩所生成的油，能排出。累计排油量为 2.646×10^8t（表12-12）。主要排油层段为那读组三段、那读组二段和百岗组三段。其中，那读组三段为 0.997×10^8t，那读组二段为 0.836×10^8t，百岗组三段总排烃量为 0.569×10^8t。

表 12-12　百色盆地排油量统计表

Table 12-12　Statistics of oil expulsion in Baise Basin

地层	百岗组一段	百岗组二段	百岗组三段	那读组一段	那读组二段	那读组三段	合计
排油量（10^8t）	0.010	0.121	0.569	0.113	0.836	0.997	2.646

12.3.3　油气运聚演化

12.3.3.1　运聚史模拟模型

1）油气运移的通道

在百色盆地的油气输导体系中，油气运移的主要通道是断裂、不整合面和砂岩输导层等。

（1）断裂运移通道，百色盆地的形成演化经历了3期主要的构造运动，并产生了与其相应的同沉积断层体系。这些同沉积断层紧邻生油中心，横向上延伸长，垂向上切割深，在开启时期将成为深部油气向上运移的主要通道，而在封闭时则可能形成良好的遮挡，对油气运聚成藏起到了关键作用。如仑圩、子寅等高产油田及塘寨油田的形成，均与北侧同沉积断裂带中的塘浮断层、南伍断层有直接关系。此外，还有些横向的同沉积断层，控制了诸如上法潜山油藏等的形成。

（2）盆地基底不整合面，百色盆地基底中三叠统兰木组石灰岩的不整合面，在横向上分布不连续，不足以形成横向上连续的不整合输导层；板纳组为粉砂岩、页岩薄互层，也不具备形成横向上连续孔隙缝洞发育的不整合输导层，它们只在局部形成输导层。

（3）砂岩输导层，百色盆地东部田东坳陷的生储配置关系以侧向式为主。北部断阶带发育了一系列扇三角洲砂体，与其南侧坳陷中心的半深湖—深湖相烃源岩呈侧向接触，将油不断地运移到砂体中。（胡炎坤，1989；高智，1995）（图12–15）。

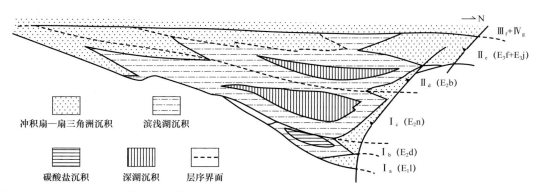

图12–15　百色盆地沉积体系和生储配置关系图（After Scientific Research Institute of Petroleum Exploration
and Development，Dian-Qian-Gui Oil-field Company，SINOPEC）

Fig. 12–15　Relationship between the oil–gas traps and the longitudinal faults in Baise Basin

2）油气运移的主要方式

垂向运移，那读组烃源岩是断陷期的产物，相对埋藏较深。油气直接从深部沿断层面向上运移，至浅层圈闭中聚集成藏。油气向上运移并在南伍断层两侧发育的滚动背斜、挤压背斜成藏，如百5油藏等，垂向运移距离近千米。

侧向运移，那读组底部低水位体系域的冲积扇砂体油藏、河道砂体油藏和湖侵域体系砂体油藏，以及上述位于坳陷内的基底石灰岩古潜山油藏，便是那读组烃源岩的油就近侧向运移的结果。这类油藏以上法石灰岩古潜山油藏为代表，原油性质好、单井日产量高，是盆地主要高产区油藏类型。

阶梯状运移，北部断阶带是盆地石油主要富集区。这种运移方式在百色盆地的石油成藏中起主导作用，表现为侧向和垂向运移的不断交替出现。位于该区的仑圩油田、花茶油田，就是深部的油沿阶梯状断层向上运移聚集的结果。

12.3.3.2　运聚动态演化特征

在百色盆地构造—地层格架、构造应力场、热史、生烃史、排烃史等模拟和输导体系评价及单元体解剖之后，利用油气运聚模拟子系统对其中的油气运聚过程进行了模拟。模拟结果表明，在百色盆地虽然有较好的生排油条件，但输导体系和储集体系较差，能够进入有效圈闭并被保存下来的油，仅仅是所排出的一部分（表12-13）。油聚集量约为7223.4×10^4t。

古近系百岗组、那读组油聚集量分别为1613.8×10^4t、5609.6×10^4t。其中，百岗组三段油聚集量为1114.2×10^4t；那读组二段、那读组三段油聚集量分别为2056.5×10^4t、2048.3×10^4t。可能有利汇聚区主要有（图12-16）：江泽、冻底、八东、坡圩、治使、雷公、那笔、仑圩、子寅。其中江泽、冻底分别位于莲塘坳陷中央断凹带南北两侧；八东位于头塘坳陷西侧，坡圩、治使分别位于头塘坳陷南北两侧；雷公、那笔分别位于田东坳陷西端的北南两侧；仑圩、子寅处于田东坳陷北部断阶带，油源汇聚来自坳陷中部断凹带。那读组二段沉积的早期油聚集量曾大于那读组三段，随后逐步接近，这与后期抬升剥蚀造成的保存条件变化有关。那读组二段的保存条件的破坏显然比那读组三段更为强烈。

表 12-13　百色盆地油聚集量统计表

Table 12-13　Statistics of oil accumulation quantity in Baise Basin

地层	百岗组一段	百岗组二段	百岗组三段	那读组一段	那读组二段	那读组三段	合计
油聚集量（10^4t）	42.4	457.2	1114.2	1504.8	2056.5	2048.3	7223.4

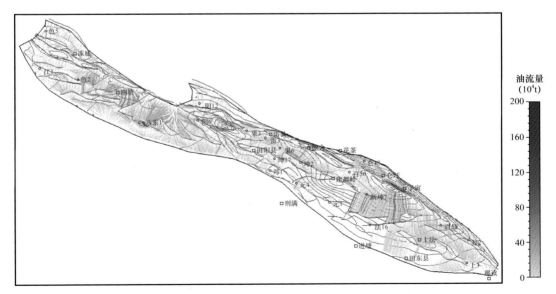

图 12-16　百色盆地那读组二段（2Ma—现今）油运移路径图

Fig. 12-16　Diagram showing oil migration pathway of second member of Nadu Formation（2—0 Ma），Baise Basin

12.4 百色盆地油气资源及有利区带评价

12.4.1 油藏特征与分析

12.4.1.1 油藏类型划分与成藏组合体

以圈闭类型为基础，划分油藏基本类型，可将百色盆地油藏分为 3 大类 8 种基本类型（表 12-14）。

依据盆地烃源岩、储层、盖层及输导层等成藏要素的时空配置关系，百色盆地的成藏组合可划分为两个体系，即下成藏组合体系和上成藏组合体系。其中，下成藏组合体系主要是那读组烃源岩—三叠系石灰岩裂缝储层组合；上成藏组合体系主要包括：那读组烃源岩—那读组砂岩储层组合，那读组烃源岩—百岗组砂岩储层组合，那读组烃源岩—那读组湖相石灰岩储层组合。

表 12-14　百色盆地油藏分类表

Table 12-14　Classification of oil reservoirs in Baise Basin

类型	亚类	实例
构造型油藏	断鼻油藏	百 5、百 66
	断块油藏	雷公、百 23、阳 2、百 21、
非构造型油藏	岩性尖灭油藏	百 22、坤 5、仑 35
	砂岩透镜体油藏	百 44、仑 38-2
	地层超覆油藏	百 56
	石灰岩潜山裂缝油藏	百 4、法 18、仑 22、仑 4、法 8、法 3
复合型油藏	不整合—岩性油藏	仑圩
	断层—岩性油藏	坤 10、坤 9 块

12.4.1.2 油气分布规律与控制因素

1）主要分布层位

百色盆地石油聚集分布在纵向上受烃源层控制，集中分布在基底、那读组和百岗组三套储层。百色盆地从古新统—上新统共沉积了 7 套地层，但集中分布在盆地中下部主力烃源层附近的那读组、百岗组下部及基底储层中。特别是那读组，它的每一个层段储层都有油层分布，从发现的油藏来看，它占盆地发现油藏总数的一半，其探明储量占盆地总探明储量的 40%。

2）储层类型及油气分布特征

盆地基底是由中三叠统海相石灰岩和浊积相的砂泥岩组成，钻遇基底的油层或油气显示井大部分是石灰岩地层，集中分布在上法和花茶地区。那读组三段储层主要是发育盆地早期低位域砂岩，那读组三段油气显示井多分布在早期沉积坳陷中心附近，特别是西部莲塘坳陷。那读组二段、那读组一段储层主要以粉砂岩为主。该层位油气聚集量最大，分布也最广，在盆地东部田东坳陷油藏及油气显示井几乎遍布整个坳陷。百岗组主要分布在盆地东部田东坳陷，储层为砂岩。油藏及显示井集中分布在百岗组沉积时期主沉积中心的周围。

总体来讲，盆地油气区域分布横向上受构造条件和沉积相带控制。从油藏及油气显示井的叠合分布与生烃中心关系分析，反映出盆地现已发现的油气平面分布具有以下特点：（1）大部分油藏主要围绕盆地主力生油坳陷（田东坳陷）呈环带分布，生油中心控制油气的分布；（2）油藏集中分布的地区，是早期控盆同生断裂形成的断面陡坡带、深断裂复合及多层位储层上下叠置形成的局部断阶带；（3）两个生油坳陷中间隆起区及基底石灰岩古潜山构造带，是油藏集中分布的有利地区；（4）不同生油坳陷的浅层斜坡带，是稠油油藏形成和分布主要地区；（5）生油坳陷的深部，是岩性油藏分布的主要地区。

3）油气富集带成藏控制因素

百色盆地的地质条件较复杂，具有断裂发育、岩性、岩相变化大、储集体类型多、含油层系多和油藏类型丰富等特点。石油富集带是由多个含油层系、多个油藏类型和多油气水系统组成的油藏（田）复合体。这些油藏都从属于同一的断裂构造带或地层岩性带，其油圈闭具有相同的地质成因，一般又有相同的油源及相同的运移和聚集过程，形成了以一种油藏类型为主，其他类型油藏为辅的多种类型油藏的复式带。它们是在纵向上相互叠置，在平面上相互连片的含油带。

百色盆地油气富集带受区域性断裂带、区域性岩性尖灭带、地层超覆带和地层不整合等多种因素控制，按其成因的主导因素和形成条件，划分为两种类型。

（1）以砂岩上倾尖灭带为主体的石油富集区。

位于盆地东部田东坳陷北部断阶带的中段近盆地边缘处，目前已在该区带发现了仑圩油田的仑13区块、仑15区块，子寅油田的仑16区块、仑35区块，塘寨油田的百24区块、百21区块，百36、百36–10、百58等多口油气显示井。油藏类型主要以砂岩上倾尖灭油藏为主，同时发育断块或断块—岩性油藏。油气的聚集主要受扇三角洲、近源水下扇砂体的前缘、侧翼砂体尖灭带，或地层上倾方向渗透层相变带控制。其成因为原生型或次生型油藏。砂体一般是在那读组水进体系域早期形成，发育在有效生油岩体附近，砂岩体前缘直接楔入坳陷生油岩系中，形成良好的生储盖组合条件，经初次运移，石油直接聚集在岩性圈闭中，油气富集程度高，形成原生油藏；邻近早期盆地的边缘的砂体，砂体的上倾尖灭线距有效生油岩体较远，砂体的围岩一般为非烃源岩或排烃效率较低的烃源岩，岩性圈闭所聚集的油气大部分或全部来自附近生油中心，石油沿深大断裂及砂体上倾方向经二次运移聚集在砂岩上倾尖灭带附近，或受断层的遮挡聚集在断块圈闭中成藏。

（2）以断裂构造带为主体的石油富集区。

位于盆地东部田东坳陷中央断凹带北部，该区构造复杂，沿盆地走向延伸的两条区域性断裂，即塘浮断裂和南伍断裂在此相交。因此，本区的断裂发育、构造形态复杂，但整体上形成向坳陷中心节节下掉的台阶状储层分布特征，大体上可划分为高、中、低三个台阶。更重要的特点是规模较大的断层一般都从坳陷生油中心基底开始发育，向上延伸贯穿基底、那读组及百岗组的多套储层岩系；同时该区储层圈闭发育，既有基底石灰岩裂隙储层及那读组水下扇、扇三角洲前缘等砂体类型，形成岩性圈闭，更有百岗组砂体因断裂形成的牵引背斜、断块、断层—岩性等构造圈闭或复合类型圈闭。从储层分布来看，本区的储层具有多套储层平面叠加连片的特征。从所发现的油藏分布来看，纵向上不同层位的油藏，在不同的构造部位成藏，但在平面上却集中分布，形成一个复式石油聚集区。

百色盆地除上述两地区形成的复式石油聚集区带外，如那笔隆起、南部斜坡区带上法古潜山至林蓬一带，都具有形成石油富集区的石油地质条件，具有较大的勘探潜力。

12.4.2 油气资源量和有利区带

12.4.2.1 聚集区带划分

基于模拟研究的动态性，可以分阶段、分区带提取某一阶段、某一时刻、某一位置的生排运聚模拟成果，为了便于进行对比，采用了分阶段、分区带的统计方式。

为了便于进行综合评价，滇黔桂油田分公司勘探开发科学研究院曾对百色盆地的油气聚集区带进行了划分（2000 年）。其划分原则是：（1）区带必须具备生、储、盖、圈闭组合，且有运移聚集配套的历史条件；（2）区带的边界一般位于排烃槽的分界线，或在控制油气运移的分水岭界线上；（3）区带通常应位于独立的构造单元中。据此并结合构造、沉积等特征，将东部（包括田东坳陷、头塘坳陷和那笔隆起）进一步划分为 4 个油气聚集带（编号Ⅰ—Ⅳ）；西部（包括莲塘坳陷和那坤隆起）划分为两个油气聚集带（编号Ⅴ—Ⅵ）（图 12-17）。本次对模拟结果所做的综合评价，沿用这一油气聚集区带划分方案。

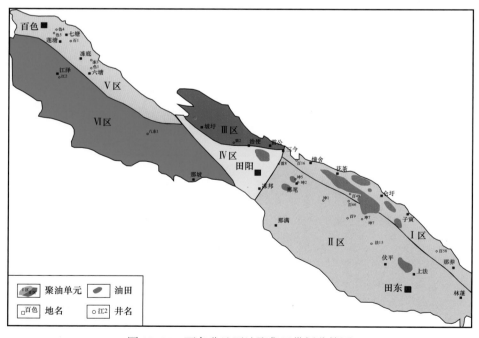

图 12-17 百色盆地石油聚集区带划分简图

Fig. 12-17 Schematic diagram showing classification of oil reservoir belts in Baise Basin

12.4.2.2 盆地总资源量统计分析

根据 TSM 盆地模拟结果，百色盆地的那读组、百岗组，都有一定的生油能力和较好的排油条件。全盆地累计生油量为 $10.533 \times 10^8 t$，累计排油量为 $2.646 \times 10^8 t$。建都岭组沉积时期（30—24Ma）为该盆地的生油和排油高峰期，主要烃源岩为那读组三段、那读组二段和百岗组三段。模拟结果表明，百色盆地石油聚集总量约为 $0.7223 \times 10^8 t$。

百色盆地累计探明储量为 $1233 \times 10^4 t$，圈闭面积 $16.5 km^2$，探明率为 17%；已经获得的控制储量 $267 \times 10^4 t$，圈闭面积 $11.3 km^2$（滇黔桂油田分公司勘探开发科学研究院，1999）。模拟所获得的预测油气资源总量为 $7223.4 \times 10^4 t$，扣除已探明储量，剩余资源总量为 $5990.4 \times 10^4 t$。百色盆地应当还有较大的资源潜力。

12.4.2.3 各聚集带资源量统计分析

根据油气聚集区带划分方案对 TSM 盆地模拟的结果进行了分析（表 12-15）。

表 12-15　百色盆地石油资源量分区统计表

Table 12-15　Statistics of hydrocarbon resource in basis of divided areas, Baise Basin

参数	分区								全盆地
	东部					西部			
	Ⅰ区	Ⅱ区	Ⅲ区	Ⅳ区	合计	Ⅴ区	Ⅵ区	合计	
区带面积（km^2）	78.88	299.79	45.98	50.53	475.180	81.04	212.00	293.04	768.220
模拟生油量（$10^8 t$）	1.628	4.309	2.572	0.376	8.885	0.312	1.336	1.648	10.533
模拟排油量（$10^8 t$）	0.285	1.143	0.697	0.098	2.223	0.081	0.342	0.423	2.646
模拟聚油量（$10^4 t$）	1463.200	2531.400	1349.400	1070.200	6414.200	243.9	565.3	809.2	7223.400
资源丰度（$10^4 t/km^2$）	18.500	8.400	29.300	21.2	13.500	3.0	2.7	2.7	9.300
探明储量（$10^4 t$）/面积（km^2）	827/11	234/3.4	18/0.2	154/1.8	1233/16.5				1233/16.5
控制储量（$10^4 t$）/面积（km^2）	106/2.8	161/8.5			267/11.3				267/11.3

从资源量和资源丰度来说，盆地东部（Ⅰ—Ⅳ区）的资源明显优于盆地西部（Ⅴ—Ⅵ区）。而在盆地东部，Ⅱ区的生油量和聚油量最大，其次为Ⅰ区和Ⅲ区。Ⅱ区聚油量为 $2531.4 \times 10^4 t$，约占全盆地的 35.0%，潜在资源量也最大，是百色盆地最具远景的地区，但是由于面积大，平均资源丰度并不是最高的，应当进一步加强勘探和分析，挖掘资源潜力；Ⅰ区资源量为 $1463.2 \times 10^4 t$，约占盆地资源量的 20.3%，探明储量占目前盆地内已探明的大部分，是相对勘探程度较高的地区，但仍然有很大的潜力；Ⅲ区资源量为 $1349.4 \times 10^4 t$，约占盆地资源量的 18.7%，面积相对较小，资源量丰度为 $29.3 \times 10^4 t/km^2$，现今探明储量占比较低，具有较大的勘探潜力；Ⅳ区资源量为 $1070.2 \times 10^4 t$，资源量丰度为 $21.2 \times 10^4 t/km^2$，也有一定勘探潜力。盆地西部（Ⅴ—Ⅵ区）资源量为 $809.2 \times 10^4 t$，约占盆地资源量的 11.2%，资源量丰度相对偏低为 $2.7 \times 10^4 t/km^2$，资源和勘探潜力相对不足。

12.4.3 油气聚集带成藏条件分析与评价

由于 TSM 盆地模拟系统考虑了盆地、油气系统等成烃成藏条件，取得关于各油气聚集区带成藏条件的定量综合认识，结合地质分析对各油气聚集区带进行评价。

12.4.3.1 第 I 油气聚集区带

该区带面积 78.9km²，已探明石油地质储量 827×10^4t，控制储量 106×10^4t，预测储量 176.6×10^4t，已落实 I 类储备圈闭 2 个，面积 2.4km²。该区带的油气资源主要分布在田东坳陷北部陡坡带和三今地区两个地区。

1）田东坳陷北部断阶带

主要是那养至憧舍一带地区。勘探目的层为中三叠统基底灰岩、那读组二段砂岩及百岗组底部砂岩 3 个层位。那读组、百岗组目的层砂岩厚度一般为 20～80m，中三叠统基底灰岩最大厚度 400m，目的层埋深一般在 450～1988m 之间。北部陡坡带现已有三维地震覆盖，已发现子寅、仑圩、塘寨、花茶 4 个油田。已探明石油地质储量 827×10^4t，控制储量 12×10^4t，勘探已证实该区带是一个油气富集带。

2）田东坳陷三今地区

位于田东坳陷最西端的雷公村东北边，长约 8km、宽约 1km。其南侧为向北西延伸的南伍断层控制，北侧为另一条与其相平行的不规则边界断层控制。两断层于雷公村附近相交形成圈闭。区内已发现百 16 区块百岗组底部砂岩油藏的控制储量 94×10^4t，百 15 区块那读组二段油藏，预测储量 128×10^4t。

盆地模拟结果与实际勘探的发现情况相比，还有一定的剩余资源潜力，勘探前景较好。

12.4.3.2 第 II 油气聚集区带

该区带面积 298.8 km²，已发现探明石油地质储量 234×10^4t，控制储量 161×10^4t。油气资源主要分布在上法地区、中央断凹带和田东坳陷南斜坡 3 个地区。

1）上法地区

位于田东坳陷南部斜坡东部，目的层主要为中三叠统基底灰岩潜山，其次为百岗组砂岩层。在本地区基底灰岩分布区内，由灰岩古地貌、古风化淋滤作用，南掉的反向正断层、构造裂缝等多因素控制形成的圈闭，那读组底部烃源岩供油，侧向运移至灰岩潜山孔洞缝内储集，那读组烃源岩本身作为盖层形成灰岩潜山油藏。

2）中央断凹带

位于雷 8 井至新坤 7 井的地区，包括那坤低凸起带及百 66 井—百 5 井区带，勘探目的层为百岗组底部和那读组下部砂岩。目的层埋深：百岗组 1500～1650m，那读组 1000～2600m。本区已有三维地震覆盖。已落实圈闭 3 个，面积 10.8km²，探明储量 11×10^4t，控制储量 80×10^4t。

3）田东坳陷南斜坡

主要是指元 5 井—法 15 井区带。勘探目的层主要为那读组二段砂岩及百岗组底部砂岩。研究表明，东部地区油气围绕着生烃坳陷中心呈现环带分布。在北部陡坡带已发现有花茶、仑圩、塘寨及子寅4个油田，在东边已发现有上法油田和林蓬浅油藏，在西边也已发现雷公及那坤油田。南斜坡是这一环状富集带的一部分，已有10多口探井在3个不同层位（E_2b、E_2n、T_2）发现了油气显示。

盆地模拟结果与实际勘探的发现情况相比，有较大的剩余资源潜力，勘探前景较好。

12.4.3.3　第Ⅲ油气聚集区带

该区位于头塘坳陷的西段，面积45.98km^2，勘探目的层为那读组二段砂岩，油气主要分布在田阳坡圩地区，已探明石油地质储量18×10^4t。

盆地模拟结果与实际勘探的发现情况相比，还有很大的剩余资源潜力，勘探前景较好。

12.4.3.4　第Ⅳ油气聚集区带

该区带面积50.53km^2，目前已在那笔隆起与头塘坳陷过渡带上的雷公地区那读组二段砂岩中，探明石油地质储量154×10^4t。

盆地模拟结果与实际勘探的发现情况相比，也有较好的勘探前景。

12.4.3.5　第Ⅴ油气聚集区带

第Ⅴ油气聚集区带面积81km^2，包含莲塘坳陷轴线以北及其北侧斜坡带，勘探目的层为那读组砂岩，该区带目前已钻探色1井、色5井、石1井及冻3井。其中，色1井和色5井均见到油气显示。由于缺乏有效的区域性盖层，油气的保存条件相对较差。

盆地模拟结果与实际勘探的发现情况相比，也有一定的勘探前景。

12.4.3.6　第Ⅵ油气聚集区带

该区带面积212km^2，包含莲塘坳陷轴线以南及其南侧斜坡带的广大地区。勘探目的层为那读组砂岩。目前，已钻探井13口，见油气显示9口。

盆地模拟结果与实际勘探的发现情况相比，有一定的勘探前景。

12.5　小结

通过对百色盆地的大地构造环境、地质作用和油气响应等各方面的分析研究，并且利用TSM盆地模拟方法，恢复了百色盆地埋藏史、热史、生烃史和运聚史，从而得到百色盆地的油气资源量，并对有利的油气聚集区带进行了分析，取得了以下主要认识。

百色盆地位于滨特斯域的右江断裂带上，基于盆地的大地构造位置和具体特征，印度板块与欧亚板块碰撞挤压作用造成的走向滑移线场和逃逸构造使右江断裂左行走滑，是形成百色盆地的主要原因，也是盆地形成的大地构造背景。在百色盆地所在地区，右江断裂带由若干条大致平行的断裂组成，这些相互平行的断裂或呈左行左阶，或呈左行右阶，它们控制了盆地的基本构造特征。百色盆地虽然主要发育于古近纪，但其形成后经历了后期强烈的改造，最大剥蚀厚度达1500m以上，因而现今的百色盆地是一残留盆地。其原型盆地分布范围应远比现今残留盆地大，甚至可能存在一个包括永乐盆地、隆安盆地及南宁盆地的泛百色盆地。百色盆地的构造演化可划分为前拉分期、拉分期和后拉分期3个主要构造演化阶段。前拉分期形成六吜组红色碎屑岩建造，拉分期形成那读组—建都岭组河湖相沉积，后拉分期形成长蛇岭组，三套地层与盆地构造演化的三大阶段形成了很好的匹配关系。

百色盆地内的构造样式总体上分成伸展型和走滑型两大类，前者主要以阶梯状断块群、地垒和地堑断块群、铲形正断层与滚动背斜为主要表现形式；后者主要以花状构造、雁列断块群和"入"字形断块群为表现形式，构成了百色盆地构造样式的基本特征。研究表明，百色盆地的热演化程度总体较低。仅几个坳陷那读组生油岩进入低成熟阶段，仅坳陷中心进入成熟阶段，其他部位地层的生油岩大多数未成熟。而且盆地内的几个坳陷的热演化程度也存在较大差异，以田东坳陷热演化程度为最高，头塘坳陷次之，莲塘坳陷最低。迄今为止，百色盆地的油藏主要分布在田东坳陷，这是最主要的原因之一。由于构造反转的缘故，头塘坳陷中心的那三段烃源岩在建都岭组沉积末期停止持续演化，而田东坳陷的成熟生排油一直延续到现今。

百色盆地的烃源岩主要是盆地断陷期形成的那读组泥岩。其古生物化石丰富，有机物来源较充足，为有利烃源岩。从有机质类型讲，东部的田东坳陷主要为 II_1 型为主，西部莲塘坳陷那读组三段以 II_1 型为主，那读组二段、那读组一段部分为 II_1 型，部分为 II_2 型和 III 型；有机质丰度总体较高，属于较好的烃源岩。横向上原油则主要来源于田东、头塘和莲塘 3 个坳陷的中心凹陷区。它们对油藏分布起着至关重要的控制作用，即油藏主要分布于坳陷中心周围。

百色盆地主要的储层有 3 套，它们是古近系碎屑岩、古近系湖泊浅水碳酸盐岩和基底中三叠统石灰岩。盆地的盖层也主要有 3 套，它们是那读组泥岩、百岗组泥岩和伏平组—建都岭组泥岩夹砂岩。3 套盖层均有良好的封堵性能，但以那读组盖层最好。百色盆地油气运移条件较好，通道多，运移的优势方向为残留盆地北部断阶带、中间隆起（推隆构造）及基底古潜山。因此，北部断阶带、中央断凹带中的隆起和潜山是有利聚集带。但鉴于盆地复杂、烃源岩成熟度不高等情况，各类圈闭中以靠近生油坳陷中心的岩性圈闭、地层圈闭和构造圈闭最为有利。因此，油气藏呈环带状绕生油中心分布。

利用 TSM 盆地模拟系统计算结果表明，全盆地生油量为 $10.533 \times 10^8 t$，排油量为 $2.646 \times 10^8 t$；全盆地油聚集总量为 $0.7223 \times 10^8 t$。从平面分布看，以田东坳陷南部 II 区的生油量为最大，其聚油量为 $2531.4 \times 10^4 t$，占全盆地资源量的 35.0%。

有利的石油聚集区在那读组主要有江泽、冻底、八东、坡圩、治使、雷公、那笔、仑圩、子寅等地区。百色盆地田东坳陷（II 区、I 区）和头塘坳陷（III 区），以及那笔隆起（IV 区）是盆地有利的油气富集区带。从潜在资源潜量上看，其顺序大致是 II 区、I 区、III 区、VI 区，今后勘探的重点以及勘探目标的优选，应放在这些区带。

结　　语

　　油气勘探事关国家能源战略安全，也是高科技、高风险、高投入、高回报的生产活动。盆地分析、盆地模拟、资源评价是油气勘探中的重要环节，建立快速、有效的油气资源评价理论和技术方法是油气地质工作者的责任和努力方向。30 多年来，从朱夏 3T–4S–4M 盆地研究程式（1983）的提出、到理论模式的建立（张渝昌等，1997）、再到模拟工作模式的建立（徐旭辉等，1997）及 TSM 盆地模拟资源评价系统（V1.0）的成功应用，发展至今，所研发的 TSM 盆地模拟资源评价系统（V2.0）较好地应用到中国多旋回盆地的资源评价中。如书中中国东部断陷—坳陷叠加组合、中国南方走滑盆地、中国北方中生代断陷、南海裂谷—边缘坳陷叠加组合、中国中西部边缘坳陷—前渊叠加组合等 5 个地区的 TSM 盆地模拟与资源评价例子。

一、常用油气资源评价方法及其特点

　　（1）常规油气资源评价方法按照大类主要可以划分为成因法、类比法和统计法。国外油气资源评价以统计法和类比法为主；国内油气资源评价以成因法（尤其是盆地模拟法）为主。

　　（2）成因法、统计法和类比法中每种资源评价方法都有一定的适用范围和特点，未来一段时期仍将为国内油气资源评价的主要方法。

二、TSM 盆地模拟资源评价系统的理论基础

　　TSM 盆地模拟资源评价系统的理论基础分三大部分：一是盆地分析；二是盆地模拟；三是资源评价。分述如下：

　　（1）TSM 盆地分析程式与盆地原型分类。

　　朱夏从全球构造运动的热体制出发，把沉积盆地发育年代主要划分为古生代和中—新生代两个世代，创立了盆地原型的概念，提出了变格运动（diktyogenese）。提出的 3T（环境）—4S（作用）—4M（响应）程式所表述的既是大地构造与油气聚集的关系，也是含油气盆地的系统研究方案。

　　中国中—新生代主要发育四大地质事件，这四大地质事件控制了该阶段变格盆地的形成和演化。一是中国西部特提斯的形成演化；二是中国东部太平洋的形成演化；三是蒙古—鄂霍茨克洋的闭合；四是板内变形和陆内造山。形成三期变格盆地：第一变格期（T_3—K_1）盆地；第二变格期（K_2—E_{2-3}）盆地；第三变格期（E_3/N—现今）盆地。

（2）TSM 盆地模拟系统功能与架构。

TSM 盆地模拟资源评价系统分为 3 个主体部分：TSM 盆地分析系统、TSM 盆地模拟系统和资源评价系统。这 3 个系统是既相互独立，又彼此关联的。

盆地原型分析是以地质分析为主的工作，地质专家综合各种勘探数据、资料进行分析，从而得到研究区的盆地原型及其并列叠加关系，建立模拟所需要的地质模型；在上述工作的基础之上，借助软件对各类勘探数据进行整理和统计等工作，从而建立数值模拟的数据库；通过盆地原型分析，以及地质数据、参数的分析，确立模拟使用的方法，为建立模拟模型打下基础。

（3）TSM 盆地系统模拟与资源评价。

确定模拟模型和流程之后，输入和编辑相关的参数和数据体，完成埋藏史、热史、生烃史、运聚史等"四史"模拟，得到"四史"演化的数据体。通过模拟工作，动态揭示盆地发育与演化过程，定量计算油气的生烃量、排烃量和聚集量及分布。

三、不同原型盆地组合模拟与资源评价

中国东部断陷—坳陷叠加组合、中国北方中生代断陷、南海裂谷—边缘坳陷叠加组合、中国中西部坳陷—前渊叠加组合和中国南方走滑盆地等为例开展的模拟与资源评价，从而通过模拟实现检验地质概念模型、动态揭示演化过程和预测油气未知的功能。

（1）中国东部古近纪断陷—坳陷叠加组合模拟与资源评价——以渤海湾盆地东营凹陷为例。

通过模拟，恢复了古近纪断陷发育发展、末期盆地抬升遭受剥蚀及新近纪构造活动减弱发育坳陷等三大演化阶段的埋藏史过程。

模拟揭示烃源岩 $Es_4^{上}$ 在断陷末期进入成熟高峰，$Es_3^{下}$、$Es_3^{中}$ 在断陷末期基本成熟并在坳陷期进一步成熟达高峰期，生油中心主要分布在利津、牛庄、博兴、民丰等 4 个洼陷区；东营组剥蚀期末和馆陶组—明化镇组沉积时期是东营凹陷的两个主要排油期。经有限空间生排油模式模拟计算，石油排出量是东营南坡东段地区最高，其次为中央隆起带地区、东营北带地区；博兴地区、滨南地区，青西地区较低。

通过模拟盆地持续沉降末期到盆地整体上升后的古压力变化，强调整体上升阶段剥蚀和砂岩回弹对压力的影响和对油气运移聚集成藏的制约，结合现有勘探成果，预测了 10 个有利勘探区。

（2）中国北方中生代断陷发育演化模拟与资源评价——以松辽盆地长岭凹陷为例。

晚侏罗世以来，长岭凹陷形成了火石岭组—沙河子组、营城组—登娄库组两期断陷以及泉头组—明水组沉积时期坳陷原型叠加，早白垩世后期被坳陷层整体披盖。断陷结构控制的火石岭组—沙河子组、营城组烃源岩，由于差异埋深，导致了不同构造区带的成烃演化差异。

模拟揭示了不同次凹不同烃源岩的生烃贡献。断陷层烃源岩从营城组沉积期末—青山口组沉积末期持续生烃，累计生气量为 $19.04 \times 10^{12} m^3$，以沙河子组烃源岩为主。生烃中心平面变化围绕着各次凹分布；生气强度最高主要集中在长岭牧场次凹和前神子次凹中，其中沙河子组烃源岩生气强度最高可达（120～140）× $10^8 m^3/km^2$。

油气运聚模拟表明，运移路径主要受控于断陷结构，天然气聚集特征受控构造圈闭和火山岩—碎屑岩储集条件，围绕着各次凹周缘的构造高部位聚集。油气成藏具有"多期生烃、多凹供烃、近灶聚集、晚期为主"的特点，腰英台—达尔罕、北正镇构造带及东岭构造带是资源前景较好的有利勘探区带。

（3）中国南海裂谷—边缘坳陷叠加组合模拟与资源评价——以琼东南盆地为例。

模拟检验了南海北部陆缘新生代以来断陷\裂谷\坳陷叠加的地质概念模型，并动态再现了不同原型的叠加演化过程。古新世—始新世至渐新世，琼东南地区经历了从断陷到裂谷的发育演化阶段。中新世以来，随着南海扩张作用影响的减弱和结束，南海北部进入陆缘坳陷发育阶段，这种原型叠加演化控制了沉积和热演化过程，对琼东南深水区资源潜力有重要影响。

模拟揭示了琼东南盆地具有高热场背景、高地温梯度和高温热演化的以产天然气为主的成烃过程。从层系上看，以古近系最有利的烃源岩层生烃规模最大，占生烃总量的89%。从分布看，以乐东、陵水、华光礁3个凹陷成熟范围较广，生烃贡献占生烃总量的90%，为琼东南盆地油气资源最富集的构造单元。

动态模拟表明，受裂谷和坳陷叠加的影响，紧邻中央坳陷带乐东凹陷和陵水凹陷崖城组生烃中心的南北两侧缓坡带及隆起区是最有利的勘探区带，其中的局部构造、断层、不整合面、低凸起等及其组合是有利的勘探目标。

（4）中国中西部边缘坳陷—前渊叠加组合模拟与资源评价——以川西坳陷为例。

川西地区，在克拉通坳陷、台内坳陷及前渊盆地等成盆环境下，形成了海陆过渡相的潮坪三角洲、陆相半深湖—深湖相及滨浅湖—湖沼相三种沉积环境，发育了煤岩和暗色泥岩两种主要烃源岩类型。结构的转变导致了沉降中心的迁移，影响着须家河组烃源岩的成烃和运聚演化。

模拟表明，龙门山推覆作用导致了须家河组下部烃源岩沉降和埋深中心的东移，大巴山推覆作用的远端效应，导致了沉降和埋深中心的南北分异。不同层系烃源岩分别在中—晚侏罗世期间进入生烃门限，并在白垩纪中—晚期接近了现今的高—过成熟演化程度。平面上，烃源岩成熟演化由西向东发展，后期形成南北分异，影响和控制了油气藏的分布格局。

计算表明，须家河组主力气源岩为暗色泥岩，煤岩次之，累计生烃量约 $167 × 10^{12} m^3$，川西坳陷须家河组天然气总资源量为 $2.2 × 10^{12} m^3$。生烃中心的迁移变化影响着天然气的运移，储盖组合和物性差异约束了天然气聚集的区域，东部斜坡、次凹之间的低凸起、东南斜坡是有利的成藏区。

（5）中国南方古近纪走滑盆地模拟与资源评价——以百色盆地为例。

百色盆地的构造演化可划分为前拉分期、拉分期和后拉分期3个主要构造演化阶段。前拉分期形成六吜组红色碎屑岩建造，拉分期形成那读组—建都岭组河湖相沉积，后拉分期形成长蛇岭组砾岩和砂、泥岩互层沉积，三套地层与盆地构造演化的三大阶段形成了很好的匹配关系。百色盆地内部"三坳两隆"的构造格局与几组走滑断层有明显的匹配对应关系。

　　模拟表明百色盆地的热演化程度总体较低。仅几个坳陷那读组生油岩进入低成熟阶段，仅局部坳陷中心进入成熟阶段，其他部位地层的生油岩大多数未成熟。而且盆地内的几个坳陷的热演化程度也存在较大差异，以田东坳陷热演化程度为最高，头塘坳陷次之，莲塘坳陷最低。由于构造反转的缘故，头塘坳陷中心的那读组三段烃源岩在建都岭组沉积末期停止持续演化，而田东坳陷的成熟生排油时间一直延续至今。

　　盆地生排烃量主要分布于田东、头塘和莲塘3个坳陷的中心凹陷区。大部分油藏围绕盆地主力生油坳陷呈环带分布，并且集中于主力烃源岩附近，并提出了有利的石油汇聚区带。

四、TSM 盆地模拟资源评价发展展望

　　通过中国东部断陷—坳陷叠加组合、中国南方走滑盆地、中国北方中生代断陷、南海裂谷—边缘坳陷叠加组合、中国中西部坳陷—前渊叠加组合等5个地区的TSM盆地模拟与资源评价实践。因循盆地原型及其并列叠加关系的地质分析约束建模，采取地质形象思维和数理逻辑思维结合的模拟思想，运用多模块组合、多方案运行，进行盆地地质作用和油气响应关系的TSM盆地系统模拟，揭示了不同原型叠加导致地质作用的变化及其对油气形成和分布的控制作用，指示了油气运移的路径和油气聚集的地带，预测了勘探有利区。虽然TSM盆地模拟系统已经初步实现了面向实际、动态揭示油气演化过程、认识成盆成烃成藏规律、具有预测未知的功能，为油气勘探决策服务，但仍需要进行大量的研发工作。因中国大地构造的多旋回、中国油气盆地形成的多阶段、每个阶段形成多成因盆地、多阶段和多成因盆地原型的叠加改造，形成中国含油气盆地的复杂特征。诸如早古生代、晚古生代等原型盆地模拟的研发，以及不同原型的叠加模拟更有待深化探索。尽管如此，TSM模拟已经探索到一条跨越已知到未知鸿沟的桥梁，它将成为油气勘探领域重要的创新科技链环之一。

　　顺应国家提出的："加快建设创新型国家。创新是引领发展的第一动力，是建设现代化经济体系的战略支撑。……突出关键共性技术、前沿引领技术、现代工程技术、颠覆性技术创新，为建设科技强国、质量强国、航天强国、网络强国、交通强国、数字中国、智慧社会提供有力支撑。……培养造就一大批具有国际水平的战略科技人才、科技领军人才、青年科技人才和高水平创新团队"的历史新要求，我们要坚定理想信念，志存高远，脚踏实地，开拓创新，根据中国油气盆地形成的特殊性，形成和研制具有中国特点的盆地分析、盆地模拟、油气资源评价理论和技术，为中国油气工业的健康发展做出应有的贡献。

参 考 文 献

蔡佳，王华，崔敏 .2014.琼东南盆地古近系沉降特征 .海洋地质前沿，30（4）：14-20.

蔡进功，吴锦莲 .2000.油气资源评价研究的现状和进展 .世界石油工业，7（7）：11-14.

蔡希源 .2003.湖相烃源岩生排烃机制及生排烃效率差异性——以渤海湾盆地东营凹陷为例 .石油与天然
气地质，33（3）：329-334，345.

陈建平，孙永革，钟宁宁，等 .2014.地质条件下湖相烃源岩生排烃效率与模式 .地质学报，88（11）：
2005-2032.

陈荣书 .1989.岩浆活动对有机质成熟作用的影响初探——以冀中葛渔城—文安地区为例 .石油勘探与开
发，1989（1）：37-39.

陈子恩 .1988.评价高成熟源岩产烃能力的有机碳质量平衡法（油气资源评价方法研究与应用）.北京：
石油工业出版社.

迟元林，云金表，蒙启安，等 .2002.松辽盆地深部结构及成盆动力学与油气聚集 .北京：石油工业出
版社：143-221.

崔军文，李明武，李莉 .2001.青藏高原的隆升：青藏高原的岩石圈结构和构造地貌 .地质论评，47（2）：
157-163.

单竞男 .2010.琼东南盆地深水区烃源岩热演化研究 //中国南海深水盆地油气成藏与勘探学术研讨会论
文集 .

邓晋福，吴宗絮，杨建烟，等 .1995.格尔木—额济纳旗地学断面走廊域地壳—上地幔岩石学结构与深
部过程 .地球物理学报，38（增刊）：130-143.

邓万明 .2003.中国西部新生代火山活动及其大地构造背景 .地学前缘，10（2）：472-477.

杜建国，徐永昌 .1998.中国大陆含油盆地的氦同位素组成及大地热流密度 .地球物理学报，41（4）：
494-501.

范小林，陆国新，蒋洪堪，等 .1993.扬子板块北缘壳（幔）岩石圈结构与古生代盆地 .华南地震，12
（4）：46-52.

方少仙，侯方浩 .1993.百色盆地田东坳陷第三系砂岩成岩作用与孔隙演化研究 .天然气工业，13（1）：
32-41.

付强，祁大圣 .1989.蒙特卡洛法在石油资源评价应用中随机过程模拟的探讨与改进 .新疆石油地质，10
（1）：80-83.

盖玉磊 .2008.东营凹陷孔二段烃源岩发育特征及生烃潜力 .油气地质与采收率，15（5）：46-48.

高长林，何将启，黄泽光，等 .2008.中国油气盆地研究新阶段：数字盆地 .石油实验地质，31（5）：
433-441.

高长林，黄泽光，方成名 .2007.变格运动和变格期盆地 .石油实验地质，29（5）：封二.

高长林，叶德燎，黄泽光，等 .2006.中国中生代两个古大洋与沉积盆地 .石油实验地质，28（2）：95-
103.

高长林 .2006.盆地原型之理解 .石油实验地质，28（4）：385，390.

高长林 .2007.残留盆地之理解 .石油实验地质，29（4）：封二.

高长林 .2008.应规范使用 " 喜马拉雅运动 " 等地质术语 .石油实验地质，31（2）：136-142.

高岗，柳广弟 .2006.资源评价中油气生成定量模型的建立 .天然气工业，26（10）：6-8.

高智 .1991. 百色盆地油藏特征及成藏规律的初步探讨 . 广西石油地质与勘探，27（2）.

高智 .1995. 百色断陷式盆地层序地层充填格架及油气控制因素 . 广西石油地质与勘探，33（1）.

龚再升，李思田 .1997. 南海北部大陆边缘盆地分析与油气聚集 . 北京：科学出版社 .

龚再升，杨甲明，杨祖序，等 .1997. 中国近海大油气田 . 北京：石油工业出版社：159-223.

关德范，王国力 .2004. 成盆成烃成藏理论思维——从盆地到油气藏 . 北京：石油工业出版社 .

关德范，徐旭辉，李志明，等 .2008. 成盆成烃成藏理论思维与有限空间生烃模式 . 石油与天然气地质，29（6）：709-715.

关德范，徐旭辉，李志明，等 .2014. 烃源岩有限空间生烃理论与应用 . 北京：石油工业出版社 .

关德范，徐旭辉 .2014. 烃源岩有限空间生烃理论与应用 . 北京：石油工业出版社 .

关德范 .2005. 对我国石油资源评价方法的分析与思考 . 当代石油石化，13（7）：12-16，38.

郭秋麟，陈宁生，刘成林，等 .2015. 油气资源评价方法研究进展与新一代评价软件系统 . 石油学报，36（10）：1305-1314.

郭秋麟，陈宁生，谢红兵，等 .2015. 基于有限体积法的三维油气运聚模拟技术 . 石油勘探与开发 .42（6）：817-825.

郭秋麟，米石云，胡素云，等 .2006. 盆地模拟技术在油气资源评价中的作用 . 中国石油勘探，2006，3：50-55.

郭秋麟，沈成喜，杨涛，等 .2005. 油气资源经济评价思路与方法 . 石油学报，26（增刊）：45-48.

郭秋麟，谢红兵 黄旭楠，等 .2016. 油气资源评价方法体系与应用 . 北京：石油工业出版社 .

郭秋麟，闫伟，高日丽，等 .2014.3 种重要的油气资源评价方法及应用对比 . 中国石油勘探，19（1）：50-59.

郭秋麟，周长迁，陈宁生，等 .2011. 非常规油气资源评价方法研究 . 岩性油气藏，23（4）：12-19.

韩冬梅 .2014. 青东凹陷沙四上亚段烃源岩生烃潜力评价 . 复杂油气藏，2014，7（2）：5-8.

郝诒纯，陈平富，万晓樵，等 .2000. 南海北部莺歌海—琼东南盆地晚第三纪层序地层与海平面变化 . 现代地质 .14（3）：237-246

何家雄，施小斌，夏斌，等 .2007. 南海北部边缘盆地油气勘探现状与深水油气资源前景 . 地球科学进展，22（3）：261-269.

何家雄，夏斌，孙东山，等 .2006. 琼东南盆地油气成藏组合、运聚规律与勘探方向分析 . 石油勘探与开发，33（3）：345-350.

何家雄，颜文，马文宏，等 .2010. 南海北部准被动陆缘深水区油气地质及与世界深水油气富集区类比 . 天然气地球科学，21（6）：897-908.

侯读杰，张善文，肖建新，等 .2008. 济阳坳陷优质烃源岩特征与隐蔽油气藏的关系分析 . 地学前缘，15（2）：137-146.

胡家富，张中杰，滕吉文 .1996. 中国内蒙古高原及周边地带地壳与上地幔剪切波三维速度结构 . 地球物理学进展，11（4）：20-33.

胡炎坤，梁朝梧 .1989. 广西百色盆地古生物及沉积构造的发现对地层与找油的意义 // 滇黔桂石油地质勘探开发研究院石油地质讨论会论文集 .

胡炎坤 .1998. 百色盆地下第三系地层的时代划分、古气候与沉积环境 . 广西石油地质与勘探，20（1）.

胡征钦 .1997. 俄罗斯第八次油气资源评价 . 世界石油工业，4（10）：14-16，21.

黄保家，李绪深，王振峰，等 .2012. 琼东南盆地深水区烃源岩地球化学特征与天然气潜力 . 中国海上油气, 24（4）: 1-7.

黄汲清, 陈炳蔚 .1987. 中国及邻区特提斯海的演化 . 北京：地质出版社：1-109.

黄绍甫, 阙慧娟 .1987. 百色盆地下第三系陆相生油岩地化特征及评价, 广西石油地质与勘探, 18（1）.

黄绍甫 .1987. 广西百色盆地原油的地球化学特征及对比//青年有机地球化学家学术讨论会会议论文集 .

黄泽光, 方成名, 高长林, 等 .2017. 中国中西部四大盆区盆地原型序列与碎屑岩油气 . 北京：石油工
业出版社：1-223.

黄泽光, 高长林, 陆永德, 等 . 东秦岭及邻区显生宙古海洋与盆地原型序列 . 北京：石油工业出版社：
1-141.

吉让寿, 秦德余, 高长林, 等 .1997. 东秦岭造山带与盆地 . 西安：西安地图出版社：1-197.

江兴歌, 廖宗廷, 陈跃昆, 等 .2004. 百色盆地田东坳陷热演化研究 . 同济大学学报, 32（3）: 332-336.

江兴歌, 吕剑虹, 樊云鹤 .2002 运移路径模拟和应用尝试 . 石油实验地质, 24（5）: 455-459.

江兴歌, 曾华盛, 朱建辉, 等 .2012. 川西坳陷中部上三叠统烃源岩动态演化模拟 . 石油与天然气地质,
33（4）: 545-551.

江兴歌 .2017. 中国石化无锡石油地质研究所实验地质技术之 TSM 盆地模拟资源评价技术 . 石油实验地
质, 39（4）: 封二.

姜枚, 许志琴, 薛光琦, 等 .1999. 青海茫崖—新疆若羌地震探测剖面及其深部构造研究 . 地质学报, 73
（2）: 153-161.

解国军, 金之钧, 肖焕钦, 等 .2003. 成熟探区未发现油藏规模预测 . 石油勘探与开发, 30（3）: 16-18.

金之钧, 施比伊曼, 武守诚 . 1996. 油气资源定量评价系统 . 地质论评, 42（增刊）: 247-258.

金之钧, 张金川 .2002. 油气资源评价方法的基本原则 . 石油学报, 23（1）: 19-23.

康玉柱, 叶留生, 康志宏, 等 .1997. 中国西北地区油气地质特征及资源评价 . 乌鲁木齐：新疆科技卫
生出版社：1-301.

雷超, 任建业, 李绪深, 等 .2011. 琼东南盆地构造沉降史及其主控因素 . 石油勘探与开发, 38（5）:
560-569.

雷超, 任建业, 裴健翔, 等 .2011. 琼东南盆地深水区构造格局和幕式演化过程 . 地球科学（中国地质大
学学报）, 36（1）: 151-162.

冷德勋 .1989. 百色盆地东部地区圈闭钻探效果分析//滇黔桂石油地质勘探开发研究院石油地质讨论会
论文集 .

李成, 王良书, 杨春 .2001. 下扬子区岩石圈双层脆韧性过渡带叠置的流变学证据 . 地质论评, 47（3）:
245-248.

李崇国 .1980. 广西卫片目视解释与石油地质构造特征 . 广西石油地质与勘探, 6（1）.

李家彪, 高抒 .2003. 中国边缘海岩石层结构与动力过程 . 北京：海洋出版社 .

李剑, 刘成林, 谢增业, 等 .2004. 天然气资源评价 . 北京：石油工业出版社 .

李剑, 王义凤, 马卫, 等 .2015. 深层—超深层古老烃源岩滞留烃及其裂解气资源评价 . 天然气工业, 35
（11）: 9-15.

李剑 .2004. 天然气资源评价 . 北京：石油工业出版社 .

李丽萍, 宋海侠 .2016. 论我国油气资源经济评价的现状与发展趋势 . 特区经济, 2016, 7: 175-176.

李明诚 .1992. 碎屑岩系中天然气运移的特征及其定量研究 . 石油勘探与开发, 19（4）: 312～315.

李述元 .2000. 化学动力学在盆地模拟生烃评价中的应用 . 北京：石油大学出版社 .

李思田，林畅松，张启明，等.1998.南海北部大陆边缘盆地幕式裂陷的动力过程及10Ma以来的构造事件.科学通报，43（8）：797-810.

李文浩，张枝焕，李友川等.2011.琼东南盆地古近系渐新统烃源岩地球化学特征及生烃潜力分析.天然气地球科学，22（4）：700-708.

李载沃，张凤玲.1991.百色盆地西部地区T_3波组地质涵义的新认识.广西石油地质与勘探，27（2）.

李载沃.1983.广西百色盆地构造特征与控油机制.广西石油地质与勘探，13（1）.

李载沃.1989.百色盆地东部地区构造发展史有关层位的划分对比问题//滇黔桂石油地质勘探开发研究院石油地质讨论会论文集.

李载沃.2001.广西第三系盆地的形成机制和演化特征.广西油气，4（1）：5-10.

李志学，陈健，张侃.2016.低渗透天然气项目经济评价方法及关键评价指标探讨.中国石油勘探，21（5）：11-18.

梁世友，何将启，倪春华，等.2011.北黄海盆地中生界油源对比及成因分析.石油实验地质，33（4）：414-418.

梁世友，倪春华，曾广东，等.2017.北部湾盆地涠西地区W4井油气成藏主控因素分析.石油实验地质，39（3）：327-333.

梁世友.2009.油气勘探项目信息系统的分析与设计.地理空间信息，7（3）：56-58.

廖宗廷，江兴歌.2005.广西百色盆地构造—热演化初步研究.石油实验地质，27（1）：18-24.

林长松，初凤友，高金耀，等.2007.论南海新生代的构造运动.海洋学报，29（4）：81-86.

林长松，高金耀，虞夏军，等.2006.南海北部新生代的构造运动特征.海洋学报，28（4）：81-86.

林峰.文丽.1997.盆地早期油气资源评价中的勘探层方法.海洋地质动态，11：4-6

刘福田，曲克信，吴华，等.1989.中国大陆及其邻区的地震层析成像.地球物理学报，32（3）：281-291.

刘庆，张林晔，王茹，等.2014.湖相烃源岩原始有机质恢复与生排烃效率定量研究——以东营凹陷古近系沙河街组四段优质烃源岩为例.地质论评，60（4）：877-883.

刘全有，刘文汇，王晓锋，等.2007.不同烃源岩实验评价方法的对比.石油实验地质，29（1）：88-94.

刘铁树，何仕斌.2001.南海北部陆缘盆地深水区油气勘探前景.中国海上油气（地质），15（3）：164-169.

刘伟，张淮.1994.FASPUM油气资源评价系统在苏北海安南部凹陷的应用.江苏地质，1994，3/4：208-213.

刘文超，叶加仁，雷闯，等.2011.琼东南盆地乐东凹陷烃源岩热史及成熟史模拟.地质科技情报，30（6）：110-115.

刘正华，陈红汉.2011.琼东南盆地东部地区油气形成期次和时期.现代地质，25（2）：279-288.

龙胜祥，王生朗，孙宜朴，等.2005.油气资源评价方法与实践.北京：地质出版社.

龙胜祥.1993.塔北中三叠统披覆构造型勘探层油气资源评价.石油与天然气地质，14（3）：242-250.

卢德源，李秋生，高锐，等.2000.横跨天山的人工爆炸地震剖面.科学通报，45（9）：982-987.

卢双舫，郭春萍，申家年，等.2005.化学动力学法在黄骅坳陷未熟—低熟油资源评价中的应用.中国石油勘探，2005，6：18-23.

卢双舫，黄文彪，陈方文，等.2012.页岩油气资源分级评价标准探讨.石油勘探与开发，39（2）：249-256.

陆建林，全书进，朱建辉，等.2007.长岭断陷火山喷发类型及火山岩展布特征研究.石油天然气学报（江汉石油学院学报），29（6）：29-32.

陆建林，王果寿，朱建辉，等.2006.长岭凹陷深层成藏主控因素及勘探方向分析.石油天然气学报（江汉石油学院学报），28（3）：26-28.

陆建林，张玉明，徐宏节，等.2009.松辽盆地长岭断陷火山岩储层形成特征研究.石油实验地质，31（5）：441-449.

陆明德.1991.石油天然气数学地质.武汉：中国地质大学出版社.

罗晓容.2000.数值盆地模拟方法在地质研究中的应用.石油勘探与开发，27（2）：6-10.

马卫，李剑，王东良，等.2016.烃源岩排烃效率及其影响因素.天然气地球科学，27（9）：1742-1751.

米敬奎，张水昌，王晓梅，等.2009.不同类型生烃模拟实验方法对比与关键技术.石油实验地质，31（4）：409-414.

米石云.2008.油气勘探评价中所存在的主要问题及技术发展方向.中国石油勘探，13（1）：48-52.

米石云.2009.盆地模拟技术研究现状及发展方向.中国石油勘探，14（2）：55-65.

宁宗善，周铁明，胡炎昆.1991.中国油气区第三系（滇桂油气区分册）.北京：石油工业出版社.

潘桂棠，陈智梁，李兴振，等.1997.东特提斯地质构造形成演化.北京：地质出版社：65-128.

彭雪花，张群燕，陈伟.2008.盆地模拟软件 Basin2 的使用.西部探矿工程，2008（2）：121-123.

乔永富，毛小平，辛广柱.2005.油气运移聚集定量化模拟.地球科学（中国地质大学学报），30（5）：617-622.

秦建中，申宝剑，腾格尔，等.2013.不同类型优质烃源岩生排油气模式.石油实验地质，35（2）：179-186.

邱燕，温宁.2004.南海北部边缘东部海域中生界及油气勘探意义.地质通报.23（2）：142-146.

任纪舜，王作勋，陈炳蔚，等.2000.从全球看中国大地构造——中国及邻区大地构造图简要说明.北京：地质出版社：1-74.

任拥军，杜雨佳，郭潇潇，等.2015.渤中凹陷古近系优质烃源岩特征及分布.油气地质与采收率，22（1）：5-13.

尚延安.2012.盆地模拟技术在油气勘探中的发展与应用.西部大开发，2012，02：27-28，102.

石广仁.2009.盆地模拟技术30年回顾与展望.石油工业计算机应用.2009（1）：3-6.

史继扬.1990.油气资源评价方法的分析和建议.天然气地球科学，1990，1：25-27.

孙龙德，邹才能，朱如凯，等.2013.中国深层油气形成、分布与潜力分析.石油勘探与开发，40（6）：641-649.

孙旭东，吴冲龙，隋志强，等.2015.基于陆相断陷盆地的油气运聚模拟.西安石油大学学报（自然科学版），30（3）：1-6.

谈彩萍，江兴歌，陈拥锋，等.2008.石油运移成藏有利区预测方法研究——以渤海湾盆地东营凹陷为例.石油实验地质，30（6）：629-635.

谈彩萍，刘翠荣，周新科，等.2005.中国东部老油区油气成藏特征.石油实验地质，27（6）：144-150.

唐锡海.1989.百色盆地基底油藏的特征//滇黔桂石油地质勘探开发研究院石油地质讨论会论文集.

腾吉文.2002.中国地球深部结构和深层动力过程与主体发展方向.地质论评，48（2）：125-135.

万玲，吴能友，姚伯初，等.2004.南沙海域新生代构造运动特征及成因探讨.南海地质研究.

汪集旸，王振峰，何家雄 .2003.琼东南盆地中新统油气运聚成藏条件及成藏组合分析.天然气地球科学，14（2）：107–115.

王建，王权，钟雪梅，等 .2015.二连盆地优质烃源岩发育特征及成藏贡献.石油实验地质，37（5）：641–647.

王社教，蔚远江，郭秋麟，等 .2014.致密油资源评价新进展.石油学报，35（6）：1095–1105.

王亚丽 .2004.TSM 盆地模拟软件集成系统的设计与实现.苏州大学硕士论文：1–69.

王有孝 .1990.异常地热对沉积有机质生烃过程的影响——以辉绿岩侵入体为例.石油与天然气地质，1990（1）：73–77.

王振峰，李绪深，孙志鹏，等 .2011.琼东南盆地深水区油气成藏条件和勘探潜力.中国海上油气，23（1）：7–13，31.

王治朝，米敬奎，李贤庆，等 .2009.生烃模拟实验方法现状与存在问题.天然气地球科学，20（4）：592–597.

魏魁生，崔旱云，叶淑芬，等 .2001.琼东南盆地高精度层序地层学研究.地球科学（中国地质大学学报），26（1）：59–66.

魏喜，祝永军，尹继红等 .2006.南海盆地生物礁形成条件及发育趋势.特种油气藏，13（1）：10–15.

魏宜义，冷德勋 .1988.百色盆地外中三叠统覆盖区浅油藏的发现.广西石油地质与勘探，1988，20（1）.

吴景富，杨树春，张功成，等 .2013.南海北部深水区盆地热历史及烃源岩热演化研究.地球物理学报，56（1）：170–180.

吴能友，曾维军，宋海斌，等 .2003.南海区域构造沉降特征.海洋地质与第四纪地质，23（1）：55–64.

吴晓智，王社教，郑民，等 .2016.常规与非常规油气资源评价技术规范体系建立及意义.天然气地球科学，27（9）：1640–1650.

武守诚 .2005.油气资源评价导论——从"数字地球"到"数字油藏".北京：石油工业出版社.

夏戡原，黄慈流 .2004.南海及邻区中生代（晚三叠纪—白垩纪）地层分布特征及含油气性对比.中国海上油气（地质），18（2）：73–83.

肖国林，周才凡，李桂群 .1995.东海 XH 凹陷烃资源预测——勘探层分析及石油资源专家系统分析.青岛海洋大学学报，25（3）：375–382.

肖克炎，李楠，王琨，等 .2015.大数据思维下的矿产资源评价.地质通报，34（7）：1266–1272.

肖序常，汤跃庆 .1991.古中亚复合巨型缝合带南缘构造演化.北京：北京科学技术出版社：1–150.

胥颐，刘福田，刘建华，等 .2000.中国大陆西北造山带及其毗邻盆地的地震层析成像.中国科学（D 缉），30（2）：113–122.

胥颐，刘福田，刘建华，等 .中国西北大陆碰撞带的深部特征及其动力学意义.地球物理学报，2001，44（1）：40–47.

徐常芳 .2003.中国大陆壳内与上地慢高导层成因及唐山地震机理研究.地学前缘，2003，10（特刊）：101–111.

徐春华，徐佑德，邱连贵，等 .2001.油气资源评价的现状与发展趋势.海洋石油，2001，4：1–5.

徐华宁，梁蓓雯 .1999.蒙特卡洛法在南沙海域油气资源评估中的应用及改进.南海地质研究，113–118.

徐旭辉，蔡利学，刘超英，等 .2015.油气勘探目标评价与优选系统.石油与天然气地质，36（3）：517–524.

徐旭辉，高长林，黄泽光，等 .2005.中国盆地形成的三大活动构造历史阶段.石油与天然气地质，26

（2）：155-162

徐旭辉，高长林，江兴歌，等.2009.中国含油气盆地动态分析概论.北京：石油工业出版社：66-110.

徐旭辉，黄泽光，高长林，等.2009.中国大陆中新生代变格运动及第一变格期盆地.石油实验地质，31（2）：119-127.

徐旭辉，江兴歌，朱建辉，等.1997.TSM盆地模拟——在苏北溱潼凹陷的应用.北京：地质出版社：1-98.

徐忠美，金之钧，孙红军，等.2010.基于广义帕莱托分布的关键参数求取方法探讨.石油实验地质，32（5）：517-520.

许怀智，蔡东升，孙志鹏，等.2012.琼东南盆地中央峡谷沉积充填特征及油气地质意义.地质学报，86（4）：641-649.

杨文宽.1982.岩浆余热对地温和有机质的影响的定量估算.石油实验地质，4（3）：206-211.

姚伯初，万玲，吴能友.2004.大南海地区新生代板块构造活.中国地质，31（2）：113-122.

姚伯初，曾维军，陈艺中，等.1994.南海北部陆缘东部的地壳结构.地球物理学报，37（1）：27-35.

姚伯初，等.2000.东南亚地质构造特征和南海地区新生代构造发展史.南海地质研究，（11）：1-13.

袁学诚，徐明才，唐文榜，等.1994.东秦岭陆壳反射地震剖面.地球物理学报，37（6）：749-756.

袁玉松，杨树春，胡圣标，等.2008琼东南盆地构造沉降史及其主控因素.地球物理学报，51（2）：376-383.

曾治平，蔡勋育.2002.负压地层形成机制及其对油气藏的影响，地球学报，23（3）：255-258.

张保森，蔡舜天.1979.百色盆地田东凹陷油气富集因素.广西石油地质与勘探，4（1）.

张成林，黄志龙，卢学军，等.2014.二连盆地巴音都兰凹陷油气资源空间分布研究.断块油气田，21（5）：550-554.

张功成，刘震，米立军，等.2009.珠江口盆地－琼东南盆地深水区古近系沉积演化.沉积学报，27（4）：632-641.

张功成，米立军，王振峰，等.2009.琼东南盆地深水区大中型油气田勘探方向//第三届中国石油地质年会论文集.北京：石油工业出版社：253-259.

张功成，米立军，吴时国，等.2007.深水区——南海北部大陆边缘盆地油气勘探新领域.石油学报，28（2）：15-22.

张光荣，王世谦，陈盛吉.2003.四川盆地模拟研究.天然气勘探与开发，（2003）：48-53.

张光亚，马峰，梁英波，等.2015.全球深层油气勘探领域及理论技术进展.石油学报，36（9）：1156-1166.

张国伟，张本仁，袁学诚，等.2000.秦岭造山带与大陆动力学.北京：科学出版社.

张厚福.1993.油气运移研究论文集.北京：石油大学出版社.

张恺.1995.中国大陆板块构造与含油气盆地评价.北京：石油工业出版社：8-26.

张林晔，李政，孔祥星，等.2014.成熟探区油气资源评价方法研究——以渤海湾盆地牛庄洼陷为例.天然气地球科学，25（4）：477-489.

张琪.2009.蒙特卡罗法预测含油气区石油资源量.杨凌职业技术学院学报，8（1）：1-9.

张庆春，石广仁，田在艺.2001.盆地模拟技术的发展现状与未来展望.石油实验地质，23（3）：312-318.

张渝昌，高长林.2006.大陆热覆盖效应和盆地变格.中国西部油气地质，2（1）：1-7.

张渝昌，徐旭辉，江兴歌，等.2005.展望盆地模拟.石油与天然气地质，26（1）：29-37.

张渝昌.1997.中国含油气盆地原型分析.南京：南京大学出版社：1-450.

张渝昌.2001.关于盆地油气动态成藏系统研究的理论问题//朱夏油气地质理论应用研讨文集.北京：地质出版社：207-220.

张渝昌.2010.动态的盆地和石油.北京：石油工业出版社.

赵文智，胡素云，瞿辉.2005.含油气系统研究思路与方法在油气资源评价中的应用.石油学报，26（增刊）：30-39.

赵文智，胡素云，沈成喜，等.2005.油气资源评价方法研究新进展.石油学报，26（增刊）：25-29.

郑建平，路凤香.1999.华北地台东部古生代与新生代岩石圈地幔特征及其演化.地质学报，73（1）：47-56.

郑伦举，秦建中，何生，等.2009.地层孔隙热压生排烃模拟实验初步研究.石油实验地质，31（3）：296-302，306.

钟宁宁，卢双舫，黄志龙，等.2004.烃源岩TOC值变化与其生排烃效率关系的探讨.沉积学报，22（增刊）：73-78.

钟志洪，王良书，李绪宣，等.2004.琼东南盆地古近纪沉积充填演化及其区域构造意义.海洋地质与第四纪地质，24（1）：29-36.

周蒂，陈汉宗，孙珍，等.2004.南海中生代三期海盆及其与特提斯和古太平洋的关系.热带海洋学报，（2）：16-25.

周荔青.1997.板状辉绿岩体异常增温对有机质热影响的定量估算方法——以苏北盆地溱潼凹陷为例.华东石油勘查，615（3）：1-11.

周庆凡，张亚雄.2011.油气资源量含义和评价思路的探讨.石油与天然气地质，32（3）：474-480.

周总瑛，白森舒，何宏.2005.成因法与统计法油气资源评价对比分析.石油实验地质，27（2）：67-73.

周总瑛，唐跃刚.2004.我国油气资源评价现状与存在问题.新疆石油地质，25（5）：554-556.

周总瑛.2009.烃源岩演化中有机碳质量与含量变化定量分析.石油勘探与开发，36（4）：463-468.

朱德燕，王勇，银燕，等.2015.断陷湖盆咸化环境沉积与页岩油气关系：以东营凹陷、渤南地区为例.油气地质与采收率，22（6）：7-13.

朱光，宋传中，牛漫兰，等.2002.郯庐断裂带的岩石圈结构及其成因分析.高校地质学报，8（3）：248-256.

朱建辉，胡宗全，吕剑虹，等.2010.渤海湾盆地济阳、临清坳陷上古生界烃源岩生烃史分析.石油实验地质，32（1）：58-63.

朱建辉，吕剑虹，缪九军，等.2011.鄂尔多斯西南缘下古生界烃源岩生烃潜力评价.石油实验地质，33（6）：662-671.

朱建辉.2003.中国东部构造—热体制与断陷盆地多期性迁移特征.石油与天然气地质，24（3）：367-371.

朱建辉.2007.TSM一维盆地模拟系统集成研发.苏州大学硕士论文：1-94.

朱涛.2003.地幔动力学研究进展——地幔对流.地球物理学进展，18（1）：65-73.

朱夏，陈焕疆，孙肇才，等.1983.中国中新生代构造与含油气盆地.地质学报，57（3）：235-242.

朱夏，陈焕疆.1982.中国大陆边缘构造和盆地演化.石油实验地质，4（3）：153-160.

朱夏.1978.关于我国陆相中新生界含油气盆地若干基本地质问题的初步设想.石油实验地质，专辑.

朱夏.1979.中国东部板块内部盆地形成机制的初步探讨.石油实验地质，1（0）：1-9.

朱夏.1986.论中国含油气盆地构造.北京：石油工业出版社：1-132.

朱夏.1991.活动论构造历史观.石油实验地质，13（3）：201-209.

祝厚勤，庞雄奇，姜振学，等.2007.油气聚集系数的研究方法及应用.地球科学（中国地质大学学报），32（5）：260-266.

邹华耀，文志刚.1996.苏北盆地管镇次凹阜四段低熟烃源岩生烃史与排烃史模拟，江汉石油学院学报，18（3）：13-18.

Arnaud N, Delville N, Montel J M, et al.1999.Paleozoic to Cenozoic deformation along the Altyn Tagh fault in the Altun Shan massif area, Eastern Qilian Shan, NE Tibet, China：American Geophysical Union Annual Meeting Abstracts.10-18.

B P 蒂索，D H 威尔特.1982.石油形成与分布.北京：石油工业出版社.

Chen Zhuoheng, Osadetz K G.2006.Geological risk mapping and prospect evaluation using multivariate and Bayesian statistical methods, western Sverdrup basin of Canada.AAPG Bulletin, 90（6）：859-872.

Chen Zhuoheng, Sinding-Larsen R.1992.Resources assessment using a modified anchored method // Proceedings of the 29th International Geological Congress. Kyoto, Japan.

Davison I.1986.Listric normal fault profiles：calculation using bed length balance and fault displacement. JSG, 8：209-210.

Dickinson W R.1993.Basin geodynamics, Basin Researches. 1993, 5（4）：305-318.

Forman D J, Hinde A L.1985.Improved statistical method for assessment of undiscovered petroleum resources. AAPG Bulletin, 69（1）：106-118.

Guidish T M, ST CG, Kendall C, et al.1985.Basin evaluation using history calculation：an overview. AAPG Bulletin, 69（1）：126-138.

Hamblin W R.1989.The earth's dynamic system.Macmillan Publishing Company.

Hindle A D. 1997.Petroleum Migration Pathways and Charge Concentration：A Three-Dimensional Model. AAPG Bulletin, 81/9：1451-1481.

Klett T R, Gautier D L, Ahlbrandt T S.2005.An evaluation of the U.S. geological survey world petroleum assessment 2000. AAPG Bulletin, 89（8）：1033-1042.

Lee P J. 2008.Statistical methods for estimating petroleum resources. Oxford：Oxford University Press.

Lopatin N V.1972.Temperature and geologic time as factors in coalification：Akademiya Nauk SSSR Izvestiya. Seriya Geologicheslcaya.3：95-106.

Magara Kinji.1986.Geological models of petroleum entrapment. Elsevier applied science publishers.

Nakayama, Kazuo, D C Van Siclen.1981.Simulation model for petroleum exploration. AAPG Bulletin, 65.

Norman M D.1998.Melting and metasomatismin the continental lithosphere：Laser ablation ICPMS analysis of minerals in spinel lherzolites from eastern Australia.Contrib Mineral petrol.130：240-255.

Perrodon A, P Masse.1984.Subsidence, sedimentation and petroleum system.Jour. Petro. Geol., 7（1）.

Pitman W C, Andrews J A.1985.Subdence and termal history of small pull-apart basins, Soc. Econ. Paleofltologlsts Mineralogists（special publication），（35）.

Robert A. Meneley, Alfred E. Calverley, Kenneth G. Logan, et al. 2003.Resource assessment methodologies：Current status and future direction. AAPG Bulletin, 87（4）：535-540.

Royden L, C E Keen.1980.Rifting process and thermal evolution of the continental margin of eastern Canada determined from subsidence curves. Earth and Planetary Science Letters, 51: 342–361.

Tapponnier P, Peltzer G, Armijo R.1986.On the mechanics of the collision between India and Asia // Coward M P, Ries A C. Collision Tectonics.Geological Society of London Special Publish: 115–157.

Tissot B P, Welte D H. 1984.Petroleum formation and occurrence. New York: Springer–Verlag.

Vauchen A, Tommasi A, Barruol G.1998.Rheological heterogeneity, mechanical anisotropy and defomation of the continental lithosphere .Tectonophysics, 296: 61–86.

Waltham D.1989.Finite difference modelling of hangingwalldeformation, JSG, 11 (4): 433–437.

White N J, Jackson J A, Mckenzie D P. 1986.The relationship between the geometry of normal faults and that of the sedimentary layers in their hanging walls. JSG, 8 (8): 897–909.

Willett S D, Beaumont C.1996.Subduction of Asian lithospheric mantle beneath Tibet inferred from models of continental collision.Nature, 1996, 369 (23): 642–644.

William F, Dula Jr.1991.GeometricModels of ListricNormal Faults andRollover Folds. AAPG, 75 (10): 1609–1625.

Wittlinger C, Tapponnier P, poupinet G, et al.1998.Tomographic evidence for localized lithospheric shear along the Altyn Tagh fault.Science, 282 (5386): 74–76.

Yükler M A, Comford A C, Welte D H. 1978.One–Dimension Model to Simulate Geologic, Hydrodynamic and Thermodynamic Development of a Sedimentary Basin. Geol. Rundschau, 67: 960–979.

Theory, methods and application of TSM basin simulation and resource assessment

(Summary)

As is well known, "no basin, no oil". To discover more oil, it is necessary to further strengthen the innovative research of oil and gas basins. The well-known Chinese geologist Zhu Xia proposed the systematic research way for petroliferous basins demonstrated by the 3T (environment) -4S (action) -4M (response) program in 1983, was an innovative theory with systematic research. In order to realize the research program of Academician Zhu Xia, researchers from the Basin Research Center of Wuxi Research Institute of Petroleum Geology, Sinopec (including its predecessor: Basin Research Section of the Center Laboratory of Petroleum Geology of former Ministry of Geology and Mineral Resources, and Wuxi Experimental Geological Research Institute, China National Star Petroleum Corporation), have achieved three important breakthroughs from theory to practice after more than 30 years of unremitting efforts. One was the establishment of a theoretical model for basin prototype analog resource evaluation, and the other was the establishment of the model of simulation process of the TSM basin system, the third was the development and application of TSM basin simulation resource evaluation system software products. As a result, the theoretical and technical level of basin analysis, basin simulation, and resource evaluation has been continuously improved, and a series of independent innovation results that can be applied have been formed.

Relevant results were introduced in this book in three parts. One was to introduce commonly used oil and gas resource evaluation methods and their characteristics; the second is theoretical methods and systems of TSM basin simulation resource evaluation; the third is the combination simulation and resource evaluation of different prototype basins.

1. Methods and their characteristics commonly used oil and gas resource evaluation

（1）Conventional oil and gas resource evaluation methods can be divided into genetic method, analogic method and statistical method according to the broad categories. Among them, the genetic methods mainly include organic carbon mass balance method, chloroform bitumem "A" method, kerogen thermal degradation method, basin simulation method, oil cracked gas simulation method, etc. In recent years, a limited space method for hydrocarbon generation and expulsion of source rock has been newly developed. The analogic method mainly includes the reservoir rock volume method and the resource abundance analogy method, and foreign countries also include the geological condition score method and the expert scoring method; the statistical method mainly includes the reservoir scale sequence method, the geological Pareto method, the regression analysis method, statistical trend method, exploration layer method and Monte Carlo method, etc. Judging from several rounds of large-scale oil and gas resource evaluations carried out by China and foreign countries, the evaluation of foreign oil and gas resources is mainly based on statistical methods and analogic methods, while the genetic method (especially the basin simulation method) is used more frequently in the evaluation of oil and gas resources in China.

(2) Each oil and gas resource evaluation method has a certain scope of application and advantages and disadvantages. Genetic method, statistical method and analogic method will still be the main methods for China's oil and gas resource evaluation in the future. The research progress of genetic method is mainly reflected in: ① great progress has been made in basin simulation technology; ② breakthrough progress has been made in the research on key parameters of genetic method; ③ introduction of research ideas on petroleum systems; ④ development of research method for hydrocarbon generation and expulsion of source rocks in limited space. The research progress of analogic method was mainly reflected in the establishment of analogic evaluation technical specifications and database system in different types of scale zones, which improved the accuracy of resource prediction; in addition, it could also provide basis for the spatial distribution and grade evaluation of oil and gas resources. The research progress of statistical method was mainly reflected in the modification of resource evaluation model to some extent in the actual application process of the method, and the new statistical model has been expanded according to the actual application situation, and the pertinence of the application has been enhanced; in addition, the statistical method has also been expanded its scope of application.

2. Theory, methods and systems for TSM basin simulation resource evaluation

The theoretical basis of TSM basin simulation resource evaluation system was divided into three parts, one was basin analysis; the other was basin simulation; the third was resource evaluation.

1) TSM basin analysis program and basin prototype classification

(1) 3T–4S–4M Oil and Gas Basin System Research Program

Starting from the global tectonic-thermal regime, Zhu Xia divided the sedimentary basins into two generations, the Paleozoic and Meso-Cenozoic, and created the concept of basin prototype. He proposed the 3T (environment) –4S (action) –4M (response) program. What was expressed was not only the relationship between basin geotectonics and hydrocarbon accumulation, but also a systematic research plan for petroliferous basins.

(2) Prototype formation characteristics of Phanerozoic basins in China

With the evolution of ancient China/Pal-Asia/New Asia, basins can be divided into two major generations, Paleozoic basins and Mesozoic-Cenozoic basins, formed in three major geological evolution stages. The evolution of basins in different generations reflected changes in lithospheric composition. The Paleozoic was mostly characterized by the development of continental margin basins, which were related to oceanic cycles. In the Mesozoic and Cenozoic, the evolution of intracontinental basins was dominated by continental cycles, and the continental basin formation mechanism in a convergent dynamic environment originated from the tectonic-thermal creep of the deep material itself.

The Paleozoic basins in China were characterized by marginal subsidence and extensive marine deposits, that was, there were multi-stage convergent basins and multi-stage discrete basins, which have certain inheritance in location, but most of the basins have been transformed by later orogeny. The remaining part often had a better original oil-generating environment.

Four major geological events and third-stage diktyogenese basin was mainly developed in the Meso-Cenozoic in China. These four major geological events controlled the formation and evolution of the diktyogenese basins at this stage. The first was the formation and evolution of Tethys in western China; the second was the formation and evolution of the Pacific in eastern China; the third was the closure of the Mongolia-Okhotsk Ocean; and the fourth was the intraplate deformation and intracontinental orogeny. Three stages of diktyogenese basins were formed: the first diktyogenese stage (T_3–K_1) basin; the second diktyogenese stage (K_2–E_{2-3}) basin; the third diktyogenese stage (E_3/N until now) basin.

2) TSM basin simulation resource evaluation system and model library

The TSM basin simulation resource evaluation follows the 3T-4S-4M system program proposed by Zhu Xia. First, the basin prototype was analyzed, and the basin system and the changes of the system boundary caused by the form of material movement were studied along with the movement system, and the response of each oil and gas element under the condition of system change and dynamic integration of system accumulation were analyzed. On this basis, the dynamic evolution of the relationship between geological processes and oil and gas response factors was systematically simulated to evaluate oil and gas resources. The so-called TSM basin simulation was based on the establishment of different generation prototypes from the actual basin structural environment evolution (3T) analogy, and the use of computers to determine various possible combinations of the prototype geological process (4S) and oil and gas material response (4M). The integrated dynamic simulation technology for the formation of the overall system of the basin and the formation of oil and gas reservoirs was based on the performance of numerical experiments and prototype changes.

In order to realize such a system, a software system that meets the needs of dynamic simulation must be established. According to the actual area and different geological modes, different modules and simulation processes can be selected for simulation calculation instead of a fixed operation mode, so as to achieve the effect of mathematical experiments. TSM basin simulation involves all aspects of basin evolution. The geological process simulation model expresses a series of processes such as basin subsidence, sedimentary filling, denudation and thermal evolution. The framework of basin evolution is calculated, which can lay the foundation for hydrocarbon response simulation. At present, a set of model database for TSM basin dynamic simulation resource evaluation system has been established according to burial history, thermal history, and hydrocarbon generation, migration and accumulation history. With the continuous progress of geological mechanism research and quantification, new simulation modules will continue to emerge.

3) TSM Basin Simulation Resource Evaluation System (V2.0)

On the basis of long-term research, the TSM Basin Simulation Resource Evaluation System (V2.0) was developed. The system established a systematic integrated simulation of the relationship between the prototype geological process and the oil and gas response with the four histories of burial history, thermal history, hydrocarbon generation history and migration and accumulation history as the core. On basis of analysis of the basin prototype and its juxtaposition and superimposition, the database and model library was established and simulation evaluation of oil and gas resources could be systematically, dynamically and quantitatively carried out. The software system platform implemented a software integration method that integrated a single simulation module, customized the simulation process according to actual needs and continuously expands the requirements of the simulation module. And according to the simulation process, it has the ability to support flexible combination according to various complex geological conditions. At the same time, the system has established a series of auxiliary modules such as data collection management and visualization, which provide a complete platform for carrying out simulation evaluation work. The system can simulate burial history, thermal history, hydrocarbon generation history and migration and accumulation history in different dimensions such as single well, profile, and three-dimensional geological body. On this basis, a graduation evaluation module for oil and gas resources has been developed to quantitatively evaluate favorable zones.

3. Combination simulation and resource evaluation of different prototype basins

Taking the simulation and resources evaluation of the fault depression-depression superimposition combination in eastern China, the Mesozoic fault depression in northern China, the South China Sea rift-margin depression superimposition combination, the depression-foredeep superimposition combination in central and western China, and the strike-slip basin in southern China as examples, so as to realize the functions of testing geological concept models, dynamically revealing the evolution process and predicting unknown hydrocarbon accumulations through simulation.

1) Simulation and resource evaluation of Paleogene fault depression-depression superimposed combination in Eastern China: Taking Dongying Sag in Bohai Bay Basin as an example

Through simulation, the burial history process of the three major evolutionary stages including the development of the Paleogene faulted depression, the denudation of the basin uplift in the end and the development of depression resulted from weakening of the Neogene tectonic activity, were restored.

The simulation revealed that the source rock $Es_4{}^{上}$ reached the mature peak at the end of the fault depression period, the source rock $Es_3{}^{下}$ and $Es_3{}^{中}$ was basically matured at the end of the fault depression period and further entered mature peak during the depression period. The oil generation centers are mainly distributed in Lijin, Niuzhuang and Boxing sags. The two main oil expulsion periods in the Dongying Sag were occurred in the end of the denudation period of the Dongying Formation and the deposition period of the Guantao–Minghuazhen Formations. According to the simulation calculation of the limited space oil generation and discharge model, the oil discharge was the highest in the eastern section of the south slope of Dongying, followed by the central uplift zone and the northern Dongying zone; the Boxing, Binnan and Qingxi areas were lower.

By simulating the paleo–pressure changes from the end of the basin's continuous subsidence to the ascent of the basin as a whole, it emphasized the influence of denudation and sandstone rebound during the overall ascent on the pressure and the constraints on the migration and accumulation of oil and gas. Combined with the existing exploration results, 10 favorable exploration areas were predicted.

2) Simulation of evolution of the Mesozoic fault depression and resource evaluation in northern China: A case of Changling Sag in Songliao Basin

Since the Late Jurassic, two stages of fault depressions consisted of the Huoshiling–Shahezi Formation and Yingcheng–Denglouku Formation and the depression of Quantou Formation–Mingshui Formation were developed in the form of prototype superimposition in the Changling Sag, and was totally covered by the depression layer in the late Early Cretaceous. The source rocks of the Huoshiling–Shahezi Formation and the Yingcheng Formation controlled by the fault depression structure had different burial depths, leading to differences in evolution of hydrocarbon generation in different structural zones.

The simulation revealed the contribution of different hydrocarbon source rocks in different sub–sags. The source rocks in the fault–depression strata continued to generate hydrocarbons from the end of sedimentation of the Yingcheng Formation to the end of deposition of the Qingshankou Formation, with a cumulative gas generation volume of $19.04 \times 10^{12} m^3$, which was dominated by source rocks in the Shahezi Formation. The plane changes of the hydrocarbon generation center were distributed around the sub–sags; the highest gas generation intensity was mainly concentrated in the Changling Pasture sub–sag and Qianshenzi sub–sag. The source rocks of the Shahezi Formation have the highest gas generation intensity $(120\sim140) \times 10^8 m^3/km^2$.

The simulation of oil and gas migration and accumulation showed that the migration path was mainly controlled by the structure of fault–depression, and the natural gas accumulation characteristics were controlled by structural traps and accumulation conditions of volcanic–clastic rocks, which was accumulated around the structural highs of the periphery of each depression. Oil and gas accumulation had the characteristics of "multi–stage hydrocarbon generation, multi-sag hydrocarbon supply, near kitchen accumulation, and late stage domination". The Yaoyingtai-Dalhan, Beizhengzhen structural belts and Dongling structural belt were favorable prospects for hydrocarbon exploration.

3) Simulation of superimposed combination of rift-marginal depression and resource evaluation in the South China Sea: Taking Qiongdongnan Basin as an example

The simulation verified the geological concept model of the superimposed rift-depression since the Cenozoic on the northern continental margin of the South China Sea, and dynamically reproduced the superimposed evolution process of different prototypes. From the Paleocene-Eocene to the Oligocene, the Qiongdongnan area experienced the development and evolution stage of the rift valley. Since the Miocene, with the weakening and ending of the expansion activity of the South China Sea, the northern part of the South China Sea had entered the development stage of continental margin depression. This prototype superimposed evolution controlled the deposition and thermal evolution process, and had an important impact on the resource potential of the deep water area in Qiongdongnan basin.

The simulation revealed that the Qiongdongnan Basin had a high thermal field background, high geothermal gradient, and high temperature thermal evolution, with a hydrocarbon generation process dominated by natural gas. From the perspective of strata, the most favorable source rocks in the Paleogene had the largest hydrocarbon generation scale, accounting for 89% of the total hydrocarbon generation. In terms of distribution, the Ledong, Lingshui, and Huaguang Reef sags had a wide range of maturity, and their hydrocarbon generation contribution accounts for 90% of the total hydrocarbon generation, making them the structural units with the most abundant hydrocarbon resources in the Qiongdongnan Basin.

Dynamic simulations showed that, affected by the superposition of rifts and depressions, the gentle slope belts and uplift areas on the north and south sides of the Ledong Sag and the Lingshui Sag of central depression neighboring the Yacheng Formation hydrocarbon generation center were the most favorable zones for hydrocarbon exploration. The local structures, faults, unconformities, low uplifts, etc. and their combinations were favorable exploration targets.

4) Simulation of superimposed combination of the marginal depression-foredeep and resource evaluation in the central and western regions of China: Taking the Western Sichuan Depression as an example

In the western Sichuan region, under the basin-forming regimes of platform margin depression, intra-platform depression and foredeep basin, three types of sedimentary environments, such as tidal flat or deltas, continental semi-deep lake to deep lake and shore or shallow lake or lake-marsh, were developed. And two main types of source rocks, coal rock and dark mudstone, were formed. The structural transformation led to the migration of the subsidence center, which affected the hydrocarbon generation, migration and accumulation of the source rocks of the Xujiahe Formation.

The simulation showed that the Longmenshan overthrust caused the subsidence of the source rocks in the lower part of the Xujiahe Formation and the eastward shift of the buried depth center, and the far-end effect of the Dabashan overthrust resulted in the north–south differentiation of the subsidence and depth center. Source rocks of different strata entered the hydrocarbon generation threshold during the Middle–Late Jurassic, and approached the present high– to over–matured level in the Middle–Late Cretaceous. On the plane, the maturity of source rocks was increased from west to east, and the north–south differentiation was formed in the later period, which affected and controlled the distribution pattern of oil and gas reservoirs.

Calculations showed that the main gas source rocks of the Xujiahe Formation were dark mudstones, followed by coal rock. The cumulative amount of hydrocarbon generation was about $167 \times 10^{12} \mathrm{m}^3$, and the total natural gas resource of the Xujiahe Formation in the Western Sichuan Depression is $2.2 \times 10^{12} \mathrm{m}^3$. The migration and changes of the hydrocarbon generation center affected the migration of natural gas. The difference in reservoir–caprock combination and rock physical properties restricted the areas where natural gas was accumulated. The eastern slope, the low uplifts among the sub–sags, and the southeast slope in the depression were favorable areas for reservoir–forming.

5）Simulation of the Paleogene strike–slip basins and resource evaluation in southern China: a case of the Baise Basin

The tectonic evolution of the Baise Basin can be divided into three main stages: the pre–pulling phase, the pulling phase and the post–pulling phase. The red clastic rocks of the Liuxun Formation was formed in the pre–pulling phase, the river–lacustrine deposits of the Nadu Formation and the Jianduling Formation were formed in the pulling phase, and the interbedded conglomerate, sandstone and mudstone of the Changsheling Formation were formed in the later pulling phase. Three sets of strata was formed a good matching relationship with the three major stages of basin tectonic evolution. The structural framework of "three depressions and two uplifts" in the Baise Basin showed an obvious matching relationship with several groups of strike–slip faults.

The simulation showed that the degree of thermal evolution in the Baise Basin was generally low. The source rocks of the Nadu Formation in only a few depressions have entered the low–mature stage, only the center of the depressions have entered the mature stage, and most of the source rocks in other strata are immature. In addition, the thermal evolution degree of several depressions in the basin was also quite different. The thermal evolution degree of Tiandong Depression was the highest, Toutang Depression was the second, and Liantang Depression was the lowest. Due to the structural reversal, maturity of the source rocks of the third member of the Nadu Formation in the center of the Toutang Depression was ceased at the end of the Jianduling Formation's deposition, while the oil generation and expulsion in the Tiandong Depression was continued to this day.

The hydrocarbon generation and expulsion of the basin was mainly distributed in the central sags of the Tiandong, Toutang and Liantang depressions. Most of the oil reservoirs were distributed in rings around the main oil–generating depressions in the basin, concentrated near main source rocks, which were favorable oil accumulation zones.

Through the practice of TSM basin simulation and resource evaluation in the above areas, it was shown that modeling should be constrained by the geological analysis based on the basin prototype and its juxtaposition and superimposition relationship. The simulation idea of combining geological image thinking and mathematical logic thinking was adopted, and multi-module combination and multi-plan operation were carried out. "TSM" basin system simulation of the relationship between basin geology and oil and gas response, can reveal the changes in geological action caused by the superposition of different prototypes and its control on the formation and distribution of oil and gas, indicating the path of oil and gas migration and the belts of oil and gas accumulation; so as to realize the functions of checking the geological concept model, dynamically revealing the evolution process of oil and gas, and predicting the unknown hydrocarbon accumulation, serving for oil and gas exploration decision-making.

关于"迭加"与"坳陷"的用字辨析

一、迭加

在朱夏先生提出的 3T-4S-4M 盆地研究系统程式中，有一个非常重要的概念，就是盆地原型的"并列迭加"。1997 年张渝昌教授在核对"中国含油气盆地原型分析"一书出版样稿时，发现所有原型"迭加"都被改成了"叠加"。当追问出版社的编辑为什么要将"迭"改成"叠"？编辑解释说，国家新闻出版总署有专门通知规定，凡是"迭"都要改为"叠"，不然编辑要负失职的责任。追问之下方知，源出于许多文章原稿常有将"二叠系""三叠系"写成了"二迭系""三迭系"，如不经过出版校正就会混乱了地层命名。重查以前发表的文献，甚至朱夏首先提出原型"迭加"的文章，在编辑出版时都被改成了"叠加"，因为没有注意核查或者不愿再改回校样，造成了观念上的混乱。为此朱夏专门表示：盆地原型的"这种迭加不是一般的沉积的'复合'，而是通过构造格局的重大变化所构成的复杂联系"（见《朱夏论中国含油气盆地构造》，1986，第 2 页第 3 行）。因此这里盆地原型迭加术语的"迭"，在概念上的含义是"更迭"，指的是后一世代原型的沉降结构施加在早先世代的原型之上，改造了先前的沉降结构。由此盆地结构整体随年代发生过动力作用变化，动态地改造成为复杂结构，而不是像地层那样摆放在一起的"叠加"。因此原型"迭加"是术语，是用来表达观念的。

商务印书馆出版的现代汉语词典中（2005 年第 5 版，ISBN978-7-100-04385-4，第316~317 页），"迭"的义项有 3 项，分别为：（1）轮流、替换，（2）屡次，（3）及。"叠"的义项有 3 项，分别为：（1）重复，（2）折叠，（3）姓。我们可以看出，根据朱夏先生"更迭"的含义，原型"并列迭加"应该用"迭"字，是词典中的第 1 义项。

二、坳陷

"坳陷"一词往往也被编辑改为"坳陷"。在盆地原型分类中（参见图 5-7），有一类盆地原型被命名为"坳陷"，如"陆内坳陷""陆缘坳陷""弧前坳陷""弧间坳陷""台内坳陷"等。

根据百度百科释义，坳陷泛指地壳上不同成因的下降构造。这一术语无尺度大小和形态的限制，如盆地、坳槽、地堑、裂谷等。而这种下降可以直接起因于垂向地壳运动，也可以由侧向挤压或伸展所导生。

（1）地壳内的碟状沉降区，它以没有或不发育盆地沉积断层为特征，因而成为与断陷相并列的构造单元。

（2）盆地内的相对沉降性更强的一级构造单元。它可以是克拉通内盆地的若干个沉降中心之一，也可是复杂裂谷盆地的沉降区（如渤海湾盆地的济阳坳陷），此时它是与隆起并列而性质相反的构造单元。坳陷是盆地的次一级构造单元，如渤海湾盆地济阳坳陷。

在商务印书馆出版的现代汉语词典中（2005年第5版，ISBN978-7-100-04385-4，第14～15页），"拗"第三声意义为使弯曲，第四声意义为不顺。"坳"的释义为山间平地。

我们为了突出盆地原型形成的动力学机制，表示地壳在力的作用下在平面上差异变形（弯曲）形成的盆地原型，同时也为了避免与盆地次一级构造单元"坳陷"相混淆，故而采用"拗"字。

根据出版的要求，本书还是按照编辑规范执行。但是我们认为，盆地原型并列迭加，应该用"迭"字，作为一类盆地原型的名称的"拗陷"，应该用"拗"字。

我们把这些意见报告出来，供读者诸君参考。